U0211821

全国土木工程类实用创新型规划教材

主　审　胡兴福

主　编　于庆峰

副主编　亚　林　梁　敏　谢建平　刘汉清

编　者　鹿雁慧　肖水军

　　　　于付锐　刘文芳　郁素红　张小威

　　　　宋丹露　计洋海　汪　杰　田金丰

　　　　谭　锴

建筑识图与房屋构造

JIANZHU SHITU YU FANGWU GOUZAO

哈尔滨工业大学出版社

内 容 简 介

本书为建筑工程技术各专业的基础课教材。全书分为建筑制图基本知识、建筑构造基本知识和建筑识图基本知识三大部分，共15个模块，主要内容有：建筑制图的基本知识与技能，投影的基本知识，剖面图与断面图，民用建筑概述，基础与地下室，墙体，楼板层和地坪层，屋顶，楼梯，门与窗，单层工业厂房构造，房屋建筑工程施工图概述，建筑施工图，结构施工图及单层工业厂房施工图等。为方便学习和复习，每个模块前均有模块概述、知识目标、技能目标及工程导入，正文后有重点串联和拓展与实训等。

本书适用于普通高等院校的建筑工程技术、建筑工程管理、工程造价、建筑工程监理和物业管理等专业的课程教学，也可作为在职职工的岗位培训教材及建筑工程技术人员的参考用书。

图书在版编目(CIP)数据

建筑识图与房屋构造/于庆峰主编. —哈尔滨:哈尔滨
工业大学出版社,2014.11
ISBN 978-7-5603-5012-7

Ⅰ.①建… Ⅱ.①于… Ⅲ.①建筑制图-识别-高等
学校-教材 ②房屋结构-高等学校-教材 Ⅳ.①TU2

中国版本图书馆 CIP 数据核字(2014)第 268761 号

责任编辑 范业婷 高婉秋
出版发行 哈尔滨工业大学出版社
社 址 哈尔滨市南岗区复华四道街 10 号 邮编150006
传 真 0451 - 86414749
网 址 http://hitpress.hit.edu.cn
印 刷 天津市蓟县宏图印务有限公司
开 本 850mm×1168mm 1/16 印张 23.5 字数 714 千字
版 次 2015 年 1 月第 1 版 2015 年 1 月第 1 次印刷
书 号 ISBN 978-7-5603-5012-7
定 价 49.00 元

高职教育人才培养主要面向区域经济建设和生产一线，人才培养应做到"宽"和"精"的统一，既要做到宽口径，以适应学生就业的多样性，又要确保专业知识的一定深度，以适应用人单位对专业人才的需求。因此，本书以应用能力培养为主线，全面优化组合，重新组织课程结构，合理划分教学模块，进行内容的融合与重组，突出"职业性内容为主，理论知识够用"的特点，重点体现内容的实用性、简约性和直观性。通过学习，使学生熟悉建筑识图的相关知识，掌握建筑构造方法，具备图纸识读的工作能力，同时学好这门课程也为学生将来职业道路的发展打下良好的专业基础。

本书创新点和特色

1. 交叉性。由于现代学科已高度精细化与协作化，相关学科之间基本做到相互渗透、相互服务。教学内容中交叉学科的正确引用，可以使知识融会贯通，增加和丰富教学中的知识含量。

2. 连续性。建筑识图与房屋构造是建筑类专业较重要的专业基础课，是绝大多数专业课程的基础，因此，合理编排教学内容，可以使课程之间，特别是后续的专业课程之间衔接紧凑、连续，避免重复，最大限度地增加课程的信息量。

3. 实践性。利用本书内容与工程实际紧密联系的特性，突出工程实践性，适当地将实践中与建筑识图和房屋构造紧密联系的工程实例引入到教学过程中，从而增强读者对工程实际的感性认识，培养读者实践、工程应用和解决实际问题的能力，实现读者与现代工程实践的"零距离"接触。

Preface

前 言

本书内容

本书分为三篇，共 15 个模块。第 1 篇为建筑制图基本知识，包括建筑制图的基本知识与技能、投影的基本知识、剖面图与断面图等 3 个模块；第 2 篇为建筑构造基本知识，包括民用建筑概述、基础与地下室、墙体、楼板层和地坪层、屋顶、楼梯、门与窗、单层工业厂房构造等 8 个模块；第 3 篇为建筑识图基本知识，包括房屋建筑工程施工图概述、建筑施工图、结构施工图、单层工业厂房施工图等 4 个模块。每个模块均有实际工程导入和解析，以及知识目标、技能目标，并配有拓展与实训练习，有利于读者明确学习目标和重点，同时也有利于教师在教学中把握重点、难点。

本书应用

本书适合普通高等教育建筑类专业学生使用，也可以作为教师的教学参考书，还可以作为建筑类专业执业资格考试的学习用书。

由于编者水平有限，书中难免有疏漏或不妥之处，敬请读者批评指正。

编 者

· · · ● 本 书 学 习 导 航 ● · · ·

简要介绍本模块与整个工程项目的联系，在工程项目中的意义，或者与工程建设之间的关系等。

模块概述

包括知识目标和技能目标，列出了学生应了解与掌握的知识点。

学习目标

课时建议

建议课时，供教师参考。

各模块开篇前导入实际工程，简要介绍工程项目中与本模块有关的知识和它与整个工程项目的联系及在工程项目中的意义，或者课程内容与工程需求的关系等。

工程导入

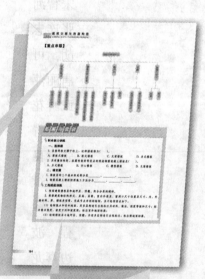

技术提示

言简意赅地总结实际工作中容易犯的错误或者难点、要点等。

重点串联

用结构图将整个模块的重点内容贯穿起来，给学生完整的模块概念和思路，便于复习总结。

拓展与实训

包括职业能力训练、工程模拟训练和链接执考三部分，从不同角度考核学生对知识的掌握程度。

目录 Contents

第 1 篇
建筑制图基本知识

模块 1

建筑制图的基本知识与技能

【模块概述】

工程图样是工程界的技术语言，是房屋建造施工的依据。为了保证建筑施工图样基本统一，图面清晰简明，并有利于提高制图效率，工程技术人员必须熟悉和掌握绘制工程图样的基本知识和基本技能。本模块重点讲述建筑制图国家标准的有关规定，简要介绍制图工具的性能和使用方法以及建筑制图的基本画法等内容。

【知识目标】

1. 学习建筑制图的基本知识；
2. 掌握建筑制图国家标准的有关规定；
3. 了解制图工具和用品的用途、正确使用方法和绘图的方法。

【技能目标】

1. 初步掌握建筑制图的基本技能；
2. 能够理解并遵守国家制图标准的有关规定。

【课时建议】

4 课时

　　施工图纸中通常按图纸目录、总图、建筑图、结构图、给水排水图、暖通空调图、电气图的顺序装订成册，各专业设计人员按相应制图标准的要求绘制完成各专业的施工图纸。那么相关的国家制图标准又是怎样规定的呢？

1.1　建筑制图相关标准

　　为了统一房屋建筑制图规则，保证制图质量，提高制图效率，做到图面清晰、简明，符合设计、施工、存档的要求及适应工程建设的需要，必须制定建筑制图的相关国家标准。其中《房屋建筑制图统一标准》（GB/T 50001—2010）是房屋建筑制图的基本规定，适用于总图、建筑、结构、给水排水、暖通空调、电气等各专业制图。房屋建筑制图，除应符合《房屋建筑制图统一标准》外，还应符合国家现行有关强制性标准的规定以及各有关专业的制图标准。所有工程技术人员在设计、施工、管理中必须严格执行。下面介绍标准中的部分内容。

1.1.1　图纸与标题栏

1. 图纸幅面

　　图纸本身的大小规格称为图纸幅面，简称图幅，如图 1.1 所示。图框是指图纸上所供绘图范围的边线，图框线用粗实线绘制。图纸幅面介绍如下。

　　（1）绘图时规定，图纸幅面及图框尺寸应符合表 1.1 的规定和图 1.2 所示的格式。从表 1.1 中可知，A1 幅面是 A0 幅面的对裁，A2 幅面是 A1 幅面的对裁，其余类推。表中代号的意义如图 1.2 所示。

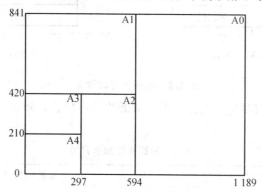

图 1.1　图纸幅面

表 1.1　图纸幅面及图框尺寸

mm

尺寸代号 ＼ 幅面代号	A0	A1	A2	A3	A4
$b \times l$	841×1 189	594×841	420×594	297×420	210×297
c	10	5			
a	25				

　　（2）需要微缩复制的图纸，其一条边上应附有一段准确米制尺度，四个边上均附有对中标志，米制尺度的总长应为 100 mm，分格应为 10 mm。对中标志应画在图纸各边长的中点处，线宽应为 0.35 mm，伸入框内应为 5 mm。

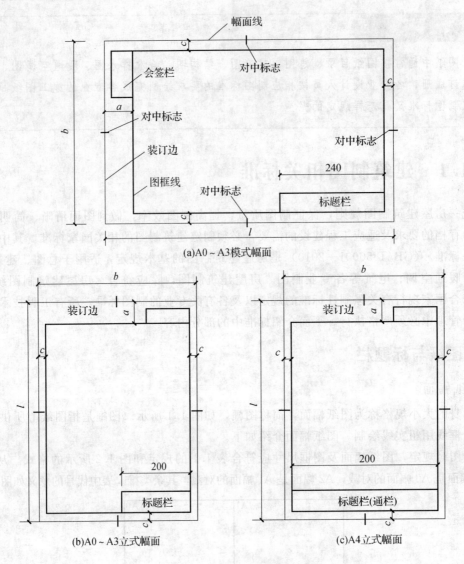

图 1.2　幅面代号的意义

（3）若图纸幅面不够，按照标准规定，可将图纸的长边加长，短边一般不应加长。其加长尺寸应符合表 1.2 的规定。

表 1.2　图纸长边加长尺寸　　　　　　　　　　　　　　　　　　　　　　　　　　mm

幅面尺寸	长边尺寸	加长后尺寸
A0	1 189	1 486、1 635、1 783、1 932、2 080、2 230、2 378
A1	841	1 051、1 261、1 471、1 682、1 892、2 102
A2	594	743、891、1 041、1 189、1 338、1 486、1 635、1 783、1 932、2 080
A3	297	630、841、1 051、1 261、1 471、1 682、1 892

注：有特殊需要的图纸，可采用 $b×l$ 为 841 mm×891 mm 或 1 189 mm×1 261 mm 的幅面

（4）图纸以短边作为垂直边称为横式，如图 1.2（a）所示；以短边作为水平边称为立式，如图 1.2（b）、1.2（c）所示。一般 A0～A3 图纸宜横式使用，必要时也可立式使用；而 A4 图纸只能立式使用。

技术提示

　　一个工程设计中，每个专业所使用的图纸，一般不宜多于两种幅面，不含目录及表格所采用的 A4 幅面。

2. 标题栏与会签栏

图纸的标题栏（简称图标）、会签栏及装订边的位置，应按照图1.2所示的形式布置。标题栏与会签栏主要内容如下。

（1）标题栏位于图纸的右下角，用来填写工程名称、设计单位、图名、签字、图纸编号等内容。如图1.3所示，标题栏应根据工程需要确定其尺寸、格式及分区。签字区应包含实名列和签名列。涉外工程的标题栏内，各项主要内容的中文下方应附有译文，设计单位的上方或左方，应加"中华人民共和国"字样。

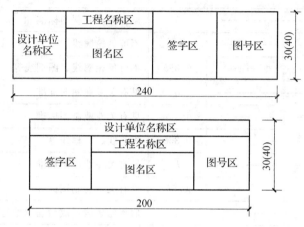

图 1.3 标题栏

制图作业的标题栏建议采用图1.4所示的格式和尺寸，边框线用粗实线绘制，分格线用细实线绘制。

（2）会签栏应画在图纸左上角的图框线外，其尺寸应为 100 mm×20 mm，并按照图1.5所示的格式绘制。栏内应填写会签人员所代表的专业、姓名、日期（年、月、日）。一个会签栏不够时，可另加一个或两个会签栏，使其并列排布，不需会签的图纸可不设会签栏。

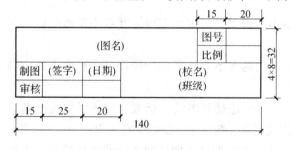

图 1.4 制图作业的标题栏

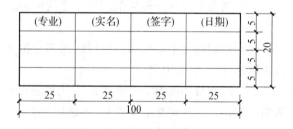

图 1.5 会签栏

【知识拓展】

工程图纸中各专业的图纸，应该按图纸内容的主次、逻辑关系有序排列，一般为图纸目录、总图、建筑图、结构图、给水排水图、暖通空调图、电气图等。

工程图纸会签应在各专业互提资料图中进行。

1.1.2 图线及画法

1. 线宽与线型

画在图纸上的线条统称为图线。为使图样层次清楚、主次分明，需用不同的线宽和线型来表示。国家制图标准对此做了明确规定。

图线的宽度 b 宜从下列线宽系列中选取：2.0 mm、1.4 mm、1.0 mm、0.7 mm、0.5 mm、

0.35 mm。每个图样应根据复杂程度与比例大小，先选定基本线宽 b，再选用表 1.3 中的相应线宽组。

表 1.3 各类图线规格及用途

名称		线型	线宽	一般用途
实线	粗	————————	b	主要可见轮廓线
	中	————————	$0.5b$	可见轮廓线
	细	————————	$0.35b$	可见轮廓线、图例线等
虚线	粗	- - - - - - - -	b	见有关专业制图标准
	中	- - - - - - - -	$0.5b$	不可见轮廓线
	细	- - - - - - - -	$0.35b$	不可见轮廓线、图例线等
点画线	粗	—·—·—·—·—	b	见有关专业制图标准
	中	—·—·—·—·—	$0.5b$	见有关专业制图标准
	细	—·—·—·—·—	$0.35b$	中心线、对称线等
双点画线	粗	—··—··—··	b	见有关专业制图标准
	中	—··—··—··	$0.5b$	见有关专业制图标准
	细	—··—··—··	$0.35b$	假想轮廓线，成型前原始轮廓线
折断线		———/———	$0.35b$	断开界线
波浪线		～～～～～	$0.35b$	断开界线

2．图线画法规定

（1）粗线的宽度应根据图形的大小和复杂程度的不同，在 0.5～2 mm 之间选择。

（2）同一图样中，同类图线的宽度应一致。虚线、点画线及双点画线的线段长度和间隔应各自大致相等（均匀）。

（3）两条平行线（包括剖面线）之间的距离应不小于粗实线的两倍宽度，其最小距离不得小于 0.7 mm。

（4）绘制相交中心线时，应以线段部分相交，点画线的起始与终了应为线段。一般中心线应超出轮廓线 3～5 mm 为宜。

（5）绘制较小图时，允许用细实线代替点画线。《房屋建筑制图统一标准》对图线宽度 b 做了明确的规定。先选定基本线宽 b，再选用表 1.3 中相应线宽组。粗、中、细线宽比例为 1∶0.5∶0.25。

（6）虚线与虚线交接或虚线与其他图线交接时，应以线段相交。虚线为实线的延长线时，不得与实线连接。

（7）点画线或双点画线的两端不应是点，点画线与点画线交接或点画线与其他图线交接时，应以线段相交。

1.1.3 字　体

汉字应写成长仿宋体，并采用中华人民共和国国务院正式公布推行的《汉字简化方案》中规定的简化字。

1．基本要求

图样中书写字体必须做到：字体端正、笔画清楚、间隔均匀、排列整齐。

2．字体高度

字体的高度 h（mm），系列为 2.5、3.5、5、7、10、14、20。字高以"字号"称之，如 5 号字

即字高为 5 mm。若要书写更大的字，字高应按比例递增。

3. 汉字

汉字为长仿宋体，如图 1.6 所示，并采用国家正式公布的简化字，字宽约为字高的 2/3，字高不应小于 3.5 号，以避免字迹不清。

(a)长仿宋字的结构布局

10号字

字体工整　笔画清楚　间隔均匀　排列整齐

7号字

横平竖直注意起落结构均匀填满方格

5号字

技术制图机械电子汽车航空船舶土木建筑矿山井坑港口纺织服装

(b)不同字号样字

图 1.6　长仿宋字体

书写要点是"横平竖直、注意起落；结构均匀、填满方格"，表 1.4 为建筑工程制图仿宋字练习。

表 1.4　建筑工程制图仿宋字练习

名称	横	竖	撇	捺	挑	点	钩
形状	一	丨	丿	乀	✓✓	八	几
笔法	一	丨	丿	乀	✓✓	八	几

4. 字母和数字

常用字母为拉丁字母和希腊字母，数字为阿拉伯数字和罗马数字。

字体分直体和斜体，斜体字字头向右倾斜，与水平线约成 75°角。用作指数、分数、极限偏差、注脚等的数字及字母，一般采用小一号的字体。如图 1.7、图 1.8 所示。

ABCDEFGHIJKLM NOP

QRSTUVWXYZ

0123456789

图 1.7　拉丁字母（大写）　　　　　　**图 1.8　阿拉伯数字**

1.1.4 比 例

1. 术语

（1）比例是图样中图形与其实物相应要素的线性尺寸之比。

（2）原值比例是比值为 1 的比例，即 1：1。

（3）放大比例是比值大于 1 的比例，如 2：1 等。

（4）缩小比例是比值小于 1 的比例，如 1：2 等。

2. 比例系列

（1）需要按比例绘制图样时，应从表 1.5 规定的系列中选取适当的比例。

表 1.5　绘图所用的比例

常用比例	1：1、1：2、1：5、1：10、1：20、1：50、1：100、1：150、1：200、1：500、1：1 000、1：2 000、1：5 000、1：10 000、1：20 000、1：50 000、1：100 000、1：200 000
可用比例	1：3、1：15、1：25、1：30、1：40、1：60、1：150、1：250、1：300、1：400、1：600、1：1 500、1：2 500、1：3 000、1：6 000、1：15 000、1：30 000

（2）绘制同一构件的各个视图的尺寸应尽量采用相同的比例，并在标题栏的比例项内填写，当某个视图需要采用不同比例时，必须另行标注。

3. 比例尺的应用

应用比例尺时，如 1：100，先找出该比值上 1 m、5 m、10 m 等位置，然后再读出每一小格代表的数值，就能从比例尺上读取画图所需要的数据，如图 1.9（a）所示。

比例尺上只有六种不同的比例，当已知比例尺不能满足实际工作的需要时，可将比例尺上的读数进行换算。如 1：100 的比例可进行 1：1、1：10、1：1 000 等比例进行换算，如图 1.9（b）所示。

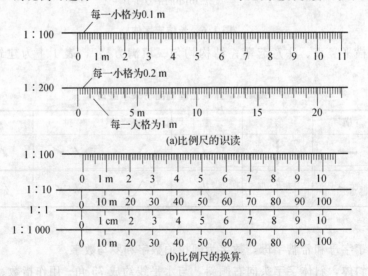

图 1.9　比例尺的识读和换算

1.1.5 尺寸标注

物体的形状可用图形来表达，但其大小必须依据图样上标注的尺寸来确定，因此尺寸标注是绘制工程图样的一项重要内容。

1. 尺寸的组成

一个完整的尺寸应由尺寸界线、尺寸线、尺寸数字和尺寸起止符号组成，如图 1.10 所示。

（1）尺寸界线——细实线，垂直于被标注的轮廓线（有时可用轮廓线做尺寸界线），由图形的轮廓线、轴线或对称中心线引出，也可利用轮廓线、轴线或对称中心线做尺寸界线，如图 1.11 所示。

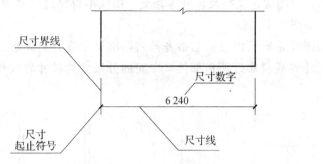

图 1.10　尺寸组成　　　　　　　图 1.11　尺寸界线

（2）尺寸线——细实线，平行于被标注的轮廓线（图纸上的任何图线不得作为尺寸线），尺寸线不能用其他图线代替，一般也不得与其他图线重合或画在其延长线上。标注角度时，尺寸线应画成圆弧，其圆心是该角的顶点，尺寸线的终端应画成箭头。多道尺寸标注时，第一道尺寸线距最外轮廓线距离 10 mm，相邻两道尺寸线间距宜为 7～10 mm。

（3）尺寸起止符号——中粗短斜线，倾斜方向从尺寸界线顺时针旋转 45°，长度为 2～3 mm。

（4）尺寸数字——尺寸数字的字号通常选用 3.5 号字。

①尺寸数字的注写方向。水平尺寸的数字字头向上，铅垂尺寸的数字字头朝左，倾斜尺寸的数字字头应有朝上的趋势，如图 1.12 所示。

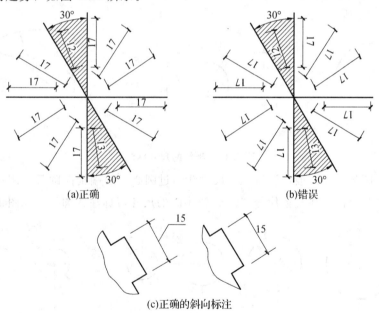

图 1.12　尺寸数字的注写方向

②尺寸数字的注写位置。对于水平方向的尺寸，其尺寸数字一般应注写在尺寸线的上方。如果尺寸界线较密，没有足够的注写位置，最外边的尺寸数字可注写在尺寸界线的外侧，中间相邻的尺寸数字可错开注写，也可引出注写（图 1.13）。

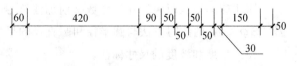

图 1.13　尺寸数字的注写位置

③尺寸数字不可被任何图线所通过，否则应将该图线断开，以保证尺寸数字清晰。

④同一图纸，尺寸数字应大小相同。

2.尺寸标注

(1)尺寸的排列与布置。

尺寸宜标注在图样轮廓线以外,不宜与图线、文字及符号等相交。图线不得穿过尺寸数字,不可避免时应将尺寸数字处的图线断开,如图1.14所示。

互相平行的尺寸线,应从被标注的图样轮廓线由近向远整齐排列,小尺寸线应离轮廓线较近,大尺寸线应离轮廓线较远。总尺寸的尺寸界线应靠近所指部位,中间的分尺寸的尺寸界线可稍短,但其长度应相等,如图1.15所示。

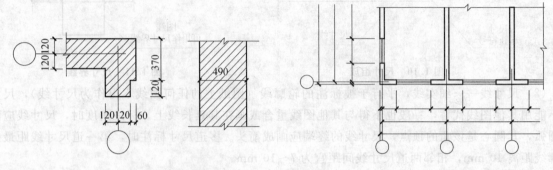

图1.14 尺寸标注的要求   图1.15 尺寸的排列

(2)半径、直径和球的尺寸标注。

半圆或小于半圆的圆弧,一般标注半径尺寸,尺寸线的一端从圆心开始,另一端用箭头指向圆弧,在半径数字前加注半径代号"R",较小圆弧的半径数字可引出标注;较大圆弧的尺寸线,可画成折断线,如图1.16所示。

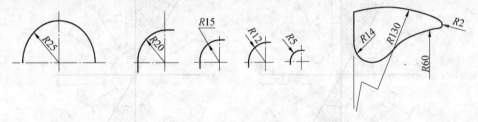

图1.16 半径的尺寸标注

圆或者大于半圆的弧,一般标注直径,尺寸线通过圆心,两端指向圆弧,用箭头作为尺寸的起止符号,并在直径数字前加注直径代号"φ",较小圆的尺寸可标注在圆外,如图1.17所示。

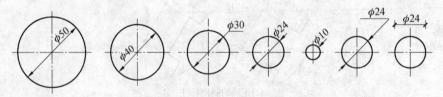

图1.17 直径的尺寸标注

标注球的半径时,应在尺寸数字前加注符号"SR";标注球的直径时,应在尺寸数字前加注符号"Sφ"。它的注写方法与圆半径和圆直径的尺寸标注方法相同,如图1.18所示。

(3)角度和坡度的尺寸标注。

角度的尺寸线用圆弧表示,其圆心为角的顶点,角的两边为尺寸界线,如图1.19所示。

标注坡度时,在坡度数字下应加注坡度符号,坡度符号的箭头一般应指向下坡方向,坡度也可用直角三角形形式标注,如图1.20所示。

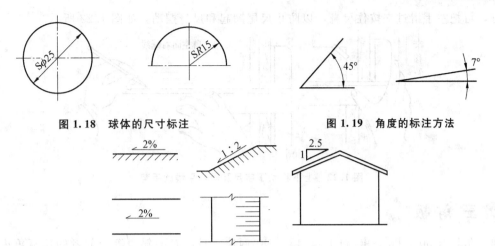

图 1.18 球体的尺寸标注　　　　　　　　　图 1.19 角度的标注方法

图 1.20 坡度的标注方法

【知识拓展】

标注弧长时，尺寸线应采用与圆弧同心的细圆弧线来表示，尺寸界线应垂直于该圆弧的弦，起止符号用箭头来表示，弧长数字的上方加注圆弧符号"⌒"。

标注圆弧的弦长时，尺寸线应以平行于该弦的直线表示，尺寸界线应垂直于该弦，起止符号应以中粗斜短线表示。

 # 1.2 绘图工具

1.2.1 图 板

图板是画图时的垫板，板面要平坦、光洁，左边是导边，必须保持平整，如图 1.21 所示。图板的大小有各种不同规格，可根据需要而选定。0 号图板适用于 A0 号图纸，1 号图板适用于 A1 号图纸，四周还略有宽余。图板不可用水刷洗和在日光下曝晒。

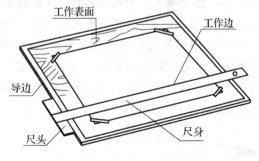

图 1.21 图板和丁字尺

1.2.2 丁字尺

丁字尺（图 1.21）由相互垂直的尺头和尺身组成。尺身要牢固地连接在尺头上，尺头的内侧面必须平直，用时应紧靠图板的左侧——导边。在画同一张图纸时，尺头不可以在图板的其他边滑动，以避免图板各边不成直角时，画出的线不准确。丁字尺的尺身工作边必须平直光滑，不可用丁字尺击物或用刀片沿尺身工作边裁纸。丁字尺用完后，宜竖直挂起来，以避免尺身弯曲变形或折断。

丁字尺主要用于画水平线，并且只能沿尺身上侧画线。作图时，左手把住尺头，使它始终紧靠图板左侧，然后上下移动丁字尺，直至工作边对准要画线的地方，再从左向右画水平线。画较长的水平线时，可把左手滑过来按住尺身，以防止尺尾翘起和尺身摆动，如图1.22所示。

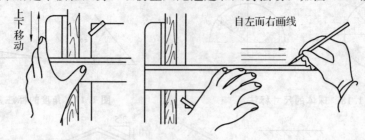

图1.22 上下移动丁字尺及画水平线的手势

1.2.3 三角板

一副三角板有30°、60°、90°和45°、45°、90°两块，且后者的斜边等于前者的长直角边。三角尺除了直接用来画直线外，还可以配合丁字尺画垂直线和画30°、45°、60°及15°×n的各种斜线，如图1.23所示。

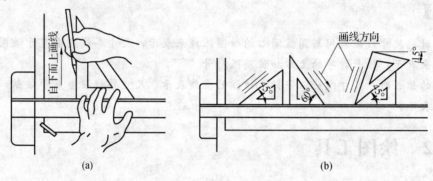

(a)   (b)

图1.23 用三角板和丁字尺配合画垂直线和各种斜线

1.2.4 铅笔

绘图铅笔有各种不同的硬度。标号B，2B，…，6B表示软铅芯，数字越大，表示铅芯越软；标号H，2H，…，6H表示硬铅芯，数字越大，表示铅芯越硬；标号HB表示中软。画底稿宜用H或2H，徒手作图可用HB或B，加重直线用H、HB（细线）、HB（中粗线）、B或2B（粗线）。铅笔尖应削成锥形，芯露出5～8 mm。削铅笔时要注意保留有标号的一端，以便始终能识别其软硬度。使用铅笔绘图时，用力要均匀，用力过大会划破图纸或在纸上留下凹痕，甚至折断铅芯。画长线时要边画边转动铅笔，使线条粗细一致。画线时，从正面看笔身应倾斜约60°，从侧面看笔身应铅直（图1.24）。持笔的姿势要自然，笔尖与尺边距离始终保持一致，线条才能画得平直准确。

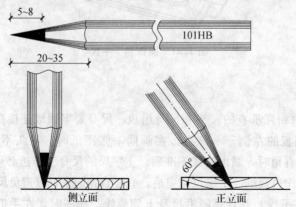

图1.24 铅笔及其用法

1.2.5 圆规、分规

1. 圆规

圆规是用来画圆及圆弧的工具。圆规的一腿为可固定的活动钢针，另一腿上附有插脚，根据不同用途可换上铅芯插脚、鸭嘴笔插脚、针管笔插脚、接笔杆（供画大圆用）。圆规及画圆的姿势如图 1.25 所示。

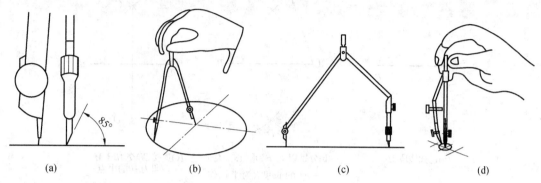

（a）　　　　　　　（b）　　　　　　　（c）　　　　　　　（d）

图 1.25　圆规的针尖和画圆的姿势

2. 分规

分规是截量长度和等分线段的工具，它的两个腿必须等长，两针尖合拢时应合成一点。用分规等分线段时，一般应采用试分的方法。

1.2.6 比 例 尺

比例尺是用来放大或缩小线段长度的尺子。有的比例尺做成三棱柱状，称为三棱尺。三棱尺上刻有六种刻度，通常分别表示为 1∶100、1∶200、1∶300、1∶400、1∶500、1∶600 等六种比例，可根据需要选用。绘图时千万不要把比例尺当作三角板来画线。如图 1.26 所示。

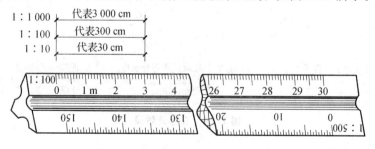

图 1.26　比例尺

1.2.7 绘图墨水笔

绘图墨水笔的笔尖是一支细的针管，又名针管笔。绘图墨水笔能像普通钢笔一样吸取墨水。笔尖的管径从 0.1 mm 到 1.2 mm，有多种规格，可视线型粗细而选用。使用时应注意保持笔尖清洁。

1.3　几何作图

在工程作图中，无论建筑物的结构、形状怎样复杂，其绘图轮廓不外是由一些直线、圆弧、规则或不规则的曲线按一定的规律组成的。正确使用绘图仪器和工具，掌握几何作图的基本技能和方法可以为绘制工程图打好基础。本节主要介绍一些常用的几何作图方法。

1.3.1 等分直线段

等分直线段的方法在绘制楼梯、花格等图形中经常用到。

1. 二等分线段

线段的二等分可用平面几何中作垂直平分线的方法来画，其作图方法和步骤如图1.27所示。

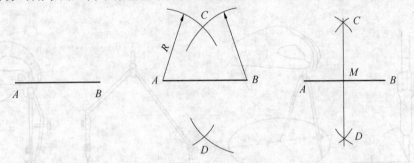

(a)已知线段AB

(b)分别以A、B为圆心，大于$\frac{1}{2}AB$的长度R为半径作弧，两弧交于C、D

(c)连接CD交AB于M，M即为AB的中点

图1.27　二等分线段

2. 五等分线段

五等分线段作图方法和步骤如图1.28所示。

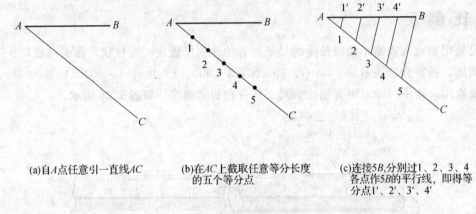

(a)自A点任意引一直线AC

(b)在AC上截取任意等分长度的五个等分点

(c)连接5B,分别过1、2、3、4各点作5B的平行线，即得等分点1′、2′、3′、4′

图1.28　五等分线段

1.3.2 圆内接正多边形

圆的内接正多边形，就是将圆周等分，再把各等分点依次连接所形成的多边形。

（1）圆的内接正三角形作图方法和步骤如图1.29和图1.30所示。

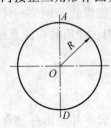 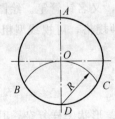 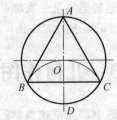

(a)已知半径为R的圆及圆上两点A、D

(b)以D为圆心，R为半径作弧得B、C两点

(c)连接AB、AC、BC,即得圆内接正三角形

图1.29　用圆规作圆的内接正三角形

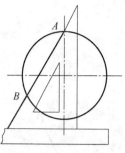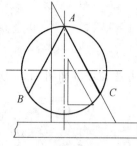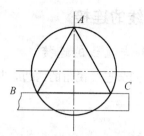

(a)将60°三角板的短直角边
紧靠丁字尺工作边,沿斜
边过点A作直线AB

(b)翻转三角板,沿斜边过
点A作直线AC

(c)用丁字尺连接BC,即得
圆内接正三角形ABC

图 1.30   用丁字尺和三角板作圆的内接正三角形

(2) 圆的内接正五边形作图方法和步骤如图 1.31 所示。

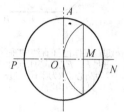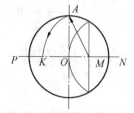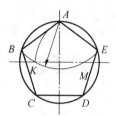

(a)已知半径为R的圆及
圆上的点P、N,作
ON的中点M

(b)以M为圆心,MA为半
径作弧交OP于K,AK
即为圆内接正五边形
的边长

(c)以AK为边长,自A点
起,五等分圆周得B、
C、D、E点,依次连
接各点,即得圆内接
正五边形ABCDE

图 1.31   作圆内接正五边形

(3) 圆的内接正六边形作图方法和步骤如图 1.32 所示。

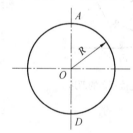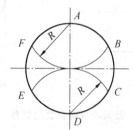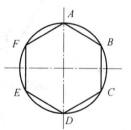

(a)已知半径为R的圆及
圆上两点A、D

(b)分别以A、D为圆心,
R为半径作弧得B、
C、E、F各点

(c)依次连接各点即得圆内
接正六边形ABCDEF

图 1.32   六等分圆周作圆内接正六边形

(4) 任意等分圆周并作圆内接 n 边形(以圆内接正七边形为例)作图方法和步骤如图 1.33 所示。

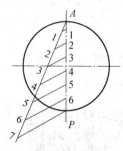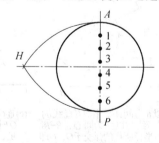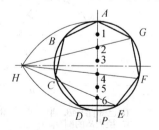

(a)已知直径为D的圆及
圆直径AP,将直径AP
七等分得1、2、3、4、
5、6、7点

(b)以A(或P)为圆心,D为半
径作弧,与圆的中心线的
延长线交于点H

(c)连接H及AP上的偶数点,并延
长与圆周相交得点G、F、E,
在另一半圆上对称地作出点
B、C、D,依次连接各点,即
得圆内接正七边形ABCDEFG

图 1.33   圆的内接正七边形

1.3.3 线的连接

1. 直线与直线的连接

（1）用圆弧连接锐角的两边，其方法和步骤如图 1.34 所示。

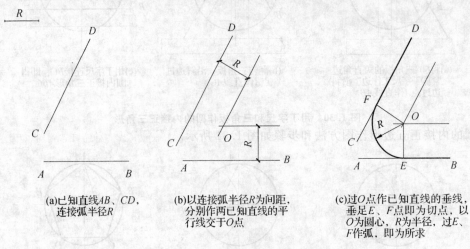

(a)已知直线AB、CD，
连接弧半径R

(b)以连接弧半径R为间距，
分别作两已知直线的平
行线交于O点

(c)过O点作已知直线的垂线，
垂足E、F点即为切点，以
O为圆心，R为半径，过E、
F作弧，即为所求

图 1.34　圆弧连接两直线（锐角）

（2）用圆弧连接钝角的两边或用圆弧连接直角的两边时，其方法和步骤如图 1.35 所示。

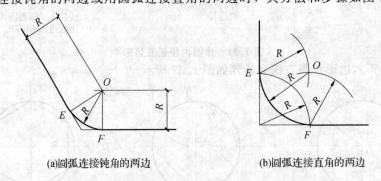

(a)圆弧连接钝角的两边

(b)圆弧连接直角的两边

图 1.35　圆弧连接两直线（钝角、直角）

2. 直线与圆弧的连接

（1）连接弧与圆外切，其方法和步骤如图 1.36 所示。

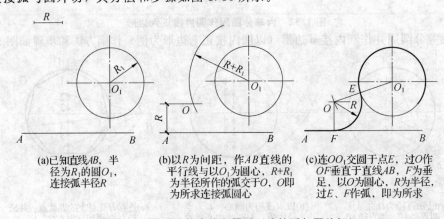

(a)已知直线AB，半
径为R_1的圆O_1，
连接弧半径R

(b)以R为间距，作AB直线的
平行线与以O_1为圆心，$R+R_1$
为半径所作的弧交于O，O即
为所求连接弧圆心

(c)连OO_1交圆于点E，过O作
OF垂直于直线AB，F为垂
足，以O为圆心，R为半径，
过E、F作弧，即为所求

图 1.36　圆弧连接直线和圆弧（连接弧与圆外切）

（2）连接弧与圆内切，其方法和步骤如图1.37所示。

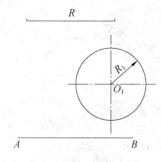
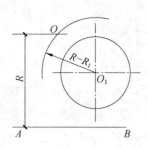
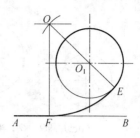

(a)已知直线AB，半径为
R_1的圆心O_1，连接弧
半径R

(b)以R为间距作直线AB的
平行线与以O_1为圆心，
$R-R_1$为半径所作的弧
交于O，O即为所求连
接弧的圆心

(c)连OO_1并延长交圆于点E，
过O作OF垂直AB，F为垂
足，以O为圆心，R为半径
过E、F点作弧，即为所求

图1.37　圆弧连接直线和圆弧（连接弧与圆内切）

3. 圆弧与圆弧的连接

（1）圆弧与圆弧外切连接，其方法和步骤如图1.38所示。

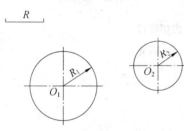
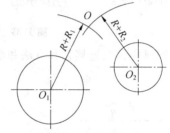

(a)已知圆O_1、O_2，半径分别
　为R_1、R_2，连接弧半径为R

(b)分别以O_1、O_2为圆心，$R+R_1$、
　$R+R_2$为半径作弧，并交于点
　O，O即为连接弧圆心

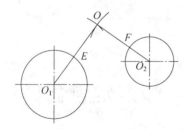
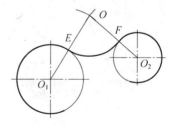

(c)连接OO_1、OO_2，与两圆
　的圆周分别交于E、F
　点，E、F点即为切点

(d)以O为圆心，R为半径，自
　切点E、F作弧，即为所求

图1.38　圆弧与圆弧外切连接

（2）圆弧与圆弧内切连接，其方法和步骤如图1.39所示。

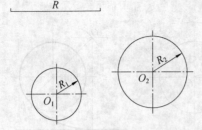

(a)已知圆O_1、O_2，半径分别
为R_1、R_2，连接弧半径为R

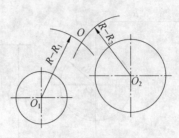

(b)分别以O_1、O_2为圆心，$R-R_1$、
$R-R_2$为半径作弧，并交于点
O，O即为连接弧圆心

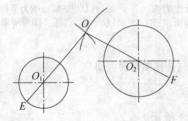

(c)连OO_1、OO_2并延长，使其与两圆的圆周
分别交于点E、F，E、F点即为切点

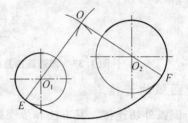

(d)以O为圆心，R为半径，自切
点E、F作弧，即为所求

图1.39　圆弧与圆弧内切连接

（3）圆弧与圆弧内外切连接，其方法和步骤如图1.40所示。

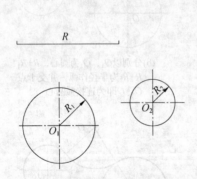

(a)已知圆O_1、O_2，半径分别为
R_1、R_2，连接弧半径为R

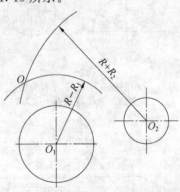

(b)分别以O_1、O_2为圆心，$R-R_1$、
$R+R_2$为半径作弧，并交于点
O，O即为连接弧圆心

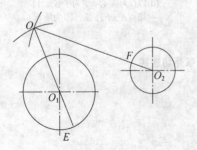

(c)连OO_1、OO_2与两圆的圆周
分别交于点E、F，E、F即
为切点

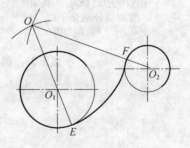

(d)以O为圆心，R为半径，自切点
E、F作弧，即为所求连接弧

图1.40　圆弧与圆弧内外切连接

1.3.4　曲线的画法

（1）用同心圆法作椭圆，其方法和步骤如图 1.41 所示。

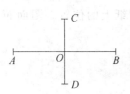
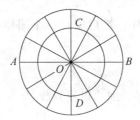
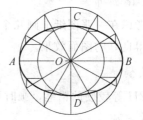

(a)已知椭圆的长轴
AB及短轴CD

(b)以O为圆心，分别以OA、
OC为半径作圆，并将圆
十二等分

(c)分别过小圆上的等分点作
水平线，大圆上的等分点
作竖直线，其各对应的交
点，即为椭圆上的点，依
次相连即可

图 1.41　同心圆法作椭圆

（2）用四心圆弧近似法作椭圆，其方法和步骤如图 1.42 所示。

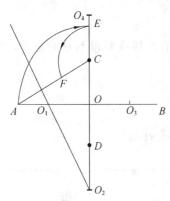
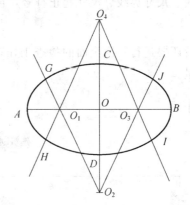

(a)已知椭圆的长短轴AB、CD。连接
AC，以O为圆心，OA为半径作弧，
交OC的延长线于点E，以C为圆心，
CE为半径作弧交AC于点F，作AF的
垂直平分线，交长轴于O_1，短轴于
O_2，作$OO_3=OO_1$，$OO_4=OO_2$

(b)连O_1O_2、O_1O_4、O_2O_3、O_3O_4并将其
延长，分别以O_1、O_2、O_3、O_4为圆
心，O_1A、O_3B、O_2C、O_4D为半径
作弧，使各弧相接于G、H、I、J
点，即为所求

图 1.42　四心圆弧法作近似椭圆

 # 1.4　绘图步骤

1.4.1　准备工作

（1）对所绘图样进行阅读了解，在绘图前尽量做到心中有数。

（2）准备好必需的绘图仪器、工具、用品，并且把图板、丁字尺、三角板、比例尺等擦洗干净，把绘图工具、用品放在绘图桌适当位置，但不能影响丁字尺的上下移动。

（3）选好图纸，将图纸用胶带纸固定在图板的适当位置，此时必须使图纸的上边对准丁字尺的上边缘，然后下移使丁字尺的上边缘对准图纸的下边。

1.4.2 绘图的一般步骤

1. 进行图面布置

首先要考虑在一张图纸上画几个图样，然后安排各个图样在图纸上的位置。图面布置要适中、匀称，以获得良好的图面效果。

2. 画底稿

用 H、2H 等较硬的铅笔，画时要轻、细，以便修改。

3. 加深图线

底稿画好后要检查一下，看是否有错误和遗漏，改正后再加深图线。常用 HB、B 等稍微软的铅笔加深，或用墨线笔上墨。其顺序是水平线自上而下、垂直线自左向右顺序加深。不论是铅笔加深或是上墨线，都要正确掌握好线型。

4. 标注尺寸

先画尺寸线、尺寸界线、尺寸起止符号，再注写尺寸数字。

5. 检查

图样画完后还要进行一次全面的检查工作，看是否有画错或画得不好的地方，然后进行修改，以确保图面质量。

【重点串联】

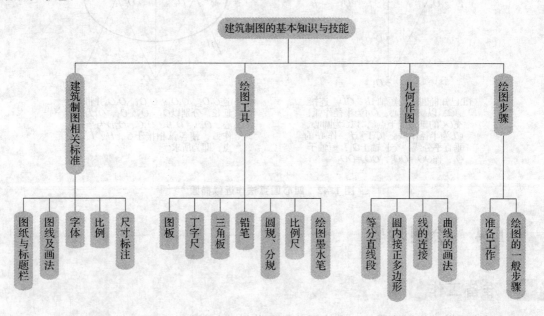

拓展与实训

职业能力训练

一、选择题

1. 图纸本身的大小规格称为图纸幅面，A1 的图幅为（　　）。

A. 841×1 189　　　　　　B. 594×841　　　　　　C. 420×594

2. 国家标准中规定绘制工程图样时，图框画（　　）。

A. 粗实线　　　　　　　　B. 细实线　　　　　　　　C. 中实线

3. 标注尺寸时，尺寸线画（　　）。

A. 粗实线　　　　　　　　B. 细实线　　　　　　　　C. 中实线　　　　　　　　D. 点画线

4. 标注尺寸时，尺寸界线一般画细实线，必要时可以由（　　）代替。

A. 轮廓线　　　　　　　　B. 中实线　　　　　　　　C. 对称中心线　　　　　　　　D. 轴线

二、简答题

1. 图纸幅面有哪几种格式？它们之间有什么关系？

2. 尺寸标注的四要素是什么？尺寸标注的基本要求有哪些？

工程模拟训练

1. 工程字体练习。按照相关标准要求，进行一段时间的强化练习。

2. 图纸、比例、图线、尺寸标注练习。用 A3 幅面图纸合理布置图面，分别用粗实线、中虚线完成矩形和圆形的绘制（选取适当比例尺与尺寸）并标注相关尺寸。

模块 2

投影的基本知识

【模块概述】

用立体图、摄影或绘画（效果图）的方法来描绘建筑物，如图 2.1 所示，其形象都是立体的，这种图和我们看到实际物体的效果比较一致，建筑物远矮近高，门窗近大远小，很容易看懂。但是这种图不能把建筑物的真正尺寸、形状准确地表示出来，也不能全面地表达设计意图，指导施工。

那么，在建筑中如何表达建筑物的尺寸和形状呢？那就需要用到工程界统一的技术语言——工程图样，而工程图样就是人们根据投影的基本原理按一定规则绘制的。本模块将介绍投影的有关内容。

【知识目标】

1. 了解投影的基本概念、分类；
2. 掌握正投影原理及其基本特性；
3. 熟悉三面投影体系及点、线、面、体的投影规律。

【技能目标】

1. 能够熟练运用点、直线、平面、基本几何体的投影规律绘制投影图；
2. 能够分析、识读、绘制组合体投影图。

【课时建议】

4～6 课时

工程导入

　　如图2.1所示是某住宅小区沿街商业及住宅单体的透视效果图，该图是投影法在工程中的一种运用。但透视投影法是按中心投影原理绘制的，其优点是形象逼真，缺点是度量性差。要准确表达建筑物的尺寸，就需要采用多面正投影法，常用的是三面正投影法，即本模块所研究的内容。

图 2.1　房屋效果图（中心投影）

2.1　投影的基本概念与分类

2.1.1　投影的形成

　　日常生活中到处可以看到影子，如灯光下的物影、阳光下的人影，这些都是自然界的投影现象，自然界中物体的影子是灰黑一片的。如图2.2所示，它只能反映物体外形的轮廓，不能反映物体上的一些变化或内部情况，这样不能符合清晰表达工程物体形状大小的要求。

　　在工程作图时，为了解决工程图样的问题，人们将影子与物体之间的关系经过科学改造，即假设按规定方向射来的光线能够透过物体照射，形成的影子不但能反映物体的外形，同时也能反映物体上部和内部的情况，这样形成的影子就称为投影，如图2.3所示。

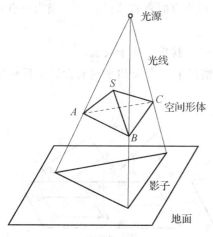

图 2.2　物体影子

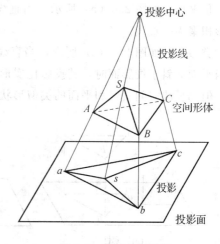

图 2.3　物体的投影图

我们把能够产生光线的光源称为投影中心，光线称为投射线，落影平面称为投影面，用投影表达物体形状和大小的方法称为投影法，用投影法画出的物体的图形称为投影图。

2.1.2 投影法的分类

投影法分中心投影法和平行投影法两大类。

1. 中心投影法

由一点发出的光线照射物体所形成的投影，称为中心投影，如图 2.4 所示。采用中心投影时，投影中心距投影面有限远，所有的投影线都汇交于一点，物体的投影大小与其相对投影面的远近位置有关，并且不能反映其真实形状。

2. 平行投影法

由一组相互平行的光线照射物体所形成的投影，称为平行投影。因投影线与投影面的倾角不同，平行投影又分为正投影和斜投影两种。

（1）正投影。

如图 2.5（a）所示，当投射线相互平行且垂直于投影面时形成的投影，称为正投影。在正投影的条件下，使物体的某个面平行于投影面，则该面的正投影反映其实际形状和大小，一般工程图样都选用正投影原理绘制，因此正投影是本模块研究的主要内容，以下所说投影无特别说明均指正投影。

（2）斜投影。

如图 2.5（b）所示，当投射线相互平行且倾斜于投影面时形成的投影，称为斜投影。

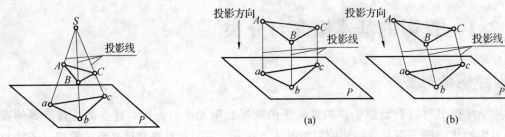

图 2.4　中心投影　　　　　　　　　图 2.5　平行投影

经过归纳，平行投影的基本性质主要有以下三点：

①显实性。如图 2.6（a）所示，当直线或平面与投影面平行时，它们在该投影面上的投影反映直线的实长或平面的实形。因此又称全等性。

②积聚性。如图 2.6（b）所示，当直线或平面与投影面垂直时，直线的投影积聚为一点，平面的投影积聚为一直线。

③类似性。如图 2.6（c）所示，当直线倾斜于投影面时，其投影短于实长。

当平面倾斜于投影面时，其投影比实形小。即在这种情况下，直线和平面的投影不反映实长或实形，但仍反映空间直线和平面的类似形状。

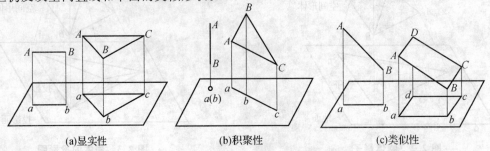

(a)显实性　　　　　　　(b)积聚性　　　　　　　(c)类似性

图 2.6　平行投影的性质

【知识拓展】

工程中常用的投影法有透视投影法、轴测投影法、多面正投影法和标高投影法。透视投影法是按中心投影原理绘制的，其优点是形象逼真，缺点是度量性差，多用于建筑效果图的绘制；轴测投影法是按平行投影的原理绘制的，立体感强，但尺寸标注复杂，常用于机械构件的绘制；多面正投影法是把物体用平行投影的原理向两个或三个互相垂直的投影面进行投影所得的图样，简称正投影法，优点是能够准确地反映物体的形状结构，作图方便，度量性好，工程图样大多都是采用这种方法绘制的；标高投影法是一种单面正投影，它能够表达不同高度的形状，常用于地形图的绘制。

 # 2.2　三面投影及其对应关系

2.2.1　形体的三面投影

1. 三面投影体系的建立

如图 2.7 所示，设立三个相互垂直的投影面 *H*、*V*、*W*，组成一个三面投影体系。*H* 面称为水平投影面，*V* 面称为正立投影面，*W* 面称为侧立投影面。任意两个投影面的交线称为投影轴，分别用 *X* 轴、*Y* 轴、*Z* 轴表示。三个投影轴的交点 *O* 称为原点。

2. 三面投影图的形成

如图 2.8（a）所示，在投影体系中，利用正投影原理将物体分别向这三个投影面上进行投影，就会在 *H*、*V*、*W* 面上得到物体的三面投影，分别称为水平投影、正面投影和侧面投影。为把空间三个投影面上所得到的投影画在一个平面上，需将三个互相垂直的投

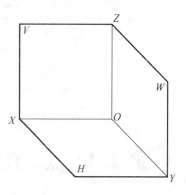

图 2.7　三面投影体系

影平面展开摊平为一个平面，即 *V* 面不动，*H* 面以 *OX* 为轴向下旋转 90°，*W* 面以 *OZ* 轴向右旋转 90°，使它们与 *V* 面在同一个平面上，如图 2.8（b）所示。这样，就得到了位于同一个平面上的三个正投影图，也就是物体的三面投影图，如图 2.8（c）所示，这时 *Y* 轴分为两条，在 *H* 面上的记作 Y_H，在 *W* 面上的记作 Y_W。因为投影面的边框及投影轴与表示物体的形状无关，所以在绘制工程图样时可不予绘出。

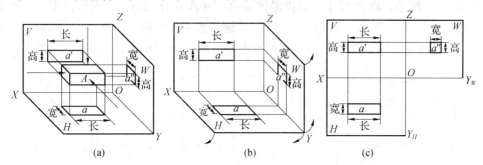

　　　　(a)　　　　　　　　　　(b)　　　　　　　　　　(c)

图 2.8　物体三面投影的形成

2.2.2　三面投影的对应关系

1. 三面投影图的投影关系

在投影体系中，物体的 *X* 轴方向的尺寸称为长度，*Y* 轴方向的尺寸称为宽度，*Z* 轴方向的尺寸称为高度。如图 2.8 所示，由三面投影图的形成可知，物体的水平投影反映它的长和宽，正面投影

反映它的长和高，侧面投影反映它的宽和高。由此可知，物体的三面投影之间存在下列的对应关系。

（1）水平投影和正面投影的长度必相等，且相互对正，即"长对正"。

（2）正面投影和侧面投影的高度必相等，且相互平齐，即"高平齐"。

（3）水平投影和侧面投影的宽度必相等，即"宽相等"。

在三面投影图中，"长对正、高平齐、宽相等"是画投影图必须遵循的对应关系，也是检查投影图是否正确的重要原则。

2. 三面投影图的方位关系

当物体在投影体系中的相对位置确定以后，它就有上、下、左、右、前、后六个方位，如图 2.9（a）所示。由三面图的形成可以看出，物体的水平投影反映左、右、前、后四个方向；正面投影反映左、右、上、下四个方向；侧面投影反映上、下、前、后四个方向，如图 2.9（b）所示。

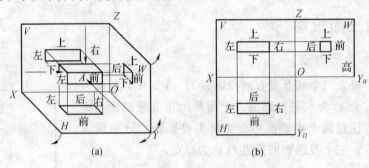

图 2.9 三面投影的方位关系

2.3 点、直线、平面的投影

点是组成空间形体最基本的几何元素，任何复杂的形体都可以看成是由点、线和面组成的。所以要解决形体的投影问题，首先要研究点、线和面的投影特性。

2.3.1 点的投影

1. 点的三面投影及其规律

如图 2.10（a）所示，将 A 置于三面投影体系中，过 A 点分别向三个投影面作垂直投影线，所得三个垂足为 a、a'、a''，即为 A 点的三个投影。a 表示水平面投影，a' 表示正立面投影，a'' 表示侧立面投影。将投影体系展开即得 A 点的三面投影图，如图 2.10（b）、图 2.10（c）所示。

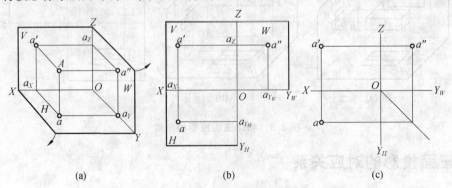

图 2.10 点在三面体系中的投影

根据正投影的原理分析，由图 2.10 可知点的三面投影的规律如下：

（1）点的投影仍是点。

（2）点的任意两面投影的连线垂直于相应的投影轴。$Aa' \perp OX$，$a'a'' \perp OZ$，$aa_{Y_H} \perp OY_H$，$a''a_{Y_W} \perp OY_W$。

（3）点的投影到投影轴的距离，反映点到相应投影面的距离。

点 A 到 H 面的距离：$Aa = a'a_X = a''a_{Y_W}$。

点 A 到 V 面的距离：$Aa' = aa_X = a''a_Z$。

点 A 到 W 面的距离：$Aa'' = aa_{Y_H} = a'a_Z$。

2. 重影点

当空间两点位于某一投影面的同一投影线上时，此两点的投影重合，这个重合的投影称为重影，空间的两点称为重影点。如图 2.11 所示，A、B 两点在 H 面的同一投影线上，且 A 在 B 之上，则两点的水平面投影 a、b 重合。沿着射线方向看，点 A 挡住了点 B，则 B 点为不可见点，为在投影图中区别点的可见性，将不可见点的投影用字母加括号表示，如重影点 A、B 的水平投影用 $a(b)$ 表示。

判断重影点可见与不可见，是根据它们不重合的同面投影来判别的，坐标值大的为可见，坐标值小的为不可见。

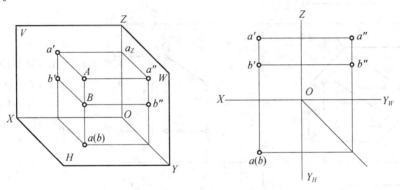

图 2.11　重影点的三面投影

2.3.2　直线的投影

由初等几何可知，两点确定一直线。所以要确定直线 AB 的空间位置，只要确定出 A、B 两点的空间位置，连接起来即可确定该直线的空间位置，如图 2.12（a）所示。因此，在作直线 AB 的投影时，只要分别作出 A、B 两点的三面投影 a、a'、a'' 和 b、b'、b''，再分别把两点在同一投影面上的投影连接起来，即得直线 AB 的三面投影 ab、$a'b'$、$a''b''$，如图 2.12（b）所示。

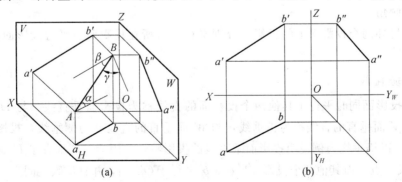

图 2.12　直线在三面体系中的投影

按直线与投影面之间的相对位置不同，直线可分为三类：投影面平行线、投影面垂直线和一般位置直线。

1. 投影面平行线

只平行于一个投影面而与其他两个投影面倾斜的直线称为投影面平行线。只与 H 面平行的直线称为水平线，只与 V 面平行的直线称为正平线，只与 W 面平行的直线称为侧平线。投影面平行线的投影特性见表 2.1，以水平线为例加以说明。因为直线 AB 平行于 H 面，所以 ab 反映线段实长，即 $ab=AB$，并且 ab 与 OX 轴的夹角 β 等于 AB 与 V 面的倾角，ab 与 OY_H 的夹角 γ 等于 AB 与 W 面的倾角。另外的两个投影 $a'b'$ 平行于 OX 轴，$a''b''$ 平行于 OY_W 轴，且较 AB 短。

表 2.1　投影面平行线的投影特性

名称	轴测图	投影图	投影性质
水平线	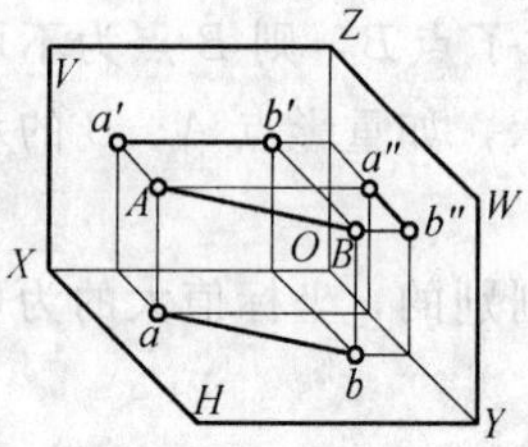	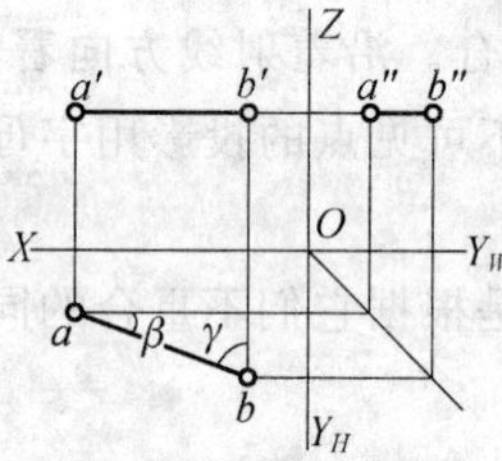	1. $ab=AB$ 2. $a'b'//OX$ 3. $a''b''//OY_W$ 4. 反映 β 和 γ 角
正平线	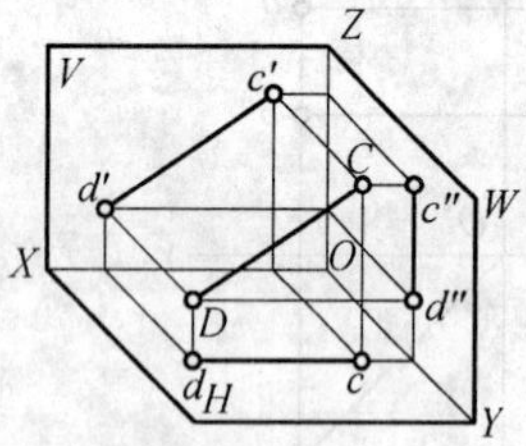	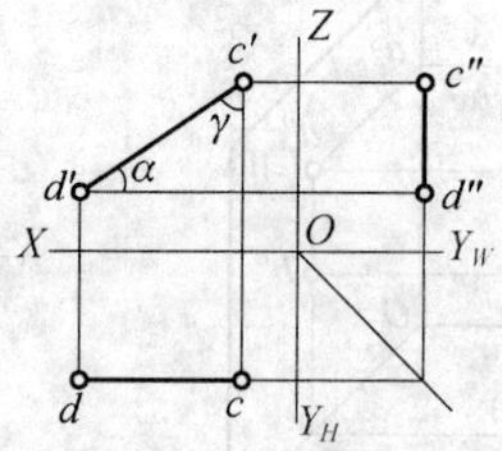	1. $c'd'=CD$ 2. $cd//OX$ 3. $c''d''//OZ$ 4. 反映 α 和 γ 角
侧平线	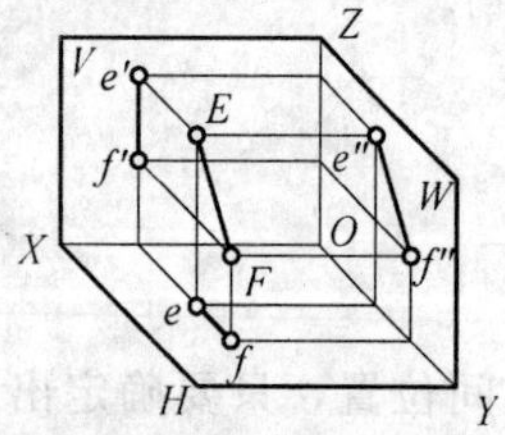	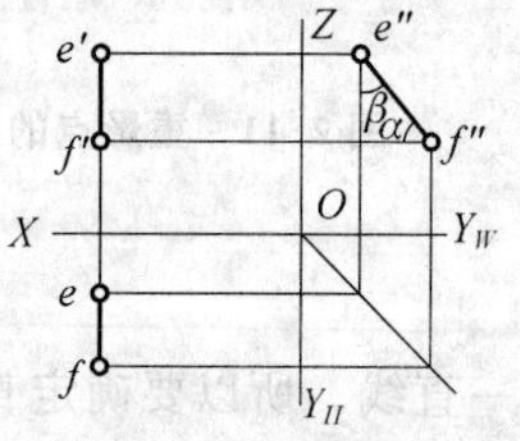	1. $e''f''=EF$ 2. $e'f'//OZ$ 3. $ef//OY_H$ 4. 反映 α 和 β 角

综合分析各投影面平行线的投影特性可知，投影面平行线具有下列投影特性：

（1）在与其平行的投影面上的投影反映直线段实长，该投影与投影轴的夹角反映直线与另外两个投影面的真实倾角。

（2）直线在另外两个投影面上的投影，分别平行于其所在投影面与平行投影面相交的投影轴，但不反映实长。

2. 投影面垂直线

垂直于一个投影面同时平行于其他两个投影面的直线称为投影面垂直线。与 H 面垂直的直线称为铅垂线，与 V 面垂直的直线称为正垂线，与 W 面垂直的直线称为侧垂线。投影面垂直线的投影特性见表 2.2。以铅垂线为例说明投影面垂直线的投影特性。因为 AB 垂直于 H 面，所以它的水平投影 ab 积聚成一点，而其他两个投影 $a'b'$ 和 $a''b''$ 平行于 OZ 轴，并且反映空间直线的实长。

表 2.2　投影面垂直线的投影特性

名称	轴测图	投影图	投影性质
铅垂线	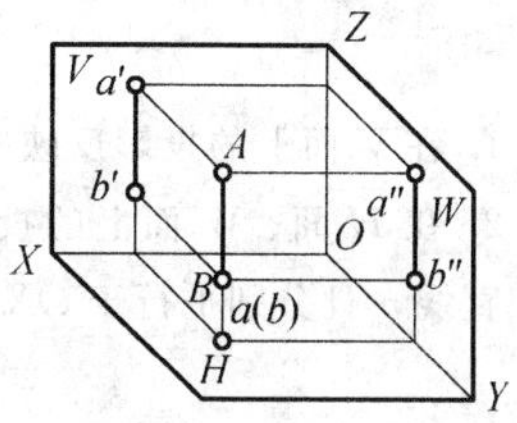	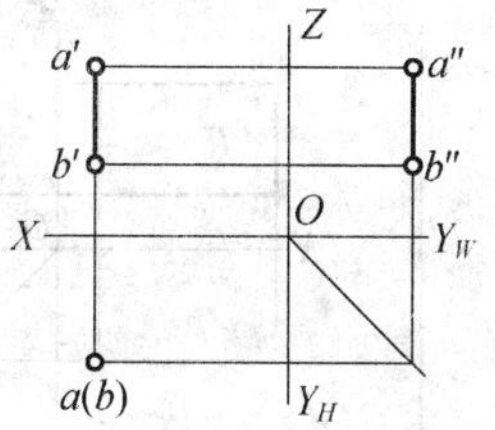	1. ab 积聚为一点 2. $a'b'=a''b''=AB$ 3. $a'b' \perp OX$ 4. $a''b'' \perp OY_W$
正垂线	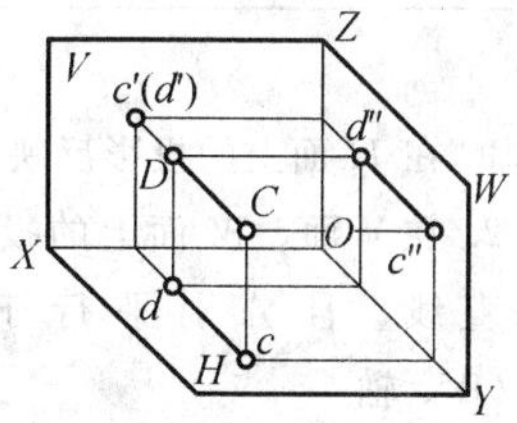	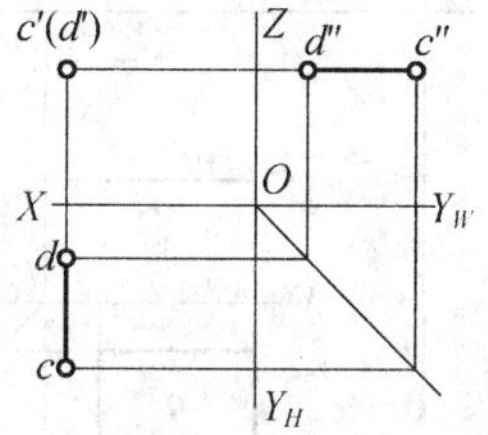	1. $c'd'$ 积聚为一点 2. $cd=c''d''=CD$ 3. $cd \perp OX$ 4. $c''d'' \perp OZ$
侧垂线	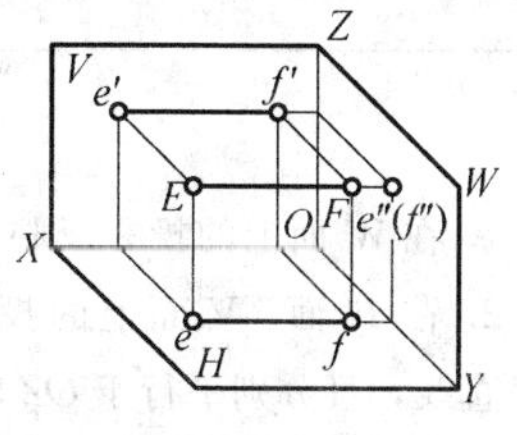	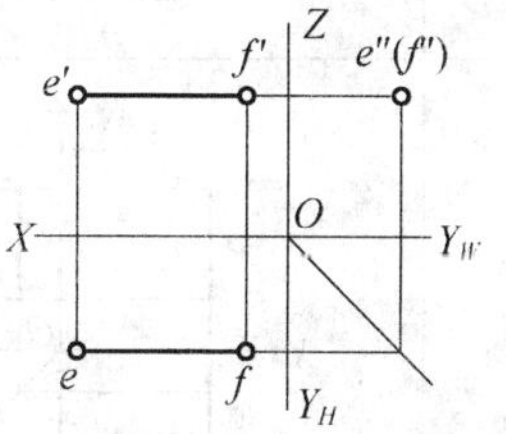	1. $e''f''$ 积聚为一点 2. $e'f'=ef=EF$ 3. $e'f' \perp OZ$ 4. $ef \perp OY_H$

综合分析各投影面垂直线的投影特性可知，投影面垂直线具有下列投影特性：

（1）直线在其垂直的投影面上的投影，积聚为一点。

（2）直线在其他两投影面上的投影，均垂直于其所在投影面与垂直投影面相交的投影轴，且反映实长。

3. 一般位置直线

与三个投影面均处于倾斜位置的直线称为一般位置直线，如图 2.12（a）所示。由图可知，由于直线与各投影面都处于倾斜位置，即与各投影面都有倾角，因此，线段投影长度均短于实长。直线 AB 的各个投影与投影轴的夹角不能反映直线对各投影面的倾角。由此可见，一般位置直线具有下列投影特性：

（1）直线的三个投影都为直线且均小于实长。

（2）直线的三个投影均倾斜于投影轴，任何投影与投影轴的夹角都不能反映空间直线与投影面的倾角。

2.3.3　平面的投影

平面可以看成是点和直线或直线和直线的不同形式的组合，一般常用平面图形来表示，如三角形、四边形、圆形等。要绘制平面的投影，只需作出表示平面图形轮廓的点和线的投影，依次连接其同面投影即可。根据平面与投影面相对位置不同，平面可以分为三类：投影面平行面、投影面垂直面和一般位置平面。下面分别研究各类平面的投影特性。

1. 投影面平行面

平行于一个投影面，同时垂直于其他两个投影面的平面称为投影面平行面。平行于 H 面的平面称为水平面，平行于 V 面的平面称为正平面，平行于 W 面的平面称为侧平面。各类投影面平行面的投影特性见表 2.3。

表 2.3　投影面平行面的投影特性

名称	轴测图	投影图	投影性质
正平面	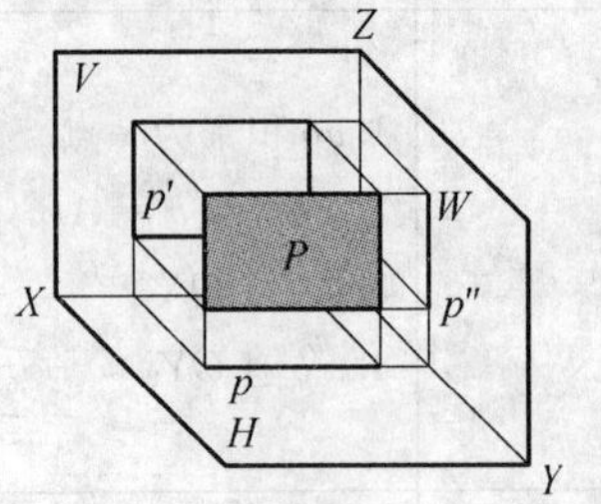	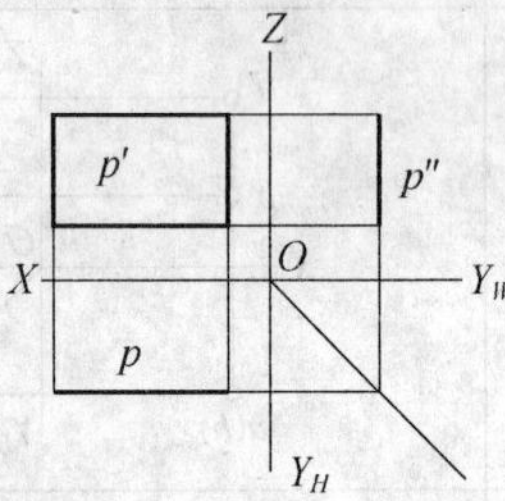	1. 在 V 面上的投影反映实形 2. 在 H 面、W 面上的投影积聚为一直线，且分别平行于 OX 轴和 OZ 轴
水平面	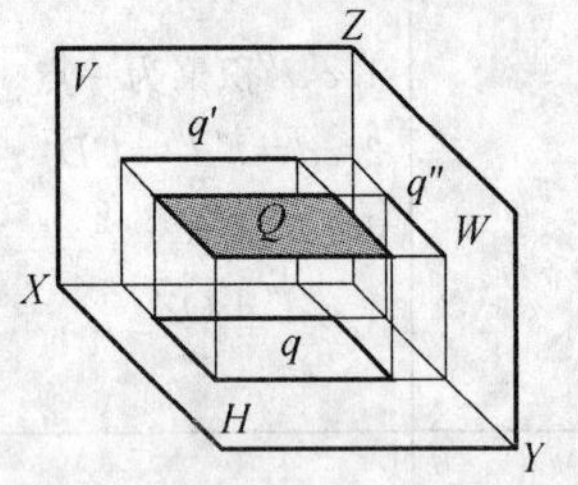	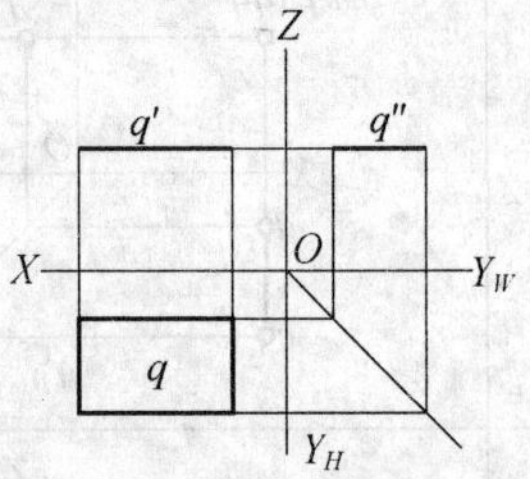	1. 在 H 面上的投影反映实形 2. 在 V 面、W 面上的投影积聚为一直线，且分别平行于 OX 轴和 OY_W 轴
侧平面	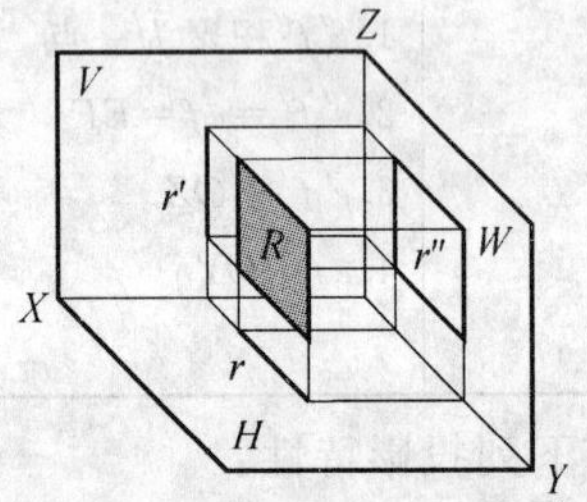	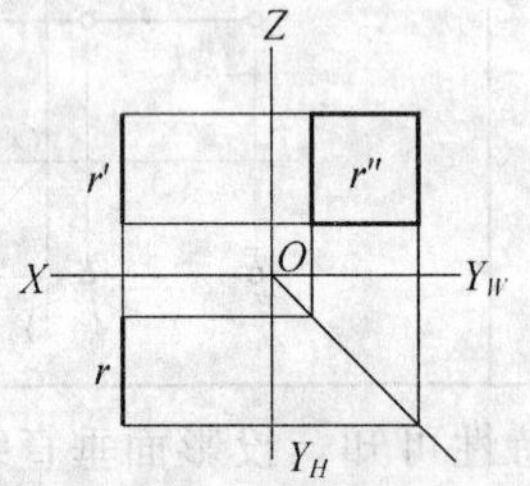	1. 在 W 面上的投影反映实形 2. 在 H 面、V 面上的投影积聚为一直线，且分别平行于 OZ 轴和 OY_H 轴

综合分析各类投影面平行面的投影特性可知，投影面平行面具有下列投影特性：

（1）平面在其所平行的投影面上的投影反映实形。

（2）平面在另外两个投影面上的投影积聚成一直线，且分别平行于各投影所在平面与平行投影面相交的投影轴。

2. 投影面垂直面

只垂直于一个投影面而与其他两个投影面倾斜的平面称为投影面垂直面。只垂直于 H 面的平面称为铅垂面，只垂直于 W 面的平面称为侧垂面，只垂直于 V 面的平面称为正垂面。投影面垂直面的投影特性见表 2.4。

综合分析各类投影面垂直面的投影特性可知，投影面垂直面具有下列投影特性：

（1）平面在其垂直的投影面上的投影积聚成一直线，且该直线与相应投影轴的夹角反映该平面对另外两个投影面的倾角。

（2）平面在另两个投影面上的投影为原平面图形的类似形，且小于实形。

表 2.4　投影面垂直面的投影特性

名称	轴测图	投影图	投影性质
铅垂面	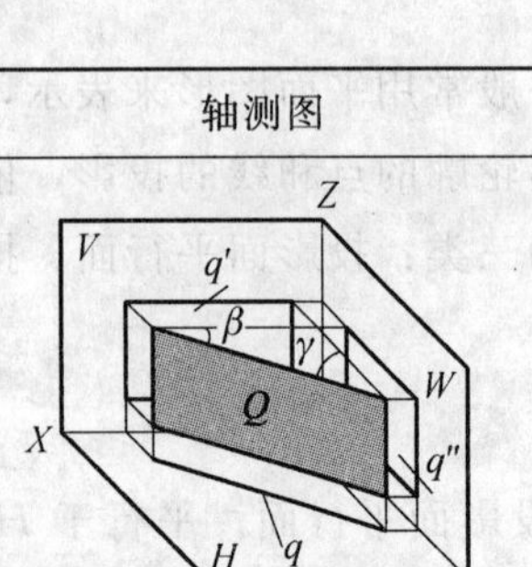	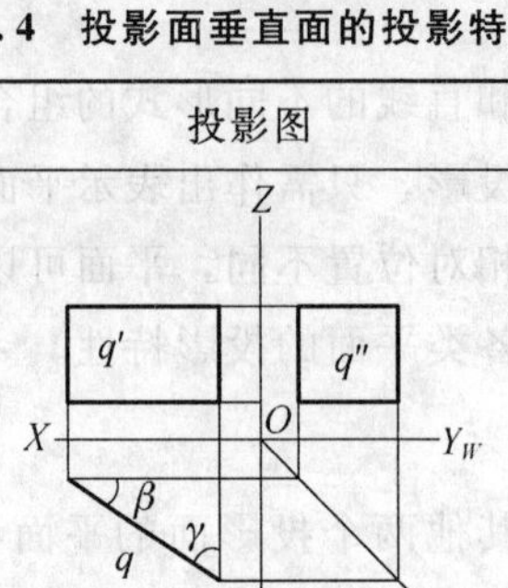	1. 水平投影积聚为一斜直线，反映 β 和 γ 角 2. 正面投影和侧面投影均为平面的类似图形

续表 2.4

名称	轴测图	投影图	投影性质
侧垂面			1. 侧面投影积聚为一斜直线，反映 α 和 β 角 2. 正面投影和水平投影均为平面的类似图形
正垂面			1. 正面投影积聚为一斜直线，反映 α 和 γ 角 2. 水平投影和侧面投影均为平面的类似图形

3. 一般位置平面

与三个投影面均处于倾斜位置的平面称为一般位置平面。如图 2.13 所示为一般位置平面的投影，从图中可以看出，三个投影均不反映平面的实形，无积聚性，且平面与各个投影轴的夹角都不反映平面对各投影面的倾角。故可知一般位置平面的三面投影为三个原平面图形的类似形。

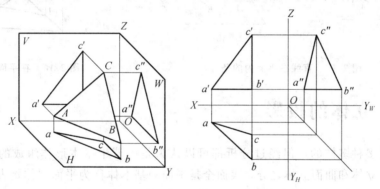

图 2.13　一般位置平面的三面投影

2.3.4　直线上的点，面中的点、线投影的求法

1. 直线上的点的投影特性

根据直线的投影特性，当点在直线上时，点的各个投影必在直线的同面投影上，如图 2.14 所示。C 点在 AB 上，则 c、c'、c'' 分别在 ab、$a'b'$、$a''b''$ 上，而且还满足 $ac:cb=a'c':c'b'=a''c'':c''b''=AC:CB$ 的关系，这就是直线上的点的投影的从属性和定比性。

2. 平面内的线的投影特性

直线在平面内的几何条件如下：

①直线通过平面内的已知两点，如图 2.15（a）所示。

②直线含平面内的已知点，又平行于平面内的一已知直线，如图 2.15（b）所示。

以上几何条件是解决平面内直线作图问题的依据。

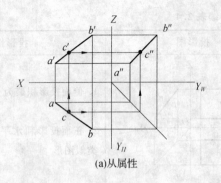

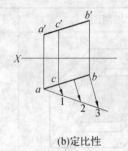

(a)从属性   (b)定比性

图 2.14　直线上的点的投影

【例 2.1】　在△ABC 给定的平面内作一条任意直线，如图 2.16 所示。

分析：根据直线在平面内的几何条件可知，只要找到平面内已知两点即可求出该直线。

作图：如图 2.16 所示，在△ABC 任意两边各取一点Ⅰ、Ⅱ，连接Ⅰ、Ⅱ的投影 12、1′2′即得一解。

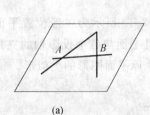

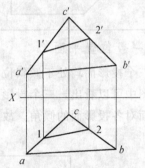

(a)   (b)

图 2.15　直线在平面内的条件　　　　**图 2.16　在平面内取直线**

2.4　立体的投影

物体的形状是多种多样的，但经过分析都可以认为是由若干基本形体组成的。依表面性质不同，基本体有平面立体和曲面立体之分，表面全是平面的基本体称为平面立体，表面全是曲面或既有曲面又有平面的基本体称为曲面立体。

2.4.1　平面立体的投影

平面几何体（即平面立体）常见的类型有棱柱体、长方体、棱锥体、棱台体等。

1. 棱柱体的投影

棱柱体是由平行的顶面、底面以及若干个侧棱面围成的实体，且侧棱面的交线（棱线）互相平行。棱线垂直于底面的棱柱称为直棱柱；棱线与底面斜交的棱柱称为斜棱柱；底面为正多边形的直棱柱称为正棱柱。下面以正棱柱为例说明棱柱体投影的做法以及正棱柱的投影规律。

（1）棱柱体投影的做法。

以正三棱柱为例，如图 2.17（a）所示，绘制其三面投影。

分析：由前面学习可知，当平面与投影面的相对位置不同时，得到的投影也不相同，平面体的投影亦是如此。通常为了画图和看图方便，在作棱柱的投影时，常使棱柱的两个底面与一个投影面平行。

该三棱柱顶面和底面均为水平面，其水平投影为正三角形，另两个投影均为水平的直线（具有积聚性）。所有侧棱面都垂直于 H 面，水平投影为直线，且重合在三角形的三条边上，三条棱线都为铅垂线。其作图结果如图 2.17（b）所示。

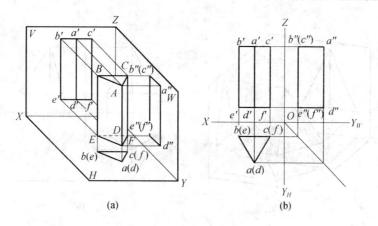

图 2.17　正三棱柱的投影

同理，可以画出四棱柱、五棱柱、六棱柱等棱柱体的投影。如图 2.18 所示为直四棱柱的投影。

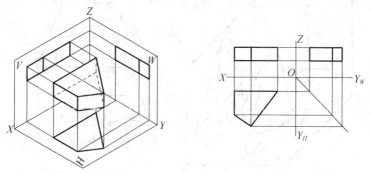

图 2.18　直四棱柱的投影

（2）直棱柱投影的规律。

综合分析正三棱柱、直四棱柱等棱柱体的投影，可知当棱柱体底面与一个投影面平行时的三面投影规律为：直棱柱的一个投影为多边形，另两个投影的外部轮廓为矩形。多边形的边数为棱柱的棱数。

利用其投影规律可以绘制棱柱体的投影，反之，也可帮助识读棱柱体的投影。

2. 棱锥体的投影

由一个底面和若干个侧棱面围成的实体称为棱锥体，其底面为多边形，各个侧棱面为三角形，所有棱线都汇交于锥顶。与棱柱类似，棱锥也有正棱锥和斜棱锥之分。下面以正棱锥为例来说明棱锥体投影的做法以及正棱锥的投影规律。

（1）棱锥体投影的做法。

为便于作棱锥体的投影，常使棱锥的底面平行于某一投影面。通常使其底面平行于 H 面，如图 2.19（a）所示，求其三面投影。

分析：底面 ABC 为水平面，水平投影反映实形（为正三角形），另外两个投影为水平的积聚性直线。侧棱面 SAC 为侧垂面，侧面投影积聚为直线；另两个棱面是一般位置平面，三个投影呈类似的三角形。棱线 SA、SC 为一般位置直线，棱线 SB 是侧平线，三条棱线通过棱锥顶点 S。作图时，可以先求出底面和棱锥顶点 S，再补全棱锥的投影。其作图结果如图 2.19（b）所示。

同理，可以画出正四棱锥、正五棱锥、正六棱锥等棱锥体的投影。如图 2.20 所示为正五棱锥的投影，在 V 面投影中，有两条棱线不可见，画虚线表示。

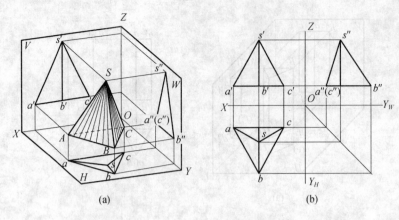

图 2.19　正三棱锥的投影

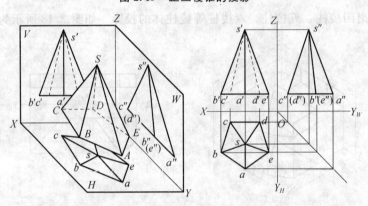

图 2.20　正五棱锥的投影

（2）正棱锥投影的规律。

综合分析正三棱锥、正五棱锥等棱锥体的投影，可知当正棱锥体底面与一个投影面平行时的三面投影规律为：正棱锥的一个投影的外部轮廓为多边形，另两个投影的外部轮廓为三角形。

①多边形投影的边数反映棱锥的棱数，其内部是以该多边形为底边，以棱锥的顶点为公共顶点的多个三角形。

②另两个三角形投影的底边分别与相应投影轴平行，其内部是多个以棱锥的顶点为公共顶点的三角形。

利用其投影规律可以绘制正棱锥体的投影，反之，也可帮助识读正棱锥体的投影。

3．棱台体的投影

（1）棱台体投影的作法。

用平行于棱锥底面的一个平面切割棱锥后，底面与截面之间的中间部分称为棱台体。其特征是两底面相互平行，各侧面均为梯形。同样，棱台也有正棱台和斜棱台之分。下面以正棱台为例说明棱台体投影的做法以及正棱台的投影规律。

为方便作棱台体的投影，常使棱台的底面平行于某一投影面。通常使其底面平行于 H 面，如图 2.21（a）所示。根据正投影原理，作正三棱台体的三面投影，如图 2.21（b）所示。如图 2.22所示为正四棱台的投影。

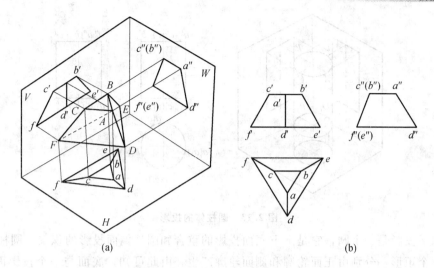

图 2.21 正三棱台的投影

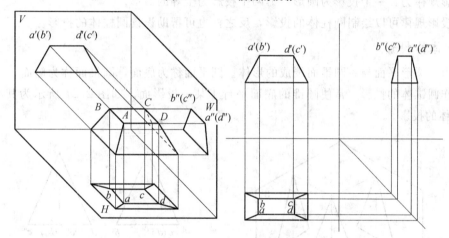

图 2.22 正四棱台的投影

（2）正棱台投影的规律。

综合分析正三棱台、正四棱台等棱台体的投影，可知当正棱台体底面与一个投影面平行时的三面投影规律为：正棱台的一个投影的外部轮廓为多边形，另两个投影的外部轮廓为梯形。

①多边形的内部由与其相似的多边形及相应顶点连接而成，多边形的边数反映棱台的棱数。

②梯形的内部可能包含一个或多个梯形，且它们的上下底边均平行于各自所在投影面与棱台底面平行投影面相交的投影轴。

利用其投影规律可以绘制棱台体的投影，反之，也可帮助识读棱台体的投影。

2.4.2 曲面立体的投影

由曲面或曲面与平面围成的形体称为曲面几何体（即曲面立体）。如圆柱体、圆锥体、圆台体、球体等。

1. 圆柱体的投影

圆柱体是由两个相互平行且相等的圆平面和一圆柱面围成的形体。两个圆平面称为圆柱的上下底面，圆柱面称为圆柱的侧面。

为方便作圆柱体的投影，常使圆柱的底面平行于某一投影面。通常使其底面平行于 H 面，其投影如图 2.23 所示。

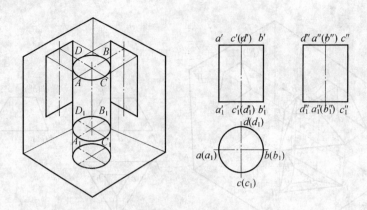

图 2.23　圆柱体的投影

　　圆柱的水平投影是一个圆，它是上下底面投影的重合和圆柱侧面投影的积聚。圆柱在 V、W 面上的投影是一个矩形，分别由正面轮廓和侧面轮廓产生。由此可知，底面与一个投影面平行的圆柱体的三面投影规律为：一个投影为圆形，另两个投影为全等的矩形。

　　利用其投影规律可以绘制圆柱体的投影，反之，也可帮助识读圆柱体的投影。

　　2. 圆锥体的投影

　　圆锥是由一圆形平面与一圆锥面围成的形体。圆平面称为底面，圆锥面称为侧面。

　　为方便作圆锥体的投影，常使圆锥的底面平行于某一投影面。如图 2.24 所示为其底面平行于 H 面的圆锥体的投影。

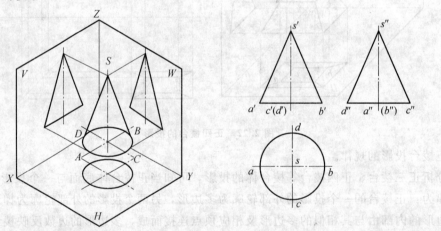

图 2.24　圆锥体的投影

　　圆锥的水平投影为圆形，反映了底面圆的实形，实际上是圆锥底面和侧面投影的重合，水平投影的圆心就是圆锥顶点的投影。V 面及 W 面的投影均为三角形，其水平线为底圆投影积聚而成，另两条与顶点相连的斜线为左右两素线的投影。由此可知，底面与一个投影面平行的圆锥体的三面投影规律为：一个投影为圆形，另两个投影为全等的等腰三角形。

　　利用其投影规律可以绘制圆锥体的投影，反之，也可帮助识读圆锥体的投影。

　　3. 圆台的投影

　　用平行于底面的平面切割圆锥，截面和底面的中间部分称为圆台。

　　为方便作圆台的投影，常使圆台的底面平行于某一投影面。如图 2.25 所示为其底面平行于 H 面的圆台的投影。

　　圆台的水平投影为两个同心圆，是上下两底面的投影，且反映实形，两圆之间的部分为圆台侧面的投影。V 面及 W 面的投影为全等的等腰梯形，其水平线为上下两底面投影积聚而成，两条斜边为左右两素线的投影。由此可知，底面与一个投影面平行的圆台的三面投影规律为：一个投影为两个同心圆，另两个投影为全等的等腰梯形。

利用其投影规律可以绘制圆台体的投影，反之，也可帮助识读圆台体的投影。

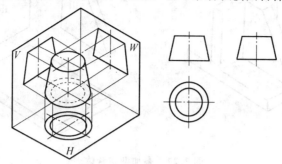

图 2.25　圆台的投影

4. 球体的投影

球面自动封闭形成的形体称为球体。其投影如图 2.26 所示。

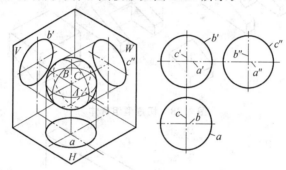

图 2.26　球的投影

球体的三个投影外形轮廓均是以球体直径为直径的圆。H 面投影的圆形为球体上下半球面的重合，圆周是上下两半球分界面轮廓的投影。V 面与 W 面投影分别为球体前后和左右半球面的重合。由此可知，球体的三面投影规律为：球的投影为三个直径相等的圆。

利用其投影规律可以绘制球体的投影，反之，也可帮助识读球体的投影。

2.4.3　组合体的投影

1. 组合体的构成

由两个或两个以上的基本形体组成的物体称为组合体。建筑工程中的形体，大部分是以组合体的形式出现的。组合体按构成方式的不同可分为以下几种形式。

(1) 叠加型组合体。

叠加型组合体就是由若干个基本体按一定方式"加"在一起，如图 2.27 所示。求其投影时可以由几个基本几何体的投影组合而成。

(2) 切割型组合体。

切割型组合体就是从一个基本体中"减"去一些小的基本体，如图 2.28 所示。求其投影时，可先画基本几何体的三面投影图，然后根据切割位置，分别在几何体投影上切割。

(3) 混合型组合体。

混合型组合体是既有叠加又有切割的组合体，如图 2.29 所示。

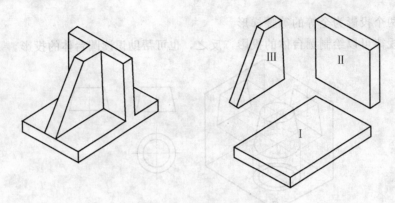

图 2.27　叠加型组合体

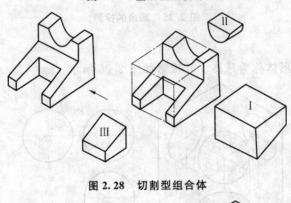

图 2.28　切割型组合体

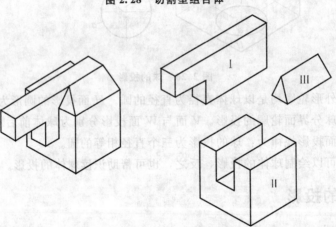

图 2.29　混合型组合体

2. 组合体三面投影图的画法

由于组合体形状比较复杂，一般绘制组合体的投影图时，总体思路是：将组合体分解成若干个基本几何体，并分析它们之间的相互关系，绘制每个基本几何体的投影，然后根据组合体的组成方式及基本体之间的关系，将基本几何体的投影组合成组合体的投影。

作投影图时，具体步骤如下。

（1）形体分析。

假想把组合体分解为若干组成部分的基本形体，并分析它们的组合方式和各部分之间的相对位置，这种分析方法称为形体分析法。如图 2.30 所示的组合体，用形体分析的方法可把它看作是由三个基本几何体组成。主体由下方长方体底板、后面四棱柱和上部横放的三棱柱组成，显然，这是叠加型组合体。

形体分析的目的主要是弄清组合体的形状，为绘制组合体的投影图打基础。因此，同一个组合体允许采用不同的组合形式进行分析。即可以把一个组合体看成由几个基本体叠加而成，也可把其看成由一个基本体多次切割而成，但无论采用何种组合方式分析，只要分析正确，最后得出的组合体的形状是相同的。至于采用哪种组合方式进行分析，要根据形体的具体形状及个人的思维习惯灵活运用。

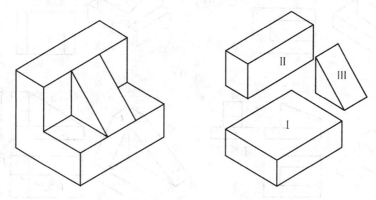

图 2.30　组合体的形体分析

（2）投影分析。

在用投影图表达形体时，形体的安放位置及投影方向对形体形状特征的表达和图样的清晰程度等有明显的影响。因此，在画图前，需进行投影分析，确定较好的投影方案。

一般从以下几个方面进行分析：

①形体的安放位置。一般形体在投影体系中的位置，应使形体上尽可能多的线或面为投影面的特殊位置线或面。对于工程形体，通常按其正常状态和工作位置放置，一般保持基面在下并处于水平位置。

②正面投影的选择。正面投影应选择形体的特征面。

所谓特征面，是指能够显示出组成形体的基本几何体以及它们之间的相对位置关系的一面。此外，还应适当考虑其他的投影，尽可能减少投影图中的虚线。

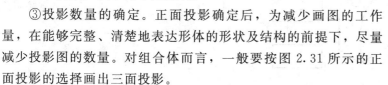

③投影数量的确定。正面投影确定后，为减少画图的工作量，在能够完整、清楚地表达形体的形状及结构的前提下，尽量减少投影图的数量。对组合体而言，一般要按图 2.31 所示的正面投影的选择画出三面投影。

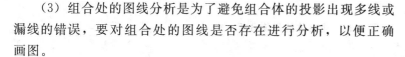

（3）组合处的图线分析是为了避免组合体的投影出现多线或漏线的错误，要对组合处的图线是否存在进行分析，以便正确画图。

图 2.31　组合体的正确投影图

一般按组合体相邻两个基本表面之间的连接方式不同分以下几种情况进行分析处理：

①当两部分叠加时，对齐共面组合处表面无线，如图 2.32（a）所示。

②当两部分叠加、对齐但不共面时，组合处表面应有线，如图 2.32（b）所示。

③当组合处两表面相切，即光滑过渡时，组合处表面无线，如图 2.32（c）所示。

【知识拓展】

组合体按相邻两个基本表面之间的连接方式不同可分为共面、相切、相交三种形式。曲面相交又称相贯。

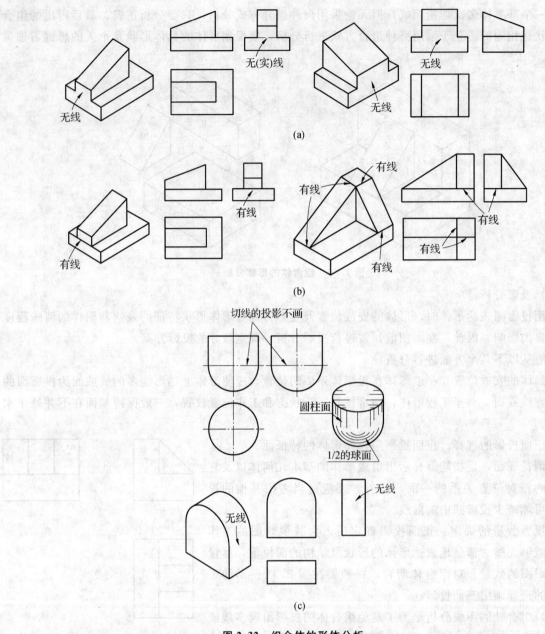

图 2.32　组合体的形体分析

（4）作投影图。

完成形体分析、确定投影方案后，再画投影图。以如图 2.30 所示组合体为例。

①根据形体的大小和复杂程度，确定图样的比例和图纸的图幅，用形体的基准线、对称线确定出各投影的位置。

②根据形体分析的结果，依次画出各基本形体的三面投影。对每个基本形体，应先画反映形状特征的投影（如圆柱反映圆的投影），再画其他投影。画图时，要从同一方向投影，如图 2.33 所示均为 2 方向，并注意各部分的组合关系。

③检查投影图的正确性。各投影之间是否符合三面投影的基本规律，各基本几何体之间结合处的投影是否有多线或漏线现象。通过与物体的对比，发现在正面投影上，Ⅰ与Ⅱ的交接处有多余线条，如图 2.33（c）所示，去掉后可得正确物体的三面投影，如图 2.31 所示。

（5）检查无误后加深图形。

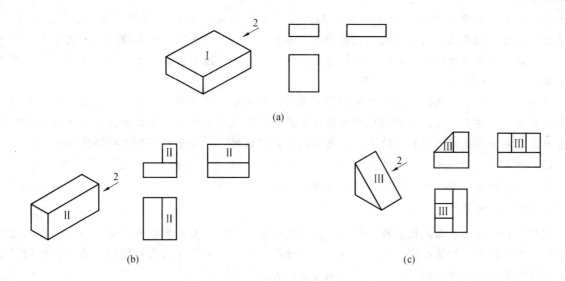

图 2.33　组合体的形体分析

2.4.4 组合体投影图的识读

读图就是运用正投影的原理，根据投影图想象出形体的空间形象，它是画图的逆过程。读图的基本方法一般有形体分析法和线面分析法两种。

1. 形体分析法

形体分析法是以特征投影图（一般为正面投影）为中心，联系其他投影图，分析投影图上所反映的组合体的组合方式，然后在投影图上把形体分解成若干基本形体，并按各自的投影关系，分别想象出每个基本形体的形状，再根据各基本形体的相对位置关系，结合组合体的组合方式，把基本形体进行整合，想象出整个形体的形状。这种读图的方法称为形体分析法。

【例 2.2】　如图 2.34（a）所示，想象其形状。

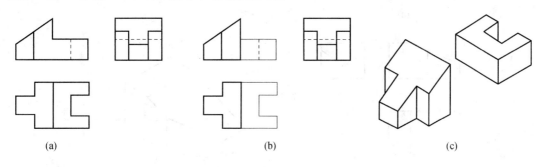

图 2.34　形体分析法识读投影图

分析：

（1）从图 2.34（a）中可看出，水平投影比较能反映该形体的形状特征，从整体看该形体既有叠加又有切割，故该形体为混合型组合体。

（2）按正面投影和水平投影的特征，整体上该组合体可分为左右两部分，每一部分又是一个切割体，如图 2.34（b）所示。

（3）分别找出各部分的投影。从投影图中可明显地分辨出各部分的水平投影和正面投影，如图 2.34（b）所示，粗线部分为左半部投影，细线部分为右半部投影，侧面投影需进一步分析。因此，可以先从正面投影和水平投影想象物体的空间形状，再用侧面投影进行验证。

（4）想象各部分形体的形状。左半部分的投影分析：将正面投影和水平投影外形补成长方形后，可看出左部形体的外形为一长方体，从其水平投影可知，长方体的左前和左后各被切去了一个长方体；从其正面投影可知，长方体的上部被一正垂面切去一部分，则可想象出其空间形状如图 2.34（c）左半部所示。右半部分的投影分析：该部分外形的投影是一个长方体，从其水平投影可知，长方体的右半部被切去了一部分；结合正面投影，可初步确定被切去的为一个长方体，则可想象出其空间形状如图 2.34（c）右半部所示。

将两部分组合在一起，组成该物体的空间形状，和侧面图进行对照，与左半部侧投影相符，右半部投影中，因左半部高，故在侧投影中出现了虚线；又因右半部凹口宽度和左半部的凸块部分的宽度相等，故凹口在侧面投影上的虚线正好与凸块的实线重合，由分析可知右半部投影也相符。

（5）最后将想象出的空间形状和物体的三面投影一一对比，检查是否完全相符，对不符之处，再进行分析、辨认，直至想出的形体的投影与原投影完全符合为止。

2. 线面分析法

根据组合体各线、面的投影特性来分析投影图中线和线框的空间形状和相对位置，从而确定组合体的总形状的方法称为线面分析法。它是一种辅助方法，通常是在对投影图进行形体分析的基础上，对图中难以看懂的局部投影，运用线面分析的方法进行识读。

要用线面分析法，需弄清投影图中封闭线框和线段代表的意义。一个封闭线框，可能表示一个平面或曲面，也可能表示一个相切的组合面，还可能表示一个孔洞。投影图中一个线段，可能是特殊位置的面，也可能是两个面的交线，还可能表示曲面的轮廓素线。

【例 2.3】　三视图如图 2.35（a）所示，想象其形状。

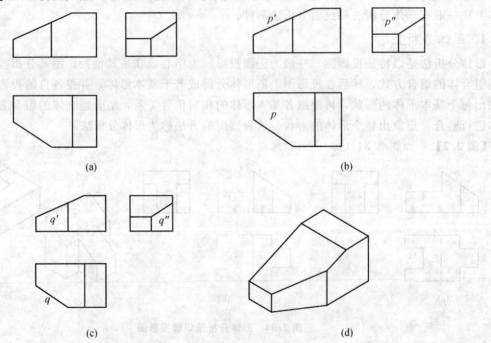

图 2.35　形体分析识读投影图

分析：

（1）该物体的正面投影和水平投影的外形可补全成一个长方形，则该物体的外形可看成一个长方体。由于内部图线较多，因此可初步分析这是由一个长方体切割而成的形体，为了弄清切割方式，可用线面分析法识读。

（2）如图 2.35（b）所示，正面投影中有一条斜线 p'，根据投影的基本原则，其对应的投影应为 p 和 p''，p 和 p'' 是两个线框，则 P 为正垂面。由此可知，长方体的左上部被正垂面 P 切去一个三棱柱。

（3）如图 2.35（c）所示，水平投影中有一条斜线 q，根据投影的基本原则，其对应的投影应为 q' 和 q''，q' 和 q'' 是两个线框，则 Q 为铅垂面。由此可知，长方体左前部被铅垂面 Q 切去一个三棱柱。

（4）如图 2.35（d）所示，是根据线面分析出各平面位置和形状，进而想象出的整体空间形状。

3. 读图步骤

阅读组合体投影图时，一般可按下列步骤进行：

（1）从整体出发，先把一组投影都看一遍，找出特征明显的投影面，选择适用的分析方法，判断该组合体的组合方式。

（2）根据组合方式，将特征投影大致划分为几个部分。

（3）分别核对各部分的投影，根据每个部分的三面投影，想象出每个部分的形状。

（4）对不易确认形状的部分，应用线面分析法仔细推敲。

（5）将已经确认的各部分组合，形成一个整体。然后按想出的整体作三面投影，与原投影图相比，若有不符之处，则应将该部分重新分析和辨认，直至想出的形体的投影与原投影完全符合为止。

读图是一个空间思维的想象过程，每个人的读图能力与掌握投影原理的深浅和运用的熟练程度有关。因为较熟悉的形状易于想象，所以读图的关键是每个人都要尽可能多地记忆一些常见形体的投影，并通过自己反复地读图实践，积累自己的经验，以提高读图的能力和水平。

【重点串联】

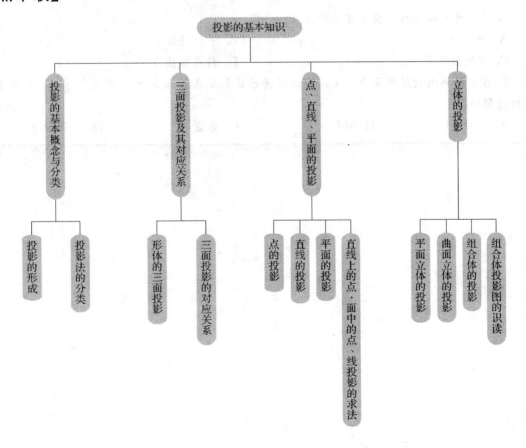

拓展与实训

职业能力训练

一、选择题（利用投影的基本规律，根据两视图选出正确的第三视图）

1. 已知 A 点的三面投影 a、a'、a''，其中 a 反映 A 到（　　）投影面的距离。

A. H 面和 V 面　　　　B. H 面和 W 面　　　　C. V 面和 W 面　　　　D. 所有面

2. 已知点 m 坐标（10，20，10），点 n 坐标（10，20，0），则以下描述 m、n 两点相对位置关系的说法哪一种是正确的？（　　　）

A. 点 m 位于点 n 正下方　　　　　　　　B. 点 m 位于点 n 正左方

C. 点 m 位于点 n 正后方　　　　　　　　D. 点 m 位于点 n 正上方

二、简答题

1. 投影法有哪几类？其特点各是什么？

2. 棱柱体、棱锥体、棱台体、圆柱体、圆锥体、球体的投影各有哪些特性？

工程模拟训练

1. 投影线互相平行的投影方法称为（　　　）。

A. 中心投影法　　　　　　　　　　B. 平行投影法

C. 正投影法　　　　　　　　　　　D. 斜投影法

2. 在正投影图的展开图中，A 点的水平投影 a 和正面投影 a' 的连线必定（　　　）于相应的投影轴。

A. 平行　　　　　　B. 倾斜　　　　　　C. 垂直　　　　　　D. 投影

剖面图与断面图

【模块概述】

在生产实践中，当物体的形体和结构比较复杂时，仅用前面所述的正立面、水平面、侧立面三个视图，是难于把它们的内、外形状完整、清晰地表达出来的。为了满足生产需要，在制图标准中规定了各种表达方法。本模块将介绍剖面图和断面图的有关内容。

【知识目标】

1. 学习剖面图与断面图的形成、图示内容与绘制方法；
2. 掌握各种类型的剖面图与断面图的适用范围；
3. 了解剖面图与断面图的区别与联系。

【技能目标】

1. 掌握各种类型剖面图、断面图的适用对象与绘制方法；
2. 能够正确识读各种类型剖面图与断面图的图示内容。

【课时建议】

2 课时

工程导入

某小区门房三面投影图如图 3.1 所示。

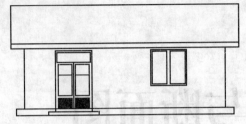

房屋正面投影图 1:100

房屋侧立面投影图 1:100

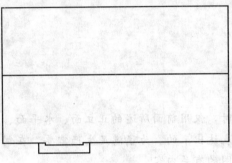

房屋水平投影图 1:100

图 3.1 房屋三面投影图

从上述三视图无法了解房屋墙体、门窗、家具等内部构配件的布置、材料、构造等内容，让我们通过本模块所介绍的剖面图和断面图来解决这一问题。

3.1 剖面图

3.1.1 剖面图的基本概念

如图 3.2 所示为工业厂房常见的双柱杯形基础的三视投影图，中空的杯口为了安装预制钢筋混凝土柱子所用，图中看不见的轮廓线用虚线表示，尽管表达了基础的内部构造，但破坏了图形的清晰性和层次性，既不利于读图，又不便于标注尺寸。为此，制图中通常采用剖视的方法。

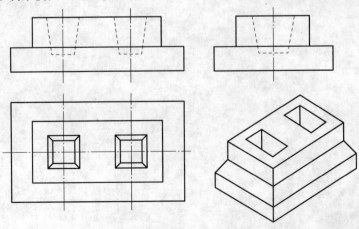

图 3.2 双柱杯形基础投影图

假想用一个平面作为剖切平面,在形体的适当部位将其剖切开,并移去剖切平面与观察者之间的部分,将剩余的部分投影到与剖切平面平行的投影面上,所得的投影图称为剖面图,简称剖面。

如图 3.3（a）所示,假想用一个通过基础前后对称面的剖切平面 P 将基础切开,然后移去剖切平面 P 和观察者之间的部分,将剩余的后半个基础向 V 面作投影,所得到的投影图即为基础剖面图,如图 3.3（b）所示。显然,原来不可见的虚线,在剖面图上已变成实线,为可见轮廓线。同样,可选择侧平面 Q 沿基础左侧杯口的中心线进行剖切,移去剖切平面 Q 和观察者之间的部分,如图 3.3（d）所示,投射到 W 面后即得到基础的侧向剖面图,如图 3.3（c）所示。

从图 3.3 中可以看出,剖面图是由两部分组成的,一部分是被剖切平面切到的部分（图 3.3 中的阴影部分）,另一部分是沿投影方向未被切到但能看到部分的投影（图 3.3 中的杯口部分）。基础被剖切后,其内部的形状、大小和构造都表示得非常清楚。

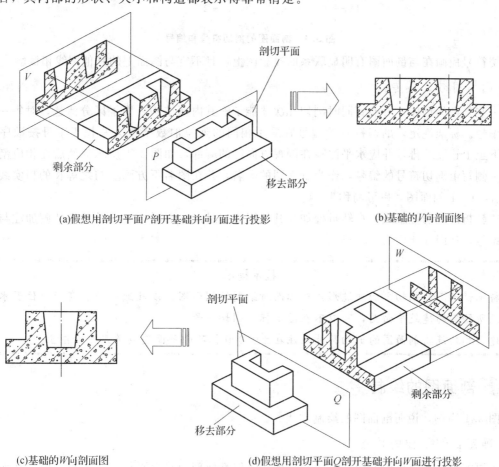

(a)假想用剖切平面 P 剖开基础并向 V 面进行投影　　　　　(b)基础的 V 向剖面图

(c)基础的 W 向剖面图　　　　(d)假想用剖切平面 Q 剖开基础并向 W 面进行投影

图 3.3　杯形基础剖面图的形成

3.1.2　剖面图的标注

用剖面图配合其他投影图表达形体时,为了便于读图,要将剖面图中的剖切位置和投影方向在图样中加以说明,同时还要注明剖面图名称,这就是剖面图的标注。国家制图标准规定,剖面图的标注由剖切符号和编号组成,如图 3.4 所示。

1. 剖切符号

在工程图中,可省略剖切线,用剖切符号表示剖切平面的位置及投影方向。剖切符号由剖切位置线和剖视方向线组成。

剖切位置线实质上就是剖切平面的积聚投影,它表示了剖切平面的剖切位置。剖切位置线用两段粗实线绘制，长度宜为 6~10 mm，如图 3.4 所示。剖视方向线是画在剖切位置线外端同一侧且与剖切位置线垂直的两段粗实线，它表示了形体剖切后剩余部分的投影方向，其长度应短于剖切位置线，宜为 4~6 mm，如图 3.4 所示。

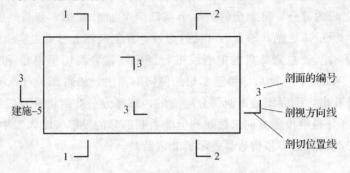

图 3.4　剖面图的剖切符号和编号

剖切符号应画在与剖面图有明显联系的投影图上，且不宜与图面上的其他图线相接触。

2. 剖切符号的编号

对一些复杂的形体，可能要同时剖切几次才能了解其内部结构，为了区分清楚，对每一次剖切要进行编号。标准规定，剖切符号的编号宜采用相同的阿拉伯数字或大写拉丁字母按顺序由左至右、由下至上连续编排，并应水平注写在剖视方向线的端部，如图 3.4 所示。然后在相应剖面图的下方或一侧写上剖切符号的编号，作为剖面图的图名，并在图名下方画上与之等长的粗实线。如图 3.5 所示，1—1 剖面图，也可简称 1—1。

需要转折的剖切位置线，在转折处如与其他图线容易发生混淆，应在转角的外侧加注与该符号相同的编号，如图 3.4 中的"3—3"。

> **技术提示**
>
> 特殊情况下，剖切平面通过形体对称面所绘制的剖面图，以及通过门、窗洞口位置水平剖切房屋所绘制的建筑平面图，可以不在图上标注剖切符号。
>
> 建（构）筑物剖面图的剖切符号应注在±0.000 标高的平面图或首层平面图上。

3.1.3　剖面图的绘制

以图 3.1 为例，说明剖面图的绘制方法。

1. 确定剖切平面的位置

为了更好地反映出形体的内部形状和结构，一般都使剖切平面平行于基本投影面，从而使截面的投影反映实形，同时也便于作图；剖切平面应尽量通过形体内部结构的对称平面、轴线或其他适宜的位置，这样才有利于使画出的截面图形直接在投影图位置上反映内部实形，使得它们由不可见变为可见，并表达得完整、清楚。如图 3.5（b）、（d）所示，取水平和 1—1 阶梯转折面为剖切平面。

> **技术提示**
>
> 建筑结构构件的剖切位置宜选择孔、洞、槽的中心线等部位；
>
> 建筑物的剖切位置应选择在室内结构较复杂的部位，并应通过门、窗洞口及主要出入口、楼梯间或高度有特殊变化的部位。

2. 画出剖面的剖切符号并进行标注

剖切平面的位置确定以后，应在投影图的相应位置画上剖切符号并进行编号，如图 3.5（a）中的平面图所示。

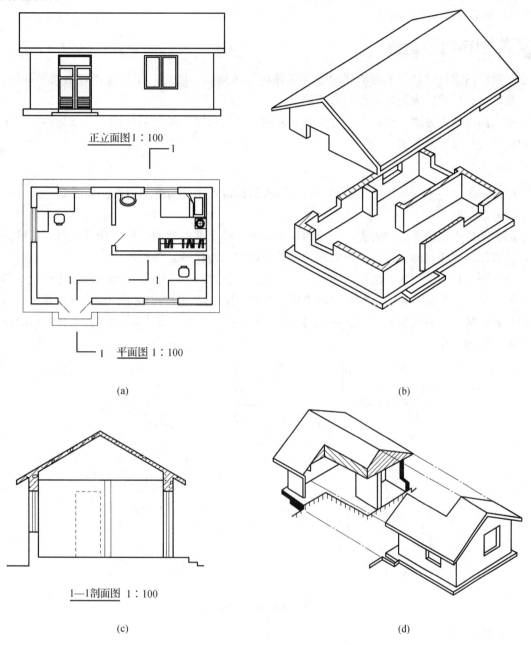

正立面图 1：100

平面图 1：100

(a)

(b)

1—1剖面图 1：100

(c)

(d)

图 3.5 房屋剖面图

3. 画出截面和剖开后剩余部分的轮廓线

按剖切平面的剖切位置，假想移去形体在剖切平面和观察者之间的部分，如图 3.5（b）所示，移去水平剖切平面上面的部分形体，根据剩余的部分形体作出投影，即形成建筑平面图，此时可省去标注剖切符号。

对照图 3.5（c）中的 1—1 剖面图和图 3.1 中的 W 面投影图，可以看出房屋在同一投影面上的投影图和剖面图既有共同点，又有不同点。共同点是外形轮廓线相同，不同点是剖面图还反映了内部墙体和门窗的布置。

4. 填绘建筑材料图例

在截面轮廓线内填绘建筑材料图例，以区分截面部分和非截面部分，同时表明建筑形体的选材用料，如图 3.5（c）所示截面上画的是钢筋混凝土图例。当建筑物的材料不明时，可用同方向、等间距的 45°细实线来表示图例线。

3.1.4 剖面图的类型

绘制剖面图的目的是为了更清楚地表达形体内部的形状，因此，如何选择好剖切平面的位置、方向、范围与数量就成为画好剖面图的关键。

根据不同的剖切方式，剖面图可分为全剖面图、半剖面图、局部剖面图、分层剖面图、阶梯剖面图和旋转（展开）剖面图。

1. 全剖面图

假想用一个剖切平面将物体完全剖开后，所得到的剖面图称为全剖面图。如图 3.5 所示的 1—1 剖面图，即是全剖面图。

全剖面图以表达内部结构为主，主要适用于整个形体全部剖切的情况，所需的剖面图的图形不对称，或者图形虽然对称，但外部形状比较简单而内部结构比较复杂的形体。

这是一种最常用的剖切方法。如图 3.6 所示的洗手池，1—1 剖面图是由通过洗手池池底部排水孔中心的正平面剖切后，从前向后投射画出的；2—2 剖面图是由通过洗手池池底部排水孔中心的侧平面剖切后，从左向右投射画出的。由洗手池各剖面图截面材料图例可知洗手池由钢筋混凝土浇筑，下面为砖砌支撑。

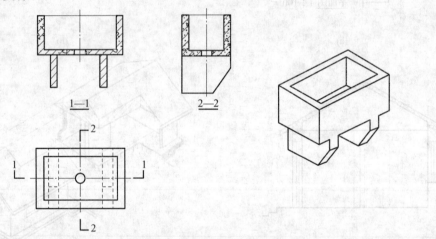

图 3.6　洗手池的全剖面图

2. 半剖面图

采用全剖面图时，物体外部的一些轮廓线被切去，需对照另一投影图才能了解其外形。因此，当形体具有对称平面，并且内外结构都比较复杂时，可用两个相互垂直的平面去剖切形体，在垂直于对称平面的投影面（其投影为对称图形）上投影，以图形对称线为分界线，一半绘制形体的外形（投影图），另一半绘制形体的内部结构（剖面图），因剖切面是假想的，故不要画出两剖切平面的交线，这种组合的图形称为半剖面图。

如图 3.7 所示，杯形基础前后、左右都对称，正立面图和侧立面图均画成半剖面图，以表示基础的内部结构和外部形状。由于剖切前投影图是对称的，剖切后在半个剖面图中已经清楚地表达了内部结构形状，所以在另外半个投影图中其虚线一般不再画出。

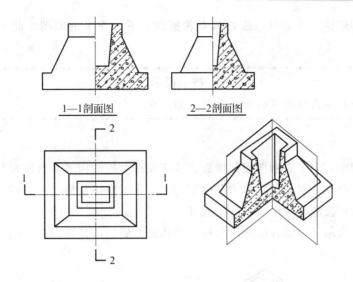

图 3.7 杯形基础的半剖面图

半剖面图的标注方法与全剖面图相同。半剖面图在投影图中的位置为：当图形左右对称时，将半个剖面图画在垂直对称线的右侧；当图形上下对称时，将半个剖面图画在水平对称线的下方。

```
技术提示

    在半剖面图中，剖面图与投影图之间应以形体的对称中心线（细点画线）为分界线，也可
以用对称符号作为分界线，但不能画成实线。
```

3. 局部剖面图

根据实际需要，在保留物体大部分外形的情况下，只需表示某一局部的内部构造时，可用剖切面局部地剖开形体，所得到的剖面图称为局部剖面图。如图 3.8 所示为钢筋混凝土杯形基础，为了表示其内部钢筋的配置情况，平面图采用了局部剖面，局部剖切的部分画出了杯形基础的内部结构和截面材料图例，其余部分仍画外形视图。基础的正立面图已被剖面图代替，由于图上已画出了钢筋的配置情况，在截面上便不再画钢筋混凝土的材料图例。

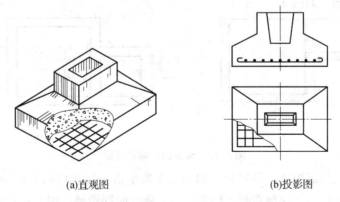

(a)直观图　　　　　　　　(b)投影图

图 3.8 钢筋混凝土杯形基础的局部剖面图

局部剖面图只是形体整个投影图中的一部分，其剖切范围用波浪线或折断线表示，可以视为形体断裂面的投影，且是投影和剖面的分界线。波浪线不应超出投影图的轮廓线或与图样上其他图线重合，在投影图孔洞处要断开。

局部剖面图一般适用于以下两种情况：

（1）当仅有一小部分需要用剖面图表示时，外形结构比较复杂且不对称的形体。

（2）某些对称的形体，由于中心线处具有轮廓线，不宜作半剖面图，此时，通常画成局部剖面图。

技术提示

局部剖面图一般不需要标注剖切位置与投影方向。

---

4. 分层剖面图

在建筑装饰工程中，为了表示楼面、屋面、墙面及地面等的构造和所用材料，常用分层剖切的方法画出各不同构造层次的剖面图，称为分层剖面图。分层剖切是局部剖切的一种形式，用以表达形体内部的构造，常用波浪线按层次将各层隔开。

如图 3.9 所示，表示了地面各层所用的材料与构造的做法，各层构造之间以波浪线为界，不需要标注剖切符号。

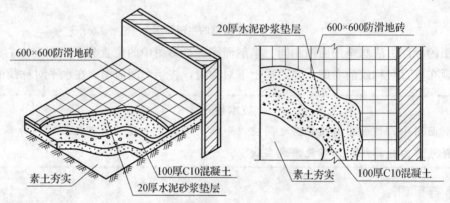

图 3.9　楼地面分层剖面图

5. 阶梯剖面图

当物体内部的形状比较复杂，而且又分布在不同的层次上时，则可采用两个或两个以上互相平行的剖切平面对物体进行剖切，然后将各剖切平面所剖到的形状同时画在一个剖面图中，所得到的剖面图称为阶梯剖面图，如图 3.10 所示。

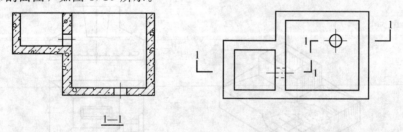

图 3.10　水池的阶梯剖面图

阶梯剖面图属于全剖面图的一种特例。如图 3.5 所示由于房屋门和窗的轴线不在同一层次上，当侧面投影只采用一个剖切平面剖切时，门和窗不可能同时剖切到，因此可以假想将剖切平面转折成两个相互平行的剖切平面，一个通过门，一个通过窗，进而将房屋剖开，这样能同时显示出门和窗的高度，也满足了要求。图 3.5（a）中水平投影为全剖面图，侧面投影的 1—1 剖面图为阶梯剖面图。

阶梯剖面图的标注与前几种剖面图略有不同。阶梯剖面图的标注要求在剖切平面的起止和转折处均应进行标注，画出剖切符号，并注明相同的编号，如图 3.10 所示。当剖切位置明显，又不容易与其他图线发生混淆时，转折处允许省略编号。

6. 旋转（展开）剖面图

用两个或两个以上相交的剖切平面（交线垂直于基本投影面）剖切物体时，将倾斜于基本投影面的剖面旋转到平行于基本投影面后再投影，所得到的剖面图称为旋转（展开）剖面图。图 3.11（a）中的 A—A 剖面即为旋转（展开）剖面图。

在绘制旋转（展开）剖面图时，常选其中一个剖切平面平行于投影面，则另一个剖切平面必定与这个投影面倾斜，将倾斜于投影面的剖切平面整体绕剖切平面的交线（投影面垂直线）旋转到平行于投影面的位置，然后再向该投影面作投影。对称形体的旋转剖面实际上就是一个由两个不同位置的半剖面组成的全剖面。

如图 3.11 所示，楼梯上两个楼梯段的轴线是斜交的，采用相交于楼梯轴线的正平面 P 和铅垂面 Q 作为剖切面，沿两个楼梯段的轴线把楼梯切开，如图 3.11（b）所示；再将右边铅垂剖切平面 Q 剖到的图形（截面及其相联系的部分），绕楼梯铅垂轴线旋转到正平面 P 的位置，并与左侧用正平面 P 剖切得到的图形再进行投影，这样楼梯上两个楼梯段的内部结构就表达清楚了。

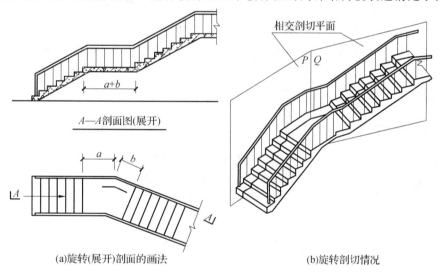

(a)旋转（展开）剖面的画法　　　　(b)旋转剖切情况

图 3.11　楼梯的旋转（展开）剖面图

 # 3.2　断　面　图

对于某些单一或简单的构件，有时只需表达某一局部的截面形状及材料，可采用断面图表示。

3.2.1 断面图的基本概念

假想用一个剖切平面将物体剖开，移去剖切平面与观察者间的部分形体，即可见到形体上被剖切后出现的截面形状，如果把这个截面形状单独投影到与其平行的投影面上，即可得到该截面图形的实形，此投影图就称为断面图，简称断面。如图 3.12（c）所示为 1—1 断面和 2—2 断面。

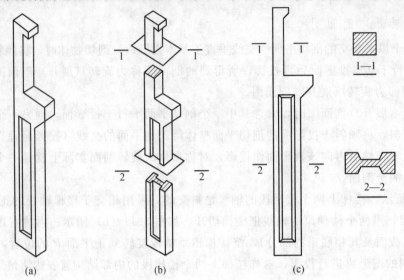

图 3.12　厂房牛腿柱的断面图

断面图一般适用于表达实心形体，如建筑物中柱、梁、板、型钢的某一部位的断面形状；在结构施工图中，也用断面图表达建筑形体的内部形状，如构配件的钢筋配置状况。

必要时断面图也可改变比例放大画出。

3.2.2 断面图的标注

断面图应在剖切位置处标注剖切符号，剖切符号仅用剖切位置线表示而没有剖视方向线。剖切位置线绘制成两段粗实线，长度宜为 6～10 mm，如图 3.13 所示。

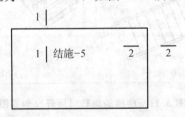

图 3.13　断面图的剖切符号和编号

断面的剖切符号要进行编号，采用相同的阿拉伯数字或大写拉丁字母按顺序编排，且注写在剖切位置线的同一侧，数字所在的一侧就是投影方向，如图 3.12 中 1—1 断面和 2—2 断面表示的投影方向都是由上向下。在断面图下方注写与剖切符号相应的编号及图名，并在图名下方画一粗实线，如图 3.12 所示，但不写"断面图"字样。

断面图通常按次序依次排列在视图旁边，如图 3.12 所示，当与被剖切图样不在同一张图内时，应在剖切位置线的另一侧注明其所在图纸的编号，也可以在图上集中说明。

3.2.3 断面图与剖面图的区别与联系

断面图是用来表达形体上某处断面形状的视图，从图 3.14 可见，其与剖面图有许多共同之处，如都是用假想的剖切平面剖开形体；截面轮廓线都用粗实线绘制；在剖切平面所经过的截面上都应用细实线画出材料的图例等，其与剖面图的区别有以下几点。

1. 表达的内容不同

断面图只画出被切断处的截面形状，常用来表达形体中某断面的形状和结构，如图 3.14（a）所示；而剖面图则不仅要画出被切断处的截面形状，还要画出形体被剖切后在剖切平面上所余下的形体投影，用来表达形体内部形状和外部形体轮廓之间的相对关系等，如图 3.14（b）所示。

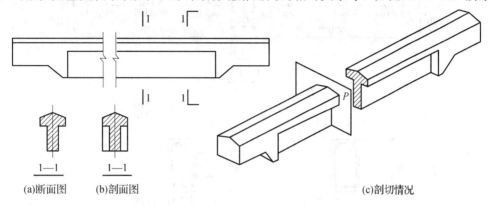

(a)断面图　　(b)剖面图　　　　　　　　　　　　　　(c)剖切情况

图 3.14　断面图与剖面图的区别

> **技术提示**
>
> 断面图本身只是一个平面（截面图形）的投影，而剖面图则是部分形体的投影。实际上，剖面图中包含断面图，即剖面图是"体"的投影，断面图只是"面"的投影，这是两者实质上的区别。

2. 剖切情况不同

剖面图可采用多个平行剖切平面转折绘制成阶梯剖面图或由相交剖切平面绘制成展开剖面图；而断面图则不能，它只反映单一剖切平面的断面特征。

3. 标注不同

断面图用剖切线（两段短粗线）表明剖切平面的位置，而剖切后的投影方向只是用剖面编号的注写位置予以表明；而剖面图的标注除了用编号注写外，还需在剖切位置线的两端部加上垂直短线，以表明投影方向。

3.2.4　断面图的类型

根据断面图在视图上的位置不同，将断面图分为移出断面图、中断断面图和重合断面图。

1. 移出断面图

绘制在投影图轮廓线外面的断面图，称为移出断面图。如图 3.12 所示为钢筋混凝土牛腿柱的正立面图和移出断面图。移出断面的轮廓线用粗实线绘制，断面上要绘出材料图例或构配件的钢筋配置状况，材料不明时，可用 45°斜线绘出。移出断面图常用于绘制结构构件的配筋图，如图 3.15 为梁配筋详图，即为移出断面图的一种。移出断面图一般应标注剖切位置、投影方向和断面编号名称。移出断面可画在任何适当的位置或剖切平面的延长线上。

2. 中断断面图

绘制在投影图轮廓线中断处的断面图，称为中断断面图。这种断面图只适用于杆件较长、断面形状单一且对称的构件。如图 3.16 所示为一预应力管桩中断断面图，表达了桩体的断面尺寸、形状及配筋情况。工程图中常用移出断面或节点详图代替这种表达方式。

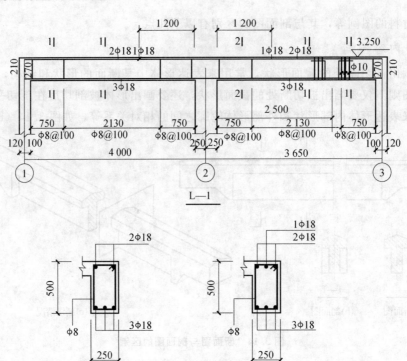

图 3.15 梁配筋详图（移出断面）

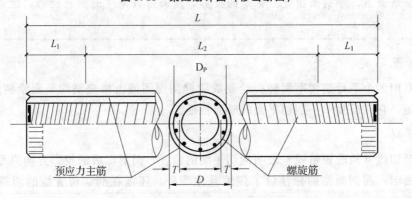

图 3.16 预应力管桩的中断断面图

中断断面的轮廓线及图例与移出断面的画法相同，因此中断断面图可视为移出断面图，只是位置不同。此外，中断断面投影图的中断处用波浪线或折断线绘制，不需要标注剖切符号和编号。

3. 重合断面图

绘制在投影图轮廓线内的断面图，称为重合断面图。如图 3.17 所示为屋顶结构平面图上浇筑在一起的梁与板的重合断面图，由于剖切平面剖切到哪里，重合断面就画在哪里，因而重合断面无需标注剖切符号和编号。为了避免重合断面与视图轮廓线相混淆，重合断面的轮廓线在建筑工程图中一般采用比视图的轮廓线粗的实线画出，并在断面图的范围内，沿着轮廓线的边缘加画 45° 细实线。当其断面尺寸较小时，可将断面图涂黑，如图 3.17 所示是画在钢筋混凝土结构屋面布置图上浇筑在一起的梁与板的重合断面。

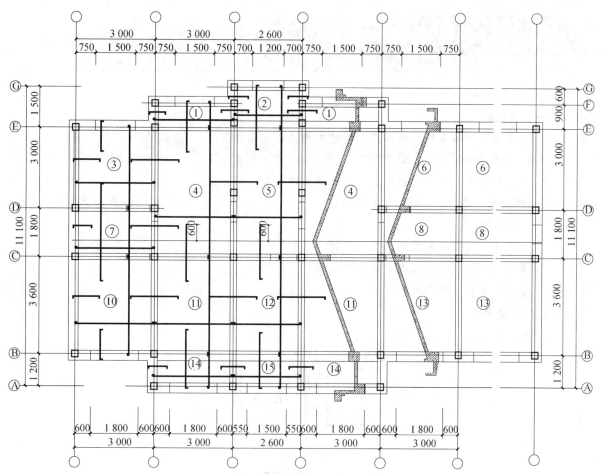

顶层单元结构平面图　1 : 50

图 3.17　屋面重合断面图

【重点串联】

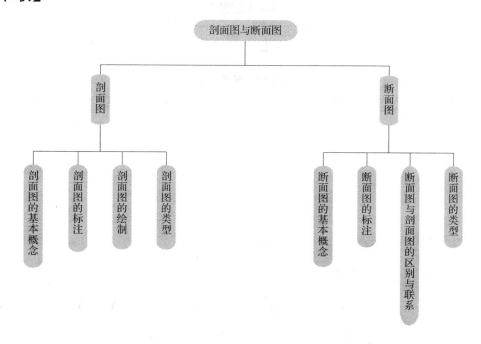

拓展与实训

职业能力训练

一、选择题

1. 如果需要了解房屋或构件内部的结构构造，可以查看（   ）。

A. 三视投影图   　　B. 平面图   　　　　C. 剖面图   　　　　　　D. 立面图

2. 梁、柱等结构构件的配筋图通常采用哪种类型的断面图绘制？（   ）

A. 移出断面图   　　B. 中断断面图   　　C. 剖面图   　　　　　　D. 重合断面图

二、简答题

1. 什么是剖面图与断面图，它们有什么区别？

2. 常用的剖面图有哪几种，各在什么情况下使用？

3. 常用断面图有哪几种？

工程模拟训练

作出如图 3.18 所示房屋模型的 2—2、3—3 剖面图。

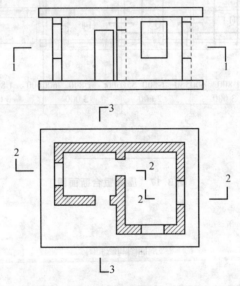

图 3.18　房屋模型

第 2 篇
建筑构造基本知识

模块 4

民用建筑概述

【模块概述】

民用建筑是由若干个大小不等的室内空间组合而成的；其空间的形成，又需要各种各样实体的组合，而这些实体称为建筑构配件。一般民用建筑由基础、墙或柱、楼底层、楼梯、屋顶、门窗等构配件组成。本模块首先介绍民用建筑的分类和建筑物的基本组成与结构形式，然后对建筑设计和建筑模数协调中涉及的尺寸及变形缝的作用及构造进行有针对性的阐述。重点是民用建筑物的分类、分级，建筑物的基本组成，建筑模数制，变形缝的作用及构造。

【知识目标】

1. 掌握民用建筑分类、分级的依据；
2. 掌握建筑物的基本组成和结构形式；
3. 掌握建筑设计和建筑模数协调中涉及的尺寸；
4. 掌握变形缝的作用及构造。

【技能目标】

1. 熟悉民用建筑分类、分级，能对民用建筑进行分类、分级，并分析其构造组成；
2. 理解建筑模数的作用；
3. 熟悉变形缝构造，能识读变形缝的构造图。

【课时建议】

2 课时

　　某市一住宅兼适量的商业功能的地块，其工程主要由高层住宅楼组成，住宅楼建筑高度为98.5 m，地上29层，其中1~5层为商业裙房。根据建筑功能和类型，高层部分采用混凝土框架、剪力墙结构，建筑耐火等级为：地下一级，地上一级；根据荷载及当地周围情况，地下室及高层部分采用桩筏基础；外墙变形缝采用金属盖板型。

　　同学们，通过上面的例子你明白上述建筑属于哪一类吗？如何对建筑进行分类？建筑物的基本组成和结构形式有哪些？变形缝的作用及其构造如何？

4.1　概　述

4.1.1　建筑的分类

　　为方便起见，人们把建筑分成不同的类型，由于建筑各方面的特性不尽相同，因此分类的方法也不一样，我国常见的分类方式主要有以下几种。

　　1. 按照建筑物的使用性质进行分类

　　建筑物根据其使用性质，通常可以分为生产建筑性建筑和非生产性建筑两大类。生产性建筑可以根据生产内容的区别分为工业建筑、农业建筑等不同的类别；非生产性建筑则可统称为民用建筑。

　　（1）工业建筑。

　　工业建筑是为生产服务的各类建筑，也可以称为厂房类建筑，如生产车间、辅助车间、动力用房、仓储建筑等。厂房类建筑又可以分为单层厂房和多层厂房两大类。

　　（2）农业建筑。

　　农业建筑是用于农业、畜牧业生产和加工用的建筑，如温室、畜禽饲养场、粮食与饲料加工站、农机修理站等。

　　（3）民用建筑。

　　供人们居住及进行社会活动等非生产性的建筑称为民用建筑。民用建筑根据其使用功能又可分为居住建筑和公共建筑两类。

　　①居住建筑。

　　居住建筑是提供家庭和集体生活起居用的建筑物，如住宅、公寓、别墅、宿舍等。

　　住宅是构成居住建筑的主体，与人们的日常生活关系密切，具有实现设计标准化、构件生产工厂化、施工机械化、管理科学化等方面的要求和条件。

　　②公共建筑。

　　公共建筑主要是指提供人们进行各种社会活动的建筑物，由于功能和体量有较大差异，所以其类型较多，主要包括以下一些类型。

　　a. 行政办公建筑：机关、企事业单位的办公楼和商业写字楼。

　　b. 文教建筑：教学楼、图书馆、文化宫等。

　　c. 托幼建筑：托儿所，幼儿园等。

　　d. 科研建筑：研究所、科学实验楼等。

　　e. 医疗建筑：医院、门诊部、疗养院等。

　　f. 商业建筑：商店、商场、购物中心等。

g. 观演建筑：电影院、剧院、音乐厅、演艺中心等。

h. 体育建筑：体育馆、体育场、健身中心等。

i. 旅馆建筑：旅馆、宾馆、招待所、酒店等。

j. 交通建筑：航空港、港口客运站、火车站、汽车站、地铁站等。

k. 通讯广播建筑：电信楼、广播电视台及电视塔、邮电局等。

l. 园林建筑：公园、动物园、植物园中的亭台楼榭等。

m. 纪念性的建筑：纪念堂、纪念碑、陵园等。

n. 其他建筑类：监狱、派出所、消防站、大型游乐场等。

2. 按照建筑的层数或高度分类

目前，按照建筑物的层数或高度进行分类主要是针对民用建筑而言，在《民用建筑设计通则》（GB 50352—2005）中，按房屋使用功能分为居住和公共建筑两大类；按地上层数或高度分类，划分规定如下。

（1）住宅建筑按照层数分类。

①1～3 层为低层住宅。

②4～6 层为多层住宅。

③7～9 层为中高层住宅。

④10 层及 10 层以上为高层住宅。

（2）其他民用建筑按照建筑高度分类。

建筑高度是指室外设计地面至建筑主体檐口上部的垂直高度。

①普通建筑：建筑高度不超过 24 m 的民用建筑和建筑高度超过 24 m 的单层建筑。

②高层建筑：建筑高度超过 24 m 的建筑（不包括建筑高度大于 24 m 的单层公共建筑）和 10 层及 10 层以上的建筑。

③超高层建筑：建筑高度超过 100 m 的民用建筑。

3. 按照承重结构形式分类

（1）墙承重体系。

墙承重体系指由墙体承受建筑的全部荷载，并把荷载传递给基础，适用于内部空间较小、建筑高度较小的建筑。

（2）骨架承重体系。

骨架承重体系指由钢筋混凝土或型钢组成的梁柱体系承受建筑的全部荷载，墙体只起围护和分隔作用的承重体系，适用于跨度大、荷载大、高度大的建筑。

（3）内骨架承重体系。

内骨架承重体系指建筑内部由梁柱体系承重，四周用外墙承重的体系，适用于局部设有较大空间的建筑。

（4）空间结构承重体系。

空间结构承重体系指由钢筋混凝土或型钢组成空间结构承受建筑的全部荷载，如网架、悬索、壳体等，其适用于大空间建筑。

4. 按照主要承重结构材料分类

建筑的主要承重结构一般为墙、柱、梁、板四个主要构件，根据构件所使用的材料可作如下分类。

（1）木结构建筑。

木结构建筑是指木板墙、木柱、木楼板、木屋顶的建筑。

（2）砖混结构建筑。

砖混结构建筑指用砖墙（柱）、钢筋混凝土楼板及屋面板作为主要承重构件，属于墙承重体系。

（3）钢筋混凝土结构建筑。

钢筋混凝土结构建筑指由钢筋混凝土柱、梁、板承重的多层和高层建筑（又可分为框架结构建筑、剪力墙结构、筒体结构建筑等），属于骨架承重结构体系。大型公共建筑、高层建筑较多采用这种结构形式。

（4）钢结构建筑。

钢结构建筑主要承重结构采用钢材，具有自重轻、强度高的优点，但耐火能力较差。大型公共建筑、工业建筑、高层建筑等经常采用这种结构形式。

另外还有生土木结构和砖木结构建筑，由于它们的耐久性和防火性能均较差，现在已经基本被淘汰。

5．按建筑的规模大小分类

（1）大量性建筑。

大量性建筑是指单体建筑规模不大，但兴建数量多、分布面广的建筑，如住宅、学校、医院、中小型办公楼、医院等。

（2）大型性建筑。

大型性建筑是指建筑规模大、耗资多、影响大的建筑，如大型体育馆、大型影剧院、航空港、火车站、博物馆等。

4.1.2 民用建筑的等级划分

由于建筑的功能和其在社会中的地位差异较大，同时为了使建筑能充分发挥投资效益，避免浪费，以适应社会经济发展的需要，我国对各类不同建筑的级别进行了明确的划分。民用建筑一般是根据建筑物耐久性能，防火性能，规模大小和重要性来划分等级的。

1．按建筑物耐久年限分级

以建筑主体结构的正常使用年限分成下列四级：

（1）一级建筑。

一级建筑的耐久年限为100年以上，适用于重要的建筑和高层建筑。

（2）二级建筑。

二级建筑的耐久年限为50～100年以上，适用于一般性的建筑。

（3）三级建筑。

三级建筑的耐久年限为25～50年以上，适用于次要的建筑。

（4）四级建筑。

四级建筑的耐久年限为15年以下，适用于临时性的建筑。

2．按建筑物防火性能划分

为了提高建筑对火灾的抵抗能力，可在建筑构造上采取措施，使之具有一定的耐火性，即使发生了火灾也不至于造成太大的损失，通常用耐火等级来表示建筑物所具有的耐火性。根据建筑物构件的燃烧性能及耐火极限，我国《建筑设计防火规范》（GB 50016—2006）把普通建筑物的耐火等级分为四级，一级的耐火性能最好，四级最差；《高层民用建筑设计防火规范》（GB 50045—95）（2005版）把高层建筑的耐火等级分为两级。

（1）燃烧性能。

燃烧性能是指建筑构件在明火或高温辐射的情况下，能否燃烧及燃烧的难易程度。建筑构件按照燃烧性能分成不燃烧体（或称非燃烧体）、难燃烧体和燃烧体。

①不燃烧体。

用不燃烧材料制成的建筑构件称为不燃烧体。不燃烧材料指在空气中受到火烧或高温作用时不起火、不燃烧、不碳化的材料。如混凝土、钢材、天然石材等。

②难燃烧体。

难燃烧体指用难燃烧的材料制成的建筑构件，或用燃烧材料做成而用不燃烧材料做保护层的建筑构件，如沥青混凝土构件。难燃烧材料指在空气中受到火烧或高温作用时难起火、难燃烧、难碳化，当火源移走后燃烧或微燃立即停止的材料，如天然石材、经过防火处理的木材、用有机物填充的混凝土和水泥刨花板等。

③燃烧体。

燃烧体指用燃烧材料制成的建筑构件。燃烧材料指在空气中受到火烧或高温作用时立即起火或燃烧，且火源移走后仍继续燃烧或微燃的材料，如木材等。

（2）耐火极限。

耐火极限是指按建筑构件的时间－温度标准曲线进行耐火试验，从受到火的作用时起，到失去支持能力或完整性被破坏，以及失去隔火作用时为止的这段时间，用小时表示。其具体判定条件为：失去支持能力、完整性被破坏和丧失隔火作用。

建筑耐火等级高的建筑其主要组成构件的耐火极限的时间也长。在建筑当中相同材料的构件根据其作用和位置的不同，其要求的耐火极限也不相同。我国《建筑设计防火规范》（GB 50016—2006）和《高层民用建筑设计防火规范》（GB 50045—95）（2005 版）规定不同耐火等级的主要构件的燃烧性能和耐火极限不应低于表 4.1 和表 4.2 的规定。

表 4.1 建筑物构件的燃烧性能和耐火极限（多层建筑） h

名称		耐火等级			
构件		一级	二级	三级	四级
墙	防火墙	不燃烧体 3.00	不燃烧体 3.00	不燃烧体 3.00	不燃烧体 3.00
	承重墙	不燃烧体 3.00	不燃烧体 2.50	不燃烧体 2.00	难燃烧体 0.50
	非承重外墙	不燃烧体 1.00	不燃烧体 1.00	不燃烧体 0.50	燃烧体
	楼梯间的墙 电梯井的墙 住宅单元之间的墙 住宅分户墙	不燃烧体 2.00	不燃烧体 2.00	不燃烧体 1.50	难燃烧体 0.50
	疏散走道两侧的隔墙	不燃烧体 1.00	不燃烧体 1.00	不燃烧体 0.50	难燃烧体 0.25
	房间隔墙	不燃烧体 0.75	不燃烧体 0.50	难燃烧体 0.50	难燃烧体 0.25
柱		不燃烧体 3.00	不燃烧体 2.50	不燃烧体 2.00	难燃烧体 0.50
梁		不燃烧体 2.00	不燃烧体 1.50	不燃烧体 1.00	难燃烧体 0.50
楼板		不燃烧体 1.50	不燃烧体 1.00	不燃烧体 0.50	燃烧体

续表 4.1

名称	耐火等级			
构件	一级	二级	三级	四级
屋顶承重构件	不燃烧体 1.50	不燃烧体 1.00	燃烧体	燃烧体
疏散楼梯	不燃烧体 1.50	不燃烧体 1.00	不燃烧体 0.50	燃烧体
吊顶（包括吊顶搁栅）	不燃烧体 0.25	难燃烧体 0.25	难燃烧体 0.15	燃烧体

注：1. 除本规范另有规定外，以木柱承重且以不燃烧材料作为墙体的建筑物，其耐火等级应按四级确定

2. 二级耐火等级建筑的吊顶采用不燃烧体时，其耐火极限不限

3. 在二级耐火等级的建筑中，面积不超过 100 m² 的房间隔墙，如执行本表的规定确有困难时，可采用耐火极限不低于 0.3 h 的不燃烧体

4. 一、二级耐火等级建筑疏散走道两侧的隔墙，按本表规定执行确有困难时，可采用 0.75 h 不燃烧体

表 4.2　建筑物构件的燃烧性能和耐火极限（高层建筑） h

名称		耐火等级	
	构件	一级	二级
墙	防火墙	不燃烧体 3.00	不燃烧体 3.00
	承重墙、楼梯间的墙 电梯井的墙、住宅单元之间的墙、住宅分户墙	不燃烧体 2.00	不燃烧体 2.00
	非承重外墙、疏散走道两侧的隔墙	不燃烧体 1.00	不燃烧体 1.00
	房间隔墙	不燃烧体 0.75	不燃烧体 0.5
柱		不燃烧体 3.00	不燃烧体 2.50
梁		不燃烧体 2.00	不燃烧体 1.50
楼板、疏散楼梯、屋顶承重构件		不燃烧体 1.50	不燃烧体 1.00
吊顶（包括吊顶搁栅）		不燃烧体 0.25	难燃烧体 0.25

3. 按照建筑重要性和规模分级

我国目前将各类民用建筑工程按复杂程度划分为特、一、二、三、四、五，共六个等级，设计收费标准随等级高低而不同。

（1）特级工程。

①列为国家重点项目或以国际活动为主的大型公建，以及有全国性历史意义或技术要求特别复杂的中小型公建。如国宾馆、国家大会堂，国际会议中心、国际大型航空港、国际综合俱乐部，重要历史纪念建筑，国家级图书馆、博物馆、美术馆，三级以上的人防工程等。

②高大空间、有声、光等特殊要求的建筑，如剧院、音乐厅等。

③30 层以上建筑。

（2）一级工程。

①高级大型公建以及有地区性历史意义或技术要求复杂的中小型公建。如高级宾馆、旅游宾馆、高级招待所、别墅，省级展览馆、博物馆、图书馆，高级会堂、俱乐部，科研试验楼（含高校），300床以上的医院、疗养院、医技楼、大型门诊楼，大中型体育馆、室内游泳馆、室内滑冰馆，大城市火车站、航运站、候机楼，摄影棚、邮电通信楼，综合商业大楼、高级餐厅，四级人防、五级平战结合人防等。

②16～29层或高度超过50 m的公建。

（3）二级工程。

①中高级的大型公建以及技术要求较高的中小型公建。如大专院校教学楼，档案楼，礼堂、电影院，省部级机关办公楼，300床以下医院、疗养院，地市级图书馆、文化馆、少年宫，俱乐部、排演厅、报告厅、风雨操场，大中城市汽车客运站、中等城市火车站、邮电局、多层综合商场、风味餐厅，高级小住宅等。

②16～29层住宅。

（4）三级工程。

①中级、中型公建。如重点中学及中专的教学楼、实验楼、电教楼，社会旅馆、饭馆、招待所、浴室、邮电所、门诊所、百货楼，托儿所、幼儿园，综合服务楼、二层以下商场、多层食堂，小型车站等。

②7～15层有电梯的住宅或框架结构建筑。

（5）四级工程。

①一般中小型公建。如一般办公楼、中小学教学楼、单层食堂、单层汽车库、消防车库、消防站、蔬菜门市部、粮站、杂货店、阅览室、理发室、水冲式公厕等。

②7层以下无电梯住宅、宿舍及砖混建筑。

（6）五级工程。

五级工程指一二层、单功能、一般小跨度结构建筑。

需要说明的是：以上分级标准中，大型工程一般系指10 000 m² 以上的建筑；中型工程指3 000 m² ～10 000 m² 的建筑；小型工程指3 000 m² 以下的建筑。

4.1.3 建筑构造的影响因素及设计原则

1.影响建筑构造的因素

（1）经济条件的影响。

随着建筑技术的不断发展和人们生活水平的日益提高，人们对建筑的使用要求也越来越高。建筑标准的变化使建筑的质量标准、建筑造价等出现了较大差别。对建筑构造的要求也将随着经济条件的改变而发生大的变化。

（2）外界环境的影响。

①气候条件的影响。

气候条件随着我国各地区地理位置及环境不同而有很大差异。太阳的辐射热，自然界的风、雨、雪、霜、地下水等构成了影响建筑物的多种因素。故在进行构造设计时，应该针对建筑物所受影响的性质与程度，对各有关构、配件及部位采取必要的防范措施，如防潮、防水、保温、隔热、设伸缩缝、设隔蒸汽层等。

②外力作用。

直接作用在建筑物上的外力统称为荷载。荷载的大小是建筑结构设计时的主要依据，也是结构选型及构造设计的重要基础，起着决定构件尺度、用料多少的重要作用。荷载可分为恒荷载（如结构自重）和活荷载（如人群、家具、风雪及地震荷载）两类。

③各种人为因素。

在进行建筑构造设计时，应针对人们在生产和生活活动中遇到的火灾、爆炸、机械振动、化学腐蚀、噪声等人为因素的影响，防止建筑物遭受不应有的损失，需采取相应的防火、防爆、防振、防腐隔声等构造措施。

（3）技术条件的影响。

随着各种新材料、新工艺、新技术的不断涌现，建筑构造组成也在不断地发生变化，建筑构造要根据行业发展的现状和趋势，不断调整，推陈出新。经济水平的提高，也会对建筑构造产生影响。弱电技术、智能系统、火灾预警系统和高档装修在建筑中的逐步普及，也对建筑构造提出了新的要求。

2. 建筑构造的设计原则

建筑构造设计必须综合运用有关技术知识，并循序一定的设计原则进行。

（1）结构坚固、耐久。

除按荷载大小及结构要求确定构件的基本断面尺寸外，对阳台、楼梯栏杆、顶棚、门窗与墙体的连接等构造设计，都必须保证建筑构、配件在使用时的安全。

（2）满足建筑物的各项使用功能的要求。

进行建筑设计时，应根据建筑物所处的位置不同和使用性质的不同，进行相应的构造处理，以满足不同的使用功能要求。

（3）适应建筑工业化和建筑施工的需要。

在满足建筑使用功能、艺术形象的前提下，应尽量采用标准设计和通用构配件，以适应建筑工业化的需要。

（4）技术先进。

进行建筑构造设计时，应大力改进传统的建筑方式，从材料、结构、施工等方面引入先进技术，并注意因地制宜。

（5）注重美观。

构造方案的处理还要考虑其造型、尺度、质感、色彩等艺术和美观问题，如有不当往往会影响建筑物整体设计的效果。

（6）注重社会、经济和环境效益。

在选择房屋构造方案时应充分考虑建筑的综合效益，就地取材，注重环境保护，在确保工程质量的同时，合理降低工程造价。

综上所述，应本着满足功能、技术先进、经济适用、确保安全、美观大方、符合环保要求的原则，对不同的构造方案进行比较和分析，做出最佳选择。

4.2 民用建筑的构造组成与建筑标准化

4.2.1 民用建筑的构造组成

建筑的物质实体一般由承重结构、围护结构、饰面装修及附属部件组成。承重结构分为基础、承重墙体（在框架结构建筑中承重墙体则由梁、柱代替）、楼板和屋面板等；围护结构可分为外围护墙、内墙（在框架结构建筑中为框架填充墙和轻质隔墙）等；饰面装修一般按其部位分为内外墙面、楼地面、屋面和顶棚灯饰面装修；附属部件一般包括楼梯、电梯、自动扶梯、门窗、阳台、栏杆、隔断、花池、台阶、坡道、雨棚等。建筑构造组成如图 4.1、图 4.2 所示。

建筑的物质实体按其所在部位和功能的不同，又可以分为基础、墙和柱、楼板层和地坪层、楼梯和电梯、屋顶、门窗等。

1. 基础

基础是墙或柱下面的承重构件，埋在自然地面以下，承受建筑物全部荷载的承重构件，并将这些荷载传给地基。基础必须有足够的强度和稳定性，并能抵御地下水、冰冻等各种有害因素的侵蚀。

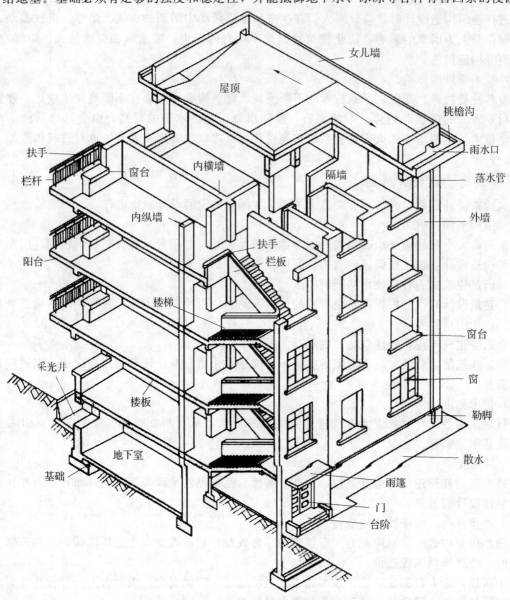

图 4.1　砖混结构建筑构造组成

2．墙（柱）

墙（柱）可承受楼板和屋顶传来的荷载。在墙承重的房屋中，墙既是承重构件，又是围护构件；在框架承重的房屋中，柱是承重构件，而墙只是围护构件或分隔构件。作为承重构件，墙（柱）必须具有足够的强度和稳定性；作为围护构件，外墙必须抵御自然界各种因素对室内的侵袭。内分隔墙则必须隔声、保温、隔热、防火、防水等。

3．楼板层与地坪层

楼板既是水平方向上的承重构件，又是分隔楼层空间的围护构件。支撑人、家具和设备荷载，并将这些荷载传递给承重墙、梁或柱；同时楼板层支撑在墙体上，对墙体起着水平支撑作用，以增强建筑的刚度和整体性，并用来分隔楼层之间的空间。因此，楼板层应有足够的承载力和刚度，同时性能应满足使用和围护要求。

当建筑物底层未用楼板架空时，地坪层作为底层空间与地基之间的分隔构件，支撑着人和家具设备的荷载，并将这些荷载传递给地基。地坪层应具有足够的承载力和刚度，并能均匀传力和防潮。

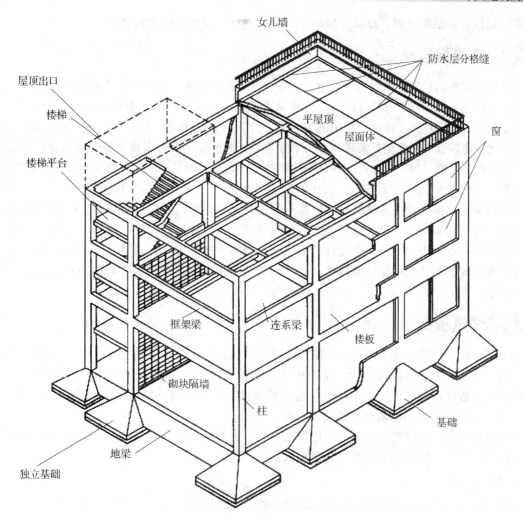

图 4.2 框架结构建筑构造组成

4. 楼梯与电梯

楼梯是建筑物中人们步行上下楼层的垂直交通联系部件，并根据需要满足紧急事故时的人员疏散要求。楼梯应有足够的通行能力，并做到坚固耐久和满足消防疏散安全的要求。电梯是高层建筑和某些多层建筑（如医院、商场、厂房等）必需的垂直交通设施。电梯应具有足够的运送能力和方便快捷性能。消防电梯是用于紧急事故时消防扑救之用，还需要满足消防安全要求。自动扶梯是楼梯的机械化形式，用于传送人流但不能用于消防疏散。自动扶梯应注意梯段上人流通行安全。

5. 屋顶

屋顶是建筑物顶部构件，既是承重构件，又是围护构件。屋面板支撑屋面设施及自然界中风霜雪雨荷载，并将这些荷载传递给承重墙或梁柱。屋顶应具有足够的强度和刚度，并具有防水、保温、隔热等能力，上人屋面还得满足使用的要求。

6. 门窗

门主要是供联系内外交通或阻隔人流，有的门也兼有采光通风作用。门应该满足交通、消防疏散、防盗、隔声、热工等要求。窗的作用主要是采光、通风及眺望。窗应满足防水、隔声、防盗、热工等要求。

除了上述六大基本组成构件外，对不同使用功能的建筑，还有各种不同的构件和配件，如：阳台、雨棚、台阶、散水、垃圾井、烟道等。组成建筑的各个部分起不同的作用。在设计工作中还把建筑的各个组成部分划分为建筑构件和建筑配件。建筑构件主要是指墙、柱、梁、屋架等承重结构；建筑配件主要是指屋面、地面、墙面、门窗、栏杆、花格、细部装修等。

4.2.2 建筑标准化

建造房屋需要消耗大量的人力、物力、财力。目前我国建筑行业的现状还不能适应社会经济发展的要求。生产效率低，施工方法落后，产品质量不够稳定。实现建筑工业化，提高建筑的科技含量，是建筑业发展的既定目标。建筑工业化的内容是：建筑设计标准化，构件生产工厂化，施工机械化，管理科学化。建筑设计标准化是实现其余两个方面目标的前提，只有实现了设计标准化，才能简化建筑构配件的规格类型，为工厂生产商品化构件创造条件，也为建筑产业化、施工机械化打下基础。

建筑标准化主要包括两个方面：首先应制定各种法规、规范、标准和指标，使设计有章可循；其次是在诸如住宅等大量性建筑的设计中推行标准化设计。标准化设计可以借助国家或者地区通用的标准构配件图集来实现，设计者根据工程的具体情况选择标准构配件，避免重复劳动。构件生产厂家和施工单位也可以针对标准构配件的应用情况组织生产和施工，形成规模效益。实行建筑标准化，可以有效地减少建筑构配件的规格，在不同的建筑中采用标准构配件，进而提高施工效率，保证施工质量，降低造价。

4.2.3 建筑模数制

由于建筑设计单位、施工单位、构配件生产厂家往往是各自独立的企业，甚至可能不属于同一地区、同一行业。为协调建筑设计、建筑施工及构配件生产之间的尺度关系，以达到简化构件类型，降低建筑造价，保证建筑质量，提高施工效率的目的。我国制定了《建筑模数统一协调标准》(GBJ 2.86)，用以约束和协调建筑的尺度关系。

建筑模数是选定的标准尺度单位，作为建筑物、建筑构配件、建筑制品以及有关设备尺寸相互协调中的增值单位，包括基本模数和导出模数。

1. 基本模数

基本模数是建筑模数协调中选定的基本尺寸单位，其数值为 100 mm，符号为 M，即 1 M＝100 mm。

2. 导出模数

导出模数分为扩大模数和分模数，其基数应符合下列规定。

(1) 扩大模数。

扩大模数是指基本模数的整数倍数。水平扩大模数基数为 3 M、6 M、12 M、15 M、30 M、60 M,其相应的尺寸分别为 300 mm、600 mm、1 200 mm、1 500 mm、3 000 mm、6 000 mm；竖向扩大模数的基数为 3 M 与 6 M，其相应的尺寸为 300 mm 和 600 mm。

(2) 分模数。

分模数是指整数除基本模数的数值。分模数基数为 1/10 M、1/5 M、1/2 M，其相应的尺寸为 10 mm、20 mm、50 mm。

> **技术提示**
>
> 建筑模数不是一个数，而是一个类似国际长度单位（如米、千米、毫米）的长度单位。它与其他长度单位不同的是：它前面的数值不能是小数，必须是整数。采用建筑模数是协调设计与施工（生产）的关系，提高建筑工业化水平的手段。施工图纸上并不标注建筑模数这类的长度单位。

3. 模数数列

模数数列是以基本模数、扩大模数、分模数为基础扩展成的一系列尺寸。它可以保证不同建筑及其组成部分之间尺度的协调统一，有效地减少建筑尺寸的种类，确保尺寸合理并有一定的灵活性。建筑物的所有尺寸除特殊情况外，均应满足模数数列的要求。表 4.3 为我国现行的模数数列。

表4.3 模数数列

模数名称	基本模数	扩大模数						分模数		
模数基数	1 M	3 M	6 M	12 M	15 M	30 M	60 M	1/10 M	1/5 M	1/2 M
基数数值	100	300	600	1 200	1 500	3 000	6 000	10	20	50
模数数列	100	300						10		
	200	600	600					20	20	
	300	900						30		
	400	1 200	1 200	1 200				40	40	
	500	1 500			1 500			50		50
	600	1 800	1 800					60	60	
	700	2 100						70		
	800	2 400	2 400	2 400				80	80	
	900	2 700						90		
	1 000	3 000	3 000		3 000	3 000		100	100	100
	1 100	3 300						110		
	1 200	3 600	3 600	3 600				120	120	
	1 300	3 900						130		
	1 400	4 200	4 200					140	140	
	1 500	4 500			4 500			150		150
	1 600	4 800	4 800	4 800				160	160	
	1 700	5 100						170		
	1 800	5 400	5 400					180	180	
	1 900	5 700						190		
	2 000	6 000	6 000	6 000	6 000	6 000	6 000	200	200	200
	2 100	6 300						220		
	2 200	6 600	6 600					240		
	2 300	6 900								250
	2 400	7 200	7 200	7 200				260		
	2 500	7 500			7 500			280		
	2 600		7 800					300		300
	2 700		8 400	8 400				320		
	2 800		9 000		9 000	9 000		340		
	2 900		9 600	9 600						350
	3 000				10 500			360		
	3 100			10 800				380		
	3 200			12 000	12 000	12 000	12 000	400		400
	3 300				15 000					450
	3 400				18 000	18 000				500
	3 500				21 000					550
	3 600				24 000	24 000				600
					27 000					650
					30 000	30 000				700
					33 000					750
					36 000	36 000				800
										850
										900
										950
										1 000

4. 模数数列的幅度

（1）水平基本模数应为 1 M。1 M 数列应按 100 mm 进级，其幅度应为 1 M～20 M；

（2）竖向基本模数应为 1 M。1 M 数列应按 100 mm 进级，其幅度应为 1 M～36 M；

（3）水平扩大模数的幅度，应符合下列规定：

①3 M 数列按 300 mm 进级，其幅度应为 3～75 M；

②6 M 数列按 600 mm 进级，其幅度应为 6～96 M；

③12 M 数列按 1 200 mm 进级，其幅度应为 12～120 M；

④15 M 数列按 1 500 mm 进级，其幅度应为 15～120 M；

⑤30 M 数列按 3 000 mm 进级，其幅度应为 30～360 M；

⑥60 M 数列按 6 000 mm 进级，其幅度应为 60～360 M 等，必要时幅度不限制。

（4）竖向扩大模数的幅度，应符合下列规定：

①3 M 数列按 300 mm 进级，幅度不限制；

②6 M 数列按 600 mm 进级，幅度不限制。

（5）分模数的幅度，应符合下列规定：

①1/10 M 数列按 10 mm 进级，其幅度应为 1/10～2 M；

②1/5 M 数列按 20 mm 进级，其幅度应为 1/5～4 M；

③1/2 M 数列按 50 mm 进级，其幅度应为 1/2～10 M。

5. 模数数列的使用范围

（1）水平基本模数 1 M～20 M 的数列，应主要用于门窗洞口和构配件截面等处。

（2）竖向基本模数 1 M～36 M 的数列，应主要用于建筑物的层高、门窗洞口和构配件截面等处。

（3）水平扩大模数 3 M、6 M、12 M、15 M、30 M、60 M 的数列，应主要用于建筑物的开间或柱距、进深或跨度、构配件尺寸和门窗洞口等处。

（4）竖向扩大模数 3 M 数列，应主要用于建筑物的高度、层高和门窗洞口等处。

（5）分模数 1/10 M、1/5 M、1/2 M 的数列，应主要用于缝隙、构造节点、构配件截面等处。

4.2.4 建筑设计和建筑模数协调中涉及的尺寸

为保证设计、生产、施工各阶段建筑制品、构配件等有关尺寸间的统一与协调，在建筑模数协调中把尺寸分为标志尺寸、构造尺寸和实际尺寸。

1. 标志尺寸

标志尺寸是指符合模数数列的规定，用以标注建筑物定位轴面、定位面或定位轴线、定位线之间的垂直距离（如开间或柱距、进深或跨度、层高等）以及建筑构配件、建筑组合件、建筑制品、有关设备界限之间的尺寸。

2. 构造尺寸

构造尺寸是指建筑构配件、建筑组合件、建筑制品等的设计尺寸，一般情况下，标志尺寸减去缝隙为构造尺寸。

3. 实际尺寸

实际尺寸是指建筑构配件，建筑组合件、建筑制造等生产制作后的实有尺寸，实际尺寸与构造尺寸之间的差数应符合建筑公差的规定。

标志尺寸、构造尺寸及二者之间缝隙尺寸的关系如图 4.3 所示。

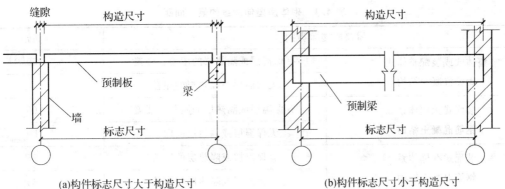

(a)构件标志尺寸大于构造尺寸　　　　　(b)构件标志尺寸小于构造尺寸

图4.3　标志尺寸、构造尺寸及二者之间缝隙尺寸的关系

4.3　变　形　缝

　　昼夜温差、不均匀沉降以及地震均可能引起变形，如果足以引起建筑物结构的破坏，就应该在变形的敏感部位或其他必要的部位预先将整个建筑物沿全高断开，令断开后建筑物的各部分成为独立的单元，或者是划分为简单、规则、均一的段，并令各段之间的缝达到一定的宽度，以能够适应变形的需要，这就是变形缝。

　　对应不同的变形情况，变形缝可以分为：伸缩缝（温度缝），对应昼夜温差引起的变形；沉降缝，对应不均匀沉降引起的变形；防震缝，对应地震可能引起的变形。

【知识拓展】

　　各种变形缝的功能虽然不同，但它们的构造要求基本相同。
　　(1) 缝的构造要保证建筑物各独立部分能自由变形，互不影响；
　　(2) 不同部位的变形缝要根据需要分别采取防水、防火、保温、防虫等安全防护措施；
　　(3) 高层建筑及防火要求高的建筑物，室内变形缝应做防火处理；
　　(4) 变形缝内一般不敷设电缆、可燃气管道和易燃、可燃液体管道。

4.3.1　伸　缩　缝

1. 伸缩缝的作用

　　建筑物因受到温度的变化而产生热胀冷缩现象，使结构构件内部产生附加应力而变形，造成构件开裂或破坏。当建筑物的体积过大时，这种情况更加明显。为避免这种温度变化引起的破坏，需沿建筑物长度方向每隔一定距离设置一道具有一定宽度的缝隙，即伸缩缝，也称为温度缝或温度伸缩缝。

2. 伸缩缝的设置原则

　　伸缩缝要求将基础以上的建筑构件，如墙体、梁、楼层和屋顶等全部断开，把它分为各自独立的能在水平方向上自由伸缩的独立单元。伸缩缝的设置需要根据建筑物的长度、结构类型和屋盖刚度以及屋面是否设保温层或隔热层来考虑。其中，建筑物长度主要关系温度应力累计的大小；结构类型和屋顶刚度主要关系温度应力是否容易传递，并对结构的其他部分造成影响；是否设保温或隔热层则关系到结构直接受温度应力影响的程度。表4.4和表4.5给出了具体的数据。

表 4.4　砌体房屋伸缩缝的最大间距　　　　　　　　　　　　　m

屋盖或楼盖类别		间距
整体式或装配整体式钢筋混凝土结构	有保温层或隔热层的屋盖、楼盖	50
	无保温层或隔热层的屋盖	40
装配式无檩体系钢筋混凝土结构	有保温层或隔热层的屋盖、楼盖	60
	无保温层或隔热层的屋盖	50
装配式有檩体系钢筋混凝土结构	有保温层或隔热层的屋盖	75
	无保温层或隔热层的屋盖	60
瓦材屋盖、木屋盖或楼盖、轻钢屋盖		100

注：1. 对烧结普通砖、多孔砖、配筋砌块砌体房屋，取表中数值；对石砌体、蒸压灰砂普通砖、蒸压粉煤灰普通砖和混凝土多孔砖房屋，取表中数值乘以 0.8 的系数，当墙体有可靠外保温措施时，其间距可取表中数值

2. 在钢筋混凝土屋面上挂瓦的屋盖应按钢筋混凝土屋盖采用

3. 层高大于 5 m 的烧结普通砖、烧结多孔砖、配筋砌块砌体结构单层房屋，其伸缩缝间距可按表中数值乘以 1.3

4. 温差较大且变化频繁地区和严寒地区不采暖的房屋及构筑物墙体的伸缩缝的最大间距，应按表中数值予以适当减小

5. 墙体的伸缩缝应与结构的其他变形缝相重合，缝宽度应满足各种变形缝的变形要求；在进行立面处理时，必须保证缝隙的变形作用

表 4.5　钢筋混凝土结构伸缩缝最大间距　　　　　　　　　　　　m

结构类别		室内或土中	露天
排架结构	装配式	100	70
框架结构	装配式	75	50
	现浇式	55	35
剪力墙结构	装配式	65	40
	现浇式	45	30
挡土墙、地下室墙壁等类结构	装配式	40	30
	现浇式	30	20

注：1. 装配整体式结构的伸缩缝间距，可根据结构的具体情况取表中装配式结构与现浇式结构之间的数值

2. 框架、剪力墙结构或框架、核心筒结构房屋的伸缩缝间距，可根据结构的具体情况取表中框架结构与剪力墙结构之间的数值

3. 当屋面无保温或隔热措施时，框架结构、剪力墙结构的伸缩缝间距宜按表中露天栏的数值取用

4. 现浇挑檐、雨罩等外露结构的局部伸缩缝间距不宜大于 12 m

3. 伸缩缝的设置与构造

(1) 伸缩缝的设置。

建筑物受昼夜温差引起的温度应力影响最大的部分在建筑物的屋面，越向地面影响越小，而建筑物的基础部分埋在土里，温度比较恒定，不容易受到昼夜温差的影响，所以在设置伸缩缝时，建筑物的基础不必断开，而除此之外的结构部分应沿建筑物的全高断开。伸缩缝宽度一般为 20～30 mm，通常采用 30 mm。

①砖混结构伸缩缝的设置。

在砖混结构中，若伸缩缝设置在墙体处，可采用单墙承重方案，如图 4.4（a）所示；也可以采用双墙承重方案，如图 4.4（b）所示。

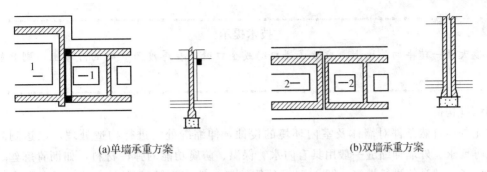

图 4.4　砖混结构伸缩缝的设置

②框架结构伸缩缝的设置。

在框架结构中，最简单的方法就是将楼层的中部断开，也可以采用双柱、简支柱和悬挑的办法，如图 4.5 所示。

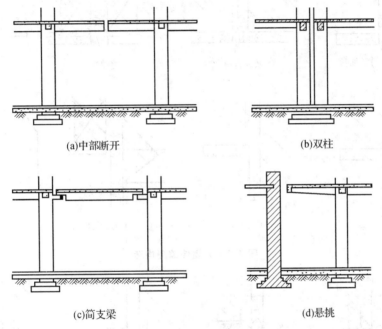

图 4.5　框架结构伸缩缝设置

（2）伸缩缝的构造。

在建筑物设变形缝的部位必须全部做盖缝处理。其主要目的是为了满足使用的需要，例如通行等。此外，处于外围护结构部分的变形缝还要防止渗漏，以及防止热桥的产生。当然，美观的问题也是相当重要的。为此，对变形缝做盖缝处理时应当予以重视。

①伸缩缝的截面形式。

根据墙体的材料、厚度及施工条件，伸缩缝可做成平缝、错口缝、企口缝等形式（图 4.6）。

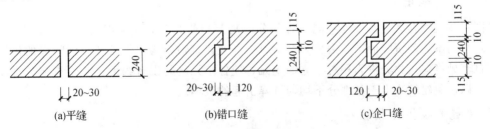

图 4.6　墙体伸缩缝的形式

技术提示

厚度大于一砖半的外墙上，应做成错口缝或企口缝；在厚度为一砖的外墙上，则只能做成平缝。

②伸缩缝构造。

为防止外界自然条件对墙体及室内环境的侵蚀，伸缩缝处需进行构造处理，以达到防水、保温、防腐等要求。外墙伸缩缝一般用具有防水、保温、防腐功能的弹性材料，如沥青麻丝、泡沫塑料条、橡胶条、油膏等进行填缝（图4.7）。外侧缝口一般应用镀锌铁皮或铝片等金属调节片覆盖（图4.8（a）），内侧缝口通常采用具有一定装饰效果的木质盖缝条、金属片或塑料片遮盖，仅一边固定在墙上（图4.8（b））。内墙伸缩缝内一般不填塞保温材料，缝口处理与外墙内侧缝口相同。

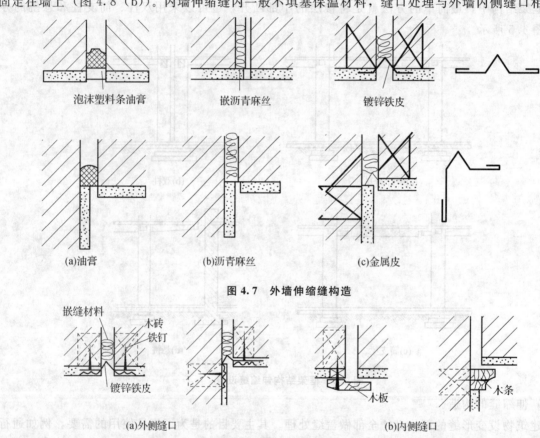

泡沫塑料条油膏　　　　嵌沥青麻丝　　　　镀锌铁皮

(a)油膏　　　　(b)沥青麻丝　　　　(c)金属皮

图4.7　外墙伸缩缝构造

嵌缝材料　木砖　铁钉　镀锌铁皮　木板　木条

(a)外侧缝口　　　　(b)内侧缝口

图4.8　伸缩缝缝口处构造

4.3.2 沉 降 缝

1. 沉降缝的作用

如果同一建筑物存在地质条件不同、各部分的高差和荷载差异较大以及结构形式不同等现象，将引起建筑物的不均匀沉降而产生裂缝，严重时会导致建筑物结构构件破坏。沉降缝的作用是利用垂直的缝自基础将建筑物分隔为相对独立的单元，使各单元之间没有约束、互不影响，可以沿竖向自由沉降，以避免建筑物由于各部分不均匀沉降引起的破坏。

2. 沉降缝的设置原则

沉降缝构造复杂，给建筑、结构设计和施工都带来一定的难度，因此，在工程设计时，应尽可能通过合理地选址、地基处理、建筑体形的优化、结构选型和计算方法的调整以及施工程序上的配合（如高层建筑与裙房之间采用后浇带的方法）避免或克服不均匀沉降，从而达到不设或尽量少设缝的目的。故应在构造设计时满足伸缩和沉降双重要求。

一般来说，沉降缝设置的原则如下：

（1）建筑平面的转折部位。

（2）高度差异或荷载差异较大处。

（3）当建筑物建造在不同的地基上，并难以保证均匀沉降时。

（4）同一建筑物相邻部分高差在两层或超过 10 m 以上时；相邻部分荷载相差很大或结构形式变化明显等易导致不均匀沉降时。

（5）同一建筑物相邻部分的基础形式、宽度和埋置深度相差悬殊，易形成不均匀沉降时。

（6）原有建筑物和新建、扩建的建筑物的毗邻处。

（7）建筑物体形比较复杂，连接部位又比较薄弱时。

3. 沉降缝的设置与构造

（1）沉降缝的设置。

沉降缝的设置是针对有可能造成建筑不均匀沉降的因素（如地基不均匀、建筑物本身相邻部分荷载悬殊或高差悬殊、结构形式变化大等），在结构变形的敏感部位，沿结构全高即从建筑物基础底面至屋顶全部断开。

沉降缝的宽度与地基的种类、建筑物的高度等因素有关，具体见表 4.6。

表 4.6　建筑物高度与沉降缝宽度对照表

地基情况	建筑物高度 H/m	沉降缝宽度/mm
一般地基	<5	30
	5~10	50
	10~15	70
软弱地基	2~3	50~80
	4~5	80~120
	5 层以上	>120
湿陷性黄土地基		30~70

（2）沉降缝的构造。

①基础沉降缝构造。

基础沉降缝的构造处理有双墙式（图 4.9）、挑梁式（图 4.10）和交叉式（图 4.11）。

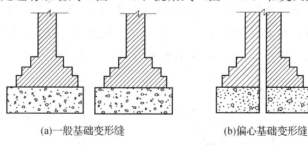

(a)一般基础变形缝　　　　(b)偏心基础变形缝

图 4.9　双墙式沉降缝

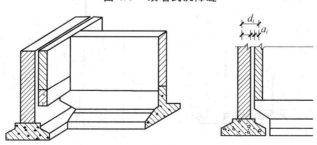

图 4.10　挑梁式基础沉降缝

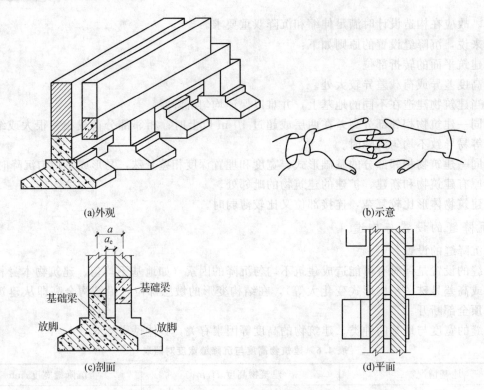

图 4.11　交叉式基础沉降缝

　　双墙式处理方案施工简单，造价低，但易出现两墙之间间距较大或基础偏心受压的情况，因此常用于基础荷载较小的房屋。

　　挑梁式处理方案是将沉降缝一侧的墙和基础按照一般构造做法处理，而另一侧则采用挑梁支承基础梁，基础梁上支承轻质墙的做法。轻质墙可减少挑梁承受的荷载，但挑梁下基础的底面要相应加宽。这两种做法基础分开较大，相互影响小，适用于沉降缝两侧基础埋深相差较大或新旧建筑毗邻的情况。

　　交叉式处理方案是将沉降缝两侧的基础均做成墙下独立基础，交叉设置，在各自的基础上设置基础梁以支承墙体。这种做法受力明确，效果较好，但施工难度大，造价也较高。

　　②墙体沉降缝构造。

　　沉降缝一般兼起伸缩缝的作用，其构造与伸缩缝构造基本相同，只是调节片或盖缝板在构造上应保证两侧墙体在水平方向和垂直方向均能自由变形。一般外侧缝口宜根据缝的宽度不同，采用两种形式的金属调节片盖缝（图 4.12），内墙沉降缝及外墙内侧缝口的盖缝同伸缩缝。

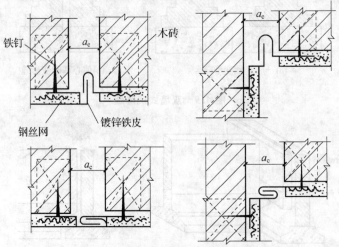

图 4.12　外墙沉降缝构造

```
技术提示
```
沉降缝与伸缩缝最大的区别在于：伸缩缝只需保证建筑物在水平方向的自由伸缩变形，而沉降缝主要应满足建筑物各部分在垂直方向的自由沉降变形。

4.3.3 防 震 缝

1. 防震缝的作用

建筑物的平面如果不规则，或者体型较为复杂，地震时就容易产生应力集中并造成破坏。除了设计时应尽量使建筑平面和体型符合抗震要求外，在建筑物有可能因地震作用而引起结构断裂的部位设置防震缝，其作用是将建筑物分成若干体形简单、结构刚度均匀的独立单元，防止建筑物的各部分在地震力作用下震动、摇摆引起变形裂缝，造成破坏。

2. 防震缝的设置原则

在地震设防烈度为6~9度地区，为避免破坏，一般在结构变形敏感的部位，沿房屋基础顶面全高设置。

防震缝的设置原则依抗震设防烈度房屋结构类型和高度不同而异。对多层砌体房屋来说，遇下列情况之一时宜设置防震缝，缝两侧均应设置墙体，缝宽应根据烈度和房屋高度确定，可采用70~100 mm。

①房屋立面高差在6 m以上；

②房屋有错层，且楼板高差大于层高的1/4；

③各部分结构刚度、质量截然不同。

多层和高层钢筋混凝土房屋宜选用合理的建筑结构方案，不设防震缝；当需要设置防震缝时，其最小宽度应满足下列规定：

①框架结构（包括设置抗震墙的框架结构）房屋的防震缝宽度，当高度不超过15 m时不应小于100 mm；高度超过15 m时，6度、7度、8度和9度分别每增加高度5 m、4 m、3 m和2 m，宜加宽20 mm；

②框架－抗震墙结构房屋的防震缝宽度不应小于本款（1）项规定数值的70%，抗震墙结构房屋的防震缝宽度不应小于本款（1）项规定数值的50%；且均不宜小于100 mm；

③防震缝两侧结构类型不同时，宜按需要较宽防震缝的结构类型和较低房屋高度确定缝宽。

3. 防震缝的构造

防震缝应沿建筑物全高设置，一般基础可不断开，但平面复杂或结构需要时也可断开。防震缝一般与伸缩缝、沉降缝协调布置，以使一缝多用。

防震缝构造与伸缩缝、沉降缝构造基本相同。考虑防震缝宽度较大，构造上更应注意盖缝的牢固、防风、防雨等，寒冷地区的外缝口还需用具有弹性的软质聚氯乙烯泡沫塑料、聚苯乙烯泡沫塑料等保温材料填实（图4.13）。

【知识拓展】

楼地层变形缝的位置和宽度应与墙体变形缝一致。变形缝一般贯通楼地面各层，缝内采用具有弹性的油膏、金属调节片、沥青麻丝等材料做嵌缝处理，面层和顶棚应加设不妨碍构件之间变形需要的盖缝板，盖缝板的形式和色彩应与室内装修协调（图4.14）。屋顶变形缝的位置和宽度应与墙体、楼地层的变形缝一致。缝内用金属调节片、沥青麻丝等材料做嵌缝和盖缝处理。屋顶变形缝按建筑设计于同层等高屋面上，也可设于高低层屋面交接处。同层等高屋面依其上人或不上人等要求，构造做法也不相同（图4.14～图4.18）。

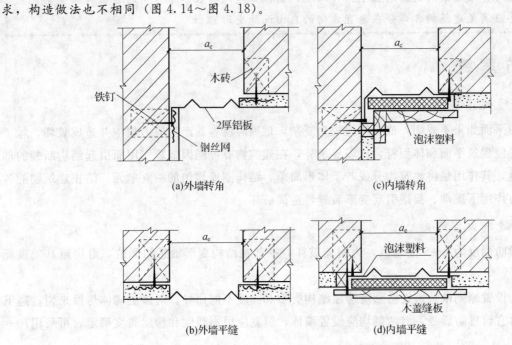

(a)外墙转角　　　　　　　(c)内墙转角

(b)外墙平缝　　　　　　　(d)内墙平缝

图4.13　墙体防震缝构造

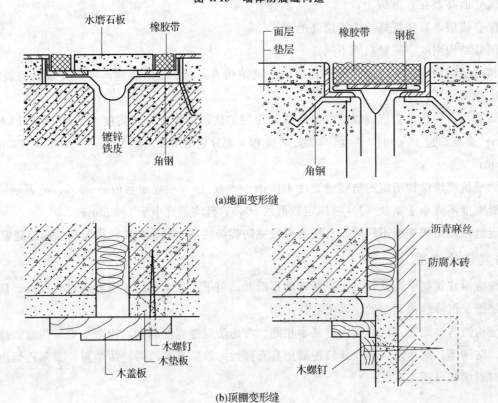

(a)地面变形缝

(b)顶棚变形缝

图4.14　楼地面、顶棚变形缝构造

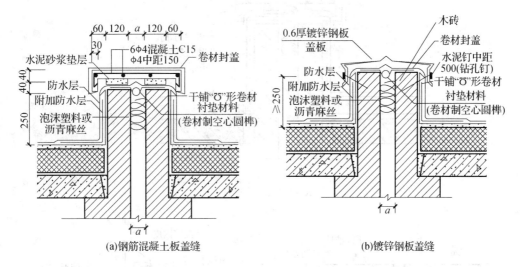

图 4.15 同层等高不上人屋面变形缝（柔性防水）

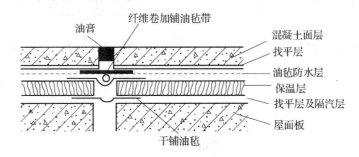

图 4.16 同层等高上人屋面变形缝（柔性防水）

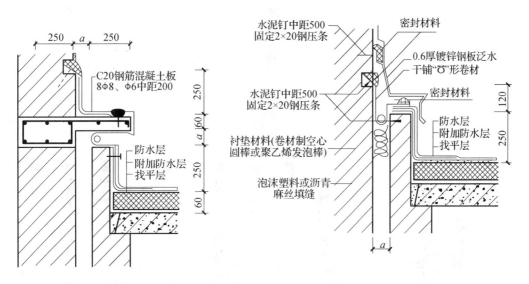

图 4.17 高低屋面变形缝（柔性防水）

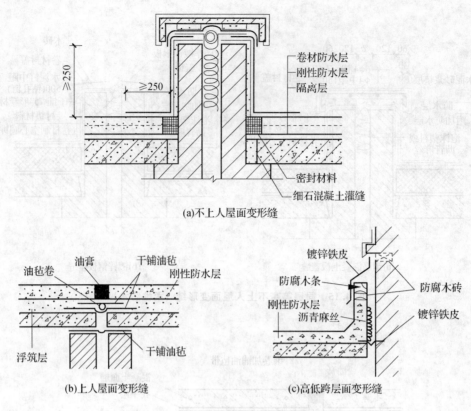

(a)不上人屋面变形缝

(b)上人屋面变形缝

(c)高低跨层面变形缝

图 4.18　刚性防水屋顶变形缝构造

【重点串联】

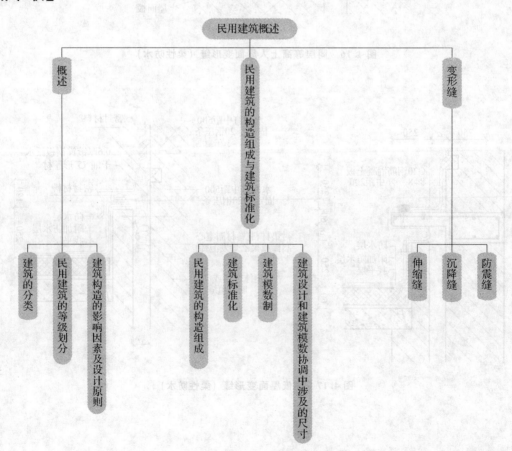

拓展与实训

职业能力训练

一、选择题

1. 建筑物根据其使用性质，通常可以分为生产性建筑和非生产性建筑两大类，其中非生产性建筑则可统称为民用建筑，下列不属于民用建筑的是（　　）。

A. 单层厂房　　　　　B. 住宅　　　　　C. 图书馆　　　　　D. 办公楼

2. 建筑物按主体结构的正常使用年限分成（　　）级。

A. 1　　　　　　　　B. 2　　　　　　　C. 3　　　　　　　D. 4

3. 基本模数的数值是（　　）。

A. 10 mm　　　　　B. 100 mm　　　　C. 1 000 mm　　　D. 5 000 mm

二、判断题

1. 建筑高度是指室外设计地面至建筑主体檐口上部的垂直高度。（　　）

2. 水平基本模数 1～20 M 的数列，应主要用于建筑物的层高、门窗洞口和构配件截面等处。（　　）

工程模拟训练

1. 校园建筑分类的调研。

2. 参照图纸或图集抄绘楼地面、顶棚变形缝及屋面变形缝构造详图，并说明其具体构造做法。

链接执考

1. 公共建筑人流疏散有连续性、集中性、连续和集中兼有三种形态，与此对应的三种建筑类型分别是（　　）。[2011 年一级建筑师试题（单选题）]

A. 火车站、展览馆、美术馆　　　　　　　B. 医院门诊部、体育馆、火车站

C. 电影院、音乐厅、图书馆　　　　　　　D. 商场、餐厅、医院急诊部

2. 在砌体房屋结构中，设置（　　）属于墙体的构造措施。[2006 年一级建造师试题（多选题）]

A. 施工缝　　　　　B. 伸缩缝　　　　　C. 沉降缝　　　　　D. 后浇带

E. 后浇带

3. 普通房屋的正常设计使用年限为（　　）。[2007 年一级建造师试题（单选题）]

A. 10　　　　　　　B. 25　　　　　　　C. 50　　　　　　　D. 100

4. 在建筑结构中，从基础到上部结构全部断开的变形缝是（　　）。[2010 年一级建造师试题（单选题）]

A. 伸缩缝　　　　　B. 沉降缝　　　　　C. 防震缝　　　　　D. 温度缝

基础与地下室

【模块概述】

基础与地下室是建筑物的地下部分。基础是建筑物的地下承重构件，基础的类型、布置、尺寸以及配筋等，直接关系着建筑物的质量、安全与造价。地下室是建筑物的地下空间，地下室的防水防潮构造直接影响地下室的使用。本模块主要讲述基础的基本知识和地下室的构造，着重了解基础与地基的关系，地基的分类，基础的埋置深度，以及地下室的防潮防水构造等。

【知识目标】

1. 掌握地基与基础的关系；
2. 掌握基础的埋置深度与影响因素；
3. 掌握常用基础的构造；
4. 掌握地下室的防潮防水构造。

【技能目标】

1. 熟悉基础构造，初步具备识读基础施工图的能力；
2. 熟悉地下室防水构造，能识读地下室的防水防潮构造图。

【课时建议】

4 课时

工程导入

广州市某9层住宅楼，设计使用φ400－95管桩作基础，单桩承载力标准值为1 200 kN，共布桩230多根，用D50柴油锤施打。施打结果，其中有一根（15#）桩配桩长达73 m（9 m＋9 m＋9 m＋7 m＋7 m＋9 m＋7 m＋7 m＋9 m），打桩贯入度一直维持在每阵50～60 m，此桩打到桩头与地面平才收锤。从表面上看，此桩入土深度为73 m。但是，与此桩邻近的ZK15钻孔资料表明，该处上部0～19.9 m范围内是管桩容易贯入的软土或松散砂层，19.9 m以下是管桩根本不能贯入的微风化白云质灰岩。

通过实际案例分析，该地区属于岩溶地区，在岩溶地区打桩，如果岩面高低不平、溶沟溶槽较多，桩身被折断的可能性很大，打桩的破碎率高达40％～60％。

通过上面案例可以看出不同地基情况对基础形式选择的重要性。那么，你明白地基和基础的关系吗？基础的类型是怎样的？如何确定适用？高层建筑的地下室有什么构造要求呢？

5.1　地基与基础概述

5.1.1　地基的概念

地基是指建筑物下面支承基础的土体或岩体，是基础下面承压的岩土持力层。它并不是建筑物的组成部分，只是承受建筑物荷载的土壤层。地基由持力层与下卧层两部分组成。其中，直接支撑基础，并具有一定承载能力的土层称为持力层；持力层以下的土层称为下卧层。地基土层在荷载作用下会产生变形，并且随着土层深度的增加而减少，到了一定深度可以忽略不计，如图5.1所示。地基每平方米所能承受的最大压力，称为地基承载力。它是由地基土本身的特性决定的。

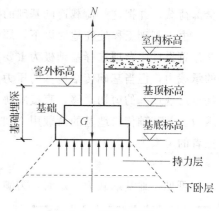

图5.1　地基与基础

从现场施工的角度来讲，地基根据土层性质的不同，可分为天然地基和人工地基。

1. 天然地基

天然地基是自然状态下即可满足承担基础全部荷载要求，不需要人加固的天然土层，可节约工程造价，是不需要人工处理的地基。天然地基土分为四大类，包括岩石、碎石土、砂土和黏性土。天然地基土层具有压缩性高、强度低、透水性大等工程特性。

2. 人工地基

人工地基是指经过人工处理或改良的地基。当土层的地质状况较好，承载力较强时可以采用天然地基；而在地质状况不佳的条件下，如坡地、沙地、淤泥地质，或虽然土层质地较好，但上部荷载过大时，为使地基具有足够的承载能力，则要采用人工加固地基，即人工地基。人工加固地基通常采用压实法、换土法、挤密法等。常用方法见表5.1。

表 5.1 地基处理方法分类表

分类	方法	处理步骤
碾压法、夯实法	机械碾压法、重锤夯实法、平板震动法	把浅层地基土压实、夯实或振实
换土法、垫层法	砂(石)垫层法、碎石垫层法、灰土垫层法、干渣垫层法、粉煤灰垫层法	挖除浅层软弱土或不良土,回填砂石、灰土、干渣、粉煤灰等强度较高的材料
深层密实法	碎石桩、砂桩、砂石桩、石灰桩、土桩、灰土桩、强夯置换法	采用一定的技术方法,在振动和挤密过程中,回填砂、碎石、灰土、素土等形成相应的砂桩、碎石桩、灰土桩、土桩等与地基土形成复合地基
排水固结法	堆载预压、降水预压、电渗预压	在地基中设置竖向排水通道并对地基施以预压荷载,加速地基土的排水固结,增加强度
胶结法	注浆、深层搅拌、高压旋喷	采用专门技术,在地基土中注入水泥浆液或化学浆液,使土粒胶结

5.1.2 基础的概念

基础是房屋的重要组成部分,是建筑地面以下的承重构件,它承受建筑物上部结构传递下来的全部荷载,并把这些荷载连同基础的自重一起传到地基上。

由于基础工程处在地面以下,属于隐蔽工程。因此,基础的质量,关系着建筑物的安全问题,在建筑设计中合理选择基础极为重要。基础与地基的关系如图 5.1 所示。经过处理的地基具备一定的承载力,但当基础传给地基的压力超过地基承载能力时,地基将会出现较大的沉降变形或失稳,甚至出现地基的剪切滑移,直接威胁到建筑物的安全。因此,基础底面的平均压力不能超过地基承载力。若基础传给地基的荷载用 N 来表示,基础底面积用 A 表示,地基承载力用 f 表示,则它们三者的关系为

$$A \geqslant N/f \tag{5.1}$$

可见,地基承载力一定时,为满足要求,上部传来荷载越大,基础底面积也应越大。

> **技术提示**
>
> 在建筑设计过程中,当建造场地已经确定时,可通过调整建筑上部的构造方案(高度、层数、面积等)来调整和确定基础底面积。

5.2 基础的埋置深度与影响因素

5.2.1 基础的埋置深度

由室外设计地面至基础底面的垂直距离称为基础的埋置深度(不含垫层的厚度),简称基础的埋深(图 5.2)。

根据埋深的不同,基础可以分为浅基础和深基础。埋深大于或等于 5 m 的称为深基础;埋深小于 5 m 的称为浅基础;当基础直接做在地表面上时称为不埋基础。在保证安全使用的前提下,应优先选用浅基础,这样可降低工程造价。当基础埋深过小时,有可能在地基受到压力后,会

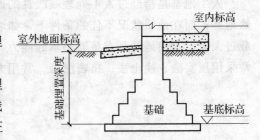

图 5.2 基础的埋置深度

把基础四周的土挤出，使基础产生滑移而失去稳定，同时易受到自然因素的侵蚀和影响，使基础遭到破坏，故基础的埋深在一般情况下不要小于 0.5 m。

5.2.2 基础埋置深度的影响因素

影响基础埋深的因素很多，主要有以下几点。

（1）建筑物上部荷载的大小和性质。

多层建筑一般根据地下水位及冻土深度来确定埋深尺寸。在抗震设防区，除岩石地基外，天然地基上的箱形和筏形基础其埋置深度不宜小于建筑物总高度的 1/15，桩箱或桩筏基础的埋置深度（不计桩长）不宜小于建筑物高度的 1/18。

（2）工程地质条件。

基础应尽量选择常年未经扰动且坚实平坦的土层，俗称"老土层"。而在接近地表的土层内，常带有大量植物根、茎的腐殖质或垃圾等，则不宜作为地基。

（3）水位地质条件。

确定地下水的常年水位和最高水位，以便选择基础的埋深。存在地下水时，一般宜将基础埋置在地下水位以上，这样节省造价。当必须埋在地下水位以下时，应考虑将基础底面埋置于最低地下水位以下不小于 200 mm 处（图 5.3），必要时基础要采取防地下水腐蚀的措施，应该避开地下水位变化的范围，从而减少和避免地下水的浮力和影响。

（4）地基土壤冻胀深度。

冻结土与非冻结土的分界线称为冰冻线，冰冻线的深度为冻胀深度。各地气候不同，低温持续时间不同，冰冻深度也不相同。地基土冻结后对建筑物会产生不良影响，冻胀力将基础向上拱起，解冻后，基础又下沉，天长日久，会使建筑物产生变形甚至破坏。应根据当地的气候条件了解土层的冻胀深度，一般将基础的垫层部分做在土层冻结深度以下不小于 200 mm 处（图 5.4）。

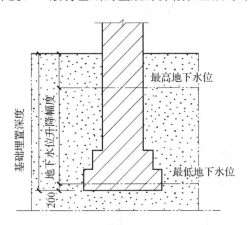

图 5.3 基础埋深和地下水位的关系

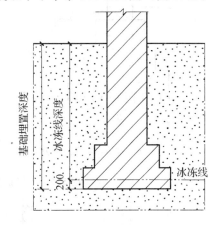

图 5.4 基础埋深和冰冻线的关系

（5）相邻建筑物基础的影响。

新建建筑物基础埋深不宜大于相邻原基础埋深。当埋深大于原有建筑物基础时，基础间的净距应根据荷载大小和性质等确定，一般为相邻基础底面高差的 1～2 倍。如不能满足要求时，应加固原有地基或分段施工、设临时加固支撑、打板桩、地下连续墙等施工措施，如图 5.5 所示。

（6）其他因素的影响。

基础的埋置深度除考虑土层构造、地下水位、冰冻深度、相邻建筑物基础的影响外，还要考虑拟建建筑是否有地下室、设备基础等因素的影响。

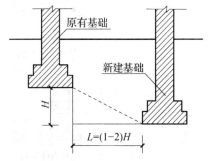

图 5.5 相邻建筑物基础埋深的影响

5.3 基础的类型与构造

基础的类型较多，按《建筑地基基础设计规范》（GB 50007—2011）分为无筋扩展基础、扩展基础、条形基础、高层建筑筏形基础、桩基础和岩石锚钎基础等。

1. 无筋扩展基础（刚性基础）

无筋扩展基础是指由砖、毛石、混凝土或毛石混凝土、灰土和三合土等材料组成的，且不需配置钢筋的墙下条形基础或柱下独立基础。无筋扩展基础适用于多层民用建筑和轻型厂房。

无筋扩展基础也称刚性基础，所采用的材料一般抗压强度高，而抗拉、抗剪强度较低。由于这些刚性材料的特点，基础剖面尺寸必须满足刚性条件的要求，即对基础的出挑宽度 b 和高度 H 之比进行限制，以保证基础在此夹角范围内不因受弯和受剪而破坏，该夹角称为刚性角。凡受到材料刚性角限制的基础称为无筋扩展基础。

为满足地基容许承载力的要求，基础宽 B 一般大于上部墙宽，当基础 B 很宽时，挑出部分 b 很长，而基础又没有足够的高度 H，又因基础采用刚性材料，所以基础就会因受弯曲或剪切而破坏。为了保证基础不被拉力、剪力破坏，基础必须具有相应的高度。通常按刚性材料的受力状况，基础在传力时只能在材料的允许范围内进行控制，这个控制范围的夹角称为刚性角，用 α 表示（图 5.6）。砖、石基础的刚性角控制在 $1:(1.25\sim11.50)$（$26°\sim33°$）以内，混凝土基础刚性角控制在 $1:1$（$45°$）以内。无筋扩展基础的分类图和适用范围如图 5.7 所示。

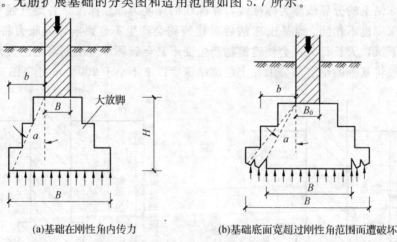

(a)基础在刚性角内传力　　　　　　(b)基础底面宽超过刚性角范围而遭破坏

图 5.6　无筋扩展基础的受力、传力特点

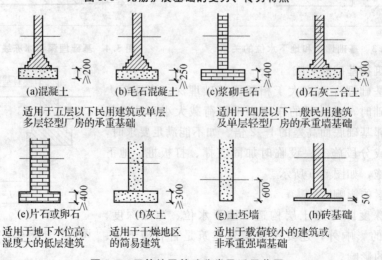

(a)混凝土　　(b)毛石混凝土　　(c)浆砌毛石　　(d)石灰三合土

适用于五层以下民用建筑或单层　　　适用于四层以下一般民用建筑
多层轻型厂房的承重基础　　　　　　及单层轻型厂房的承重墙基础

(e)片石或卵石　　　(f)灰土　　　(g)土坯墙　　　(h)砖基础

适用于地下水位高、　　适用于干燥地区　　适用于载荷较小的建筑或
湿度大的低层建筑　　　的简易建筑　　　　非承重墙基础

图 5.7　无筋扩展基础分类及适用范围

【知识拓展】

名词解释

（1）大放脚：当基础承受上部结构传来的荷载较大时，为使其单位面积所传递的力与地基允许承载力相适应，在基础底部可采用台阶的形式逐渐扩大其传力面积，这种逐步扩展的台阶称为大放脚。根据每步放脚的高度是否相等，可将其分为等高式和不等高式两种。等高式大放脚，每砌两皮砖收进一次，每次每边收进 1/4 砖长。不等高式大放脚：每砌筑两皮砖收进一次与每砌筑一皮砖收进一次相间，每次每边收进 1/4 砖长，最下一层为两皮砖。如图 5.8 所示。

（2）刚性角：建筑上部结构的压力在基础中的传递是沿一定角度分布的，这个传力角度称为压力分布角或刚性角，是基础放宽的引线与墙体垂直线之间的夹角，用 α 表示。

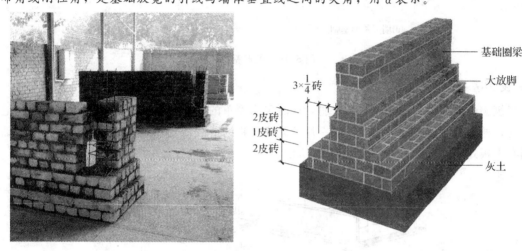

图 5.8　基础大放脚

2. 扩展基础（柔性基础）

扩展基础也称柔性基础。当建筑物的荷载较大而地基承载能力不足时，基础底面必须加宽，如果仍采用混凝土材料做基础，考虑到刚性角，势必加大基础的深度，这样既增加了挖土工作量，又使材料的用量增加，对工期和造价都十分不利（图 5.9（a））。如果在混凝土基础的底部配以钢筋，利用钢筋来承受拉应力，使基础底部能够承受较大的弯矩，这时，基础宽度的加大不受刚性角的限制，钢筋混凝土基础为非刚性基础或柔性基础，又称扩展基础（图 5.9（b））。

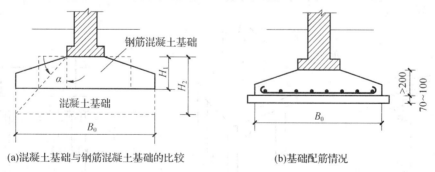

(a)混凝土基础与钢筋混凝土基础的比较　　　(b)基础配筋情况

图 5.9　钢筋混凝土基础

因此，扩展基础就是为扩散上部结构传来的荷载，使作用在基地的压应力满足地基承载力的设计要求，且基础内部的应力满足材料强度的设计要求，向侧边扩展一定底面积的基础。

3. 条形基础

条形基础沿墙身设置形成连续的带形，也称带形基础（图 5.10）。条形基础有墙下条形基础和柱下条形基础两种。地基条件较好，基础埋置深度浅时，墙承式的建筑多采用条形基础，常用的材料为砖、石、混凝土、钢筋混凝土；柱下条形基础的常用材料为钢筋混凝土。

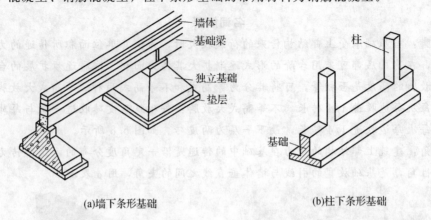

(a)墙下条形基础　　　　(b)柱下条形基础

图 5.10　条形基础

4. 筏形基础

当建筑物上部荷载大，而地基又较弱，这时采用简单的条形基础或井格基础已不能适应地基变形的需要，通常需将墙或柱下基础连成一片，使建筑物的荷载承受在一整块板上成为筏形基础。筏形基础有平板式和梁板式两种，如图 5.11 所示。

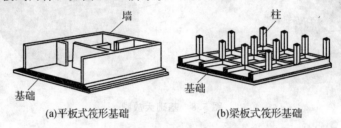

(a)平板式筏形基础　　　　(b)梁板式筏形基础

图 5.11　筏形基础

5. 桩基础

当建筑物荷载较大，浅层地基土不能满足建筑物对地基承载力和变形的要求，而又不适宜采取地基处理措施，或者地下水位很高时，就要考虑桩基础形式。桩基础主要由桩和承台组成（图 5.12）。根据施工方法不同，钢筋混凝土桩可分为预制桩和灌注桩；根据桩基受力情况不同，分为端承桩和摩擦桩（图 5.13）。

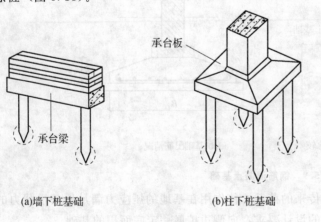

(a)墙下桩基础　　　　(b)柱下桩基础

图 5.12　桩基础

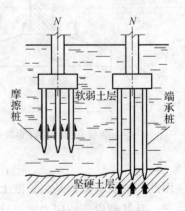

图 5.13　桩基受力类型

【知识拓展】

桩基础按承载性能分类。

(1) 摩擦型桩。

摩擦桩：在极限承载力状态下，桩顶荷载由桩侧阻力承受；

端承摩擦桩：在极限承载力下，桩顶荷载主要由桩侧阻力承受。

(2) 端承型桩。

端承桩：在极限承载力状态下，桩顶荷载由桩端阻力承受；

摩擦端承桩：在极限承载力状态下，桩顶荷载主要由桩端阻力承受。

6. 岩石锚杆基础

岩石锚杆基础适用于直接建在基岩上的柱基，以及承受拉力或水平力较大的建筑物基础。锚杆基础应与基岩连成整体，并应符合下列要求：

(1) 锚杆孔直径宜取锚杆直径的三倍，但不应小于一倍锚杆直径加 50 mm。

(2) 锚杆插入上部结构的长度，应符合钢筋的锚固长度要求；

(3) 锚杆宜采用热轧带肋钢筋，水泥砂浆强度不宜低于 30 MPa，细石混凝土强度不宜低于 C30。灌浆前，应将锚杆孔清理干净。

5.4 地 下 室

5.4.1 地下室的组成与分类

1. 地下室的组成

建筑物下部的地下使用空间称为地下室。地下室一般由墙身、底板、顶板、门窗、楼梯等部分组成，如图 5.14 所示。

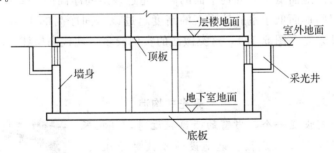

图 5.14 地下室的组成

(1) 墙体。

地下室的外墙不仅受上部垂直荷载作用，还要承受土体、地下水及土壤冻胀产生的侧压力。所以应计算确定其最小厚度，一般其最小厚度不低于 300 mm。此外地下室墙体还应满足抗渗要求，并且应作防潮或防水处理。

(2) 顶板。

可用预制板、现浇板或者预制板上作现浇层（装配整体式楼板）。如为防空地下室，应具有足够的强度和抗冲击能力，必须采用现浇板，并按有关规定决定厚度和混凝土强度等级。

(3) 底板。

地下室底板应具有良好的整体性和较好的刚度，同时视地下水位情况作防潮或防水处理。若底板处于最高地下水位以上，并且无压力产生作用的可能时，可按一般地面工程处理；如底板处于最高地下水位以下时，底板不仅承受上部垂直荷载，还承受地下水的浮力荷载，此时应采用钢筋混凝土底板，并双层配筋，底板下垫层上还应设置防水层，以防渗漏。

（4）门窗。

普通地下室的门窗与地上房间门窗相同，地下室外窗如在室外地坪以下时，应设置采光井和防护算，以利于室内采光、通风和室外行走安全。采光井构造如图5.15所示。防空地下室的门应符合相应等级的防护和密闭要求，一般采用钢门或钢筋混凝土门。防空地下室一般不允许设窗。

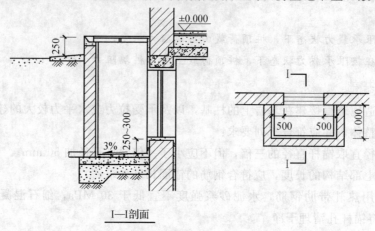

I—I剖面

图5.15 采光井剖面图

（5）楼梯。

楼梯可与地面上房间结合设置，层高小或用作辅助房间的地下室，可设置单跑楼梯。防空地下室至少要设置两部楼梯通向地面的安全出口，其中必须有一个是独立的安全出口。这个安全出口周围不得有较高建筑物，以防空袭倒塌堵塞出口影响疏散。

2. 地下室的分类

（1）按埋入地下深度的不同分类。

①全地下室。指房间地面低于室外地平面的高度超过该房间净高的1/2者。

②半地下室。指房间地面低于室外地平面的高度超过该房间净高的1/3，且不超过1/2者。半地下室通常利用采光井采光（图5.15），这类做法的实例较多。现代高层建筑均设有地下室。

【知识拓展】

采光井构造

采光井一般是每个窗设置一个，当窗的距离较近时，可把采光井连在一起。采光井由侧墙、底板、遮雨设施或铁算子组成。侧墙一般为砖墙，底板则为现浇混凝土。如图5.16所示。

采光井的深度根据地下室窗台的高度而定，一般采光井底板顶面应比窗台低250～300 mm。采光井在进深方向为1 000 mm左右，在开间方向应比窗宽1 000 mm。采光井侧墙顶面应比室外地面标高高出250～300 mm，以防地面水流入。

图5.16 采光井实例

（2）按使用功能的不同分类。

①普通地下室。一般用作高层建筑的地下停车库、设备用房。根据用途及结构需要可做成一层至多层地下室（图5.17）。

②人防地下室。结合人防要求设置的地下空间，用以应付战时情况下人员的隐蔽和疏散，并有具备保障人身安全的各项技术措施。按人防地下室的使用功能和重要程度，将人防地下室分为六级。设计应严格遵照人防工程的有关规范进行。

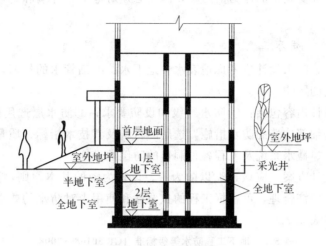

图 5.17　地下室示意

5.4.2　地下室的防潮构造

地下水位的高低对地下室的构造设计是十分重要的。当地下水的常年水位和最高水位均在地下室底板以下时，地下水不会直接侵入室内，仅地下室的外墙和地坪受土层中潮气的影响。这种情况下的地下室只需考虑防潮处理，即在地下室外墙外面设垂直防潮层。其做法是在墙体外表面先抹一层 20 mm 厚的 1∶2.5 的水泥砂浆找平，再涂一道冷底子油和两道热沥青；然后在外侧回填低渗透性土壤，如黏土、灰土等，并逐层夯实，土层宽度为 500 mm 左右，以防受到地面雨水或其他地表水的影响。同时，地下室所有墙体都必须在底板和顶板处分别设置水平防潮层，一道设在地下室地坪附近，另一道设在室外地坪以上 150～200 mm 处，使整个地下室防潮层连成整体，以防地潮沿地下墙身或勒脚处进入室内，具体构造如图 5.18 所示。

地下室底板的防潮做法是在灰土或三合土垫层上浇筑 100 mm 厚密实的 C10 混凝土，再用 1∶3 的水泥砂浆找平，然后做防潮层、地面面层。

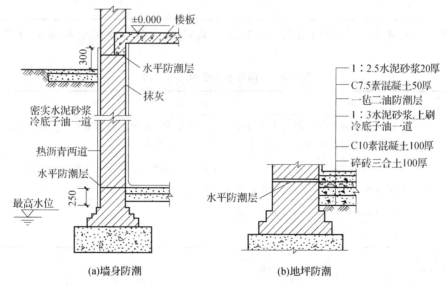

图 5.18　地下室防潮处理

5.4.3　地下室的防水构造

当地下最高水位高于地下室地坪时，地下室的底板和部分外墙将浸在水中，此时地下室外墙受到地下水的侧压力,地坪受到水的浮力的影响,因此必须对地下室外墙和地坪做防水处理,并把防水层连贯起来。

1. 地下室防水设计要求

地下工程比较复杂,防水设计应考虑地表水、地下水、毛细管水的作用,以及由于人为因素引起的附近水文地质改变的影响。

地下室工程防水设计内容包括:①防水等级和设防要求;②防水层选用的材料及其技术指标、质量保证措施;③工程细部构造的防水措施,选用的材料及其技术指标、质量保证措施;④工程的防排水系统,地面挡水、截水系统及工程各种洞口的防倒灌措施。

地下室防水工程设计方案,应该遵循以防为主、以排为辅的基本原则,防水设计应定级准确、方案可靠、施工简便、经济合理,可根据工程的重要性和使用中对防水的要求按地下工程防水等级标准进行设计,具体见表5.2。

表5.2 地下工程防水等级标准 (GB 50108—2008)

防水等级	标准
一级	不允许渗水,结构表面无湿渍
二级	不允许漏水,结构表面可有少量湿渍 工业与民用建筑:总湿渍面积不应大于总防水面积(包括顶板、墙面、地面)的1/1 000;任意100 m² 防水面积上的湿渍不超过2处,单个湿渍的最大面积不大于0.1 m² 其他地下工程:总湿渍面积不应大于总防水面积的2/1 000;任意100 m² 防水面积上的湿渍不超过3处,单个湿渍的最大面积不大于0.2 m²
三级	有少量漏水点,不得有线流和漏泥砂 任意100 m² 防水面积上的漏水点数不超过7处,单个漏水点的最大漏水量不大于2.5 L/d,单个湿渍的最大面积不大于0.3 m²
四级	有漏水点,不得有线流和漏泥砂 整个工程平均漏水量不大于2.0 L/(m²·d);任意100 m² 防水面积的平均漏水量不大于4.0 L/(m²·d)

地下工程不同防水等级的适用范围,应根据工程的重要性和使用中对防水的要求按表5.3选定。

表5.3 不同防水等级的适用范围

防水等级	适用范围
一级	人员长期停留的场所;因有少量湿渍会使物品变质、失效的储物场所及严重影响设备正常运转和危及工程安全运营的部位;极重要的战备工程、地铁车站
二级	人员经常活动的场所;在有少量湿渍情况下不会使物品变质、失效的储物场所及基本不影响设备正常运转和工程安全运营的部位;重要的战备工程
三级	人员临时活动的场所;一般战备工程
四级	对渗漏无严格要求的工程

2. 防水构造

目前我国地下工程防水常用的措施有卷材防水、混凝土结构自防水、涂料防水板防水、金属防水层等。选用何种材料防水,应根据地下室的使用功能、结构形式、环境条件等因素合理确定。一般处于侵蚀介质中的工程应采用耐腐蚀的防水混凝土、防水砂浆或卷材、涂料;结构刚度较差或受震动影响的工程应采用卷材、涂料等柔性防水材料。

（1）卷材防水。

卷材防水是以防水卷材和相应的黏结剂分层粘贴，铺设在地下室底板垫层至墙体顶端的基面上，以形成封闭防水层的做法。根据防水层铺设位置的不同分为外包防水和内包防水，如图 5.19（a）、图 5.19（c）所示。这种防水方案一般适用于受侵蚀作用或振动作用的地下室。

卷材防水常用的材料有高聚物改性沥青防水卷材和合成高分子防水卷材，卷材的层数应根据地下水的最大计算水头（最高地下水位至地下室底板下皮的高度）选用。具体做法是：在铺贴卷材前，先将基面找平并涂刷基层处理剂，然后按确定的卷材层数分层粘贴卷材，并做好防水层的保护（垂直防水层外砌 120 mm 墙；水平防水层上做 20～30 mm 的水泥砂浆抹面，邻近保护墙 500 mm 范围内的回填土应选用弱透水性土，并逐层夯实）。

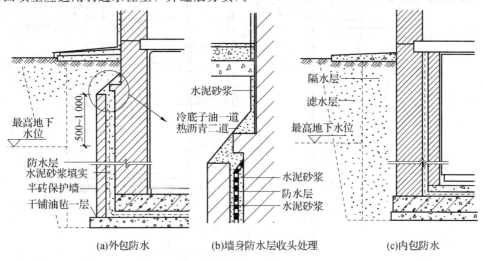

图 5.19　地下室卷材防水构造

（2）混凝土构件自防水。

当地下水的墙和底板均采用钢筋混凝土时，通过调整混凝土的配合比或在混凝土中掺入外加剂等手段，改善混凝土的密实性，提高混凝土的抗渗性能，使得地下室结构构件的承重、围护、防水功能三者合一。为防止地下水对钢筋混凝土构件的侵蚀，在墙外侧应抹水泥砂浆，然后涂刷热沥青（图 5.20）。同时要求混凝土外墙、底板均不宜太薄，一般外墙厚应为 200 mm 以上，底板厚应在 150 mm 以上，否则影响抗渗效果。

（3）涂料防水。

涂料防水是在施工现场以涂刷、刮涂或滚涂等方法，将无定型液态冷涂料在常温下涂敷在地下室结构表面的

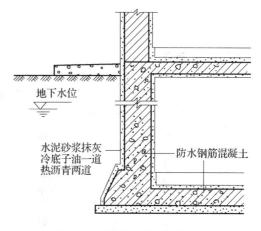

图 5.20　混凝土构件自防水

一种防水做法，一般为多层敷设。为增强其抗裂性、通常还夹铺 1～2 层纤维制品（如玻璃纤维布、聚酯无纺布）。涂料防水层的组成有底涂层、多层基本涂膜和保护层，做法有外防外涂（图 5.21）和外防内涂两种。目前我国常用的防水涂料有三大类，即水乳型、溶剂型和反应型。由于材性不同，工艺各异，产品多样，一般在同一工程同一部位不能混用。

涂料防水能防止地下无压水（渗流水、毛细水等）及≤1.5 m 水头的静压水的侵入。适用于新建砖石或钢筋混凝土结构的迎水面做专用防水层；或新建防水钢筋混凝土结构的迎水面做附加防水层，加强防水、防腐能力；或已建防水或防潮建筑外围结构的内侧，做补漏措施。但不适用或慎用与含有油脂、汽油或其他能溶解涂料的地下环境。且涂料与基层应有很好的黏结力，涂料层外侧应做砂浆或砖墙保护层。

　　随着新型高分子合成防水材料的不断涌现，地下室防水构造也在更新。近年新出现了一种高效灌浆防水材料——氰凝，它遇水能立即膨胀，生成一种不溶于水，且具有一定强度的凝胶体，可用于地下工程的防水和堵漏，尤其适用于防水层的修复，并能在潮湿的基层施工。又如聚氨酯涂膜防水材料，适用于建筑内有管道、转折和高差等特殊部位的防水，效果比较理想。

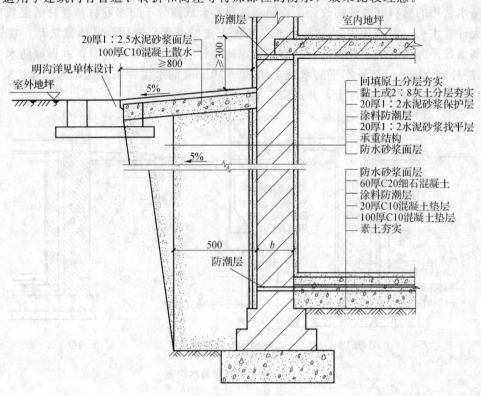

图 5.21　涂料防水

【重点串联】

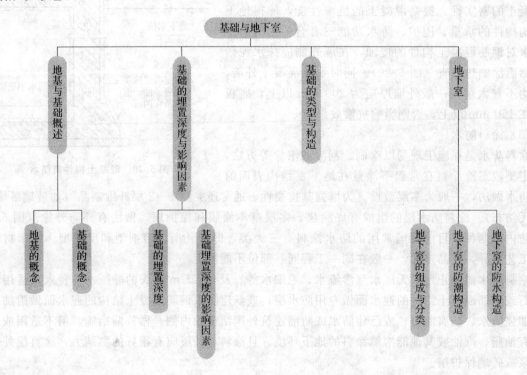

拓展与实训

职业能力训练

1. 地基分为_____和_____两类。

2. 基础埋深_____为深基础，_____为浅基础。

3. 基础按所采用的材料和受力特点，可分为_____和_____。

4. 地下室组成部分有_____、_____、_____、_____及门窗五部分。

工程模拟训练

1. 抄绘某条形基础平面图，并绘制两个基础断面。

2. 参照图纸或图集抄绘地下室防水构造详图一幅。并说明地下室防水构造做法。

3. 校园建筑基础形式调研。

链接执考

1. 砌体基础必须采用（　　）砂浆砌筑。[2013年一级建造师实务试题（单选题）]

A. 防水　　　　　　　B. 水泥混合　　　　　　C. 水泥　　　　　　　D. 石灰

2. 任何防水等级的地下室，防水工程主体均应选用下列哪一防水措施？（　　）[2003年一级建筑师试题（单选题）]

A. 防水卷材　　　　　B. 防水砂浆　　　　　C. 防水混凝土　　　　D. 防水涂料

3. 下列对各种刚性基础的表述中，哪一项表述是不正确的？（　　）[2003年一级建筑师试题（单选题）]

A. 灰土基础在地下水位线以下或潮湿地基上不宜采用

B. 用作砖基础的砖，其标号必须在MU5以上，砂浆一般不低于M2.5

C. 毛石基础整体性欠佳，有震动的房屋很少采用

D. 混凝土基础的优点是强度高，整体性好，不怕水，它适用于潮湿地基或有水的基槽中

模块 6

墙 体

【模块概述】

　　墙体是建筑物的重要组成构件，占建筑物总质量的 30%～45%，造价比重大，在工程设计中，合理地选择墙体材料、结构方案及构造做法十分重要。墙体由墙身和墙面组成，掌握墙体构造，有助于在识读施工图时快速准确地识读出墙体的具体构造。

【知识目标】

1. 熟悉墙体的作用、类型和设计要求；
2. 掌握砖墙的砌筑及构造形式；
3. 掌握墙体的细部构造及墙面装修做法；
4. 了解隔墙的构造及建筑热工构造措施。

【技能目标】

1. 能辨别工程中各类墙体的作用和类型；
2. 熟练识读建筑施工图中的墙体细部构造及墙面装修做法。

【课时建议】

6 课时

工程导入

2008 年 5 月 12 日 14 时 28 分，四川省汶川县发生了 8.0 级特大地震。地震造成了重大人员伤亡和财产损失，其中，房屋倒塌 6 945 000 间、严重破坏 5 932 500 间。震后，经调查的建筑涉及学校、工厂、住宅和商业、办公用房等，总建筑面积约为 200 万 m²。其中，砖混结构的房屋典型破坏主要有以下几种：①底层墙体强度不足造成的破坏；②窗下墙遭受的破坏（我国现行《建筑抗震设计规范》和《砌体结构设计规范》对窗间墙的长度、墙体开洞率均有明确要求，但窗下墙在设计中受到的重视程度远不如窗间墙）；③大开间造成的垮塌；④形体不规则造成的破坏；⑤墙体构造不合理造成的破坏；⑥竖向刚度不均匀造成的垮塌。

通过上面的例子，可以看出砖砌墙体的抗震性能较低，以及砖砌墙体在经受地震作用后的常见破坏形态。从而引发思考：怎样增强墙体的抗震能力、整体刚度和稳定性？有哪些措施可以加固墙体？砖墙体在砌筑时还需要做到什么？

 # 6.1 墙体概述

墙体是房屋的重要组成部分，墙体的作用不同，设计要求就不同，构造也有差别。墙体的类型有很多种。

6.1.1 墙体的作用

墙体在建筑中的作用主要有四个方面：

(1) 承重作用。指既承受建筑物自重、人及设备等荷载，又承受风和地震作用。

(2) 围护作用。指抵御自然界风、雨、雪等的侵袭，防止太阳辐射和噪声的干扰等。

(3) 分隔作用。指把建筑物分隔成若干个小空间。

(4) 环境作用。指装修墙面，满足室内外装饰和使用功能要求。

6.1.2 墙体的分类

根据墙体在建筑物中的位置和方向、受力情况、材料选用、构造及施工方法的不同，可将墙体分成不同的类型。

1. 按墙体所在位置和方向分类

墙体依据其在房屋中所处的位置的不同，可分为内墙和外墙。按方向的不同可分为纵墙和横墙，沿建筑物短轴方向布置的墙称为横墙；沿建筑物长轴方向布置的墙称纵墙。纵、横墙都有内外之分，外横墙又称山墙。在一片墙上，窗与窗或门与窗之间的墙称为窗间墙；窗洞下部的墙称为窗下墙；屋面以上的外墙称为女儿墙。如图 6.1 所示。

【知识拓展】

名词解释

女儿墙是建筑物屋顶四周围的矮墙，主要作用除维护安全外，亦会在底处施作防水压砖收头，以避免防水层渗水，或是屋顶雨水漫流。依建筑技术规则规定，女儿墙被视作栏杆的作用，如建筑物在 10 层楼以上，其女儿墙高度不得小于 1.2 m，而为避免业者刻意加高女儿墙，方便以后搭盖违建，亦规定高度最高不得超过 1.5 m。上人屋顶的女儿墙的作用是保护人员的安全，并对建筑立面起装饰作用；不上人屋顶的女儿墙的作用除立面装饰作用外，还可固定油毡。

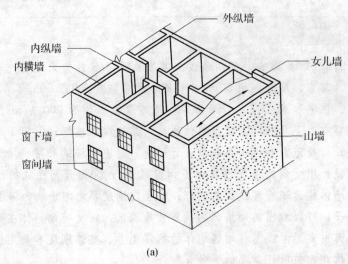

(a)

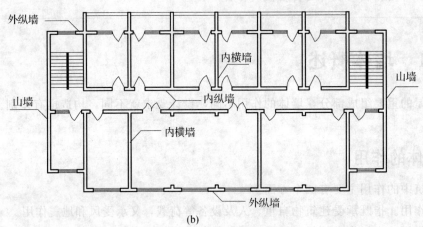

(b)

图 6.1 墙身各部分名称

2. 按墙体受力情况分类

按结构受力的情况,墙体可分为承重墙和非承重墙。墙体按受力方式分为两种:

(1)承重墙。

凡直接承受楼板、屋顶、梁等传来荷载的墙称为承重墙。

(2)非承重墙。

凡不承受外来荷载的墙称为非承重墙。

非承重墙又可分为以下几种:

①自承重墙。指不承受外来荷载,仅承受自身重量并将其传至基础的墙。

②隔墙。仅起分隔房间的作用,不承受外来荷载,并把自身重量传给梁或楼板的墙。

③填充墙。在框架结构中,填充在柱子之间的墙。内填充墙是隔墙的一种。

④幕墙。悬挂在建筑物外部的轻质墙称为幕墙,如金属幕墙、玻璃幕墙等。

3. 按墙体的材料分类

(1)砖墙。用砖和砂浆砌筑的墙称为砖墙,砖有普通黏土砖、黏土多孔砖、黏土空心砖、灰砂砖、矿渣砖等。

(2)石墙。用块石和砂浆砌筑的墙为石墙。

(3)土墙。用土坯和黏土砂浆砌筑的墙或模板内填充黏土夯实而成的墙称为土墙。

(4)钢筋混凝土墙。用钢筋混凝土现浇或预制的墙称为钢筋混凝土墙。

(5)其他墙。多种材料结合的组合墙、各种幕墙、用工业废料制作的砌块砌筑的砌块墙。

4. 按墙体施工方法和构造分类

(1) 叠砌墙。包括石砌砖墙和砌块墙等。是各种材料制作的块材（如黏土砖、空心砖、灰砂砖、石块、小型砌块等），用砂浆等胶结材料砌筑而成，也称块材墙。

(2) 板筑墙。指在施工时，先在墙体部位竖立模板，然后在模板内夯筑或浇筑材料夯实而成的墙体。如夯土墙、灰砂土筑墙以及滑模、大模板施工的混凝土墙体等。

(3) 装配式墙。指在预制厂生产的墙体构件，运到施工现场进行机械安装的墙体，包括板材墙、组合墙和幕墙等。特点是机械化程度高，施工速度快、工期短。

6.1.3 墙体的要求

墙体在不同的位置具有不同的功能要求，在设计时要满足下列要求。

1. 安全方面

(1) 承载力要求。承载力是指墙体承受荷载的能力。影响墙体承载力的因素很多，主要是所采用的材料强度等级及墙体截面尺寸。如砖砌体的强度与砖、砂浆强度等级有关，混凝土墙与混凝土的强度等级有关，同时根据受力情况确定墙体厚度。

(2) 稳定性要求。墙体的稳定性与墙的长度、高度、厚度以及纵、横向墙体间的距离有关。解决好墙体的高厚比、长厚比是保证其稳定的重要措施。当墙身高度、长度确定后，通常可通过增加墙体厚度、增设墙垛、壁柱、构造柱、圈梁等办法增加墙体稳定性。

(3) 防火要求。墙体材料及墙身厚度，都应符合防火规范中相应燃烧性能和耐火极限所规定的要求。

2. 功能方面

(1) 保温、隔热要求。作为围护结构的外墙，对热工的要求十分重要。北方寒冷地区要求围护结构具有较好的保温能力，以减少室内热损失，同时还应防止在围护结构内表面和保温材料内部出现凝结水现象。在南方地区为防止夏季室内温度过热，除布置上考虑朝向、通风外，外墙须具有一定隔热性能。

(2) 隔声要求。隔声是控制噪声的重要措施，作为房间围护构件的墙体，必须具有足够的隔声能力，以符合有关隔声标准的要求。

(3) 防水防潮要求。潮湿房间，如卫生间、厨房等的房间及地下室的墙应采取防水防潮措施。

3. 经济方面

墙体重量大、施工周期长，造价在民用建筑的总造价中占有相当比重。建筑工业化的关键之一是改革墙体，变手工操作为机械化施工，提高工效，降低劳动强度，并研制、开发轻质、高强的墙体材料，以减轻自重，降低成本。

4. 美观方面

墙体的美观效果对建筑物内外空间的影响较大，选择合理的饰面材料和构造做法非常重要。

6.1.4 墙体承重方案

大量性民用建筑的承重结构布置方式通常采用墙承重和框架承重两种方式。不同的承重方式在抵抗水平地震作用时有不同的要求。其中，墙承重方式中墙体的承重方案不同，结构的抗震效率有较大的差异。

墙身在结构布置上有横墙承重、纵墙承重、纵横墙混合承重和局部框架承重四种结构方案。

1. 横墙承重体系

楼板、屋面上的荷载均由横墙承受，纵墙只起纵向稳定和拉结以及承受自重的作用。这种方案的主要特点是横墙间距密，加上纵墙的拉结，使建筑物的整体性好、横向刚度大，对抵抗风力、地震力等水平荷载的作用有利（图6.2（a））。但横墙承重方案的开间尺寸不够灵活、墙的结构面积较大，墙身材料耗费较多。因此，横墙承重多适用于房间开间尺寸不大的宿舍、住宅及住院楼等建筑。

2. 纵墙承重体系

楼板、屋面上的荷载均由纵墙承受，横墙只起分隔房间的作用，有的起横向稳定作用。纵墙承重可使房间开间的划分灵活，能分隔出较大的房间，以适应不同的需要（图6.2（b））。纵墙承重多适用于需要较大房间的办公楼、商店、教学楼等公共建筑，也适用于住宅、宿舍等建筑。

3. 纵横墙混合承重体系

由于纵墙和横墙均起承重作用，因而室内房间布置较灵活，建筑物的刚度也刚好（图6.2（c））。这种双向承重方案多用于开间、进深尺寸较大且房间类型较多和平面复杂的建筑中，如医院、教学楼、实验楼等建筑。

4. 局部框架承重体系

房屋的刚度主要由框架保证，因此水泥及钢材用量较大。采用墙体和钢筋混凝土梁、柱组成的框架共同承受楼板和屋面的荷载，这时，梁的一端支承在柱上，另一端则搁置在墙上，这种结构布置称部分框架结构或内部框架结构方案（图6.2（d））。它较适合于室内需要较大使用空间的建筑，如商店、综合楼等。

技术提示

墙体承重方案的选择应考虑房屋空间布局的需要，在混合结构中，因需要承受上部屋顶或楼板的荷载，应充分考虑屋顶或楼板的合理布置，并要求梁板或屋面的结构构件规格整齐，统一模数，为方便施工创造有利的条件。

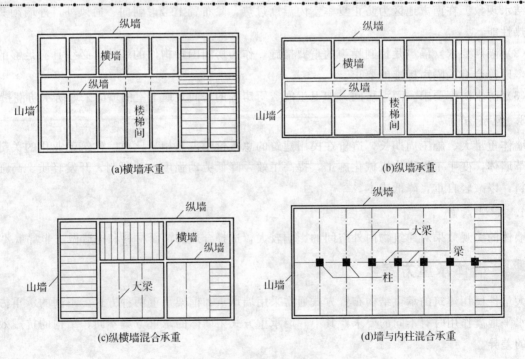

(a)横墙承重　　　　　　　　　(b)纵墙承重

(c)纵横墙混合承重　　　　　　(d)墙与内柱混合承重

图6.2　墙体结构布置方案

6.2 砖墙构造

砖墙是由砖和砂浆按一定的规律和砌筑方式组合成的砖砌体，其材料是砖和砂浆。用砖块砌筑的墙，具有较好的承重、保温、隔热、隔声、防火、耐久等性能，为低层和多层房屋所广泛采用。砖墙可作承重墙、外围护墙和内分隔墙。

6.2.1 砖墙材料及组砌方式

1. 砖墙材料

（1）砖。

砖的种类很多，按生产工艺分有烧结砖、非烧结砖；按材料不同，有黏土多孔砖、页岩砖、灰砂砖、煤矸石砖、水泥砖及各种工业废料砖如炉渣砖等；按形状分有实心砖、多孔砖等。常用砌墙砖的种类及规格见表6.1。

表6.1 常用砌墙砖的种类及规格

名称	主要规格（mm）	强度等级	主要产地
普通黏土砖	240×115×53	MU10～MU30	全国各地
黏土多孔砖	190×190×90 240×115×90 240×180×115	MU10～MU30	全国各地
蒸养灰砂砖	240×115×53	MU10～MU25	北京、山东、四川
炉渣砖	240×115×53 240×180×53	MU7.5～MU20	北京、广东、福建、湖北
粉煤灰砖	240×115×53	MU10～MU25	北京、河北、陕西
页岩砖	240×115×53	MU20～MU30	广西、四川

①烧结砖。

烧结砖按其主要成分分，有烧结黏土、烧结页岩砖和烧结煤矸石砖等；按其有无孔分，有烧结普通砖、烧结多孔砖和烧结空心砖。

a. 烧结普通砖。

烧结普通砖以黏土为主要原料，经成形、干燥、焙烧而成，即烧结黏土砖。烧结黏土砖有红砖和青砖之分，青砖比红砖强度高，耐久性好。

我国标准砖的规格为 240 mm×115 mm×53 mm（图6.3），每块砖的质量为 2.5～2.65 kg。长∶宽∶厚＝4∶2∶1（包括 10 mm 宽灰缝），标准砖砌墙体时是以砖宽度的倍数（115 mm＋10 mm＝125 mm）为模数。这与我国现行《建筑模数协调统一标准》中的基本模数 M＝100 mm 不协调，因此在使用中，须注意标准砖的这一特征。在工程中，通常以一道灰缝厚 10 mm 估算，则一皮砖的厚度为 60 mm。4 个砖厚＋3 个灰缝＝2 个砖宽＋1 个灰缝＝1 个砖长。烧结普通砖的强度等级分为 MU30、MU25、MU20、MU15 和 MU10 五个等级。

b. 烧结多孔砖。

烧结多孔砖指其孔洞率大于或等于 15%，孔的尺寸小而数量多的烧结砖，也称竖孔砖。常用的规格有 P 型（图6.4（a））：240 mm×115 mm×90 mm；m 型（图6.4（d））：190 mm×190 m×90 mm。烧结多孔砖的强度等级分为 MU30、MU25、MU20、MU15 和 MU10 五个等级。烧结多孔砖具有较高的强度，较好的耐久性，又有较好的保温隔热、隔声、透气性能，且自重较轻，施工效率较高。烧结多孔砖主要是代替烧结普通砖用作承重墙体及非承重隔墙。

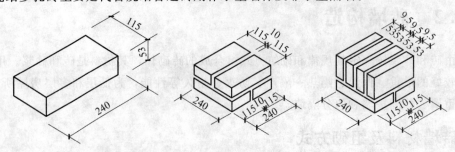

图 6.3 标准砖的尺寸关系

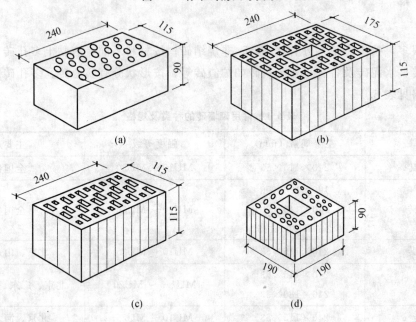

(a)　　　　　　　　　　　　　(b)

(c)　　　　　　　　　　　　　(d)

图 6.4 多孔砖规格尺寸

②非烧结砖。

a. 蒸压灰砂砖。

灰砂砖是指以天然砂，经坯料制备、压制成形、蒸压养护而成的实心砖。灰砂砖的外形尺寸规格为 240 mm×115 mm×53 mm，强度分为 MU25、MU20、MU15 和 MU10 四个等级。灰砂砖主要代替黏土实心砖用作承重墙体及非承重隔墙。

b. 蒸压粉煤灰砖。

粉煤灰砖是指以石灰、粉煤灰为主要原料，掺加适量石膏和骨料经坯料制备、压制成形、高压或常压蒸汽养护而成的实心砖。其外形尺寸：长度为 240 mm，宽度为 115 mm，高度为 53 mm、90 mm、115 mm、175 mm。粉煤灰砖的强度等级一般分为 MU20、MU15、MU10 和 MU7.5 四个等级。粉煤灰砖主要代替黏土实心砖用作承重墙体及非承重隔墙。

（2）砂浆。

砂浆是砌筑墙体的黏结材料，将砖黏结在一起形成整体，并将砖块之间的缝隙填实，便于上下层砖块之间荷载的均匀传递，以保证墙体的强度。

砌筑墙体的砂浆主要有水泥砂浆、石灰砂浆和混合砂浆三种。水泥砂浆属于水硬性材料，强度高，适合于砌筑潮湿环境或荷载较大的墙体，如地下部分的墙体和基础等。石灰砂浆属于气硬性材料，强度不高，防水性能较差，多用于砌筑非承重墙或荷载较小的墙体。混合砂浆的强度较高，和易性和保水性较好，使用频繁，宜在基础以上部位采用。

砂浆的强度有 M15、M10、M7.5、M5、M2.5 五个等级，其中常用的是 M10、M7.5、M5。

2. 砖墙的砌筑方式

组砌是指砌块在砌体中的排列。当墙面不抹灰做清水墙时，组砌还应考虑墙面图案美观。在砖墙组砌中，把砖的长方向垂直于墙面砌筑的砖称为丁砖，把砖长方向平行于墙面砌筑的砖称为顺砖。

技术提示

为了保证墙体的强度，砖砌体的砖缝必须横平竖直，错缝搭接，避免通缝；同时砖缝砂浆必须饱满，厚薄均匀（图6.5）。

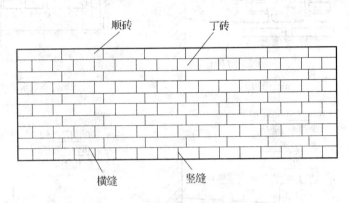

图6.5 砖墙组砌名称及错缝

常用的错缝方法是将丁砖和顺砖上下皮交错砌筑，每排列一皮砖称为一皮。上下皮之间的水平灰缝称横缝，左右两块砖之间的垂直缝称竖缝。常见的砖墙砌筑方式有全顺式、一顺一丁式、多顺一丁式、每皮丁顺相间式及两平一侧式等（图6.6）。

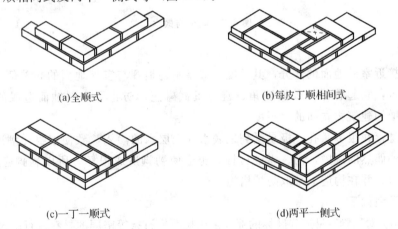

(a)全顺式　　　　　　　　　(b)每皮丁顺相间式

(c)一丁一顺式　　　　　　　(d)两平一侧式

图6.6 砖墙的组砌方式

6.2.2 砖墙的细部构造

砖墙的细部构造包括散水、明沟、勒脚、防潮层、窗台、过梁、壁柱和门垛、圈梁、构造柱、变形缝等内容，其中变形缝在模块4中已作介绍。

1. 散水和明沟

（1）散水。为保护墙基不受雨水的侵蚀，常在建筑物外墙四周将地面做成向外倾斜的坡面，以免将屋面雨水排至远处，这一坡面称为散水。散水的宽度一般为600～1 200 mm，应比屋檐的挑出尺寸宽200 mm，散水坡度一般为3%～5%。外缘高出室外地面20～50 mm，每隔6～12 m设伸缩缝一道，散水与外墙之间设通常缝，缝宽 10 mm，缝内满灌嵌缝膏。

（2）明沟。位于建筑物外墙的四周，其作用在于将通过雨水管流下的屋面雨水有组织地导向地下排水集井而流入下水道。

散水和明沟的材料是现浇或用砖石等材料铺砌而成，如图 6.7 所示。

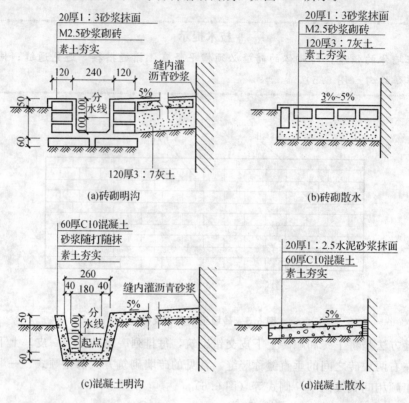

图 6.7　明沟与散水

2.勒脚

勒脚是外墙接近室外地面的部分，其高度一般指室内地坪与室外地面的高差部分。现在大多将其提高到底层窗台，它起着保护外墙墙角、避免机械碰撞、防止雨水侵蚀而造成的墙体风化的作用，同时还可以增加建筑物立面的美观度。

因为墙体本身存在很多微孔，极易受到地表水和土层水的渗入，致使墙身受潮冻融破坏，饰面发霉、脱落；另外偶然的碰撞，雨、雪的侵蚀，也会使勒脚造成损坏。所以勒脚应选用耐久性高、防水性能好的材料，并在构造上采取防护措施。

勒脚的常见类型如下。

（1）石砌勒脚。对勒脚容易遭到破坏的部分采用块石或石条等坚固的材料进行砌筑，如图 6.8（a）所示。

（2）贴面勒脚。可用人工石材或天然石材贴面。如水磨石板、陶瓷面砖、花岗石、大理石等。贴面勒脚耐久性强，装饰效果好，多用于标准较高的建筑，如图 6.8（b）所示。

（3）抹灰勒脚。为防止室外雨水对勒脚部位的侵蚀，常对勒脚的外表面做水泥砂浆抹面，如图 6.8（c）、图 6.8（d）所示，或者其他有效的抹面处理，如采用水刷石、干粘石或斩假石等。

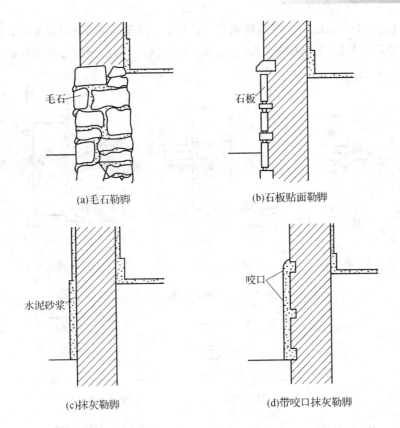

(a)毛石勒脚　　　　　(b)石板贴面勒脚

(c)抹灰勒脚　　　　　(d)带咬口抹灰勒脚

图 6.8　勒脚

3. 防潮层

墙体底部接近土壤部分易受土壤中水分的影响而受潮,从而影响墙身,如图 6.9 所示。为隔绝土中水分对墙身的影响,可在靠近室内地面处设防潮层。防潮层设置的主要目的是防止土壤中的潮气进入地下部分的墙体和基础材料的空隙内形成毛细水,毛细水沿墙体上升,逐渐使地上部分墙体受潮,影响建筑的正常使用和安全。为了阻止毛细水的上升,应当在墙体中设置防潮层,通常有水平防潮层和垂直防潮层两种。

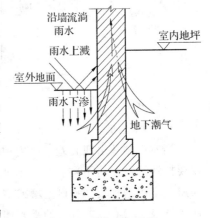

图 6.9　墙身受潮示意

（1）水平防潮层。

水平防潮层是在建筑物内外墙体室内地面附近设水平方向的防潮层,以隔绝地下潮气等对墙身的影响。水平防潮层位置如图 6.9 所示,当地面垫层为混凝土等密实性材料时,防潮层设在垫层厚度中间位置,一般比室内地面低 60 mm（图 6.10（a）)；当地面垫层为透水性材料时,水平防潮层位置比室内地面高 60 mm（图 6.10（b）)，以防地坪下回填土中水分的毛细作用的影响；当室内地面低于室外地面或内墙两侧的地面出现高差时,除了要分别设置两道水平防潮层外,还应对两道水平防潮层之间靠土一侧的垂直墙面做防潮处理（图 6.10（c）)。

防潮层的做法：①卷材防潮层,先用 20 mm 厚 1∶3 水泥砂浆找平,然后干铺油毡一层或做一毡二油,详见图 6.11（a）。油毡防潮层具有一定的韧性、延伸性和良好的防潮性能,但是整体性差,对抗震不利,不宜用于有抗震要求的建筑中。②防水砂浆防潮层,在防潮位置处抹 20 mm 厚,1∶2 比例的水泥砂浆,详见图 6.11（b）。防水砂浆是在水泥砂浆中,加入水泥质量的 3%～5% 的防水剂配置而成。这种做法不会破坏墙体的整体性,且省工省料,适用于抗震地区、独立砖柱或振动较大的砖砌体中,但砂浆硬化后易开裂会影响防潮效果。③细石钢筋混凝土防潮层,是在 60 m

厚的细石混凝土中配 $3\phi6\sim3\phi8$ 钢筋形成防潮带，或结合地圈梁的设置形成防潮层，详见图 6.11（c）。这种防潮抗裂性能好，且能与砌体结合为一体，故适用于整体刚度要求较高的建筑中。

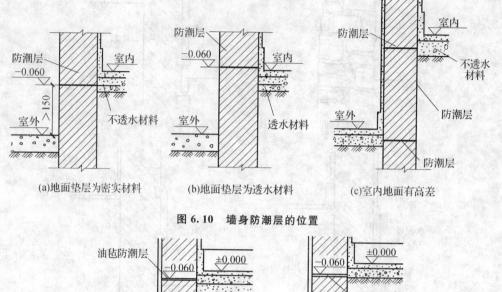

(a)地面垫层为密实材料　　(b)地面垫层为透水材料　　(c)室内地面有高差

图 6.10　墙身防潮层的位置

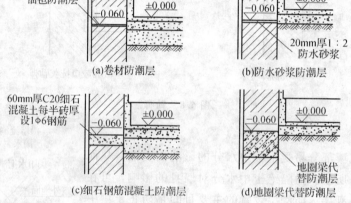

(a)卷材防潮层　　(b)防水砂浆防潮层

(c)细石钢筋混凝土防潮层　　(d)地圈梁代替防潮层

图 6.11　水平防潮层的做法

（2）垂直防潮层。

当室内地坪出现高差或室内地坪低于室外地面时，不仅要按地坪高差的不同在墙身设两道水平防潮层，而且，为避免室内地坪较高一侧土壤或室外地面回填土中的水分侵入墙身，对有高差部分的垂直墙面在填土一侧沿墙设置垂直防潮层。做法是在两道水平防潮层之间的垂直墙面上，先用水泥砂浆抹灰，再涂冷底子油一道，刷热沥青两道或采用防水砂浆抹灰防潮处理（图 6.12）。

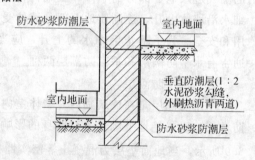

图 6.12　墙身垂直防潮层

4. 窗台

窗台是窗洞下部的排水构造，设于室外的称为外窗台，设于室内的称为内窗台。外窗台的作用是排除窗外侧流下的雨水，并防止流入室内。内窗台的作用是排除窗上的凝结水，保护室内的墙面及存放东西等。

外窗台底面外缘处应做滴水，即做成锐角或半圆凹槽，以免排水时沿底面流至墙身。

（1）外窗台的做法。

①砖窗台。砖窗台分为不悬挑的窗台和悬挑窗台，表面抹 1：3 水泥砂浆，并应有 10% 左右的坡度，挑出尺寸大多为 60 mm。

②混凝土窗台。混凝土窗台一般是现场浇筑而成。

（2）内窗台的做法。

①水泥砂浆抹窗台。在窗台上表面抹 20 mm 厚的水泥砂浆，窗台前部则突出墙面 60 mm。

②预制窗台板。对于装修要求较高而且窗台下设置暖气的房间，一般均采用预制窗台板。预制窗台板可用预制水磨石板或木窗台板。窗台构造如图 6.13 所示。

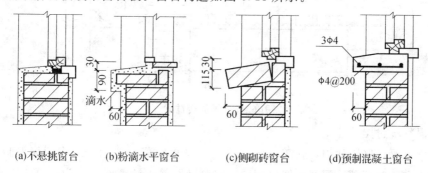

(a)不悬挑窗台　(b)粉滴水平窗台　(c)侧砌砖窗台　(d)预制混凝土窗台

图 6.13　窗台

5. 门窗过梁

当墙身上开设门窗洞口时，为了承受洞口上部砌体传来的各种荷载，并把这些荷载传给洞口两侧的墙体，常在门窗洞口上设置横梁，即门窗过梁。过梁应与圈梁、悬挑雨棚、窗楣板或遮阳板等结合起来设计。

过梁的形式很多，常见的有砖拱过梁、钢筋砖过梁和钢筋混凝土过梁三种。

（1）砖拱过梁。

砖拱过梁有平拱、弧拱和半圆拱三种，如图 6.14 所示。将立砖和侧砖相间砌筑，使灰缝上宽下窄相互挤压形成拱的作用。平拱的高度不小于 240 mm，灰缝上部宽度不大于 20 mm，下部宽度不小于 5 mm，拱两端下部伸入墙内 20～30 mm，中部起拱高度约为跨度 l 的 1/50，跨度 l 最大可达 1.2 m。砌筑砂浆强度等级不低于 M5，砖强度等级不低于 MU10。砖拱过梁节约钢材和水泥，但施工麻烦，整体性差，不宜用于地震区，过梁上有集中荷载或振动荷载，以及地基不均匀沉降的建筑。

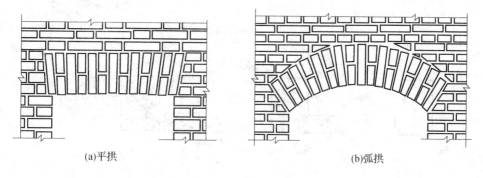

(a)平拱　　　　　　　　　　　　　(b)弧拱

图 6.14　砖拱过梁

（2）钢筋砖过梁。

钢筋砖过梁是在砖缝里配置钢筋，形成可以承受荷载的加筋砖砌体。一砖墙放置不少于 3 根 $\phi6$ 钢筋，放在洞口上部的砂浆层内，砂浆层为 30 mm 厚的 1∶3 水泥砂浆。钢筋两边伸入支座长度不小于 240 mm，并加弯钩。为使洞口上的部分砌体和钢筋构成过梁，常在相当于 1/4 跨度的高度范围内，用不低于 M5 级砂浆砌筑，如图 6.15 所示。

钢筋砖过梁施工方便，适用于跨度不大于 1.5 m，上部无集中荷载或墙身为清水墙时的洞口上。由于钢筋砖过梁整体性较差，对于抗震设防地区和有较大振动的建筑不应使用。

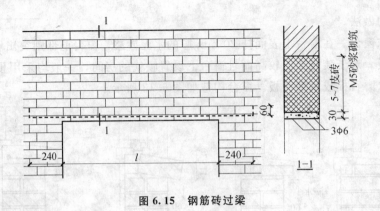

图 6.15　钢筋砖过梁

（3）钢筋混凝土过梁。

钢筋混凝土过梁，坚固耐用，施工方便，可以承受集中荷载作用，适宜门窗洞口较大时使用。该种过梁有现浇和预制两种，梁宽与墙厚相同，梁高及配筋由计算确定。为了施工方便，梁高应与砖皮数相适应，常见梁高为 60 mm、120 mm、180 mm、240 mm。梁两端支承在墙上的长度每边不少于240 mm。过梁断面形式有矩形和 L 形，矩形多用于内墙和混水墙，L 形多用于外墙和清水墙，在寒冷地区，为了防止过梁内表面产生冷凝水，可采用 L 形过梁或组合式过梁。如图 6.16 所示。

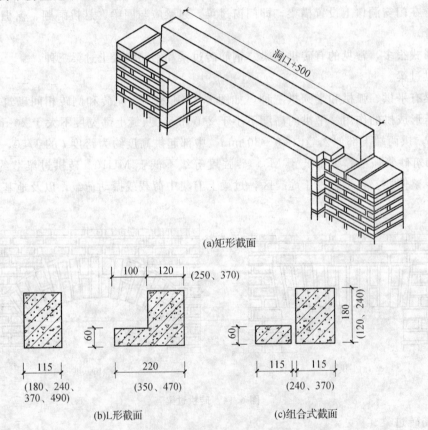

图 6.16　预制钢筋混凝土过梁

6. 墙身加固

墙体受到集中荷载以及由于地震等因素影响，致使墙体承载力和稳定性有所降低，这时，必须考虑对墙体采取加固措施。

（1）增设壁柱和门垛。

当墙体的窗间墙上出现集中荷载而墙厚又不足以承受其荷载，或当墙体的长度和高度超过一定限度并影响墙体稳定性时，通常在墙身局部适当位置增设凸出墙面的壁柱来提高墙体刚度。壁柱凸出墙面的尺寸一般为 120 mm×370 mm、240 mm×370 mm、240 mm×490 mm 等。

当在墙上开设门洞且门洞开在纵横墙交接处时，为了便于门框的安装和保证墙体的稳定性，须在门靠墙转角部位一边设置门垛，门垛长度一般为 120 mm 或 240 mm，宽度同墙厚。

（2）增设圈梁。

圈梁是沿外墙四周及部分内墙设置的连续闭合的梁。其作用是配合楼板以提高建筑物的空间刚度及整体性，增强墙体的稳定性，减少由于地基不均匀沉降而引起的墙身开裂。对抗震设防区，设置圈梁与构造柱形成骨架以提高墙身抗震能力。

圈梁通常设在基础顶、楼面板、屋面板等处，可与门窗过梁合一。特殊情况下，当遇有门窗洞口致使圈梁局部截断时，应在洞口上方增设相同截面的附加圈梁，且与圈梁的搭接长度不小于垂直距离的两倍，且不得小于1 000 mm，但在抗震区，圈梁应完全闭合，不得被洞口截断。如图 6.17 所示。

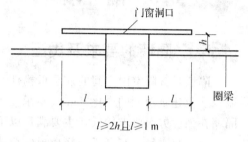

图 6.17 附加圈梁的长度

圈梁是墙体的一部分，与墙体共同承重，不单独承重，只需进行构造配筋。圈梁高度一般不小于 120 mm，构造配筋在 6、7 度抗震设防时为 4φ10；8 度设防时为 4φ12；9 度设防时为 4φ14。箍筋一般采用φ6，按 6、7 度设防间距为 250 mm，8 度、9 度其间距分别为 200 mm 和 150 mm。

技术提示

圈梁的设置数量与房屋层数、高度、地基土状况及地震烈度（指地震波的传递，使某一地点建筑受到影响的强弱程度）等因素有关。

（3）增设构造柱。

钢筋混凝土构造柱是从构造角度考虑设置在墙身中的钢筋混凝土柱。其位置一般设在建筑物的四角、内外墙交接处、楼梯间和电梯间四角以及较长的墙体中部，较大洞口两侧。作用是与圈梁及墙体紧密连接，形成空间骨架，增强建筑物的刚度，提高墙体的应变能力，使墙体由脆性变为延性较好的结构，做到裂而不倒。构造柱下端应锚固于钢筋混凝土基础或基础圈梁内，上端与屋檐圈梁相锚固，柱截面应不小于 180 mm×240 mm，主筋一般采用 4φ12，箍筋间距不大于 250 mm，且在上下适当加密，墙与柱之间应沿墙高每 500 mm 设 2φ6 的钢筋拉结筋，每边伸入墙内不少于 1 000 mm，如图 6.18 所示。

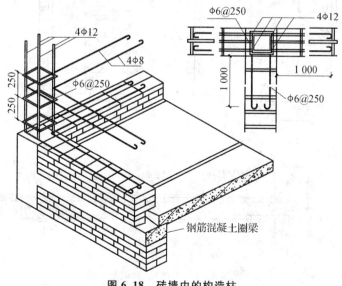

图 6.18 砖墙中的构造柱

构造柱施工时一般应先放置构造柱钢筋骨架，后砌墙，随着墙体的升高而逐段现浇混凝土构造柱身。

由于砖砌体属于脆性材料，抗震能力差，为增强建筑物的整体刚度和稳定性，在 7 度以上的抗震设防区，对砖石结构建筑的总高度、横墙间距、圈梁和构造柱的设置以及墙体的局部尺寸等，都提出一定的限制和要求，应严格按抗震设计规范考虑。

6.3 隔 墙

6.3.1 隔墙的要求及类型

隔墙是分隔室内空间的非承重构件。在现代建筑中，为了提高平面布局的灵活性，大量采用隔墙以适应建筑功能的变化。隔墙不承受外来荷载作用，其本身的重力也由楼板或梁来承担。因此，隔墙在强度方面要求较低，主要满足以下要求即可：

（1）自重轻，有利于减轻楼板的荷载。

（2）厚度薄，增加建筑的有效空间。

（3）保证足够的稳定性，与承重墙应有牢固的拉结构造。

（4）便于拆卸，能随使用要求的改变而改变。

（5）有一定的隔声能力，使各房间互不干扰。

（6）满足不同使用部位的要求，如卫生间、厨房的隔墙要求防潮、防水。

隔墙的类型很多，按照构造方式分为块材隔墙、轻骨架隔墙、板材隔墙三大类。

6.3.2 常用隔墙的构造

1. 块材隔墙

块材隔墙是用普通黏土砖、空心砖、加气混凝土等块材砌筑而成，常采用普通砖隔墙和砌块隔墙两种。

（1）普通砖隔墙（图 6.19）。

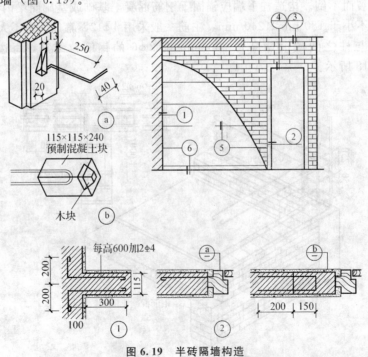

图 6.19 半砖隔墙构造

普通砖隔墙一般采用 1/2 砖（120 mm）隔墙。半砖墙用普通黏土砖采用全顺式砌筑而成，砌筑砂浆强度等级不低于 M5，砌筑较大面积墙体时，长度超过 6 m 应设砖壁柱，高度超过 5 m 时应在门过梁处设通长钢筋混凝土带。

为了保证砖隔墙不承重，在砖墙砌到楼板底或梁底时，将立砖斜砌一皮，或将空隙塞木楔打紧，然后用砂浆填缝。8 度和 9 度时长度大于 5.1 m 的后砌非承重砌体隔墙的墙顶，应与楼板或梁拉接。

（2）砌块隔墙。

为减轻隔墙自重，可采用轻质砌块，目前最常用的是加气混凝土砌块、粉煤灰硅酸盐砌块、水泥炉渣空心砖等砌筑的隔墙。隔墙厚度由砌块尺寸而定，一般为 90～120 mm。加固措施同半砖隔墙的做法。砌块不够整块时宜用普通黏土砖填补。因砌块孔隙率大、吸水量大，故在砌筑时先在墙下部实砌 3～5 皮实心黏土砖再砌砌块，如图 6.20 所示。

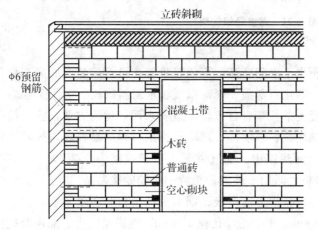
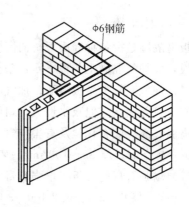

图 6.20 砌块隔墙

2. 轻骨架隔墙

轻骨架隔墙由骨架和面板层两部分组成，骨架有木骨架和金属骨架之分，面板有板条抹灰、钢丝网板条抹灰、胶合板、纤维板、石膏板等。由于先立墙筋（骨架），再做面层，故又称为立筋式隔墙。

（1）板条抹灰隔墙。

板条抹灰隔墙是由上槛、下槛、墙筋斜撑或横档组成木骨架，其上钉以板条再抹灰而成。

（2）立筋面板隔墙。

立筋面板隔墙系指面板用人造胶合板、纤维板或其他轻质薄板，骨架为木质或金属组合而成。

① 骨架。墙筋间距视面板规格而定。金属骨架一般采用薄型钢板、铝合金薄板或拉眼钢板网加工而成，并保证板与板的接缝在墙筋和横档上。留出宽度为 5 mm 左右的缝隙供伸缩。采用木条或铝压条盖缝。如图 6.21 所示为一种薄壁轻钢骨架的隔墙。

② 饰面层。常用类型包括胶合板、硬质纤维板、石膏板等。

采用金属骨架时，可先钻孔，再用螺栓固定，或采用膨胀铆钉将板材固定在墙筋上。立筋面板隔墙为干作业，自重轻，可直接支撑在楼板上，施工方便，灵活多变，故得到广泛应用，但隔声效果较差。

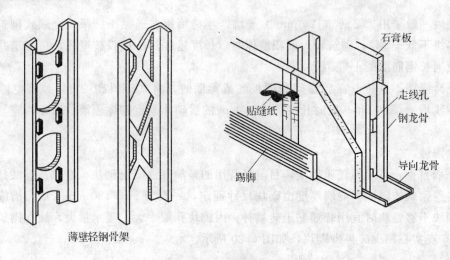

图 6.21　薄壁轻钢骨架

3. 板材隔墙

板材隔墙是指各种轻质板材的高度相当于房间净高，不依赖骨架，可直接装配而成，目前多采用条板，如加气混凝土条板、石膏条板、碳化石灰板、蜂窝纸板、水泥刨花板、复合板等。

（1）加气混凝土条板隔墙。加气混凝土条板具有自重轻，节省水泥，运输方便，施工简单，可锯、刨、钉等优点，但吸水性大，耐腐蚀性差、强度低，运输、施工过程中易损坏，故其不宜用于具有高温、高湿或有化学及有害空气介质的建筑中。加气混凝土条板规格为长 2 700～3 000 mm，宽600～800 mm，厚80～100 mm。隔墙板之间用水玻璃砂浆或107胶砂浆黏结。

（2）增强石膏空心板。增强石膏空心板分为普通条板、钢木窗框条板和防水条板三类，规格为宽 600 mm、厚 60 mm、长 2 400～3 000 mm，9 个孔，孔径 38 mm，能满足防火、隔声及抗撞击的要求，如图 6.22 所示。

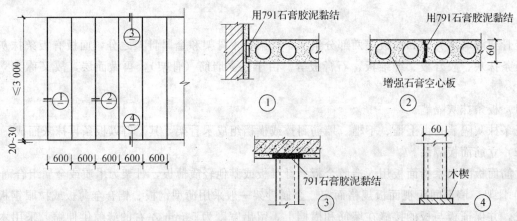

图 6.22　增强石膏空心条板

（3）复合板隔墙。用几种材料制成的多层板为复合板。复合板的面层有石棉水泥板、石膏板、铝板、树脂板、硬质纤维板、压型钢板等。夹芯材料可用矿棉、木质纤维、泡沫塑料和蜂窝状材料等。复合板充分利用材料的性能，大多具有强度高，耐火、防水、隔声性能好的优点，且安装、拆卸简便，有利于建筑工业化。

（4）泰柏板。泰柏板是由φ2 低碳冷拔镀锌钢丝焊接成三维空间网笼，中间填充聚苯乙烯泡沫塑料构成的轻质板材。

泰柏板墙体与楼、地坪的固定连接如图 6.23 所示。

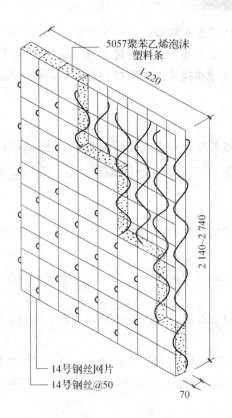

图 6.23 泰柏板隔墙

【知识拓展】

泰柏板做隔墙

泰柏板做隔墙，其厚度在抹完砂浆后应控制在 100 mm 左右。隔墙高度要控制在 4.5 以下。泰柏板隔墙必须使用配套的连接件进行连接固定。安装时，将裁好的隔墙板按弹线位置立好，板与板拼缝用配套箍码连接，再用铅丝绑扎牢固。隔墙板之间的所有拼缝，须用联节网或之字条覆盖。隔墙的阴角、阳角和门窗洞口等，也须采用补强措施。阴阳角用网补强，门窗洞口用之字条补强。

6.4 墙面装修

6.4.1 墙面装修的作用及分类

1. 墙面装修的作用

（1）保护建筑构配件、结构的安全性。

①使墙体结构免遭风、雨的直接袭击；

②提高墙体防潮、抗风化的能力；

③增强墙体的坚固性、耐久性。

（2）改善环境条件，满足住房的使用功能要求，应采用节能、环保型建筑材料。

①墙体选用保温隔热材料，改善墙体热工性能；

②墙面采用浅色装饰材料可反射光线，提高室内照明度；

③墙体粉刷隔声减振材料，改善室内音质效果；

④墙面贴面砖，可提高环境卫生状况，使墙面易清洁，防止和减少污染。

（3）美化建筑，提高建筑物的艺术效果。

建筑物在没有进行装修之前是毛坯房，在经过建筑师运用建筑材料的质感、色彩、线条等诸多元素对建筑构件细部进行细化设计和技术人员的精心施工后，就会给人们创造了一个优美、舒适的空间环境。

2. 墙面装修的分类

按墙面所处部位不同，有室外装修和室内装修两类。室外装修用于外墙表面，兼有保护墙体和增加美观的作用。

室外装修的要求：

①外墙装修必须与主体结构连接牢靠；

②外墙保温材料应与主体结构和外墙饰面连接牢固，并应防开裂、防水、防冻、防腐蚀、防风化和防脱落；

③外墙装修应防止污染环境的强烈反光。

室内装修的要求：

①室内装修不得遮挡消防设施标志、疏散指示标志及安全出口，并不得影响消费设施和疏散通道的正常使用；

②室内如需要重新装修时，不得随意改变原有设施、设备管线系统。

按饰面材料和构造不同，墙面装饰有抹灰类、贴面类、涂刷类、裱糊类、条板类、玻璃（金属）幕墙类六种。

6.4.2 墙面装修构造

1. 抹灰类墙面装修

抹灰分为一般抹灰和装饰抹灰两类。一般抹灰有石灰砂浆、混合砂浆、水泥砂浆等；装饰抹灰有水刷石、干粘石、斩假石、水泥拉毛等。

抹灰是一种传统的墙面装修方式，属于湿作业施工。为保证抹灰牢固、平整，避免龟裂、颜色不均匀和面层开裂脱落，在构造上和施工时须分层操作，且每层不宜抹得太厚，外墙抹灰一般为 $20\sim25$ mm，内墙抹灰一般为 $15\sim20$ mm，顶棚为 $12\sim15$ mm，分层构造如图 6.24 所示。一般分为底层、中层和面层，各层的作用和要求不同。

（1）底层抹灰主要起到与基层墙体黏结和初步找平的作用；

（2）中层抹灰在于进一步找平，以减少打底砂浆层干缩后可能出现的裂纹，材料与底层基本相同。

（3）面层抹灰主要起装饰作用，因此要求表面平整、无裂痕、颜色均匀。所用材料为各种砂浆或水泥石渣浆。

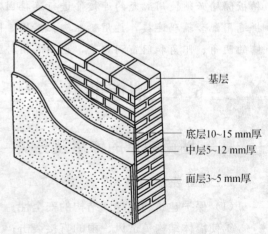

基层

底层10~15 mm厚
中层5~12 mm厚

面层3~5 mm厚

图 6.24　墙面抹灰的分层构造

一般抹灰根据质量要求可分为普通抹灰、中级抹灰和高级抹灰三种。仅设底层和面层者为普通抹灰；设有一层中层的称为中级抹灰；当中层有两层及以上时称为高级抹灰。具体标准见表 6.2。

抹灰类的构造做法、各地区设计和施工均有通用图集和施工说明供选用。常用抹灰类构造见表 6.3。

表6.2 抹灰类三种标准

层次\标准	底层/层	中层/层	面层/层	总厚度/mm	适用范围
普通抹灰	1		1	≤18	简易宿舍、仓库等
中级抹灰	1	1	1	≤20	住宅、办公楼、学校、旅馆等
高级抹灰	1	若干	1	≤25	公共建筑、纪念性建筑,如歌剧院、展览馆等

表6.3 常用抹灰构造选用表

抹灰名称	底层		面层		应用范围
	材料	厚度/mm	材料	厚度/mm	
混合砂浆抹灰	1:1:6混合砂浆	12	1:1:6混合砂浆	8	一般外墙门窗洞口外侧面等均可选用
水泥砂浆抹灰	1:3水泥砂浆打底	15	1:2.5水泥砂浆	5	室外饰面及室内需防潮、防水的房间及浴厕墙裙等部位
纸筋石灰砂浆抹灰	1:3石灰砂浆打底	13	纸筋石灰面层	2	一般民用建筑砖、石内墙面均可选用
石膏灰罩面	1:2～1:3麻刀灰砂浆	13	石膏灰罩面	2～3	高级装修的室内顶棚和墙面
珍珠岩浆罩面	1:2～1:3麻刀灰砂浆	13	水泥:石灰膏:珍珠岩＝100:(10～20):(3～5)(质量比)	2	保温、隔热要求较高的内墙面罩面
防水砂浆	1:2.5水泥砂浆掺3%硅质密实剂,分三次抹灰,每抹一遍收水时压实一遍	25	1:2水泥砂浆抹面压光	5	混凝土墙板,硅酸盐砌块、加气混凝土砌块和条板底层抹灰;保温、隔热要求较高的内墙面罩面

内墙抹灰时,在门厅、走廊、楼梯间、卫生间等处有防水、防潮、防污、防碰要求时,应按使用要求设置墙裙或台度,墙裙高度一般为1.2～1.8 m。有水泥砂浆饰面、水磨石饰面、瓷砖饰面、大理石饰面等形式。

在内墙面与楼地面交接处,为了保护墙身及防止擦洗地面时弄脏墙面而做的踢脚线,高度为120～150 mm,其材料一般与楼地面相同,常见做法可与墙面粉刷相平、凸出或凹进。为了增加室内美观,在内墙面和顶棚交接处可做成各种外装饰线条。

2. 贴面类墙面装饰

贴面类墙面装饰可以用于外墙和内墙,主要在墙面上粘贴各种天然石板、人造石板、陶瓷面砖等。现在最常用的是面砖和陶瓷锦砖等。这类装修材料具有耐久性强、施工方便、质量好、装饰效果好、易清洗等特点,但造价较高,一般用于装饰要求较高的建筑中。

(1)面砖饰面构造。

面砖是以陶土为原料,经压制成形煅烧而成的饰面块,分有釉面砖、无釉面砖、仿花岗岩瓷砖等。无釉面砖俗称外墙面砖,具有质地坚硬、强度高、吸水率低等特点,主要用于高标准建筑外墙饰面。釉面砖有白色、彩色、带图案、印花及各种装饰釉面砖等,具有表面光滑、容易擦洗、美观耐用、吸水率低等特点，主要用于高标准建筑内、外墙面，厨房、卫生间的墙裙贴面及室内需经常擦洗的部位。

面砖不仅用于墙饰面，也可用于地面，又称之为墙地砖。其规格、色彩品种繁多，常采用150 mm×150 mm、75 mm×150 mm、113 mm×77 mm、145 mm×113 mm、233 mm×113 mm 和265 mm×113 mm 等规格，厚度约为5~17 mm，陶土无釉面砖较厚，为13~17 mm，瓷土釉面砖较薄，为5~7 mm。一般面砖背面留有凹凸纹路，有利于面砖粘贴牢固。

面砖应先放入水中浸泡，安装前取出晾干或擦干净，安装时先抹15 mm 厚1∶3 水泥砂浆找底并划毛，再用5 mm 厚1∶1 水泥砂浆粘贴面砖，如图6.25（a）所示。瓷砖安装也用15 mm 厚1∶3水泥砂浆打底，再用8~10 mm 厚1∶0.3∶3 的水泥石灰混合砂浆或用3 mm 厚掺有107 胶（水泥用量5%~7%）的1∶2.5 水泥砂浆做黏结层，外贴瓷砖面层，如图6.25（b）所示。

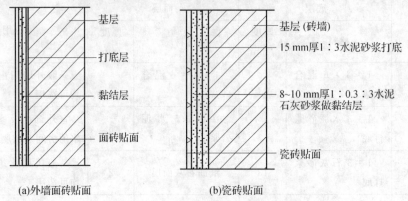

(a)外墙面砖贴面　　　　　　　(b)瓷砖贴面

图6.25　面砖、瓷砖粘贴构造

对于外墙的贴面砖，粘贴时常与面砖之间留出宽约10 mm 的缝隙，让墙面有一定的透气性，既有利于湿气的排除，也增加了墙面的美观；而内墙面砖不留缝隙，要求安装紧密，以便于擦洗和防水。面砖如被污染，可用浓度为10%的盐酸洗刷，再用清水洗净。

（2）陶瓷锦砖饰面。

陶瓷锦砖也称为马赛克，有陶瓷锦砖和玻璃锦砖之分。与面砖相比，其优点是表面致密光滑而不透明，质地坚硬、质轻不变色、耐酸碱、造价低等。同时，尺寸规格较小，可根据花色品种，拼成各种花纹图案，正面向下铺贴在500 mm×500 mm 大小的牛皮纸上。锦砖饰面构造与粘贴面砖相似，所不同的是在粘贴前先在牛皮纸背面每块瓷片间的缝隙中抹以白水泥浆（加5%107胶），然后将纸面朝外粘贴于1∶1 水泥砂浆上，用木板压平，待砂浆硬结厚，洗去牛皮纸即可。同时，发现锦砖粘贴不正的，也可进行局部调整。

3.天然石材和人造石材墙面装修

（1）天然石材。

天然石材墙面包括花岗石、大理石和青石板等，具有强度高、耐久性好、结构致密、色彩丰富、不易被污染等优点，但由于施工复杂、价格较高等因素，多用于高级装修。花岗石主要用于外墙面，大理石主要用于内墙面。

花岗石纹理多呈斑点状，色彩有暗红、灰白等。根据加工方式的不同，从装饰质感上可分为磨光石、剁斧石、蘑菇石三种。花岗石质地坚硬，不易风化，能在各种气候条件下采用。大理石是一种变质岩，属于中硬石材，主要由方解石和白云石组成。大理石质地比较密实，抗压强度较高，可以锯成薄板，经过多次抛光打蜡加工，制成表面光滑的板材。大理石板和花岗石板有正方形和长方形两种。常见的尺寸有600 mm×600 mm、600 mm×800 mm 和800 mm×1 000 mm，厚度为20~25 mm。亦可根据使用需要，加工成所需的各种规格。碎拼大理石是生产厂家裁割的边角废料，经适当分类加工而成。采用碎拼大理石可降低工程造价。

天然石材贴面装修构造通常采用拴挂法，即预先在墙面或柱面上固定钢筋网，再将石板用钢丝、不锈钢丝或镀锌铅丝穿过事先在石板上钻好的孔眼绑扎在钢筋网上。因此，固定石板的水平钢筋的间距应与石板高度尺寸一致。当石板就位并用木楔校正后，绑扎牢固，然后在石板与墙或柱之间浇注 30 mm 厚 1∶3 的水泥砂浆，如图 6.26 所示。石材贴面有时也可用连接件锚固法。

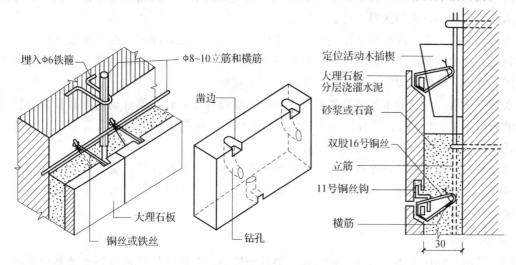

图 6.26　大理石板墙面装饰构造

（2）人造石材墙面。

人造石材常见的有人造大理石、水磨石板等。其构造与天然石材相同，但不必在预制板上钻孔，而用预制板背面在生产时露出的钢筋将板用铅丝绑牢在墙面所设的钢筋网上即可，如图 6.27 所示。当预制板为 8～12 mm 厚的薄型板材，且尺寸在 300 mm×300 mm 以内时，可采用粘贴法，即在基层上用 10 mm 厚 1∶3 水泥砂浆打底，随后用 6 mm 厚 1∶2.5 水泥砂浆找平，然后用 2～3 mm厚黏结剂粘贴饰面材料。

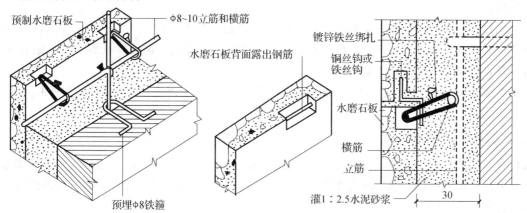

图 6.27　预制水磨石板装修构造

4. 涂料类墙面装修

涂料是指喷涂、刷于基层表面后，能与基层形成完整而牢固的保护膜的涂层饰面装修。它对墙体有保护、装饰作用。这类装修做法具有造价低、操作简单、工效高、维修方便等优点，因而应用较为广泛。实践中应根据建筑的使用功能、墙体所处环境、施工和经济条件等，尽量选择附着力强、无毒、耐久、耐污染、装饰效果好的涂料。

建筑涂料的品种繁多，按其主要成膜物的不同可分为有机涂料和无机涂料两大类。

（1）无机涂料。

无机涂料包括石灰浆、大白浆、水泥浆及各种无机高分子涂料等。

石灰浆采用石灰膏加水拌合而成。根据需要可掺入颜料，用于内墙面及顶棚饰面，一般喷（刷）两遍。石灰浆的耐久性和耐候性均较差，可在石灰浆内加入 20%～30%107 胶或聚酯酸乙烯乳液，以改善其耐久性，增强灰浆与基层的黏结力。

（2）有机涂料。

有机涂料是指以高分子化合物为主要成膜物质所组成的涂料，依据稀释剂的不同可分为溶剂型涂料、水溶型涂料和乳液型涂料三种。

①溶剂型涂料。常见的溶剂型涂料有苯乙烯内墙涂料、聚乙烯醇缩丁醛内外墙涂料、过氯乙烯内墙涂料等。这类涂料用作墙面装修具有较好的耐水性和耐候性，但有机溶剂在施工时挥发出有害气体，污染环境，同时在潮湿的基层上施工会引起脱皮现象。

②水溶型涂料。常见的水溶型涂料有聚乙烯醇水玻璃内墙涂料、聚合物水泥砂浆饰面涂料、改性水玻璃内墙涂料、108内墙涂料、SJ－803内墙涂料等。这类涂料价格低，无毒、无怪味，具有一定的透气性，在较潮湿的基层上也可操作。

③乳胶涂料。常见的乳胶涂料有乙－丙乳胶涂料、苯－丙乳胶涂料、氯－偏乳胶涂料等。这类涂料无毒、无味，不易燃烧，耐水性及耐候性较好，具有一定得透气性，可在潮湿基层上施工，多用于外墙饰面。

5．裱糊类墙面装修

裱糊类墙面装修用于建筑内墙，是将卷材类软质饰面装饰材料用胶粘贴到平整基层上的装修做法。裱糊类墙体饰面装饰性强，色彩、纹理、图案较丰富，质感温暖，古雅精致，造价较经济，施工方法简便、效率高，饰面材料更换方便，在曲面和墙面转折处粘贴可以获得连续的饰面效果。裱糊类饰面在施工前要对基层进行处理。处理后的基层应坚实牢固，表面平整光洁，线脚通畅顺直，不起尘，无砂粒和孔洞，同时应使基层保持干燥。

裱糊类墙面的饰面材料种类很多，常用的有墙纸、墙布、锦缎、皮革、薄人造革、木纤维壁纸、木屑壁纸、金属箔铝纸等。锦缎、皮革和薄木裱糊墙面属于高级室内装修，用于室内装饰要求较高的场所。

在裱糊过程中，对基层有一定的要求，基层一定要表面平整、光洁、干净、不掉粉。为达到基层平整效果，通常要对基层刮泥子，可局部刮泥子或满刮泥子几遍，再用砂纸磨平。粘贴时保持卷材表面平整，防止产生气泡，压实拼缝处。

裱糊类墙面，一般由底层、中层和裱糊层组成。裱糊类墙面底层、中层构造要求同涂刷类墙面。

6．铺钉类墙面装修

铺钉类墙面装修是将各种天然或人造薄板镶钉在墙面上的装修做法，其构造与骨架隔墙相似，由骨架和面板两部分组成。施工时先在墙面上立骨架（墙筋），然后再在骨架上铺钉装饰面板。

（1）骨架。

骨架有木骨架和金属骨架之分。木骨架由墙筋和横档组成，通过预埋在墙上的木砖钉到墙身上。墙筋和横档断面常用尺寸为 50 mm×50 mm 和 40 mm×40 mm，其间距视面板的尺寸规格而定，一般为 450～600 mm。金属骨架中的墙筋多采用冷轧薄钢板制成槽形断面。

为防止骨架与面板受潮而损坏，可先在墙体上刷热沥青一道再干铺油毡一层，也可在墙面上抹10 mm 厚混合砂浆并涂刷热沥青两道。

（2）面板。

装饰面板多为人造板，如纸面石膏板、硬木条、胶合板、装饰吸音板、纤维板、彩色钢板及铝合金板等。

①石膏板墙面。

石膏板墙面是指先在墙体上涂刷防潮涂料，然后在墙体上铺设龙骨，将石膏板钉在龙骨上，最后进行板面修饰的墙面。石膏板与木骨架的连接一般用圆钉或木螺丝固定（图 6.28）；与金属骨架的连接可先钻孔后用自攻螺丝或镀锌螺丝固定，亦可采用黏结剂黏结（图 6.29）。

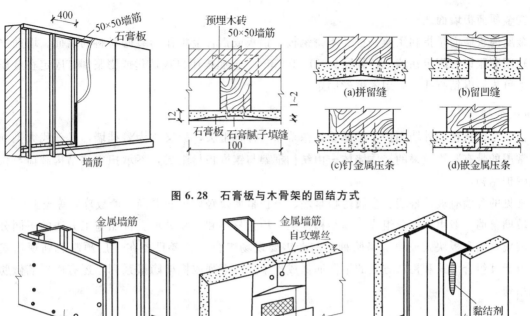

图 6.28 石膏板与木骨架的固结方式

(a)石膏板与金属墙筋钉结　　(b)石膏板接缝构造　　(c)石膏板与金属墙筋黏结

图 6.29 石膏板与金属墙筋的固结方式

②木质板墙面。

木质板墙面是指将各种硬木板、胶合板、纤维板以及各种装饰面板竖直铺钉于墙筋或横档上的墙面（图 6.30）。木质板的缝隙可以是方形、三角形，对要求较高的装修可用木压条或金属压条嵌固。具有美观大方、装饰效果好，且安装方便等优点，但防火、防潮性能欠佳，一般多用作宾馆、大型公共建筑的门厅以及大厅面的装修。

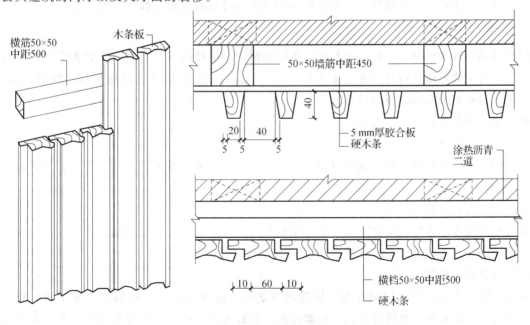

图 6.30 木质板墙面

③金属薄板墙面。

金属薄板墙面是指利用薄钢板、不锈钢板、铝板或铝合金板作为装修材料的墙面。墙筋（金属骨架）用膨胀铆钉固定在墙上，间距为60～90 mm。金属板用自攻螺丝或膨胀铆钉固定在金属骨架上，也可先用电钻打孔，后用木螺丝固定。

7. 幕墙装修

幕墙是建筑物的外墙围护，不承重，像幕布一样挂上去，故又称为悬挂墙，是现代大型和高层建筑常用的带有装饰效果的轻质墙体。由结构框架与镶嵌板材组成，不承担主体结构载荷与作用的建筑围护结构。

常见的幕墙有玻璃幕墙、金属薄板幕墙、石板幕墙及轻质钢筋混凝土墙板幕墙等类型。

玻璃幕墙一般由三部分组成，即结构框架、填衬材料和幕墙玻璃。按照施工方法的不同分为分件式玻璃幕墙和板块式玻璃幕墙两种。前者需要现场组合，后者只要在工厂预制后到现场安装即可。由于其组合形式和构造方式的不同而做成框架外露系列或框架隐藏系列，还有用玻璃做肋的无框架系列。

6.5 建筑热工构造

6.5.1 围护结构的保温措施

改善建筑物的保温性能，是建筑设计上的主要节能措施。据统计分析，没有设保温处理的住宅，仅从外墙、屋顶、窗户等围护结构逸出的热量达60%左右。因此为减少能耗，国内外都十分重视建筑物的保温问题。为达到保温要求，常常在围护结构中设保温材料层，提高围护结构的热阻值和采取适当的保温构造。

提高围护结构的热阻值的方式有：增加围护结构的厚度，使围护结构的热阻与围护结构的厚度成正比；选择导热系数小的材料，使围护结构的热阻与材料的导热系数成反比。

1. 围护结构的保温材料选择

保温材料一般为轻质、疏松、多孔或纤维状的材料，选择保温材料时，不仅需要考虑材料的热物理性能，还应该了解材料的强度、耐久性、耐火、耐侵蚀性，以及使用保温材料时的构造方案、施工工艺、材料的来源和经济指标等。

按其形状可分为以下三种类型。

（1）松散保温材料。

常用的松散保温材料有膨胀蛭石（粒径3～15 mm）、膨胀珍珠岩、矿棉、岩棉、玻璃棉、炉渣（粒径5～40 mm）等。

（2）整体保温材料。

通常用水泥或沥青等胶结材料与松散保温材料拌和，整体浇筑在需保温的部位，如沥青膨胀珍珠岩、水泥膨胀珍珠岩、水泥膨胀蛭石、水泥炉渣等。

（3）板状保温材料。

如加气混凝土板、泡沫混凝土板、膨胀珍珠岩板、膨胀蛭石板、矿棉板、泡沫塑料板、岩棉板、木丝板、刨花板等。有机纤维板的保温性能一般较无机板材好，但耐久性差，只有在通风条件良好、不易腐烂的情况下使用才较为适宜。

各类保温材料的选用应结合工程造价、铺设的具体位置、保温层是封闭还是敞露等因素加以考虑。

2. 围护结构保温构造

围护结构的保温节能主要从外墙、屋顶、门窗等构造措施上分析。

（1）外墙的保温措施。

为提高建筑物的保温性能，合理设计围护结构的构造方案极为重要。目前外墙按其保温层所在位置可分为以下几种类型。

①单一材料的保温构造。这种方案是采用轻质、高强的保温材料，既解决了结构承重问题，又具有较好的保温性能。如陶粒混凝土、浮石混凝土、加气混凝土等，它们具有表观密度小，导热系数小，而强度、耐久性高的特性，是较好的保温结构材料。

②复合材料保温构造。复合材料即利用强度高的材料和导热系数小的轻质保温材料进行组合，构成既能承重又可保温的复合结构。在这种结构中，轻质材料只起保温作用，强度高的材料只负责承重。让不同性质的材料各自发挥其功能。

复合保温构造主要有外保温、内保温和夹心保温三种类型。

a. 外墙外保温。

将保温材料设在围护结构的外侧（低温一侧），可避免产生热桥；冬季保温性能良好，夏季隔热性能优良；既适用于新建筑，也适用于旧建筑节能改造，不影响室内使用面积；既利于保护主体结构，又减少温度应力对结构的破坏作用，延长结构使用寿命。但施工较为复杂，外部防水、罩面需认真处理，确保墙体的可靠性和耐久性。

外墙外保温的做法，是将聚苯板粘贴、钉挂在外墙外表面，覆以玻纤网布后用聚合物水泥砂浆罩面；或将岩棉板粘贴并钉挂在外墙外表面后，覆以钢丝网再做聚合物水泥砂浆罩面；也可把玻璃棉毡钉挂在墙外再覆以外挂板。固定件宜采用尼龙或不锈钢钉，以避免锈蚀。

外墙外保温的施工方法主要有下列几种类型。

抹灰型。外墙外保温所采用的抹灰材料有多种，如珍珠岩保温砂浆、聚苯颗粒保温砂浆等。它施工简便，造价低。

粘贴型。指在外墙外侧采用聚合物砂浆粘贴自熄型聚苯板、挤塑型聚苯板、膨胀珍珠岩保温板等。

现浇型。主要用于现浇混凝土剪力墙体系。即在浇灌外墙混凝土时将聚苯板直接放在外模板内侧，并加适当数量的钢筋锚栓与聚苯板连接，使保温板与墙体两者结合为一体。

悬挂型。利用拉结钢筋或螺栓将预制保温板悬挂在外墙上面，再用钢丝网片压紧，铅铁丝绑扎，用 1∶3 水泥砂浆进行抹灰。抹灰分 3 层进行，总厚度为 25 mm。

b. 外墙内保温。

将保温层做在外墙内侧（高温一侧）。这种方案施工方便，构造简单灵活，不受气候变化的影响，而且造价也较低，所以在节能住宅和旧房改造中使用较多，但是必须对热桥部位做保温处理。如框架结构中设置的钢筋混凝土梁和柱，外墙周边的钢筋混凝土圈梁和柱，以及屋顶檐口、墙体勒脚、楼板与外墙连接部位等。否则，外墙平均传热系数不能达标，易使热桥部位内表面温度降低，造成外墙传热损失。当热桥部位降温时，常出现不同程度的结露、长霉现象，从而影响建筑物的使用和耐久性。

外墙内保温的做法是，用纸面石膏板或用网布加强的石膏体覆面的聚苯板，或用其他预制保温板做内保温材料时，容重较轻的要设龙骨，容重大的（如玻璃棉板）则可直接贴在墙面上，不需龙骨，具体构造如图 6.31、图 6.32 所示。

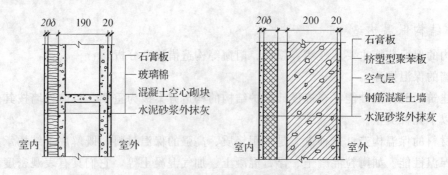

图 6.31　外墙内保温构造

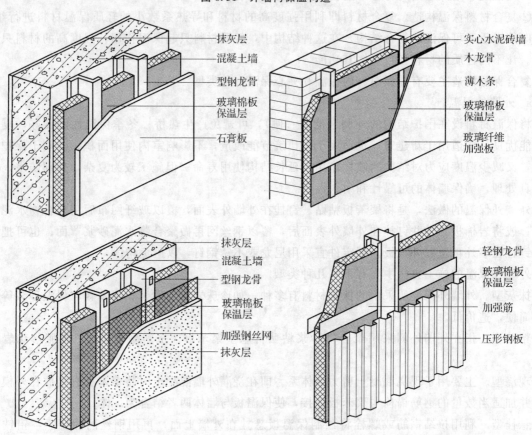

图 6.32　外墙内保温示例

外墙内保温施工类型有：

抹保温砂浆。在多孔砖墙、现浇混凝土墙等的内侧抹适当厚度的保温砂浆。常用的保温砂浆有膨胀珍珠岩保温砂浆、聚苯颗粒保温砂浆等，要求施工时确保质量和保温层厚度，以免影响保温效果。

粘贴型。在内墙面粘贴保温材料，粘贴的材料有阻燃型聚苯板、水泥聚苯板、纸面石膏聚苯复合板、纸面石膏岩棉复合板、纸面石膏玻璃棉复合板、饰面石膏聚苯板等。

龙骨内填型。对一些保温要求高的建筑，为了达到更好的热工性能，在外墙的内侧，设置木龙骨或轻钢龙骨骨架，将包装好的玻璃棉、岩棉等嵌入其中，表面再封盖石膏板，并在板缝处粘贴密封胶带，以防开裂，然后外刷涂料。还有的在轻钢龙骨内填玻璃棉板，外钉压型钢板。

c.夹心保温墙体。

把保温材料放在墙体中间，对保温材料的保护较为有利。但在内外层墙之间必须采取可靠的拉结措施，夹心结构也可采用夹空气间层的做法，即在双层墙体中间留有一定厚度的空气间层，在此中间层内安设岩棉板、矿棉板、聚苯板、玻璃棉板，或者填入散状（或袋装）膨胀珍珠岩、聚苯颗粒、玻璃棉等。因为静置状态的空气层热阻值明显高于实体材料，同样能起保温作用。这种处理必须注意保证空气间层的密闭性，不允许在夹层两侧的结构层上开口、打洞，空气厚度不宜过大，一般以 40～50 mm 为宜。当空气层厚度为 50 mm 以上时，热阻值提高很少。为了提高空气层的保温能力，可在构件的内表面粘贴反射材料，如铺贴铝箔组合板，从而减少表面之间的辐射换热，达到保温的目的。

（2）屋顶保温做法。

顶层房间通过屋顶的失热比重较大。为了防止室内热量损失，有效地改善顶层房间室内热环境，减少通过屋面散失的能耗，应设计成保温屋面。根据结构层、防水层、保温层所处的位置不同，可归纳为以下几种保温构造。

①平屋顶保温构造。

平屋顶的屋面坡度较缓，宜在屋面的结构层上放置保温层。保温层的位置有两种处理方式。

a. 正置式保温屋顶。

采用外保温的屋顶，传统做法是在保温层上面做防水层，如图 6.33 所示。防水层的蒸汽渗透阻很大，使屋面容易产生内部结露，同时，由于防水层直接暴露在大气中，受日晒、冻融等作用，极易老化和破坏。

b. 倒置式保温屋顶。

为了改进防水层在上容易老化和破坏的现象，产生了"倒铺"屋面的做法，将保温层做在防水层之上，对防水层起到屏蔽和防护作用。不仅可能完全消除内部结露，而且可使防水层得到保护，从而大大提高耐久性，但这种方法要求保温材料不吸水，如聚苯乙烯泡沫塑料板、聚氨酯泡沫塑料板等，如图 6.34 所示。倒置式屋面因其保温材料价格较高，一般适应于高标准建筑的保温屋面。

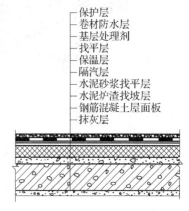

图 6.33 正置式保温屋顶

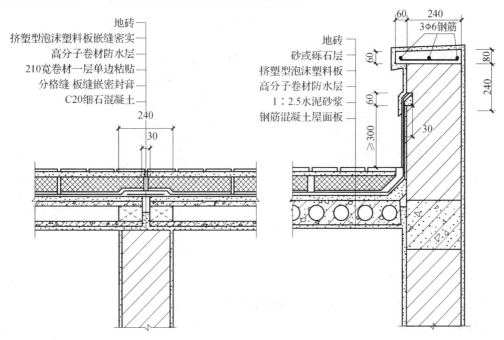

图 6.34 倒置式屋面的基本构造

②坡屋顶保温构造。

传统坡屋顶的保温层一般布置在瓦材和檩条之间、铺设在吊顶棚上面（图6.35（a）），或者平屋顶改坡屋顶。做成带阁楼的坡顶屋面，既可以当贮藏空间使用，也能达到保温、隔热的效果（图6.35（b））。坡屋顶采用现浇屋面板上铺各种保温绝热板，如选用挤塑型聚苯乙烯板、特制的岩棉板等（图6.36）；在有吊顶的坡屋顶中，常将保温层铺设在顶棚上面，可以起到隔热、保温的双重功效；还有些屋顶直接采用彩钢保温夹心板屋面。

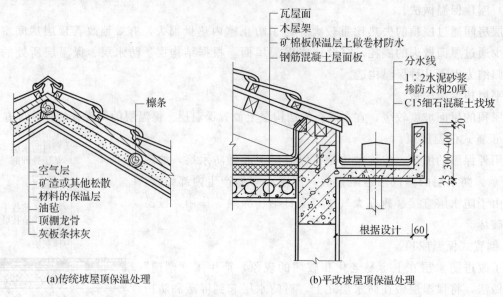

(a)传统坡屋顶保温处理　　　　　(b)平改坡屋顶保温处理

图6.35　坡屋面保温构造

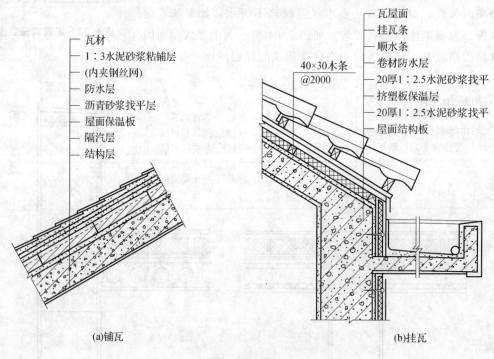

(a)铺瓦　　　　　(b)挂瓦

图6.36　现浇坡屋面上铺绝热板

（3）门窗的保温措施。

建筑门窗是建筑外围护结构保温性能最薄弱的部位，除了缝隙的冷风渗透比较严重外，还表现在透光部分的玻璃，比任何墙体的保温系数都小很多。一般从建筑门窗散失的热量占建筑能耗的40％以上，因此提高门窗保温性能是降低建筑长期使用能耗的重要途径。

窗户的保温主要从增加窗户玻璃的层数，加强窗户的气密性和使用隔热、保温窗等措施提高窗户的保温性能及减少窗户的能耗。具体可以做到如下几点：

①根据不同朝向，将窗墙面积比控制在一个合理范围内，这对节约采暖耗热量和降低工程造价是有利的；

②提高窗户的密封性，以减少空气渗透产生的热损失，使用的密封条应具有质心柔软、压缩比较大的特点；

③改善窗户的保温性能，利用两层玻璃形成的密闭空气层，可大大降低窗户的传热系数。

④提高传热阻 R_0 或减小传热系数 K，以减少传热热损失。框料应采用导热系数小的材料，如 PVC 塑料、玻璃钢、钢塑共挤型材，以及高档产品中的铝塑复合材料等。也可以采用双玻、中空玻璃和低辐射镀膜玻璃等。

⑤采用保温窗帘、窗盖板。为了减少晚间窗户散热，能取得良好的节能效果，可采用保温窗帘和窗盖板，使其与窗户之间形成基本密闭的空气层，以增加热阻。

6.5.2 围护结构的表面和内部凝结

1. 表面或内部凝结的危害

冬季，由于围护结构两侧存在温度差，所以结构的两侧从内到外其温度是在不断变化的，水蒸气通过围护结构渗透到其中，遇到露点温度时，蒸汽含量达到饱和并立即凝结成水，称为结露。

如果蒸汽凝结发生在围护结构表面，则称表面凝结；如果这种现象发生在围护结构的内部，使结构内部产生凝聚水，称内部凝结。当围护结构出现表面凝结时，将会使室内装修发生脱皮、粉化甚至生霉，也会导致衣物发霉，严重时会影响人的身体健康。当这种凝聚水产生在围护结构中的保温层内时，则会使保温材料内的空隙中充满水分，致使保温材料失去保温能力。同时，保温层受潮，将影响材料的使用寿命。因而将会带来一系列的问题，所以在建筑构造设计中，必须重视围护结构内蒸汽渗透以及内部凝结问题。

2. 防止和控制内部冷凝的措施

(1) 合理布置材料层次。

在同一气象条件下，使用相同的材料，由于材料层次布置不同，一种构造方案可能不会出现冷凝，而另一种方案则可能出现。根据材料层次布置对结果内部湿度状况影响的分析，应将导热系数小的材料设在围护结构低温侧，尽量在水蒸气渗透通路上做到"进难出易"。

(2) 设置隔蒸汽层。

在具体的构造方案中，材料层的布置往往不能完全符合上面所说的"进难出易"的要求。为了消除或减弱围护结构内部的冷凝现象，可在保温层蒸汽流入的一侧设置隔蒸汽层（如沥青或隔汽涂料），如图 6.37 所示。所以，对于采暖房屋应布置在保温层内侧，对于冷库建筑应布置在隔热层外侧，在保温层高温侧设塑料膜、卷材、铝箔、涂料等。

(3) 设置通风间层或泄气沟道。

设置隔蒸汽层的屋顶，可能出现一些不利情况。由于结构层的变形和开裂，隔蒸汽层油毡会出现移位、裂隙、老化和腐烂等现象；保温层的下面设置隔蒸汽层以后，保温层的上下两个面都被绝缘层封住，内部的湿气反而排泄不出去，

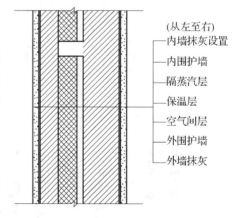

（从左至右）
——内墙抹灰设置
——内围护墙
——隔蒸汽层
——保温层
——空气间层
——外围护墙
——外墙抹灰

图 6.37 隔蒸汽层

均将导致隔蒸汽层局部或全部失效的情况。另外一种情况是冬季采暖房屋室内湿度高，蒸汽压力大，有了隔蒸汽层会导致室内湿气排不出去，使结构层产生凝结现象。

有隔蒸汽层下设透气层、保温层设透气层、保温层上设架空通风透气层、冷侧设置密闭空气层。

（4）控制室内相对湿度。

控制较低湿度，可减少冷凝现象。一般建筑室内相对湿度为 30％～60％，住宅建筑为 30％～40％。

（5）避免贯通式"冷桥"。

冷桥指围护结构中保温性能较低而容易传热、产生冷凝水的部位。

冷桥部位包括厂房、框架中的钢柱、钢筋混凝土梁柱、砖墙中的钢筋混凝土过梁、圈梁、梁垫和预制保温板材中的肋条。

6.5.3 围护结构的空气渗透

空气渗透是指建筑物内外的空气存在压力差时空气通过围护结构从高压向低压方向流动的现象。空气渗透包括空气透过围护结构实体材料的渗透和门窗缝隙的渗透两部分。空气渗透能够引起保温建筑过多的热损失，降低室内热环境质量，因此轻质外围护结构及门窗多数都要增加防空气渗透的措施。

6.5.4 围护结构的隔热

炎热地区夏季太阳辐射强烈，室外热量通过外墙传入室内，使室内温度升高，产生过热现象，影响人们工作和生活，甚至损害人的健康，因此外墙应具有足够的隔热能力。一般可采取以下措施：

（1）外墙选用热阻大、质量大的材料，例如砖墙、土墙等，使外墙内表面的温度波动较小，提高其热稳定性。

（2）外墙表面选用光滑、平整、浅色的材料，以增加对太阳光的反射能力。

（3）总平面及个体建筑设计合理，争取良好朝向，避免日晒，组织流畅的穿堂风，采用必要的遮阳措施，搞好绿化以改善环境小气候。

【重点串联】

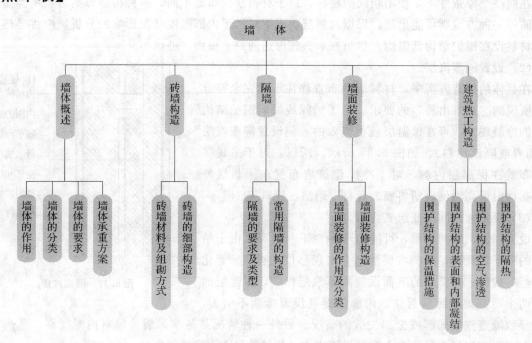

拓展与实训

职业能力训练

一、填空题

1. 墙体按所处的位置不同，分为 _____ 和 _____ ；按照方向的不同，可以分为 _____ 和 _____ ；按受力情况的不同，可以分为 _____ 和 _____ 。

2. 常用的过梁构造形式有 _____ 、 _____ 和 _____ 三种。

3. 散水的宽度一般为 _____ ，当屋面挑檐时，散水宽度为 _____ 。

二、简答题

1. 墙身在设计时有哪些要求？

2. 什么叫变形缝？各变形缝有何特点？有什么设计要求？

工程模拟训练

1. 参观砖砌墙体的砌筑施工过程，现场指出墙身的细部构造位置及要求。

2. 外墙墙脚及窗台节点详图的绘制。

3. 学校教学楼及宿舍楼变形缝形式调研。

链接执考

1. 基础部分必须断开的是(　　)。[2013 年一级建造师试题（单选题）]

A. 伸缩缝　　　　　　B. 温度缝　　　　　　C. 沉降缝　　　　　　D. 施工缝

2. 加强多层砌体结构房屋抵抗地震能力的构造措施有(　　)。[2012 年一级建造师试题（多选题）]

A. 提高砌体材料的强度　　　　　　　　B. 增大楼面结构厚度

C. 设置钢筋混凝土构造柱　　　　　　　D. 加强楼梯间的整体性

E. 设置钢筋混凝土圈梁并与构造柱连接起来

3. 下列相同材料而不同的外墙保温做法中，其保温效果较好的是(　　)。[2013 年一级注册建筑师试题（单选题）]

A. 利用墙体内的空气间层保温　　　　　B. 将保温材料填砌在夹心墙中

C. 将保温材料粘贴在墙体内侧　　　　　D. 将保温材料粘贴在墙体外侧

楼板层和地坪层

【模块概述】

楼板层和地坪层是建筑物中的水平构、部件，也是受力系统中的第一个层次，施加在其上的活荷载及其自重都必须通过受力系统的其他层次传递到地基上去。因此，这部分水平构、部件的支承和被支承的情况，决定了许多垂直构件的布置。此外，楼板层和地坪层同时又兼有围护和分隔建筑空间的作用。因此，在进行建筑平面设计的过程中，不但需要研究各种建筑空间的构成及组合，同时也要讨论其围合构件和结构支撑的布置及其构造方式对空间的功能和使用情况的影响。例如，建筑平面图上虽然不需画出楼层的结构梁、板的布置，但是墙、柱等垂直构件的布置以及门窗洞口的位置和大小都与之密切相关。本模块主要以建筑物楼板层、地坪层、顶棚、阳台及雨棚的基本构造层次展开讲述。

【知识目标】

1. 了解楼板层和地坪层的组成和分类；
2. 掌握钢筋混凝土楼板的类型及构造；
3. 掌握楼地面和顶棚的类型和构造；
4. 熟悉阳台和雨棚的类型、构造。

【技能目标】

1. 熟悉楼板层、地坪层的组成，并能对其进行分类；
2. 能够根据相关要求完成一半楼板层、地坪层细部构造设计；
3. 能够识读楼板层、地坪层、阳台和雨棚的构造图。

【课时建议】

5 课时

　　佛山市禅城区某小区，高层住宅楼楼面均为现浇钢筋混凝土板，其中卫生间楼板均做成沉箱形式，具体构造层次做法依次为：现浇钢筋混凝土沉箱楼板；15厚1∶2.5水泥砂浆找平；7厚1∶2.5聚合物水泥砂浆防水层四周反起400；50厚400×500C20混凝土预制板，φ6@200双向底筋；15厚1∶2.5水泥砂浆找平找坡层；7厚1∶2.5聚合物水泥防水砂浆防水层；15厚1∶3水泥砂浆（湿）贴防滑地砖。小区室外泳池处采用木塑地板平台，具体构造层次做法依次为：素土夯实（密实度＞90％）；100厚碎石粉垫层；100厚C15混凝土；40×30厂家配套木塑实心龙骨；H147W23木塑地板，间缝8（生态木YE.147＜6＞）。首层大堂入口处采用梁板式雨棚，其中部分楼栋采用挑阳台和半挑半凹阳台。

　　同学们，通过上面的例子你了解楼板层、地坪层的组成吗？楼板层、地坪层有哪些类型？如何对其进行分类？楼板层、地坪层、阳台和雨棚的构造如何？

7.1　楼板层概述

7.1.1　楼板层的组成

　　为满足各种使用功能的要求，楼板层形成了多层构造的做法，而且总厚度取决于每一构造层的厚度。楼板层通常由面层、结构层、顶棚及附加层组成（图7.1），每层所起的作用各不相同。

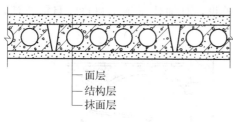

(a)预制钢筋混凝土楼板层　　　　　　(b)现浇钢筋混凝土楼板层

图 7.1　楼板层的组成

　　（1）面层，又称楼面。位于楼板层的最上层，是楼板层中与家具和设备直接接触的部分，起着保护楼板层、承受并传递荷载的作用，同时又对室内起美化装饰作用。根据使用要求和选用材料的不同，可有多种做法。

　　（2）结构层，又称楼板。是楼板层的承重构件，一般包括梁和板，主要功能是承受楼板层上的全部荷载，并将荷载传给墙和柱，同时对墙身起支撑作用，以加强建筑物的刚度和整体性。

　　（3）顶棚层，又称天花板。位于楼板层的最下层。主要作用是保护楼板、安装灯具、遮掩各种水平管线设备、改善室内光照条件、装饰美化室内空间，在构造上有直接抹灰顶棚、粘贴类顶棚和吊顶等多种形式。

　　（4）附加层，又称功能层。根据使用功能的不同而设置，用以满足保温、隔声、隔热、防水、防潮、防腐蚀、防静电等作用。

7.1.2 楼板的类型

楼板层按结构层所用材料的不同，可分为木楼板、砖拱楼板、钢筋混凝土楼板、钢楼板及压型钢板与混凝土组合楼板等，如图7.2所示。

（1）木楼板。

木楼板是在木搁栅之间设置剪刀撑，形成有足够整体性和稳定性的骨架，并在木搁栅上下铺钉木板所形成的楼板，如图7.2（a）所示。这种楼板构造简单，自重轻，导热系数小，但耐久性和耐火性差，耗费木材量大，除木材产区外其他地区较少采用。

（2）砖拱楼板。

砖拱楼板是先在墙或柱上架设钢筋混凝土小梁，然后在钢筋混凝土小梁之间用砖砌成拱形结构所形成的楼板，如图7.2（b）所示。砖拱楼板可节约钢材、水泥、木材，造价低，但承载能力和抗震能力差，施工较复杂，所以现在已基本不用。

（3）钢筋混凝土楼板。

钢筋混凝土楼板的强度高、刚度大、耐久性和耐火性好，具有良好的耐久、防火和可塑性，便于工业化的生产，是目前应用最广泛的楼板类型，如图7.2（c）所示。

（4）钢楼板。

钢楼板自重轻、强度高、整体性好、易连接、施工方便、便于建筑工业化，但用钢量大、造价高、易腐蚀、维护费用高、耐火性比钢筋混凝土差。一般常用于工业类建筑。

（5）压型钢板组合楼板。

组合楼板是利用压型钢板做衬板与混凝土浇筑在一起而形成的楼板，如图7.2（d）所示。这种楼板的承载力高，抗震性能好，有利于各种管线的敷设，且加快了施工进度，目前广泛用于大空间、高层民用建筑和大跨度工业厂房。

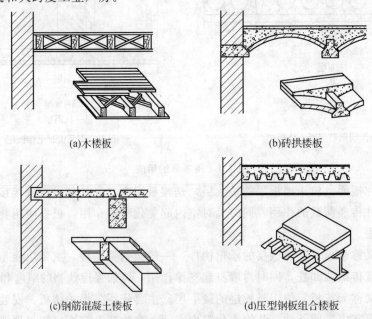

(a)木楼板　　　　　　　　　　　(b)砖拱楼板

(c)钢筋混凝土楼板　　　　　　　(d)压型钢板组合楼板

图7.2　楼板的类型

7.1.3 楼板的设计要求

楼板层是分隔建筑空间的水平承重构件。此外，它还具备一定的隔声、防火、防水、防潮、保温等功能。同时，建筑物中的各种水平设备管线，也将在楼板层内安装。因此，楼板层的设计应满足建筑的使用、结构、施工以及经济等多方面的要求。

（1）楼板层具有足够的强度和刚度。

楼板层必须具有足够的强度和刚度才能保证楼板正常和安全使用。足够的强度是指楼板能够承受自重和不同的使用要求下的荷载（如人群、家具设备等，也称活荷载）而不损坏。自重是楼板层构件材料的净重，其大小也将影响墙、柱、墩、基础等支承部分的尺寸。足够的刚度指楼板能够承受使用荷载和自重，使楼板在一定的荷载作用下，不发生超过规定的形变挠度，以及人走动和重力作用下不发生显著的振动，否则就会使面层材料以及其他构配件损坏，产生裂缝等。

（2）满足隔声要求。

为了防止噪声通过楼板传到上下相邻的房间，影响其使用，楼板层应具有一定的隔声能力。不同使用要求的房间对隔声的要求也不同，如我国对住宅楼板的隔声标准中规定：一级隔声标准为65 dB，二级隔声标准为75 dB等。对一些有特殊使用要求的公共建筑使用空间，如医院、广播室、录音室等，则有着更高的隔声要求。

技术提示

提高楼层隔声能力的措施有：选用空心构件来隔绝空气传声；在楼板面铺设弹性面层，如橡胶、地毡等；在面层下铺设弹性垫层；在楼板下设置吊顶棚。

（3）满足热工、防火、防潮等要求。

在冬季采暖建筑中，当上下两层温度不同时，应在楼板层构造中设置保温材料，尽可能使采暖方面减少热损失，并应使构件表面的温度与房间的温度相差不超过规定数值。在不采暖的建筑中，如起居室、卧室等房间，从满足人们卫生要求和舒适程度出发，楼面铺面材料亦不宜采用蓄热系数过小的材料，如红砖、石块、锦砖、水磨石等，因为这些材料在冬季容易传导人们足部的热量而使人缺乏舒适感。

采暖建筑中楼板等构件搁入外墙部分应具备足够的热阻，或可以设置保温材料以提高该部分的隔热性能。否则热量可能通过此处散失，而且易产生凝结水，影响卫生及构件的寿命。从防火和安全角度考虑，一般楼板层承重构件，应尽量采用耐火与半耐火材料制造。如果局部采用可燃材料时，应做防火特殊处理。木构件除了防火以外，还应注意防腐、防蛀。

潮湿的房间，如卫生间、厨房等应要求楼板层有不透水性。除了支承构件采用钢筋混凝土以外，还可以设置有防水性能，易于清洁的各种铺面，如面砖、水磨石等。与防潮要求较高的房间上下相邻时，还应对楼板层做特殊处理。

（4）满足管线敷设的要求。

在现代建筑中，由于各种服务设施日趋完善，家用电器更加普及，有更多的管道、线路将借楼板层来敷设。为保证室内平面布置更加灵活，空间使用更加完整，在楼板的设计中，必须仔细考虑各种设备管线的走向。

（5）经济方面的要求。

在多层房屋中，楼板层的造价一般约占建筑造价的20%～30%，因此，楼板层的设计要经济合理，应尽量就地取材和提高装配化的程度。在进行结构布置和确定构造方案时，应与建筑物的质量标准和房间的使用要求相适应，并须结合施工要求，避免不切合实际而造成浪费。

（6）建筑工业化的要求。

在多层或高层建筑中，楼板结构占相当大的比重，要求在楼板层设计时，应尽量考虑减轻自重和减少材料的消耗，并为建筑工业化创造条件，以加快建设速度。

7.2 钢筋混凝土楼板

钢筋混凝土楼板按其施工方式不同分为现浇式、预制装配式和装配整体式三种类型。

7.2.1 现浇钢筋混凝土楼板

现浇式钢筋混凝土楼板系指在施工现场通过支模、绑扎钢筋、整体浇筑混凝土及养护等工序而成形的楼板。这种楼板具有整体性好、刚度大、利于抗震、梁板布置灵活等特点,但其模板耗材大,施工进度慢,施工受季节限制。适用于地震区及平面形状不规则或防水要求较高的房间。

1. 现浇钢筋混凝土楼板的类型

现浇钢筋混凝土楼板根据受力和传力情况分为板式楼板、梁板式楼板、无梁楼板、压型钢板混凝土组合楼板和现浇钢筋混凝土空心楼板。

(1) 板式楼板。

楼板内不设置梁,将板直接搁置在墙上的楼板称为板式楼板。板式楼板有单向板与双向板之分(图7.3)。当板的长边与短边之比大于或等于3.0时,板上的荷载主要沿着板的短边方向进行传递,因此称之为单向板;当板的长边与短边之比小于或等于2.0时,板上的荷载沿着板的双向进行传递,此时板的四周均发挥荷载承担作用,因此称之为双向板;当板的长边与短边之比大于2.0,但小于3.0时,板宜归结为双向板。双向板在结构上属于空间受力和传力,单向板则属于平面受力和传力。因此,双向板比单向板更为经济合理。

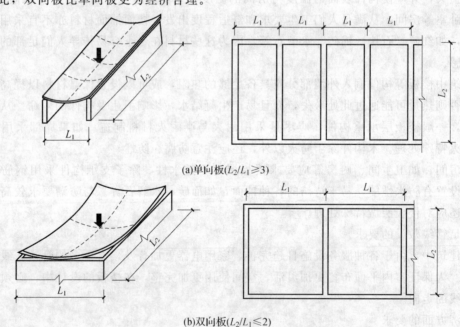

(a)单向板($L_2/L_1 \geqslant 3$)

(b)双向板($L_2/L_1 \leqslant 2$)

图7.3 楼板的受力、传力方式

单向板的代号为B/80,其中B代表板,80代表板厚为80 mm。双向板长边与短边之比不大于2,荷载沿双向传递,短边方向内力较大,长边方向内力较小,受力主筋平行于短边,并摆在下面。双向板的代号如图7.4中②所示,B代表板,100代表厚度为100 mm,双向箭头表示双向板。板厚的确定原则与单向板相同。

板式楼板底面平整、美观、施工方便。适用于小跨度房间,如走廊、厕所和厨房等。

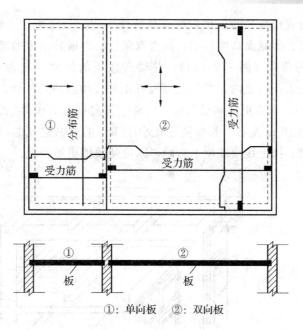

①: 单向板　②: 双向板

图 7.4　单向板与双向板

（2）梁板式楼板。

当房间跨度较大时，常在板下设梁以减小板的跨度，使楼板结构更经济合理，楼板上的荷载先由板传给梁，再由梁传给墙或柱。这种楼板称为梁板式楼板或梁式楼板，也称为肋形楼板。根据梁的构造情况又可分为单梁式、复梁式和井梁式楼板。

①单梁式楼板。当房间尺寸不大时，可以仅在一个方向设梁。梁可以直接支承在承重墙上，称为单梁式楼板（图7.5）。

②复梁式楼板。一般来说，当房间平面尺寸任何一向均大于6 m时，则应在两个方向设梁，甚至还应设柱。其中一向为主梁，另一向为次梁。次梁与主梁一般是垂直相交，板搁置在次梁上，次梁搁置在主梁上，主梁搁置在墙或柱上，这称为复梁式楼板（图7.6）。

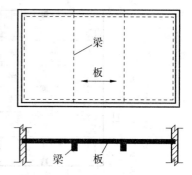

图 7.5　单梁式楼板

主梁和次梁的布置不仅由房间大小和平面形式决定，还要考虑采光效果。主梁可以平行于纵墙布置，也可以垂直于纵墙的方向布置。如教学楼、办公楼等，主梁一般沿横墙方向布置，并支承在纵墙或柱（垛）上。

现浇钢筋混凝土复梁式楼板适用于面积较大的房间，构造简单而刚度大，可埋设管道，施工方便，比较经济，因而广泛用于公共建筑、居住建筑和多层工业建筑中。其构造尺寸见表7.1。

表 7.1　复梁式楼板的经济尺寸

构件名称	经济尺寸		
	跨度 L	梁高、板厚 h	梁宽 b
主梁	5～8 m	$\left(\dfrac{1}{14}\sim\dfrac{1}{8}\right)L$	$\left(\dfrac{1}{3}\sim\dfrac{1}{2}\right)h$
次梁	4～6 m	$\left(\dfrac{1}{18}\sim\dfrac{1}{12}\right)L$	$\left(\dfrac{1}{3}\sim\dfrac{1}{2}\right)h$
板	1.5～3 m	简支板：$\dfrac{1}{35}L$ 连续板：$\dfrac{1}{40}L$（60～80 mm）	

③井梁式楼板。井梁式楼板是肋形楼板的一种特殊形式。当房间尺寸较大，并接近正方形时，常沿两个方向布置等距离、等截面高度的梁，板为双向板，形成井格形的梁板结构，纵梁和横梁同时承担着由板传递下来的荷载（图 7.7（a））。井梁式楼板的跨度一般为 6～10 m，板厚为 70～80 mm，井格边长一般在 2.5 m 之内。井梁式楼板有正井式和斜井式两种。梁与墙之间成正交梁系的为正井式（图 7.7（b））；长方形房间梁与墙之间常作斜向布置形成斜井式，如图 7.7（c）所示。井梁式楼板常用于跨度为 10 m 左右、长短边之比小于 1.5 的公共建筑的门厅、大厅。如果在井格梁下面加以艺术装饰处理，抹上线腰或绘上彩画，则可使顶棚更加美观。

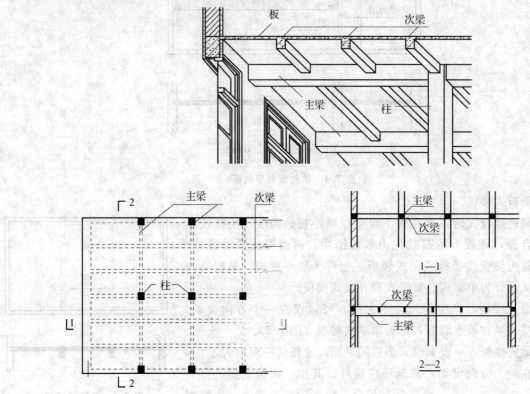

图 7.6　复梁式楼板

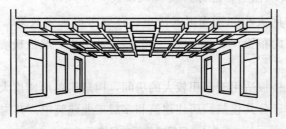

(a)井梁式楼板透视图

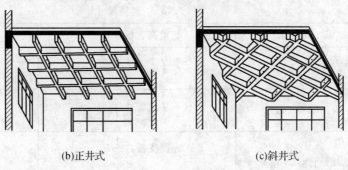

(b)正井式　　　　　　　(c)斜井式

图 7.7　井梁式楼板

（3）无梁楼板。

无梁楼板是指在楼板跨中设置柱子来减小板跨，不设梁的楼板（图7.8（a））。在柱与楼板连接处，柱顶构造分为有柱帽和无柱帽两种。当楼面荷载较小时，采用无柱帽的形式；当楼面荷载较大时，为提高板的承载能力、刚度和抗冲切能力，可以在柱顶设置柱帽和托板（图7.8（b））来减小板跨、增加柱对板的支托面积。无梁楼板的柱间距宜为6 m，成方形布置。由于板的跨度较大，故板厚不宜小于150 mm，一般为160～200 mm。

无梁楼板的板底平整，室内净空高度大，采光、通风条件好，便于采用工业化的施工方式，适用于楼面荷载较大的公共建筑（如商店、仓库、展览馆等）和多层工业厂房。

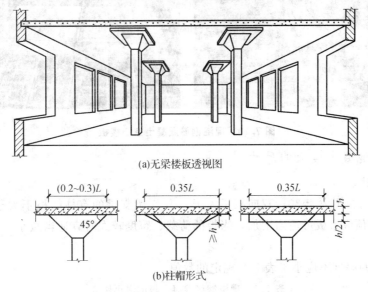

(a)无梁楼板透视图

(b)柱帽形式

图7.8　无梁楼板

（4）压型钢板混凝土组合板。

压型钢板混凝土组合楼板是以截面为凹凸型的压型钢板做衬板，与现浇混凝土浇筑在一起构成的楼板结构（图7.9）。它由钢梁、压型钢板和现浇混凝土三部分组成。

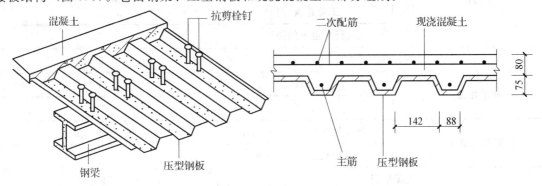

图7.9　压型钢板混凝土组合楼板

压型钢板混凝土组合楼板的整体连接是由栓钉（又称抗剪螺钉）将钢筋混凝土、压型钢板和钢梁组合成整体。栓钉是组合楼板的抗剪连接件，楼面的水平荷载通过它传递到梁、柱上，所以又称剪力螺栓，其规格和数量是按楼板与钢梁连接的剪力大小确定的。栓钉应与钢梁焊接。

压型钢板的跨度一般为2～3 m，铺设在钢梁上，与钢梁之间用栓钉连接。上面浇筑的混凝土厚100～150 mm。压型钢板混凝土组合楼板中的压型钢板承受施工时的荷载，是板底的受拉钢筋，也是楼板的永久性模板。这种楼板简化了施工程序，加快了施工进度，并且具有较强的承载力、刚度和整体稳定性，但耗钢量较大，适用于多、高层的框架或框剪结构的建筑中。

（5）现浇钢筋混凝土空心楼板。

现浇钢筋混凝土空心楼板是一种近几年内兴起的结构形式，它是指采用高强薄壁芯管直埋于现浇楼盖中形成的非抽芯的现浇混凝土空心板，具有结构自重轻、柱网间距大，隔音保温效果好等优越性能。

现浇钢筋混凝土空心楼板是以轻质多孔聚苯泡沫材料作为填充主材，主材外裹隔离层起保护与防水作用，顶部的表面加强层用以抵御施工及抗浮荷载，如图 7.10 所示。

图 7.10　现浇钢筋混凝土空心楼板

2. 现浇钢筋混凝土楼板的尺寸

（1）板的跨厚比。

钢筋混凝土单向板不大于 30，双向板不大于 40；无梁支承的有柱帽板不大于 35，无梁支承的无柱帽不大于 30。预应力板可适当增加，当板的荷载、跨度较大时宜适当减小。

（2）板的厚度。

钢筋混凝土板的厚度不应小于表 7.2 规定的数值。

表 7.2　现浇钢筋混凝土板的最小厚度　　　　　　　　　　　mm

板的类别		最小厚度
单向板	屋面板	60
	民用建筑楼板	60
	工业建筑楼板	70
	行车道下的楼板	80
双向板		80
密肋楼盖	面板	50
	肋高	250
悬臂板（根部）	悬臂长度不大于 500 mm	60
	悬臂长度 1 200 mm	100
无梁楼板		150
现浇空心楼盖		200

7.2.2　预制装配式钢筋混凝土楼板

预制装配式钢筋混凝土楼板，是将楼板的梁、板预制成各种形式和规格的构件，在预制厂或施工现场预制成形并达到强度后，运送到指定位置按顺序进行安装的楼板。这种楼板可节省模板，改善劳动条件，提高劳动生产率，加快施工进度，缩短工期。但楼板的整体性差，板缝嵌固不好时容易出现通常裂缝，因此近几年在抗震区的应用受到很大限制，其一般用于非地震区和平面形状较为规整的房间中。

常用的预制楼板构件有实心平板、空心板、槽形板三种类型。

（1）实心平板。

实心平板上下板面平整，制作简单，但自重较大，隔声效果差，多用作过道或小开间房间的楼板，亦可用作搁板或管道盖板等。板的两端支承在墙或梁上，板厚一般为 50～80 mm，跨度在 2.4 m 以内为宜，板宽约为 600～900 mm。用作楼板时，其板厚≥70 mm；用作盖板时，厚度大于等于 50 mm。由于构件小，施工时对起吊机械要求不高（图 7.11）。

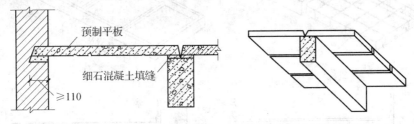

图 7.11 预制钢筋混凝土实心平板

（2）空心板。

钢筋混凝土受弯构件受力时，其截面上部混凝土受压，截面下部钢筋承受拉力，中和轴附近内力较小，适当减小中和轴附近的混凝土，并不影响混凝土构件的正常工作。根据板的上述受力情况，结合考虑隔声的要求，并使板面上下平整，可将预制板抽孔做成空心板。空心板的孔洞有矩形、方形、圆形、椭圆形等（图 7.12）。矩形孔较为经济，但抽孔困难；圆形孔的板刚度较好，制作也较方便，因此使用较广。

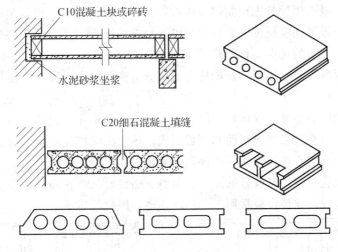

图 7.12 空心板

空心板的跨度一般为 2.4～7.2 m，预应力空心板的跨度尺寸可达到 6 m、6.6 m、7.2 m 等，板宽通常为 500 mm、600 mm、900 mm、1 200 mm，板厚为 120 mm、150 mm、180 mm、240 mm 等几种。在安装和堆放时，空心板两端的孔常以砖块、混凝土专制填块填塞（俗称堵头），以免在板端灌缝时漏浆，并保证支座处不被压坏。空心板的优点是节省材料、隔音隔热性能较好，缺点是板面不能任意开洞。目前以圆孔板的制作最为方便，应用最广（图 7.13）。

（3）槽形板。

预制槽形板是一种梁板结合的构件，即在实心板的两端设有纵肋，构成门字形截面。为提高板的刚度和便于搁置，常将板的两端以端肋封闭。当板跨达 6 m 时，应在板的中部每隔 500～700 mm 处增设横肋一道，肋高按计算确定。板跨为 3～7.2 m；板宽为 600～1 200 mm。

槽形板承载力较好，适应跨度较大，常用于工业建筑。搁置时，板有正置（指肋向下）和倒置（指肋向上）两种（图 7.13）。正置板由于板底不平，用于民用建筑时往往需要做吊顶。倒置板可保证板底平整，但配筋与正置时不同。如不另做面板，则可以综合楼面装修共同考虑，例如直接在其上做架空木地板等。有时为考虑楼板的隔声或保温，还可以在槽内填充轻质多孔材料。

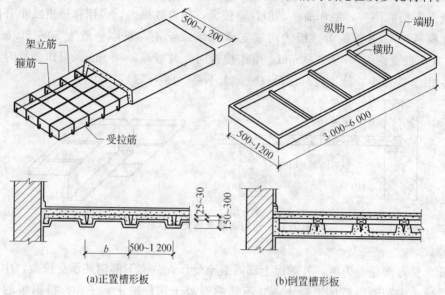

图 7.13　槽形板及安装示意图

7.2.3　装配整体式钢筋混凝土楼板

　　装配整体式钢筋混凝土楼板是先预制部分构件，然后在现场安装，再以整体浇筑方法连成一体的楼板。它克服了现浇板消耗模板量大、预制板整体性差的缺点，整合了现浇式楼板整体性好和装配式楼板施工简单、工期短的优点。目前多用于住宅、宾馆、学校、办公楼等建筑中。

　　装配整体式钢筋混凝土楼板按结构及构造方式可分为密肋填充块楼板和预制薄板叠合楼板。

　　（1）密肋填充块楼板。

　　密肋填充块楼板的密肋小梁有现浇和预制两种。现浇密肋填充块楼板是以陶土空心砖、矿渣混凝土实心块等作为肋间填充块来现浇密肋和面板而成。预制小梁填充块楼板是在预制小梁之间填充陶土空心砖、矿渣混凝土实心块、煤砟空心块，上面现浇面层而成（图 7.14）。

　　密肋填充块楼板板底平整，有较好的隔声、保温、隔热效果，在施工中空心砖还可起到模板作用，也有利于管道的敷设。此种楼板常用于学校、住宅、医院等建筑中。

图 7.14　密肋楼板

　　（2）预制薄板叠合楼板。

　　预制薄板叠合楼板是由预制薄板和现浇钢筋混凝土层叠合而成的装配整体式楼板。预制板既是叠合楼板结构的组成部分，又是现浇钢筋混凝土叠合层的永久性模板，现浇叠合层内可敷设水平管线。预制板底面平整，可直接喷涂或粘贴其他装饰材料做顶棚。

　　预制薄板跨度一般为 2.4～6 m，最大可达 9 m，板宽为 1.1～1.8 m，板厚通常不小于50 mm。现浇叠合层厚度一般为 100～120 mm，以大于或等于薄板厚度的两倍为宜。叠合楼板的总厚度取决于板的跨度，叠合楼板的厚度一般为 150～250 mm。叠合楼板的预制部分，也可采用普通的钢筋混凝土空心板，只是现浇叠合层的厚度较薄，现浇叠合层宜采用 C20 级的混凝土，厚度一般为 70～120 mm。

为了保证预制薄板与叠合层有较好的连接，薄板上表面需做处理，如将薄板表面作刻槽处理、板面露出较规则的三角形状的结合钢筋等（图7.15）。

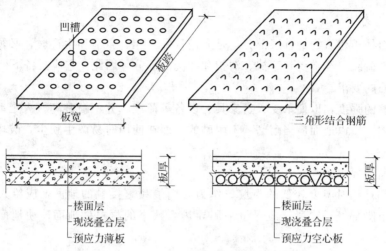

图7.15 预制薄板叠合楼板

 ## 7.3 地 坪 层

地坪层是指建筑物与土壤相交接的水平部分，承受地面上的荷载，并将其均匀地传给其下的地基。

7.3.1 地坪层概述

1. 地坪层的构造组成

地坪层的基本组成有面层、垫层和基层三部分（图7.16）。当有特殊要求时，常在面层和垫层之间增设附加层。

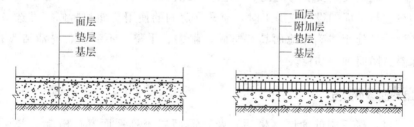

图7.16 地坪层基本构造组成

（1）基层为地坪层的承重层，一般为土壤。可采用原土夯实或素土分层夯实，当荷载较大时，则需进行换土或加入碎砖、砾石等并夯实，以增加其承载能力。

（2）垫层是面层和基层之间的填充层，是承受并传递荷载给基层的结构层，有刚性垫层和柔性垫层之分。刚性垫层用于地面要求较高、薄而脆的面层，如水磨石地面、瓷砖地面、大理石地面等，常用低标号混凝土，一般采用C15混凝土，其厚度为80～100 mm；柔性垫层常用于厚而不易断裂的面层，如混凝土地面、水泥制品块状地面等，可用50 mm厚砂垫层、80～100 mm厚碎石灌浆、70～120 mm厚三合土等。

（3）面层是地面上人、家具、设备等直接接触的部位，起着保护垫层和装饰室内的作用。面层应坚固耐磨、表面平整、光洁、易清洁、不起尘。面层的材料和做法应根据室内的使用、耐久性要求和装修要求来确定。

（4）附加层，又称为功能层。根据使用要求和构造要求，主要设置管道敷设层、防潮层、防水层、找平层、隔热层、保温层等附加层，它们可以满足人们对现代化建筑的要求。

2．地坪层的设计要求

地坪层的地面处于建筑物的首层部分，是人们日常工作、生活和生产时，必须接触的部分，也是建筑物直接承受荷载，经常受到摩擦、清扫和冲洗的部分，因此，它应具备下列功能要求。

（1）坚固方面的要求。

地面要有足够的强度，以便承受人、家具、设备等荷载，并不被破坏。人走动和家具、设备移动对地面产生摩擦，所以地面应当耐磨。不耐磨的地面在使用时易产生粉尘，破坏卫生以及影响人的健康。

（2）热工方面的要求。

地坪层的底部是相对温度较低的土壤，作为人们最频繁接触的地面，应给人们温暖舒适的感觉，保证寒冷季节脚部舒适。所以应尽量采用导热系数小的材料做地面，使地面具有较低的吸热指数。

（3）防滑方面的要求。

地坪层处于建筑物的首层位置，公共活动等来往人流频繁，尤其是对残疾人、老年人、幼儿、伤病患者等弱势群体，常因温湿多雨、地面湿滑，容易造成摔伤事故，对地坪层的地面采取必要的防滑措施。

（4）防潮、防水和耐腐蚀方面的要求。

地坪层的基层中含有毛细孔水，为防止首层房间潮湿，地面应采用不透水材料，特别是有水源和潮湿的房间，如厕所、厨房、盥洗室等更应注意。建筑首层的厕所、实验室等房间的地面除了应不透水之外，还应耐酸、碱的腐蚀。

（5）美观要求。

地面是建筑内部空间的重要组成部分，应具有与建筑功能相适应的外观形象。

（6）经济方面的要求。

设计地面时，在满足使用要求的前提下，应选择经济的材料和构造方案，尽量就地取材。

综上所述，在进行地面的设计或施工时，应根据房间的使用功能和装修标准选择适宜的面层和附加层，从构造设计到施工，确保地面具有坚固、耐磨、平整、不起灰、易清洁、有弹性、防火、防水、防潮、保温、防腐蚀等功能。

7.3.2 地面装修构造

对室内装修而言，楼板层的面层（楼面）及地面面层统称地面，在构造要求及做法上基本相同，因此归纳在一起叙述。

地面的名称是依据面层所用的材料来命名的。根据面层所用的材料及施工方法的不同，常用地面可分为四大类型，即：整体类地面、块材类地面、粘贴类地面、涂料类地面、地热辐射采暖类地面等。

1．整体类地面

用现场浇筑的方法做成整片的地面称为整体类地面。整体类地面面层没有缝隙，整体效果好，一般是整片施工，也可分区分块施工。按材料不同有水泥砂浆地面、混凝土地面、水磨石地面及菱苦土地面等。

（1）水泥砂浆地面。

水泥砂浆地面是一种在一般民用建筑中采用较多的一种地面，原因在于水泥砂浆地面构造简单、施工方便、能防潮、防水而造价较低，但水泥砂浆地面易起尘、结露，因此一般适用于标准较低的建筑物中。常见做法有普通水泥地面、干硬性水泥地面、防滑水泥地面、磨光水泥地面、水泥石屑地面和彩色水泥地面等，水泥砂浆地面如图 7.17 所示。

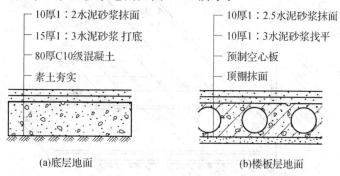

图 7.17　水泥砂浆地面

水泥砂浆地面有单层与双层构造之分，单层做法一般是先刷素水泥浆结合层一道，再用 15～20 mm 厚 1：2～1：2.5 水泥砂浆压实抹光。双层做法是先以 15～20 mm 厚 1：3 水泥砂浆打底、找平，再以 5～10 mm 厚 1：1.5～1：2 的水泥砂浆抹面。分层构造虽增加了施工程序，却容易保证施工质量，减少了表面收缩时产生裂纹的可能，目前以双层水泥砂浆地面居多。

（2）细石混凝土地面。

为增强地坪层的整体性，防止产生裂缝和起砂，现不少地区在做面层时，先浇筑 30～40 mm 厚 C20 细石混凝土层，在混凝土初凝时用铁滚压出浆水抹平，终凝前用铁板压光，直接形成地面。为提高整体性、满足抗震要求，可在细石混凝土内配直径为 4 mm、间距 200 的钢筋网。也可用沥青代替水泥做胶结剂，制成沥青砂浆和沥青混凝土地面，增强地面的防潮、耐水性。

2. 块材类地面

块材类地面是指利用各种人造的和天然的预制块材、板材铺贴而成的地面。按面层材料不同有黏土砖、水泥砖、石板、陶瓷锦砖、塑料板和木地板等，常用铺砌或胶结材料起胶结和找平作用，用水泥砂浆、油膏、细砂、细炉渣等做结合层。

（1）黏土砖、水泥砖、预制混凝土砖地面。

黏土砖、水泥砖、预制混凝土砖地面铺设方法有两种：干铺和湿铺。干铺是在基层上铺一层 20～40 mm 厚砂子，将砖块等直接铺设在砂上，板块间用砂或砂浆填缝。这种做法施工简单，便于维修，造价低廉，但牢固性较差，不易平整。湿铺是在基层上铺 1：3 12～20 mm 厚水泥砂浆，用 1：1 水泥砂浆灌缝，这种做法坚实平整，但施工较复杂，造价略高于干铺砖块地面，适用于要求不高或庭园小道等处。

（2）缸砖、陶瓷地砖及陶瓷锦砖地面。

缸砖是用陶土焙烧而成的一种无釉砖块，形状有正方形、矩形、菱形、六角形和八角形等，尺寸为 100 mm×100 mm，150 mm×150 mm，厚度为 10～19 mm。颜色也有多种，由不同形状和色彩可以组成各种图案。缸砖背面有凹槽，使砖块和基层黏结牢固。缸砖质地细密坚硬，强度较高，耐磨、耐水、耐油、耐酸碱，易于清洁不起灰，施工简单，因此广泛应用于卫生间、盥洗室、浴室、厨房、实验室及有腐蚀性液体的房间地面。铺贴时一般采用 12～20 mm 厚 1：3 水泥砂浆找平，15 mm 厚 1：1 水泥砂浆结合层，3～4 mm 厚水泥胶（水泥：胶：水＝1：0.1：0.2）粘贴，用素水泥浆擦缝（图 7.18）。

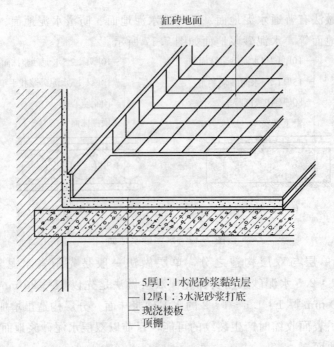

缸砖地面

— 5厚1：1水泥砂浆黏结层
— 12厚1：3水泥砂浆打底
— 现浇楼板
— 顶棚

图7.18 缸砖、陶瓷砖地面构造做法

陶瓷地砖又称墙地砖，其类型有釉面地砖、无光釉面砖和无釉防滑地砖及抛光同质地砖。陶瓷地砖有红、浅红、白、浅黄、浅绿、蓝等各种颜色。地砖色调均匀，砖面平整，抗腐耐磨，施工方便，且块大缝少，装饰效果好，特别是防滑地砖和抛光地砖又能防滑，因而越来越多地用于办公、商店、旅馆和住宅中（图7.19）。陶瓷地砖一般厚 6～10 mm，其规格有 400 mm×400 mm，300 mm×300 mm，250 mm×250 mm，200 mm×200 mm。一般来说，块越大价格越高，装饰效果越好。陶瓷地砖的各项性能都优于缸砖，且色彩图案丰富，装饰效果好，造价也较高，构造做法类同缸砖。

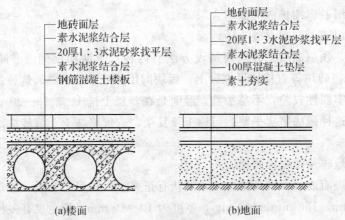

— 地砖面层
— 素水泥浆结合层
— 20厚1：3水泥砂浆找平层
— 素水泥浆结合层
— 钢筋混凝土楼板

— 地砖面层
— 素水泥浆结合层
— 20厚1：3水泥砂浆找平层
— 素水泥浆结合层
— 100厚混凝土垫层
— 素土夯实

(a)楼面　　　　　　　(b)地面

图7.19 陶瓷地砖地面构造详图

陶瓷锦砖又称马赛克，其特点与面砖相似。陶瓷锦砖有不同大小、形状和颜色并由此可以组合成各种图案，使饰面达到一定艺术效果。陶瓷锦砖主要用于防滑、卫生要求较高的卫生间、浴室等房间的地面，也可用于外墙面。陶瓷锦砖同玻璃锦砖一样，出厂前已按各种图案反贴在牛皮纸上，以便于施工。

（3）天然石板地面。

常用的天然石板指大理石和花岗石板，由于它们质地坚硬，色泽丰富艳丽，属高档地面装饰材料，特别是磨光花岗石板，色泽花纹丝毫不亚于大理石板，耐磨、耐腐蚀等性能均优于大理石，但造价昂贵，一般多用于高级宾馆、会堂、公共建筑物的大厅、门厅等处。

石板的尺寸一般较大，铺设时需预先试铺，合适后再正式粘贴，粘贴表面的平整度要求较高。其通常构造做法是在混凝土垫层上先用 20～30 mm 厚 1∶4～1∶3 干硬性水泥砂浆找平，再用 5～10 mm 厚 1∶1 水泥砂浆铺贴石板，缝中灌水泥浆擦缝（图 7.20）。

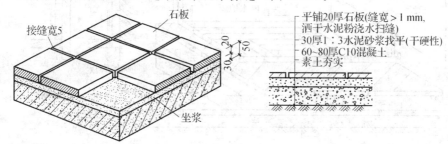

图 7.20　大理石和花岗石地面构造做法

（4）木地面。

木地面的主要特点是有弹性、不起灰、不返潮、易清洁、保温性好，但耐火性差、易腐朽，且造价较高，一般用于装修标准较高的住宅、宾馆、体育馆、健身房、剧院舞台等建筑中（图 7.21）。

木地面按其所用木板规格不同有普通木地面、硬木条地面和拼花木地面三种。按其构造形式不同有空铺、实铺和粘贴三种。

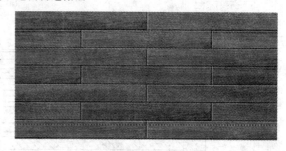

图 7.21　木地面实例

①空铺木地面常用于底层地面，其做法是砌筑地垄墙，将木地板架空，使地板下有足够的空间通风，以防止木地板受潮腐烂（图 7.22）。空铺木地板由于构造复杂，耗费木材较多，因而目前应用较少。

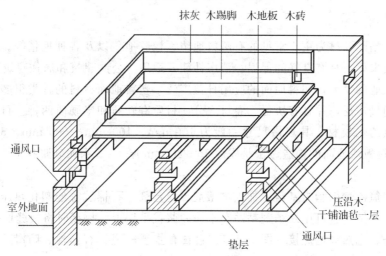

图 7.22　空铺木地面

②实铺木地面是在刚性垫层或结构层上直接钉铺小搁栅，再在小搁栅上固定木板。其搁栅间的空当可用来安装各种管线。实铺木地面有单层和双层做法。单层做法是将木地板直接钉在钢筋混凝土基层上的木格栅上；若在木格栅上加设 45°斜铺木板，再钉上长条木板或拼花地板，就形成了双层做法。为了防腐，可在基层上刷冷底子油一道，热沥青玛蹄脂两道，木格栅及横撑均涂氟化钠防腐剂。另外，还应在踢脚板处设置通风口，使地板下的空气流通，以保持干燥（图 7.23（a）、图 7.23（b））。

③粘贴式木地面是将木地板胶结材料直接粘贴在钢筋混凝土楼板或混凝土垫层的找平层上，其

通常做法为先在钢筋混凝土基层上用水泥砂浆找平，然后进行防潮层的施工，再用胶结材料随涂随铺木地板图（图7.23（c））。

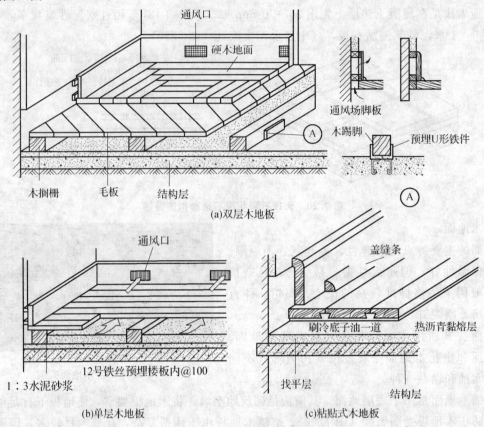

图 7.23 实铺、粘贴式木地面

3．粘贴类地面

粘贴类地面以粘贴卷材为主，常见的有塑料地毡、橡胶地毡以及各种地毯等。这些材料表面美观、干净，装饰效果好，具有良好的保温、消声性能，适用于公共建筑和居住建筑。

随着石油化工业的发展，塑料地面的应用日益广泛。塑料地面材料的种类很多，目前聚氯乙烯塑料地面材料应用最广泛，并且有块材、卷材之分，材质有软质和半硬质两种。目前在我国应用较多的是半硬质聚氯乙烯块材，其规格尺寸一般为 100 mm×100 mm～500 mm×500 mm，厚度为1.5～2.0 mm。塑料板块地面的构造做法是先用15～20 mm厚1∶2水泥砂浆找平，干燥后再用胶粘剂粘贴塑料板。

塑料地面以聚氯乙烯树脂为基料，加入增塑剂、稳定剂、石棉绒等经塑化热压而成，有卷材和片材之分，卷材可干铺，也可用黏结剂粘贴在水泥砂浆找平层上，拼接时将板缝切割成 V 形，然后用三角形塑料焊条、电热焊枪焊接（图7.24）。它具有步感舒适、有弹性、防滑、防火、耐磨、绝缘、防腐、消声、阻燃、易清洁等特点，且价格低廉。

地毯类型较多，常见的有化纤地毯、棉织地毯和纯羊毛地毯等，具有柔软舒适、清洁吸声、保温、美观适用等特点，是美化装饰房间的最佳材料之一。其有局部、满铺和干铺、固定等不同铺法。固定式一般用黏结剂满贴在地面上或将四周钉牢（图7.25）。

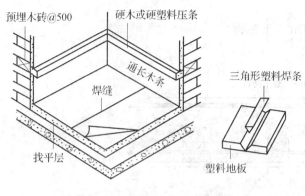

图 7.24　塑料地面的构造做法　　　　图 7.25　地毯类地面实例

4. 涂料类地面

涂料类地面是利用涂料涂刷或涂刮而成。它是水泥砂浆或混凝土地面的一种表面处理形式，用以改善水泥砂浆地面在使用和装饰方面的不足。地面涂料品种较多，有溶剂型、水溶性和水乳型等。

涂料地面对解决水泥地面易起灰和美观问题起到重要作用，涂料与水泥表面的黏结力强，具有良好的耐磨、抗冲击、耐酸、耐碱等性能，水乳型和溶剂型涂料还具有良好的防水性能（图 7.26）。

5. 地热辐射采暖地面

地热辐射采暖、简称地暖，是将温度不高于 60 ℃的热水或发热电缆，暗埋在地热地板下的盘管系统内加热整个地面，通过地面均匀地向室内辐射散热的一种采暖方式。地热辐射采暖与传统采暖方式相比，具有舒适、节能和环保等诸多特点（图 7.27）。

图 7.26　涂料类地面实例

在我国，供暖辐射地面多应用于民用住宅、医院、商场、写字楼、健身房和游泳馆等各类公共建筑中。

地热辐射供暖，目前分为水地暖和电地暖两种，分别有干式和湿式两种铺装方式。按照目前的《地面辐射供暖技术规程》（JGJ 142—2004）来看，水地暖是以温度不高于 60 ℃的热水为热媒，在埋置于地面以下填充层中的加热管内循环流动，加热整个地板，通过地面以辐射和热传递方式向室内供热的一种供暖方式，构造图如图 7.28 所示；电地暖是将外表面允许工作温度上限为 65 ℃的发热电缆埋设在

图 7.27　地热辐射采暖地面

地板中，以发热电缆为热源加热地板，用温控器控制室温或地板温度，实现地面辐射供暖的供暖方式。

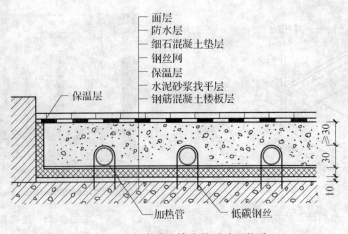

图 7.28 水地暖湿铺式供暖地面构造

7.3.3 散 水

散水是沿建筑物外墙四周设置的向外倾斜的坡面，又称散水坡。散水的作用是迅速排出从屋檐滴下的雨水，防止因积水渗入地基而造成建筑物的下沉。散水的宽度一般为 600～1 000 mm。当屋面采用无组织排水方式时，散水的宽度应比屋檐的挑出尺寸大 200 mm 左右。为了加快雨水的流速，散水表面应向外侧倾斜，坡度一般为 3%～5%。外缘高出室外地面 20～50 mm。散水垫层为刚性材料时，每隔 6～12 m 设置伸缩缝一道，缝宽一般为 20 mm，散水与外墙间设置通长缝，缝宽10 mm，缝内满贯沥青麻丝、油膏等。

散水最好采用不透水的材料做面层，如混凝土、砂浆等。散水一般采用混凝土或碎砖混凝土做垫层（图 7.29），土壤冻深在 600 mm 以上的地区，宜在散水垫层下面设置砂垫层，以免散水被土壤冻胀破坏。砂垫层的厚度与土壤的冻胀程度有关，通常砂垫层的厚度在 300 mm 左右。在降水量少的地区或临时建筑也可以用砖、块石做散水（图 7.29 (a)）。

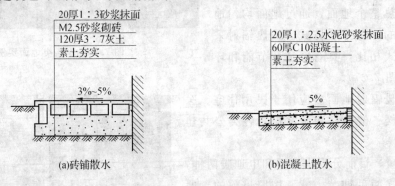

(a)砖铺散水   (b)混凝土散水

图 7.29 散水构造做法

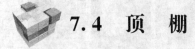

7.4 顶 棚

顶棚是指建筑物屋顶和楼层下表面的装饰构件，又称天棚、天花板。顶棚是室内空间的顶界面，同墙面、楼地面一样，是建筑物主要装修部位之一。当悬挂在承重结构下表面时，又称吊顶。顶棚的构造设计与选择应从建筑功能、建筑声学、建筑照明、建筑热工、设备安装、管线敷设、维护检修、防火安全以及美观要求等多方面综合考虑。顶棚要求光洁、美观，能通过反射光照来改善室内采光及卫生状况，对某些特殊要求的房间，还要求顶棚具有隔声、防水、保温、隔热等功能。

顶棚的构造形式主要有两种：直接式顶棚与悬吊式顶棚。设计时应根据建筑物的使用功能、装修标准和经济条件来选择合适的顶棚形式。

7.4.1 直接式顶棚构造

直接式顶棚是指直接在钢筋混凝土屋面板或者楼板下表面直接做饰面层而形成的顶棚。

1. 饰面特点

直接式顶棚一般具有构造简单，构造层厚度小，可以充分利用空间的特点；采用适当的处理手法，可获得多种装饰效果；材料用量少，施工方便，造价也较低。但这类顶棚没有提供隐藏管线等设备、设施的内部空间，故小口径的管线应预埋在楼、屋盖结构及其构造层内，大口径的管道则无法隐蔽。它适用于普通建筑及室内建筑高度空间受到限制的场所。

2. 材料选用

直接式顶棚常用的材料有：

（1）各类抹灰。包括纸筋灰抹灰、石灰砂浆抹灰、水泥砂浆抹灰等。普通抹灰用于一般房间，装饰抹灰用于要求较高的房间。

（2）涂刷材料。包括石灰浆、大白浆、彩色水泥浆、可赛银等。用于一般房间。

（3）壁纸等各类卷材。包括墙纸、墙布、其他织物等。用于装饰要求较高的房间。

（4）面砖等块材。常用釉面砖。用于有防潮、防腐、防霉或清洁要求较高的房间。

（5）各类板材。包括胶合板、石膏板、各种装饰面板等。用于装饰要求较高的房间。

除此之外，还有石膏线条、木线条、金属线条等。

3. 基本构造

（1）直接喷刷顶棚。

当室内对装饰要求不高时，可在屋面板或楼板的底面上直接用浆料喷刷，形成直接喷刷顶棚。当钢筋混凝土楼板的底面有模板及板缝空隙时，须先用水泥砂浆填缝抹平，再喷刷涂料。

（2）抹灰顶棚。

直接抹灰顶棚是在屋面板或楼板的底面上抹灰后再喷刷涂料的顶棚。常用抹灰有水泥砂浆抹灰、混合砂浆、纸筋灰抹灰等。抹灰前板底打毛，可一次成活，也可分几次抹成，抹灰厚度一般控制在 10 mm 左右（图 7.30（a））。

（3）贴面顶棚。

贴面顶棚是在楼板底面用砂浆打底找平后，再用胶黏剂粘贴墙纸、泡沫塑胶板或装饰吸声板等，一般用于楼板底部平整、不需要顶棚敷设管线而装修要求又较高的房间，或有吸声、保温隔热等要求的房间（图 7.30（b））。

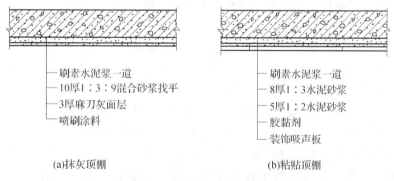

(a)抹灰顶棚   (b)粘贴顶棚

图 7.30　直接式顶棚构造做法

4. 直接式顶棚的装饰线脚

直接式顶棚装饰线脚是安装在顶棚与墙顶交界部位的线材，简称装饰线（图 7.31）。其作用是满足室内的艺术装饰效果和接缝处理的构造要求。直接式顶棚的装饰线可采用粘贴法或直接钉固法与顶棚固定。

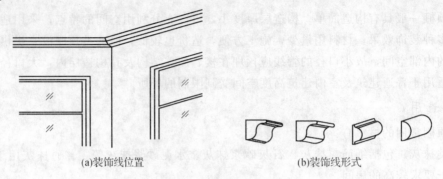

(a)装饰线位置　　　　　　　　(b)装饰线形式

图 7.31　直接式顶棚的装饰线

（1）木线。

木线采用质硬、木质较细的木料经定型加工而成。其安装方法是在墙内预埋木砖，再用直钉固定，要求线条挺直、接缝严密。

（2）石膏线。

石膏线采用石膏为主的材料经定型加工而成，其正面具有各种花纹图案，要用粘贴法固定。在墙面与顶棚交接处要联系紧密，避免产生缝隙，影响美观。

（3）金属线。

金属线包括不锈钢线条、铜线条、铝合金线条，常用于办公室、会议室、电梯间、楼梯间、走道及过厅等场所，其装饰效果给人以轻松之感。金属线的断面形状很多，在选用时要与墙面、顶棚的规格及尺寸配合好，其构造方法是用木衬条镶嵌，万能胶粘固。

7.4.2　悬吊式顶棚构造

悬吊式顶棚简称吊顶，是指悬吊在房屋屋面或楼板结构下的顶棚。顶棚通过悬挂物与主体结构连接在一起。这类顶棚的装修表面与屋面板或楼板之间留有一定的距离，这段距离形成的空间可将设备管线和结构隐藏起来，也可以使顶棚在这段空间高度上产生变化，形成一定的立体感，增强装饰效果。悬吊式顶棚类型较多，构造复杂，其构造应符合下列要求：

（1）吊顶棚应具有足够的净空高度，以便于照明、空调、灭火喷淋、感应器、广播设备等管线及其装置各种设备管线的敷设。

（2）吊顶与主体结构吊挂应有安全构造措施；管线较多的吊顶内，应留有检修空间，并根据需要设置检修走道和便于进入吊顶的人孔，且应符合有关防火及安全要求；当吊顶内管线较多，而空间有限不能进入检修时，可采用便于拆卸的装配式吊顶或在需要部位设置检修手孔。

（3）选择合适的材料和构造做法，使其燃烧性能和耐火极限符合防火规范的规定。

（4）吊顶棚应便于制作、安装和维修，自重宜轻，以减少结构负荷。

（5）吊顶内敷设有上下水管时应采取防止产生冷凝水措施。

（6）潮湿房间的吊顶，应采用防水材料和防结露、滴水的措施，钢筋混凝土顶板宜采用现浇板。

（7）吊顶棚应满足美观和经济等方面的要求。对有些房间，吊顶棚应满足隔声、音质等特殊要求。

1. 饰面特点

饰面可埋设各种管线、镶嵌灯具、灵活调节顶棚高度、丰富顶棚空间层次和形式等。对建筑起到保温、隔热、隔声的作用，同时，悬吊式顶棚的形式不必与结构形式相对应。但要注意：若无特殊要求时，悬挂空间越小越利于节约材料和造价；必要时应留检修孔、铺设走道以便检修，防止破坏面层；饰面应根据设计留出相应灯具、空调等电器设备安装和送风口、回风口的位置。这类顶棚多适用于中、高档次的建筑顶棚装饰。

2. 吊顶的类型

（1）根据结构构造形式的不同，吊顶可分为整体式吊顶、活动式装配吊顶、隐蔽式装配吊顶和开敞式吊顶等。

（2）根据材料的不同，常见的吊顶有板材吊顶、轻钢龙骨吊顶、金属吊顶等。

3. 悬吊式顶棚的构造

悬吊式顶棚一般由悬吊部分、顶棚骨架、饰面层和连接部分组成（图 7.32）。

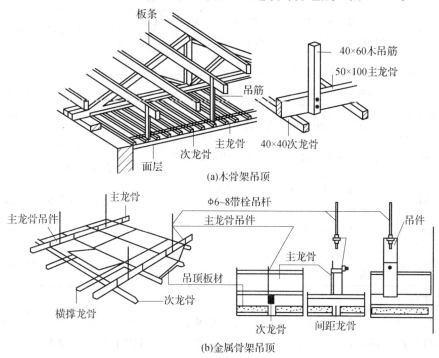

图 7.32　吊顶的组成

（1）悬吊部分。

悬吊部分包括吊点、吊杆和连接杆。

①吊点。

吊杆与楼板或屋面板连接的节点为吊点。在荷载变化处和龙骨被截断处要增设吊点。

②吊杆（吊筋）。

吊杆（吊筋）是连接龙骨和承重结构的承重传力构件。吊杆的作用是承受整个悬吊式顶棚的重量（如饰面层、龙骨以及检修人员），并将这些重量传递给屋面板、楼板、屋架或屋面梁，同时还可调整、确定悬吊式顶棚的空间高度。

③吊杆按材料分有钢筋吊杆、型钢吊杆、木吊杆。钢筋吊杆的直径一般为 6~8 mm，用于一般悬吊式顶棚；型钢吊杆用于重型悬吊式顶棚或整体刚度要求高的悬吊式顶棚，其规格尺寸要通过结构计算确定；木吊杆用 40 mm×40 mm 或 50 mm×50 mm 的方木制作，一般用于木龙骨悬吊式顶棚。

（2）顶棚骨架。

顶棚骨架又称顶棚基层，是由主龙骨、次龙骨、小龙骨（或称主搁栅、次搁栅）所形成的网格骨架体系。其作用是承受饰面层的重量并通过吊杆传递到楼板或屋面板上。

悬吊式顶棚的龙骨按材料分有木龙骨、型钢龙骨、轻钢龙骨、铝合金龙骨。

（3）饰面层。

饰面层又称面层，其主要作用是装饰室内空间，并且还兼有吸音、反射、隔热等特定的功能。

饰面层一般有抹灰类、板材类和开敞类三种。饰面常用板材性能及适用范围见表 7.3。

表 7.3　常用板材性能及适用范围

名称	材料性能	适用范围
纸面石膏板、石膏吸声板	质量轻、强度高、阻燃防火、保温隔热，可锯、钉、刨、粘贴，加工性能好，施工方便	适用于各类公共建筑的顶棚
矿棉吸声板	质量轻、吸声、防火、保温隔热、美观、施工方便	适用于公共建筑的顶棚
珍珠岩吸声板	质量轻、防火、防潮、防蛀、耐酸，装饰效果好，可锯、可割，施工方便	适用于各类公共建筑的顶棚
钙塑泡沫吸声板	质量轻、吸声、隔热、耐水，施工方便	适用于公共建筑的顶棚
金属穿孔吸声板	质量轻、强度高、耐高温、耐压、耐腐蚀、防火、防潮、化学稳定性好、组装方便	适用于各类公共建筑的顶棚
石棉水泥穿孔吸声板	质量大、耐腐蚀，防火、吸声效果好	适用于地下建筑、降低噪声的公共建筑和工业厂房的顶棚
金属面吸声板	质量轻、吸声、防火、保温隔热、美观、施工方便	适用于各类公共建筑的顶棚
贴塑吸声板	导热系数低、不燃、吸声效果好	适用于各类公共建筑的顶棚
珍珠岩织物复合板	防火、防水、防霉、防蛀、吸声、隔热，可锯、可钉、加工方便	适用于公共建筑的顶棚

（4）连接部分。

连接部分是指悬吊式顶棚龙骨之间、悬吊式顶棚龙骨与饰面层、龙骨与吊杆之间的连接件、紧固件。一般有吊挂件、插挂件、自攻螺钉、木螺钉、圆钢钉、特制卡具、胶黏剂等。

4．吊杆、吊点连接构造

（1）空心板、槽形板缝中吊杆的安装。

空心板、槽形板缝中吊杆的安装板缝中预埋 φ10 连接钢筋，伸出板底 100 mm，与吊杆焊接，并用细石混凝土灌缝，如图 7.33 所示。

（2）现浇钢筋混凝土板上吊杆的安装。

①将吊杆绕于现浇钢筋混凝土板底预埋件焊接的半圆环上（图 7.34（a））。

②在现浇钢筋混凝土板底预埋件、预埋钢板上焊 φ10 连接钢筋，并将吊杆焊于连接钢筋上（图 7.34（b））。

③将吊杆绕于焊有半圆环的钢板上，并将此钢板用射钉固定于板底上（图 7.34（c））。

④将吊杆绕于板底附加的 ∟ 50×70×5 角钢上，角钢用射钉固定于板底上（图 7.34（d））。

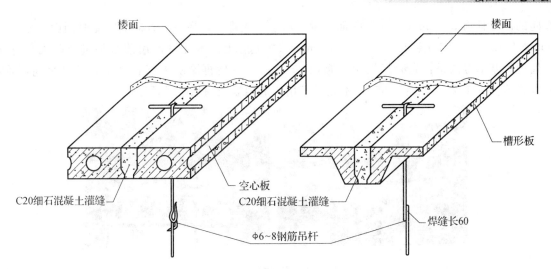

图 7.33 吊杆与空心板、槽形板的连接

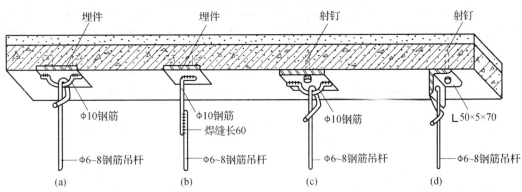

图 7.34 吊杆与现浇钢筋混凝土板的固定

（3）吊杆安装应注意的问题。

吊杆距主龙骨端部距离不得大于 300 mm，当大于 300 mm 时，应增加吊杆。吊杆间距一般为 900～1 200 mm；吊杆长度大于 1.5 m 时，应设置反支撑；当预埋的吊杆需接长时，必须搭接焊牢。

5. 龙骨的布置与连接构造

（1）龙骨的布置要求。

①主龙骨。

主龙骨是悬吊式顶棚的承重结构，又称承载龙骨、大龙骨。主龙骨吊点间距应按设计选择。当顶棚跨度较大时，为保证顶棚的水平度，其中部应适当起拱，一般为 7～10 m 的跨度，按 3/1 000 高度起拱；10～15 m 的跨度，按 5/1 000 高度起拱。

②次龙骨。

次龙骨也称中龙骨、覆面龙骨，主要用于固定面板。次龙骨与主龙骨垂直布置，并紧贴主龙骨安装。

③小龙骨。

小龙骨也称间距龙骨、横撑龙骨，一般与次龙骨垂直布置，个别情况也可平行。小龙骨底面与次龙骨底面相平，其间距和断面形状应配合次龙骨并利于面板的安装。

（2）龙骨的连接构造。

①木龙骨连接构造。

木龙骨的断面一般为方形或矩形。主龙骨为 50 mm×70 mm，钉接或拴接在吊杆上，间距一般为 1.2～1.5 m；主龙骨的底部钉装次龙骨，其间距由面板规格而定。次龙骨一般双向布置，其中一个方向的次龙骨为 50 mm×50 mm 断面，垂直钉于主龙骨上，另一个方向的次龙骨断面尺寸一般为 30 mm×50 mm，可直接钉在 50 mm×50 mm 的次龙骨上。木龙骨使用前必须进行防火、防腐处理，处理的基本方法是：先涂氟化钠防腐剂 1～2 道，然后再涂防火涂料 3 道，龙骨之间用榫接、粘钉方式连接（图 7.35、图 7.36）。木龙骨多用于造型复杂的悬吊式顶棚。

图 7.35　木龙骨构造实例

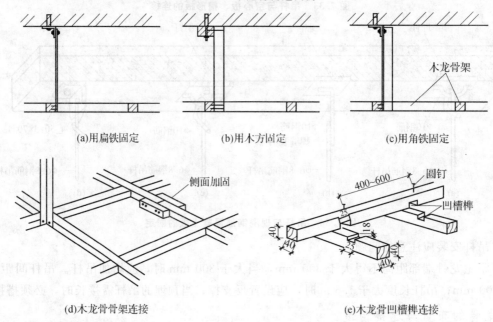

(a)用扁铁固定　　　　　(b)用木方固定　　　　　(c)角铁固定

(d)木龙骨骨架连接　　　　　　　　(e)木龙骨凹槽榫连接

图 7.36　木龙骨构造示意图

②型钢龙骨。

型钢龙骨的主龙骨间距为 1～2 m，其规格应根据荷载的大小确定。主龙骨与吊杆常用螺栓连接，主次龙骨之间采用铁卡子、弯钩螺栓连接或焊接。当荷载较大、吊点间距很大或在特殊环境下时，必须采用角钢、槽钢、工字钢等型钢龙骨。

③轻钢龙骨。

轻钢龙骨由主龙骨、中龙骨、横撑小龙骨、次龙骨、吊件、接插件和挂插件组成。主龙骨一般用特制的型材制造，断面有 U 形、C 形，一般多为 U 形。主龙骨按其承载能力分为 38、50、60 三个系列，38 系列龙骨适用于吊点距离为 0.9～1.2 m 的不上人悬吊式顶棚；50 系列龙骨适用于吊点距离 0.9～1.2 m 的上人悬吊式顶棚，主龙骨可承受 80 kg 的检修荷载；60 系列龙骨适用于吊点距离为 1.5 m 的上人悬吊式顶棚，可承受 80～100 kg 检修荷载。注意龙骨的承载能力还与型材的厚度有关，荷载大时必须采用厚型材料。中龙骨、小龙骨断面有 C 形和 T 形两种。吊杆与主龙骨、主龙骨与中龙骨、中龙骨与小龙骨之间通过吊挂件、接插件连接（图 7.37）。

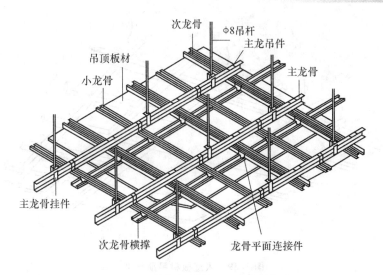

图 7.37 U 形轻钢龙骨悬吊式顶棚构造

U 形轻钢龙骨悬吊式顶棚构造方式有单层和双层两种。中龙骨、横撑小龙骨、次龙骨紧贴主龙骨底面的吊挂方式（不在同一水平）称为双层构造；主龙骨与次龙骨在同一水平面的吊挂方式称为单层构造，单层轻钢龙骨悬吊式顶棚仅用于不上人悬吊式顶棚。当悬吊式顶棚面积大于 120 m² 或长度方向大于 12 m 时，必须设置控制缝，当悬吊式顶棚面积小于 120 m² 时，可考虑在龙骨与墙体连接处设置柔性节点，以控制悬吊式顶棚整体的变形量。

④铝合金龙骨。

铝合金龙骨断面有 T 形、U 形、LT 形及各种特制龙骨断面，应用最多的是 LT 形龙骨。LT 形龙骨的主龙骨断面为 U 形，次龙骨、小龙骨断面为倒 T 形，边龙骨断面为 L 形。吊杆与主龙骨、主龙骨与次龙骨之间的连接如图 7.38 所示。

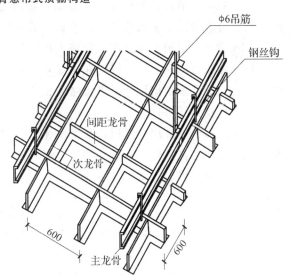

图 7.38 T 形铝合金龙骨悬吊式顶棚构造

6. 常见饰面层的悬吊式顶棚

（1）木质（植物）板材吊顶构造。

木质顶棚的面层材料是实木条板和各种人造板（胶合板、木丝板、刨花板、填芯板等）。特点是构造简单、施工方便、具有自然、亲切、温暖、舒适的感觉。

①实木条板顶棚。

实木条板顶棚的基本构造为结构层下间距 1 m 左右固定吊杆；吊杆上固定主龙骨；面层条板与主龙骨呈垂直状固定。

实木条板的拼缝形式有企口平铺、离缝平铺、嵌榫平铺、鱼鳞斜铺等。

②人造木板顶棚。

人造木板顶的棚基本构造为结构层下固定吊杆；龙骨呈格子状固定在吊杆下，分格大小与板材规格协调；面板与龙骨固定（图 7.39）。

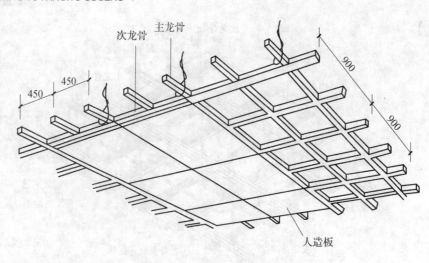

图 7.39　人造板材吊顶构造

　　人造板材的铺设视板材厚度、饰面效果而定。较厚的板材（胶合板、填芯板）直接整张铺钉；较薄的板材宜分割成小块的条板、方板或异形板铺钉，以免凹凸变形。

　　吊顶龙骨一般用木材制作，分格大小应与板材规格相协调。为了防止木质板材因吸湿而产生凹凸变形，面板宜锯成小块板铺钉在次龙骨上，板块接头必须留 3～6 mm 的间隙作为预防板面翘曲的措施。板缝缝形根据设计要求可做成密缝、斜槽缝、立缝等形式。

　　（2）矿物板材吊顶构造。

　　矿物板材吊顶常用石膏板、石棉水泥板、矿棉板等板材做面层，轻钢或铝合金型材做龙骨。这类吊顶的优点是自重轻、施工安装快、无湿作业、耐火性能优于木质板材吊顶和抹灰吊顶，故在公共建筑或高级工程中应用较广。

技术提示

　　轻钢和铝合金龙骨的布置方式有龙骨外露和不露龙骨两种。其中不露龙骨布置方式的主龙骨仍采用槽形断面的轻钢型材，但次龙骨采用 U 形断面轻钢型材，用专门的吊挂件将次龙骨固定在主龙骨上，面板用自攻螺钉固定于次龙骨上。

　　（3）金属板材吊顶构造。

　　金属板材吊顶是指采用铝合金板、薄钢板等金属板材面层的顶棚（图 7.40）。

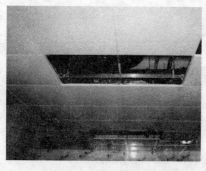

图 7.40　金属板材吊顶实例

　　铝合金板表面做电化铝饰面处理，薄钢板表面可用镀锌、涂塑、涂漆等防锈饰面处理。金属板有打孔和不打孔的条形、矩形等型材。特点是自重小、色泽美观大方，具有独特的质感，平挺、线条刚劲明快，且构造简单、安装方便、耐火、耐久。

①金属条板顶棚。

金属条板呈槽形，有窄条、宽条之分。条板类型和龙骨布置方法的不同使其可做成各式各样的变化效果。

按条板的缝隙不同有开放型和封闭型。开放型可做吸声顶棚，封闭型在缝隙处加嵌条或条板边设翼盖。

金属条板与龙骨相连的方式有卡口和螺钉两种。条板断面形式很多，配套龙骨及配件各厂家自成系列。条板的端部处理依断面和配件不同而异。

金属条板顶棚一般不上人。若考虑上人维修，则应按上人吊顶的方法处理，加强吊筋和主龙骨来承重。

a. 密铺铝合金条板吊顶（图 7.41）。

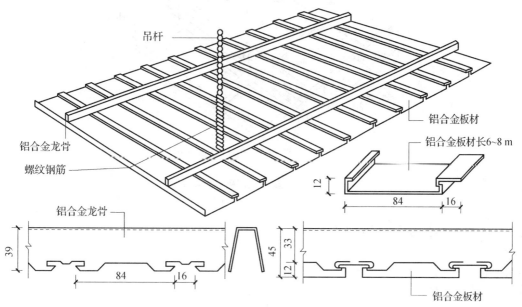

图 7.41　密铺铝合金条板吊顶

b. 开敞式铝合金条板吊顶（图 7.42）。

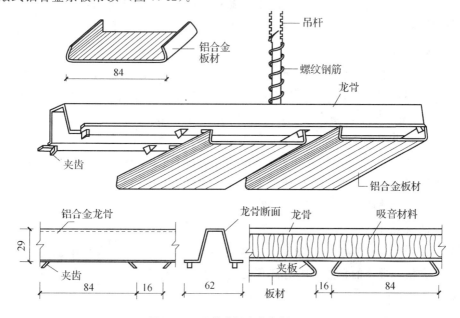

图 7.42　开敞式铝合金条板吊顶

②金属方板顶棚装饰构造。

金属方板装饰效果别具一格，易于同灯具、风口、喇叭等协调一致，柱边、墙边处理较方便，且可与条板形成组合吊顶，采用开放型，可起通风作用。

安装构造有搁置式和卡入式两种（图7.43）。搁置式龙骨为T形，方板的四边带翼缘搁在龙骨翼缘上。卡入式的方板卷边向上，设有凸出的卡口，卡入有夹翼的龙骨中。方板可打孔，也可压成各种纹饰图案。

金属方板顶棚靠墙边的尺寸不符合方板规格时，可用条板或纸面石膏板处理。

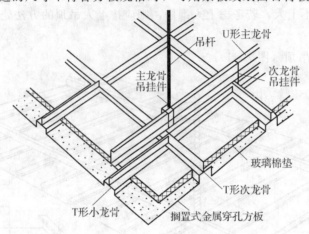

图7.43　金属方板顶棚装饰构造

7.5　雨棚与阳台

7.5.1　雨　棚

雨棚是指在建筑物出入口的上方和顶层阳台上部用以挡雨雪、保护外门免受雨水侵蚀并有一定装饰作用的水平构件。建筑入口处的雨棚还具有标识引导作用，同时也代表着建筑物本身的规模、空间文化的理性精神。因此，主入口雨棚设计和施工尤为重要。当代建筑的雨棚形式多种多样，以材料和结构分为钢筋混凝土雨棚、钢结构悬挑雨棚、玻璃采光雨棚、软面折叠多用雨棚等。

1. 钢筋混凝土雨棚

传统的钢筋混凝土雨棚，当挑出长度较大时，雨棚由梁、板、柱构成，其构造与楼板相同（图7.44）；当挑出长度较小时，雨棚与凸阳台一样做成悬臂构件，一般由雨棚梁和雨棚板组成（图7.45）。雨棚梁可兼做门过梁，高度一般不小于300 mm，宽度同墙厚。雨棚板的悬挑长度一般为900～1 500 mm，宽出门洞500 mm以上，可形成变截面的板，但根部厚度应不小于洞口跨度的1/8，且不小于100 mm，端部不小于50 mm。雨棚在构造上要解决好两个问题：一是抗倾覆，保证使用安全；二是立面美观和排水，通常在板边砌砖或现浇混凝土形成向上的翻口，并留出排水孔，同时板面应用防水砂浆抹面，并向排水口找坡1‰，防水砂浆顺墙上卷至少300 mm。

2. 钢结构悬挑雨棚

钢结构悬挑雨棚由支撑系统、骨架系统和板面系统三部分组成。这种雨棚具有结构和造型简单、轻巧、施工方便、灵活的特点，同时富有现代气息，在现代建筑中使用越来越广泛。

3. 玻璃采光雨棚

玻璃采光雨棚是用阳光板、钢化玻璃做雨棚面板的新型透光雨棚。其特点是结构轻巧、造型美观、透明新颖，富有现代气息，也是现代建筑中广泛采用的一种雨棚（图7.46）。

图 7.44　钢筋混凝土雨棚实例

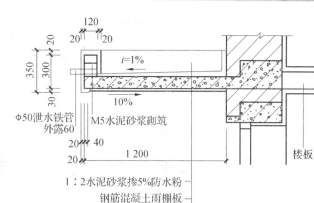

图 7.45　钢筋混凝土雨棚构造

图 7.46　玻璃采光雨棚实例

7.5.2　阳　台

　　阳台是多层及高层建筑中连接室内的室外平台，给居住在建筑里的人们提供一个舒适的室外活动空间，在建筑中是不可缺少的一部分。阳台的设置大大改善了楼房的居住条件，同时又可以点缀和装饰建筑立面。

　　1. 阳台的类型和设计要求

　　（1）类型。

　　阳台按其与外墙的相对位置分为凸阳台、凹阳台、半凸半凹阳台、转角阳台（图 7.47）。按结构布置方式分为搁板式、挑板式及挑梁式。

　　阳台按使用功能不同又可分为生活阳台（靠近卧室或客厅）和服务阳台（靠近厨房）。生活阳台通常与客厅、起居室、卧室相连，主要供人们休息、活动、晾晒衣服用；服务阳台多与厨房相连，主要供人们从事家庭服务操作与存放杂物。

　　（2）设计要求。

　　①安全适用。

　　悬挑阳台的挑出长度不宜过大，应保证在荷载作用下不发生倾覆现象，以 1.2～1.8 m 为宜。低层、多层住宅阳台栏杆净高不低于 1.05 m，中高层住宅阳台栏杆净高不低于 1.1 m，但也不大于 1.2 m。阳台栏杆应防坠落（垂直栏杆间净距不应大于 110 mm），防攀爬（不设水平栏杆），以免造成恶果。放置花盆处，也应采取防坠落措施。

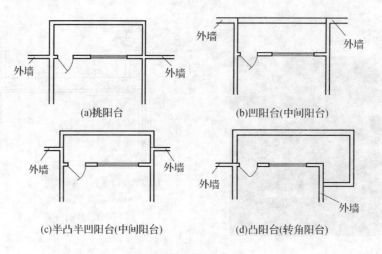

(a)挑阳台　　　　　　　　　(b)凹阳台(中间阳台)

(c)半凸半凹阳台(中间阳台)　　　(d)凸阳台(转角阳台)

图 7.47　阳台的类型

②坚固耐久。

阳台所用材料和构造措施应经久耐用，承重结构宜采用钢筋混凝土，金属构件应做防锈处理，表面装修应注意色彩的耐久性和抗污染性。

③排水顺畅。

为防止阳台上的雨水流入室内，设计时要求将阳台地面标高低于室内地面标高 60 mm 左右，并将地面抹出 5％的排水坡将水导入排水孔，使雨水能顺利排出。除此之外，还应考虑地区气候特点。南方地区宜采用有助于空气流通的空透式栏杆，而北方寒冷地区和中高层住宅应采用实体栏杆，并满足立面美观的要求，为建筑物的形象增添风采。

2. 阳台的结构布置

凹阳台实为楼板层的一部分，构造与楼板层相同，而凸阳台的受力构件为悬挑构件，其涉及结构受力、倾覆等问题。构造上要特别重视。

凸阳台的承重方案大体可分为挑梁式和挑板式两种类型。一般来说，当出挑长度在 1 200 mm 以内时，可采用挑板式；大于 1 200 mm 时可采用挑梁式。

（1）搁板式。

搁板式阳台将阳台板直接搁置在阳台两侧凸出的墙体上，即形成挑板式阳台。这种结构形式稳定、可靠、施工方便，多用于凹阳台。在寒冷地区采用搁板式阳台，可以避免冷桥效应(图 7.48 (a))。

（2）挑板式。

挑板式阳台是直接将阳台板悬挑在墙外的结构形式。当楼板为现浇楼板时，可选择挑板式，悬挑长度一般为 1.2 m 左右。即从楼板外延挑出平板，板底平整美观而且阳台平面形式可做成半圆形、弧形、梯形、斜三角等各种形状。挑板厚度不小于挑出长度的 1/12，一般有两种做法：一种是将房间楼板直接向墙外悬挑形成阳台板，这种阳台板构造简单，施工方便 (图 7.48 (b))；另一种是将阳台板和墙梁现浇在一起，这种阳台底部平整，长度可调整，但须注意阳台板的稳定。一般可通过增加墙梁长度，借助梁自重进行平衡，也可以利用楼板的重力或其他措施来平衡 (图 7.48 (c))。

（3）挑梁式。

当楼板为预制楼板，结构布置为横墙承重时，可选择挑梁式，即从横墙内外伸挑梁，其上搁置预制楼板。阳台荷载通过挑梁传给纵横墙，由压在挑梁上的墙体和楼板来抵抗阳台的倾覆力矩。这种结构布置简单、传力直接明确、阳台长度与房间开间一致。挑梁根部截面高度 H 为 $\left(\dfrac{1}{5}\sim\dfrac{1}{6}\right)L$，$L$ 为悬挑净长，截面宽度为 $\left(\dfrac{1}{2}\sim\dfrac{1}{3}\right)h$。为美观起见，可在挑梁端头设置边梁，既可以遮挡挑梁头，又可以承受阳台栏杆重量，还可以加强阳台的整体性 (图 7.48 (d))。

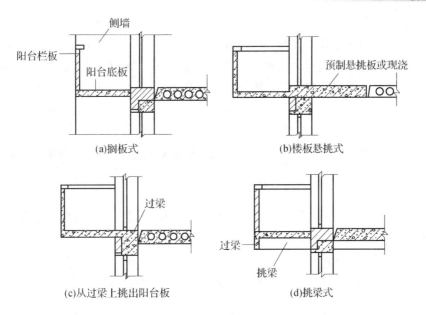

图 7.48　阳台的结构布置形式

(a)搁板式　　　(b)楼板悬挑式

(c)从过梁上挑出阳台板　　　(d)挑梁式

3. 阳台细部构造

（1）阳台栏杆。

栏杆是在阳台外围设置的竖向构件，其作用有：一方面是承担人们推倚的侧向力，以保证人的安全；另一方面是对建筑物起装饰作用。因而栏杆的构造要求坚固和美观。栏杆的高度应高于人体的重心，一般不宜低于 1.05 m，高层建筑不应低于 1.1 m，但不宜超过 1.2 m。栏杆垂直杆间距一般不应大于 110 mm，也不宜设置水平分格，以防止儿童攀爬。

①按阳台栏杆空透的情况不同有空花栏杆、实心栏板及由空花栏杆和实心栏板组合而成的组合式栏杆（图 7.49）。

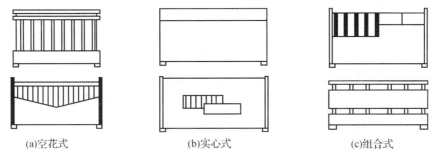

(a)空花式　　　(b)实心式　　　(c)组合式

图 7.49　阳台栏杆形式

②按材料可分为金属栏杆、砖砌栏板、钢筋混凝土栏板（杆）等（图 7.50、图 7.51）。

图 7.50　金属栏杆

图 7.51　砖砌栏板

（2）栏杆扶手。

扶手是供人手扶使用的，有金属和钢筋混凝土两种。金属扶手一般为钢管与金属栏杆焊接。钢筋混凝土扶手应用广泛，形式多样，一般直接用作栏杆压顶，宽度有 80 mm、120 mm、160 mm。当扶手上需放置花盆时，需在外侧设保护栏杆，一般高 180～200 mm，花台净宽为 240 mm。

钢筋混凝土扶手用途广泛，形式多样，有不带花台、带花台、带花池等形式。

（3）细部构造。

阳台细部构造主要包括栏杆（栏板）与扶手的连接、栏杆（栏板）与面梁（或称止水带）的连接等。

①栏杆（栏板）与扶手。

栏杆一般由金属杆或混凝土杆制作，金属栏杆一般由圆钢、方钢、扁钢或钢管组成，它与阳台板的连接有两种方法：一是直接插入阳台板的预留孔内，用砂浆灌注；二是与阳台板中预埋的通常扁钢焊牢。扶手与金属栏杆的连接，根据扶手材料的不同有焊接、螺栓连接等。预制钢筋混凝土栏杆可直接插入扶手和边梁的预留孔中，也可通过预埋件焊接固定（图 7.52）。

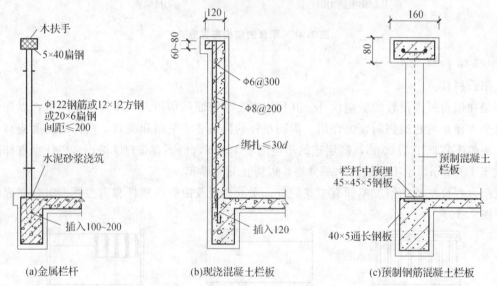

(a)金属栏杆　　　　(b)现浇混凝土栏板　　　　(c)预制钢筋混凝土栏板

图 7.52　阳台栏杆（栏板）与扶手的连接

栏板有钢筋混凝土栏板和玻璃栏板等。钢筋混凝土栏板可与阳台板整浇在一起，也可在地面预制成预制板，借助预埋铁件相互焊牢及与阳台板或边梁焊牢，玻璃栏板具有一定的通透性和装饰性，已逐渐用于住宅建筑的阳台（图 7.53）。

图 7.53　阳台玻璃栏板实例

②栏杆与面梁或阳台板的连接。

栏杆与面梁或阳台板的连接方式有焊接、榫接坐浆、现浇等（图7.54）。

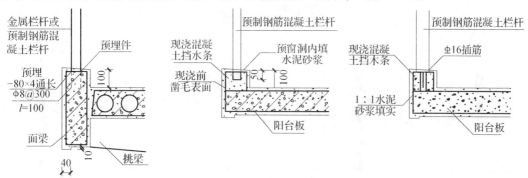

图7.54 栏杆与面梁或阳台板的连接

③阳台排水。

为排除阳台上的雨水和积水，阳台必须采取一定的排水措施。阳台排水有外排水和内排水两种。阳台外排水适用于低层和多层建筑，具体做法是在阳台外侧设置排水口，阳台地面向排水口做成1‰～2‰的坡度，排水口内埋设φ40～50镀锌钢管或塑料管（称水舌），外挑长度不少于80 mm，以防雨水溅到下层阳台（图7.55（a））。内排水适用于高层建筑和高标准建筑，具体做法是在阳台内设置排水立管和地漏，将雨水或积水排入地下管网，保证建筑立面美观（图7.55（b））。

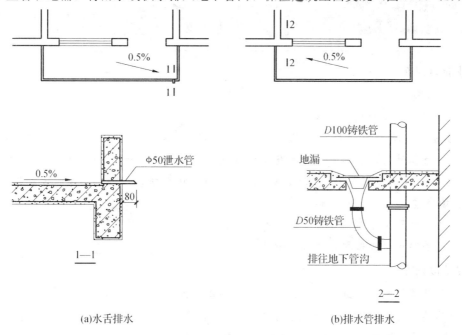

(a)水舌排水   (b)排水管排水

图7.55 阳台排水构造

【重点串联】

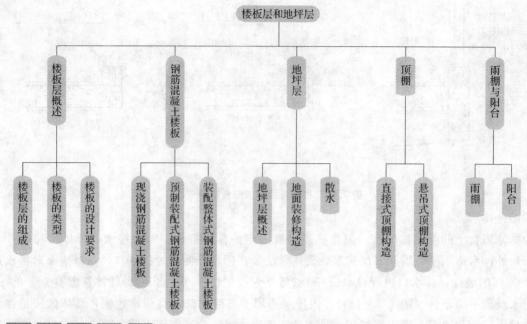

拓展与实训

✎ 职业能力训练

一、选择题

1. 直接将板支撑于柱上，这种楼板称为（　　　）。

A. 梁板式楼板　　　　B. 板式楼板　　　　C. 无梁楼板　　　　D. 井式楼板

2. 具有整体性好、抗震性能好等优点的现浇钢筋混凝土楼板是（　　　）。

A. 井式楼板　　　　B. 空心楼板　　　　C. 槽型楼板　　　　D. 无梁楼板

二、填空题

1. 楼板层的三个基本组成部分是＿＿＿＿、＿＿＿＿、＿＿＿＿。

2. 钢筋混凝土楼板按照施工方法分为＿＿＿＿、＿＿＿＿、＿＿＿＿。

✎ 工程模拟训练

1. 校园建筑楼板层和地坪层、顶棚、阳台分类的调研。

2. 根据建筑物结构形式、层高、层数、室内外高差、窗洞口尺寸位置及尺寸，内、外墙材料、厚、楼板类型等，完成节点详图的绘制，其中绘图要求如下：

（1）绘制散水和室外地面，用多层构造引出线标注其材料、做法、强度等级和尺寸；标注散水宽度、坡度方向和坡度值；标出室外地面标高；

（2）绘制楼板层与地坪层、顶棚，并用多层构造引出线标注；标出楼地面标高。

链接执考

1. 建筑物内厨房的顶棚装修，应选择以下哪种材料？（   ）。[2008 年一级建筑师试题（单选题）]

    A. 纸面石膏板　　　　　B. 矿棉装饰吸声板　　　C. 铝合金板　　　　　D. 岩棉装饰板

2. 关于吊顶变形缝的结构要求，错误的是（   ）。[2013 年一级建筑师试题（单选题）]

    A. 在建筑物变形缝处吊顶也应该设变形缝

    B. 吊顶变形缝的宽度可根据装修需要变化

    C. 吊顶变形缝处主次龙骨和面板都需断开

    D. 吊顶变形缝应考虑防火防水隔声等要求

3. 下列地面面层中，属于整体面层的是（   ）。[2011 年一级建造师试题（单选题）]

    A. 水磨石面层　　　　　B. 花岗石面层　　　　　C. 大理石面层　　　　D. 实木地板面层

模块 8

屋 顶

【模块概述】

屋顶是建筑物最上层的承重和围护构件，也是房屋组成中重要的构件之一。建筑工程技术人员必须熟悉和掌握屋顶的基本知识。本模块重点讲述屋顶的排水、防水和保温，简要介绍坡屋顶相关的内容。

【知识目标】

1. 学习屋顶的基本知识；
2. 掌握平屋顶排水组织设计；
3. 掌握平屋顶防水构造做法以及细部构造；
4. 掌握平屋顶保温隔热构造；
5. 了解坡屋顶承重方案及坡屋顶的细部构造。

【技能目标】

1. 初步掌握屋顶有组织排水方式及排水组织设计；
2. 能进行屋顶防水层的构造设计，并能正确识读施工图；
3. 能对屋顶的保温隔热进行合理设计。

【课时建议】

6 课时

大连某学校五层宿舍楼，总长度为 48 m，总宽度为 15 m，对称式体型，南北朝向，框架结构。在屋顶设计中采用如下方案及做法：屋面为坡度 2‰ 的平屋顶，采用材料找坡，找坡材料采用 1∶8 水泥珍珠岩，两坡排水；屋顶排水方式采用了有组织的女儿墙外排水，南向及北向墙面分别均匀对称敷设了 4 个直径为 100 mm 的 PVC 落水管，落水管间距约 16 m。大连为寒冷地区，故本工程屋顶采用 120 mm 厚聚苯板保温层，上铺卷材防水层。

同学们，通过上面的例子你了解屋顶设计中的基本内容吗？相关的屋顶理论知识又是怎样的呢？

8.1 屋顶的概述

8.1.1 屋顶的作用

1. 承重作用

作为房屋的主要承重构件，屋顶承受自重荷载以及作用其上的风、雨、雪、检修、设备荷载等，并对房屋上部起水平支撑的作用。

2. 围护作用

屋顶是房屋最上层的水平围护构件，围护建筑空间，防御自然界的风、雨、雪、太阳辐射热和冬季低温等的影响。

3. 装饰建筑立面

屋顶位于建筑物的最顶部，对建筑物的风格也起着十分重要的作用，同时对建筑立面和整体造型也有很大的影响。

8.1.2 屋顶的类型

屋顶按采用的材料和结构类型不同分为平屋顶、坡屋顶和曲面屋顶三种类型。

1. 平屋顶

平屋顶通常是指屋面坡度小于 5% 的屋顶，常用坡度为 2%～3%。其承重结构为现浇或预制的钢筋混凝土板，屋面上做防水、保温、隔热处理。平屋顶的主要优点是节约材料，构造简单，适用于各种形状和大小的建筑平面，当然这类屋面应用最为广泛，如图 8.1 所示。

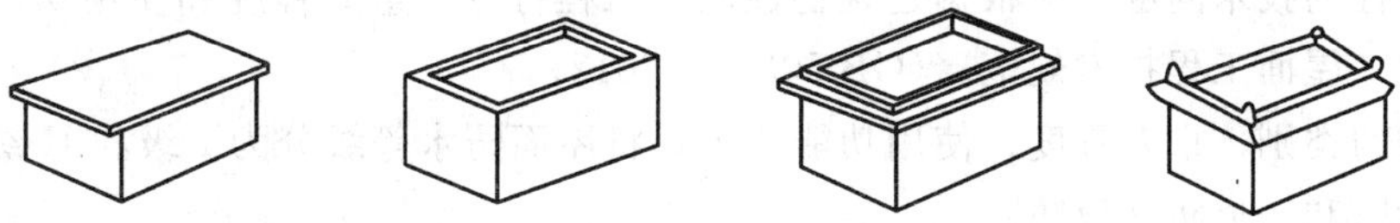

(a)挑檐平屋顶　　(b)女儿墙平屋顶　　(c)挑檐女儿墙平屋顶　　(d)盝顶平屋顶

图 8.1　平屋顶

2. 坡屋顶

坡屋顶通常是指屋面坡度大于 10% 的屋顶。坡屋顶在我国历史悠久，应用广泛，如图 8.2 所示。

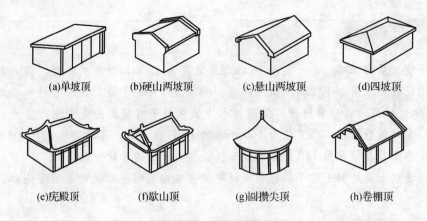

(a)单坡顶　　(b)硬山两坡顶　　(c)悬山两坡顶　　(d)四坡顶

(e)庑殿顶　　(f)歇山顶　　(g)圆攒尖顶　　(h)卷棚顶

图 8.2　坡屋顶

3. 曲面屋顶

曲面屋顶的承重结构多为空间结构，如薄壳结构、悬索结构、张拉膜结构和网架结构等。这些空间结构具有受力合理，节约材料的优点，但施工复杂，造价高，一般适用于大跨度的公共建筑，如图 8.3 所示。

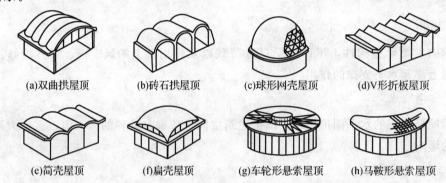

(a)双曲拱屋顶　　(b)砖石拱屋顶　　(c)球形网壳屋顶　　(d)V形折板屋顶

(e)筒壳屋顶　　(f)扁壳屋顶　　(g)车轮形悬索屋顶　　(h)马鞍形悬索屋顶

图 8.3　曲面屋顶

8.1.3 屋顶的设计要求

1. 结构要求

首先屋顶是房屋的主要承重构件，承受屋顶上的全部荷载，所以要求其要有足够的强度；其次屋顶作为房屋的主要水平构件，为防止因结构变形引起屋面防水层漏水，要求其要有足够的刚度。

2. 防水要求

屋顶的主要功能之一就是"遮风雨"，因此屋顶防水是屋顶构造设计应满足的基本要求。屋顶防水是一项综合性的技术问题，应根据建筑物性质、工程特点、重要程度和使用功能等进行防水设防。同时要依据《屋面工程技术规范》（GB 50345－2012）。

根据建筑物的类别、重要程度、使用功能要求，将屋面防水等级分为Ⅰ级和Ⅱ级，设防要求分别为两道防水设防和一道防水设防。

3. 保温隔热要求

我国北方地区冬季寒冷，需要采暖，室内温度比室外高，屋顶作为外围构件需按保温要求设计，以减少热量散失，避免顶棚表面结露或内部受潮等问题。

4. 美观要求

屋顶是建筑物立面形体的重要组成部分，其形式对建筑的特征有较大影响。在中国的古建筑中，装修精美的屋顶细部是建筑物的重要特征之一。

8.2 平屋顶

8.2.1 平屋顶的组成

屋顶通常由面层、承重结构、保温或隔热层以及顶棚等部分组成，如图8.4所示。

1. 面层

屋顶面层直接承受施工荷载、使用时的维修荷载以及自然界各种因素的长期作用，因此屋面材料应具有一定的强度、良好的防水性和耐久性。

2. 承重结构

承重结构承受屋顶自重以及屋面传来的各种荷载。承重结构一般采用钢筋混凝土屋面板或屋架等，对于内部空间要求较大的建筑屋顶一般采用空间结构。

3. 保温、隔热层

当对屋顶有保温隔热要求时，需要在屋顶中设置相应的保温隔热层，防止外界温度变化对建筑物室内空间带来的影响。

4. 顶棚

顶棚用于改善室内环境和满足使用要求，并且起到装饰室内空间的作用。

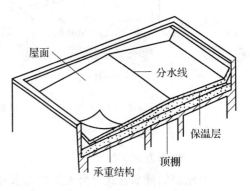

图 8.4 平屋顶组成

8.2.2 平屋顶的排水

1. 平屋顶排水坡度的形成

（1）屋顶坡度的表示方法。

常用的坡度表示方法有斜率法、百分比法和角度法三种，如图8.5所示。斜率法是以屋顶高度与坡面的水平投影长度之比表示，如1∶2、1∶10等，可用于平屋顶或坡屋顶；百分比法是以屋顶高度与坡面的水平投影长度的百分比表示，如2％、3％等，多用于平屋顶；角度法是以倾斜屋面与水平面的夹角表示，如30°、45°等，多用于有较大坡度的坡屋顶，目前在工程中较少采用。

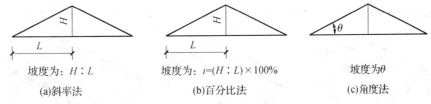

坡度为：$H∶L$

(a)斜率法

坡度为：$i=(H∶L)×100\%$

(b)百分比法

坡度为 θ

(c)角度法

图 8.5 屋顶坡度表示方法

（2）屋顶坡度的形成方法。

平屋顶排水坡度的形成有结构找坡和材料找坡两种方法。

①材料找坡。又称垫置坡度，是指屋面板水平放置，在屋面板上用轻质材料铺垫而形成屋面坡度，坡度宜为2％，如图8.6（a）所示。找坡材料多用炉渣等轻质材料加水泥或石灰形成，也可利用保温材料本身形成坡度。材料找坡可使室内顶棚平整，但是增加了屋面自重。

②结构找坡。又称搁置坡度，是指将屋面板搁放在有一定倾斜度的梁或墙上而形成屋面坡度，坡度宜为3％，如图8.6（b）所示。结构找坡不需额外做找坡层，屋面荷载小，施工简便，但这种

做法使屋顶结构底面倾斜，一般多用于生产类建筑和室内设有吊顶棚的建筑。

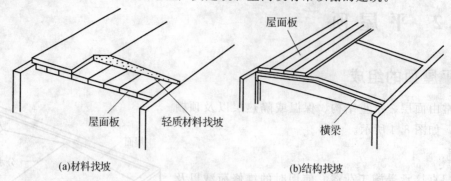

(a)材料找坡   (b)结构找坡

图8.6　屋顶坡度的形成方法

2. 平屋顶的排水方式

（1）排水方式。

平屋顶的排水方式分为无组织排水和有组织排水两大类。

①无组织排水。指屋面的雨水经挑檐自由下落，不用天沟、雨水管导流雨水，又称自由落水，如图8.7所示。无组织排水具有构造简单、造价低廉的优点，但是容易侵蚀墙面及地面，故常用于低层或次要建筑以及雨水较少地区。

②有组织排水。指在屋顶设置排水设施——天沟，将雨水有组织地排到室外地面或地下排水系统。按照雨水管的位置，有组织排水分为内排水和外排水两种。

a. 内排水。在大面积多跨屋面、高层建筑、外观造型要求较高以及严寒地区的建筑，应优先采用内排水方式。使雨水经雨水口流入室内雨水管，再由地下管道把雨水排到室外排水系统，如图8.8所示。

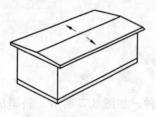

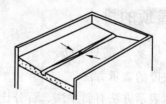

图8.7　无组织排水　　　　　　　　**图8.8　有组织内排水**

b. 外排水。是指雨水管设在室外的一种排水方式。其优点是雨水管不妨碍室内空间使用和美观，构造简单，因而被广泛应用。根据檐口的做法，外排水又可分为檐沟外排水、女儿墙外排水、女儿墙檐沟外排水等形式，如图8.9所示。

(a)檐沟外排水　　　　　　(b)女儿墙外排水　　　　　(c)女儿墙檐沟外排水

图8.9　有组织外排水

（2）排水设计。

屋面排水设计的主要内容如下：

①确定排水坡面的数目。一般临街建筑的宽度小于12 m时，可采用单坡排水。大于12 m时，

为避免水流路线过长可采用双坡排水。坡屋顶应根据建筑造型要求选择单坡、双坡或四坡排水。

②划分排水区域。为使雨水管负荷均匀，需要将屋面划分为若干排水区，排水区的面积是指屋面水平投影的面积，一般按每根落水管可排除约 200 m² 进行设计。

③确定天沟形式及尺寸。天沟即屋面上的排水沟，位于檐口部位时又称檐沟。设置天沟是为了汇集雨水并排除。天沟的净宽应不小于 200 mm，沿沟底长度方向设置纵向排水坡，坡度不应小于 0.3%，一般范围为 0.5%~1%，分水线处最小深度不小于 120 mm，如图 8.10 所示。当采用女儿墙外排水方案时，可利用倾斜的屋面与垂直的墙面构成三角形天沟，如图 8.11 所示。

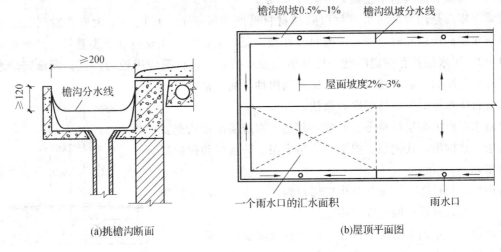

(a)挑檐沟断面   (b)屋顶平面图

图 8.10　平屋顶檐沟外排水矩形天沟

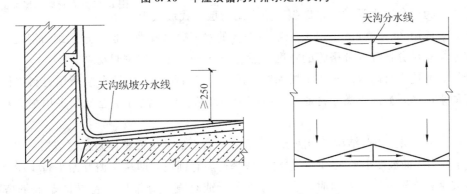

图 8.11　平屋顶女儿墙外排水三角形天沟

④确定雨水管规格及间距。雨水管按材料不同有铸铁、陶土、镀锌铁皮和 PVC 等，目前常用的材料为 PVC 雨水管，雨水管常用直径为 75~100 mm，间距一般在 18~24 m。

```
┌┈┈┈┈┈┈┈┈┈┈┈┈┈┈┈┈┈┈┈┈┈┈┈┈┈┈┈┈┈┈┈┈┈┈┈┈┈┈┈┐
┊                   技术提示                   ┊
┊   对于复杂体型建筑工程，或由于建筑造型需要，其屋顶排水方式可以采用多种方式结合在   ┊
┊ 一起，如内排水与外排水结合等。                 ┊
└┈┈┈┈┈┈┈┈┈┈┈┈┈┈┈┈┈┈┈┈┈┈┈┈┈┈┈┈┈┈┈┈┈┈┈┈┈┈┈┘
```

【知识拓展】

屋顶平面图也称屋面排水图，主要表明屋顶的形状，屋面排水方向及坡度，檐沟、女儿墙、屋脊线、落水口、上人孔、水箱及其他构筑物的位置和索引符号等。屋顶平面图通常比较简单，可用较小的比例绘制，常用 1∶100 或 1∶200。

8.2.3 平屋顶的防水构造

根据屋面防水层的不同，平屋顶的防水有柔性防水屋面、刚性防水屋面、涂料防水屋面以及粉剂防水屋面等多种做法，本节主要介绍柔性防水屋面和刚性防水屋面。

1. 平屋顶柔性防水屋面

柔性防水屋面是指屋面防水层采用能很好地适应温度变化和结构变形的延性较好的材料形成。包括卷材防水屋面和涂膜防水屋面。

卷材防水屋面是用柔性防水卷材以胶结材料粘贴在屋面上，形成一个大面积封闭的防水覆盖层。卷材防水屋面所用卷材有沥青类卷材及新型屋面防水卷材（合成高分子类卷材、高聚物改性沥青类卷材等），防水层具有一定的延伸性和适应变形的能力，目前应用较为广泛。而涂膜防水屋面因为材料性质的原因，适用范围具有一定的局限性，尚未推广使用。

（1）卷材防水屋面的构造层次和做法。

卷材防水屋面由多层材料叠合而成，其基本构造层次按构造要求由顶棚层、结构层、找坡层、找平层、结合层、防水层和保护层组成，如图8.12所示。

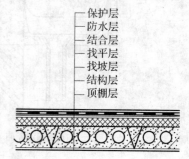

图8.12 卷材防水屋面的构造层次

①结构层。卷材防水屋顶的结构层通常为预制或现浇钢筋混凝土屋面板，要求具有足够的强度和刚度。

②找坡层。当屋顶采用材料找坡时应设置找坡层，一般做法是在结构层上铺1∶（6～8）的水泥焦砟或水泥膨胀蛭石等。

③找平层。为避免防水卷材凹陷破裂，应在结构层或找坡层上设置找平层，一般用20～30 mm厚1∶3或1∶2.5的水泥砂浆找平，也可选用细石混凝土、沥青砂浆找平。找平层宜设分格缝。分格缝的宽度一般为20 mm，并嵌填密封材料。

④结合层。为使卷材防水层与找平层黏结牢固，应设置结合层。结合层所用材料应根据防水卷材材料的不同来选择，如沥青类卷材通常用冷底子油做结合层，高分子卷材则多用配套基层处理剂做结合层。

⑤防水层。防水层是由胶结材料和防水卷材交替黏合而成的屋面整体防水覆盖层，层数或厚度由防水等级确定。当屋面坡度小于3％时，卷材一般平行屋脊铺设，即从屋檐开始平行于屋脊由下向上铺设；屋面坡度在3％～15％之间时，卷材可以平行或垂直屋脊铺贴；卷材铺贴上下搭接不小于70 mm，左右搭接不小于100 mm，具体构造如图8.13所示。

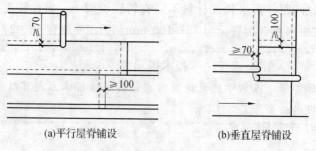

(a)平行屋脊铺设　　(b)垂直屋脊铺设

图8.13 卷材防水屋面的铺设

为防止卷材起鼓造成防水层破裂，除应待基层干燥后施工或增设隔气层之外，还应在构造上采取相应措施，即将卷材采用点铺、条铺或设置排气孔，以将防水层下面的水汽排除。

⑥保护层。保护层的材料视防水层的材料和屋面的利用情况而定。不上人屋面保护层采用油毡防水层时为粒径3～5 mm的小石子，称为绿豆砂保护层；上人屋面的保护层具有保护防水层和兼做行走面层的双重作用，因此，上人屋面应满足防水、平整和耐磨的要求，通常可采用水泥砂浆或

沥青砂浆铺贴缸砖、大阶砖、混凝土板等；也可现浇 40 mm 厚 C20 细石混凝土。

常见柔性防水屋面的构造做法如图 8.14 所示。

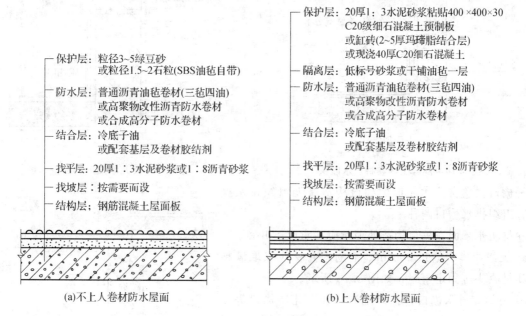

保护层：粒径3~5绿豆砂
　　　　或粒径1.5~2石粒(SBS油毡自带)
防水层：普通沥青油毡卷材(三毡四油)
　　　　或高聚物改性沥青防水卷材
　　　　或合成高分子防水卷材
结合层：冷底子油
　　　　或配套基层及卷材胶结剂
找平层：20厚1:3水泥砂浆或1:8沥青砂浆
找坡层：按需要而设
结构层：钢筋混凝土屋面板

(a)不上人卷材防水屋面

保护层：20厚1:3水泥砂浆粘贴400×400×30
　　　　C20级细石混凝土预制板
　　　　或缸砖(2~5厚玛琋脂结合层)
　　　　或现浇40厚C20细石混凝土
隔离层：低标号砂浆或干铺油毡一层
防水层：普通沥青油毡卷材(三毡四油)
　　　　或高聚物改性沥青防水卷材
　　　　或合成高分子防水卷材
结合层：冷底子油
　　　　或配套基层及卷材胶结剂
找平层：20厚1:3水泥砂浆或1:8沥青砂浆
找坡层：按需要而设
结构层：钢筋混凝土屋面板

(b)上人卷材防水屋面

图 8.14　卷材防水屋面构造

（2）卷材防水屋面的细部构造。

卷材防水屋顶在构造交界处容易发生渗漏，如檐口、屋面与突出构件之间、变形缝、雨水口等处，所以应加强这些部位的防水处理。

①泛水。泛水是指屋面防水层与垂直于屋面的突出物交接处的防水构造。一般屋面防水层与女儿墙、上人屋面的楼梯间、突出屋面的电梯机房、水箱间、高低屋面交接处等，均需做泛水。

卷材防水屋顶在泛水构造处理时应注意以下几点：

a. 泛水的高度一般不小于 250 mm，铺贴泛水处的卷材应采取满粘法。

b. 在垂直面与水平面交接处应做成弧形或 45°斜面，并且要加铺一层卷材。

c. 做好泛水的收头固定。当女儿墙为砖墙时，可在砖墙上预留凹槽，卷材收头压入凹槽内固定密封，凹槽距屋面找平层最低高度不小于 250 mm，凹槽上部的墙体应做好防水处理，如图 8.15 所示；当女儿墙为混凝土时，卷材收头直接用压条固定于墙上，用金属或合成高分子盖板做挡雨板，并用密封材料封固缝隙，如图 8.16 所示。当女儿墙较低时，卷材收头可直接铺压在女儿墙压顶下，压顶需做好防水处理，如图 8.17 所示。

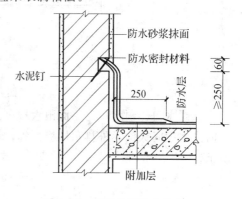

防水砂浆抹面
防水密封材料
水泥钉
防水层
250
≥250
60
附加层

图 8.15　砖墙卷材泛水收头

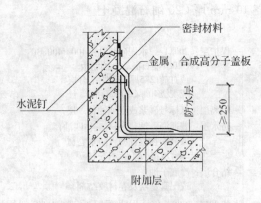

图 8.16 混凝土墙卷材泛水收头

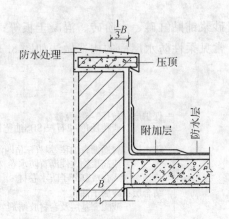

图 8.17 女儿墙压顶卷材泛水收头

②檐口。卷材防水屋面的檐口构造有无组织排水挑檐和有组织排水檐口两种。

卷材防水屋面在檐口构造处理时应注意以下几点：

a. 无组织排水檐口 800 mm 范围内卷材应采取满粘法，卷材收头应固定密封，如图 8.18 所示。

b. 有组织排水檐口包括外挑檐口和女儿墙檐口等多种形式。挑檐沟与屋面交接处应增铺附加层，且附加层宜空铺，空铺宽度应为 200 mm，卷材收头应固定密封，如图 8.19 所示。女儿墙檐口构造的关键是做好泛水的构造处理。

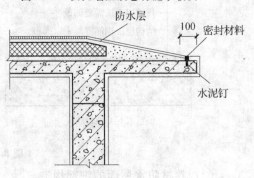

图 8.18 无组织排水檐口构造

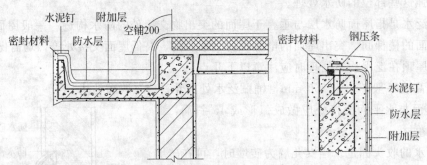

图 8.19 有组织排水檐口构造

③雨水口。雨水口是屋面雨水排至落水管的连接构件，分为直管式和弯管式两种。直管式适用于内排水中间天沟、外排水挑檐沟等，如图 8.20 所示；弯管式则适用于女儿墙外排水，如图 8.21 所示。

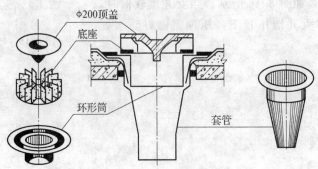

图 8.20 直管式雨水口

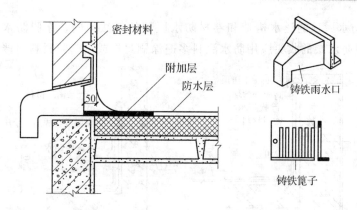

图 8.21 弯管式雨水口

（3）涂膜防水屋面。

①构造层次和做法。涂膜防水屋顶的构造层次与卷材防水屋顶类似，由结构层、找坡层、找平层、结合层、防水层和保护层组成，如图 8.22 所示。

a. 结构层和找坡层。构造做法同卷材防水屋顶。

b. 找平层。涂膜防水层紧密地依附于找平层，因此找平层应有足够的强度，尽可能避免裂缝的产生。一般采用 25 mm 厚 1：2.5 水泥砂浆，或 30～40 mm 厚掺膨胀剂的 C20 细石混凝土。找平层应压实、表面平整，并要求设置分格缝。

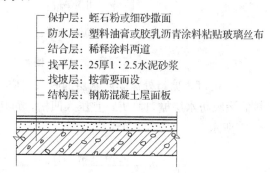

图 8.22 涂膜防水屋顶构造

c. 结合层。又称基层处理剂，常采用涂膜防水材料稀释后使用，高聚物改性沥青防水涂料及合成高分子防水涂料，结合层一般采用涂料提供商配套供应的材料。

d. 防水层。涂膜防水层一般由两层以上涂层组成，应根据防水涂料的品种分层分遍涂刷，一般每层刷 2～3 遍，并待先涂的涂层干燥成膜后方可涂刷后一遍涂料。为了提高涂膜防水层的抗裂能力，延长防水层的作用年限，可在涂膜防水层中夹铺胎体增强材料，常用的胎体增强材料有聚酯无纺布、化纤无纺布或玻纤网格布等。

e. 保护层。涂膜防水屋顶通常采用撒粘细砂、云母或蛭石，抹水泥砂浆，浇细石混凝土，铺砌板块等做防水层的保护层。用水泥砂浆铺砌板块以及现浇水泥砂浆或细石混凝土做刚性保护面层时，与防水层之间应设置隔离层。

②涂膜防水屋顶的细部构造。

a. 分格缝。为避免涂膜防水层由于温度变化和结构变形而引起基层开裂，致使防水层渗漏，应在找平层上设置分格缝，间距不宜大于 6 m，缝宽宜为 20 mm 并嵌填密封材料，一般设在板的支承处，如图 8.23 所示。

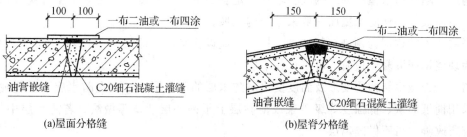

(a)屋面分格缝   (b)屋脊分格缝

图 8.23 分格缝构造

　　b. 泛水。涂膜防水屋顶的泛水构造和卷材防水屋顶的做法类同。涂膜防水层应直接涂刷至女儿墙的压顶下，涂膜防水层的收头应用防水涂料多遍涂刷封严或用密封材料封严，如图8.24所示。

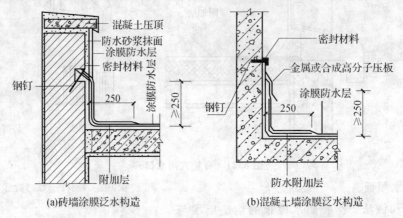

(a)砖墙涂膜泛水构造　　　　　　　　(b)混凝土墙涂膜泛水构造

图8.24　涂膜防水泛水构造

　　c. 檐口。檐口处涂膜防水层的收头，应用防水涂料多遍涂刷或用密封材料封严；有胎体增强材料的涂膜防水层檐口收头，宜压入凹槽，再用密封材料封口；檐口下端应抹出滴水。檐口构造如图8.25所示。

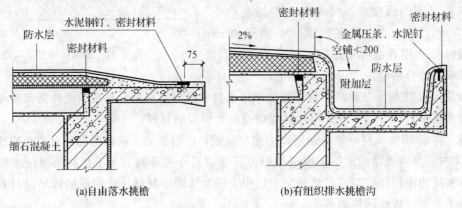

(a)自由落水挑檐　　　　　　　　(b)有组织排水挑檐沟

图8.25　涂膜防水屋顶檐口构造

2. 平屋顶刚性防水屋面

　　刚性防水屋顶是指以刚性材料作为防水层的屋面，如防水砂浆、细石混凝土、配筋细石混凝土防水屋面等。

　　(1) 刚性防水屋顶的构造层次和做法。

　　刚性防水屋顶一般由结构层、找平层、隔离层和防水层组成。

　　①结构层。刚性防水屋顶的结构层要求具有足够的强度和刚度，一般应采用现浇或预制装配的钢筋混凝土屋面板，刚性防水屋面一般采用结构找坡。

　　②找平层。当结构层为预制钢筋混凝土板时，应设找平层，即用20 mm厚1∶3水泥砂浆找平。当结构层为现浇钢筋混凝土板时，可不设找平层。

　　③隔离层。为减少结构层变形及温度变化对防水层的不利影响，宜在防水层下设置隔离层。隔离层通常采用铺纸筋灰、低强度等级砂浆或薄砂层上干铺一层油毡等做法。若防水层中加膨胀剂，其抗裂性有所改善，可不做隔离层。

　　④防水层。刚性防水层常见做法为配筋细石混凝土防水屋面，采用不低于C20的细石混凝土整体现浇，其厚度不宜小于40 mm，内配4～6 mm@100～200 mm的双向钢筋网片，以防止混凝土收缩时产生裂缝，钢筋保护层厚度不小于10 mm。细石混凝土内宜掺入适量外加剂（如膨胀剂、防水

剂等），以提高混凝土的抗裂和抗渗性能。防水砂浆和细石混凝土防水层易开裂渗水，故目前应用较少。配筋细石混凝土防水屋面构造做法如图 8.26 所示。

（2）刚性防水屋顶的细部构造。

①分格缝。分格缝就是设置在刚性防水层中的变形缝，又称分仓缝。设置分格缝的目的在于防止刚性防水层因结构变形、温度变化和混凝土干缩等产生裂缝。分格缝应设置在结构变形敏感部位，如预制板的支承端、屋面转折处、与立墙的交接处等，如图 8.27 所示。

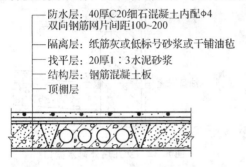

图 8.26 混凝土刚性防水屋面构造

图 8.27 分格缝设置位置

分格缝应与板缝上下对齐，一般纵横间距不宜大于 6 m，缝宽度宜为 20～40 mm。防水层的钢筋在分格缝处应断开，缝内应嵌密封材料，上部铺贴防水卷材。分格缝构造如图 8.28 所示。

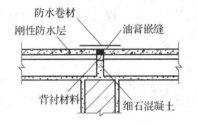

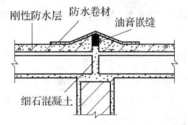

图 8.28 分格缝构造

②泛水。刚性防水屋顶的泛水构造要点与卷材屋面大体相同，为避免刚性防水层与相邻构件变形不一致而使泛水开裂，防水层与屋面突出物之间须设置分格缝，再铺设一层卷材或涂抹一层涂膜附加层。泛水构造如图 8.29 所示。

③檐口。刚性防水屋面的檐口一般有自由落水檐口、挑檐沟外排水檐口和女儿墙外水檐口三种形式。

a.自由落水檐口。应根据檐口挑出的长度直接利用混凝土防水层悬挑或在增设的钢筋混凝土挑檐板上做防水层。无论哪种做法，都应注意做好滴水构造，常见做法如图 8.30 所示。

b.挑檐沟外排水檐口。一般采用钢筋混凝土槽型天沟板，在沟底用找坡材料垫置成纵向排水坡，常见做法如图 8.31 所示。

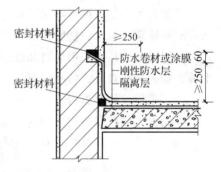

图 8.29 泛水构造

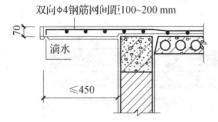

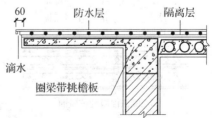

图 8.30 自由落水檐口

c. 女儿墙外排水檐口通常在檐口处做成三角形断面天沟，沟内需设纵向排水坡，常见做法如图 8.32 所示。

d. 雨水口。刚性防水屋顶雨水口形式与卷材防水屋顶的雨水口相同，即用于檐沟外排水的直管式和女儿墙外排水的弯管式两种。

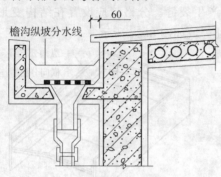

图 8.31　挑檐沟外排水檐口

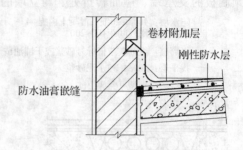

图 8.32　女儿墙外排水檐口

8.2.4　平屋顶的保温、隔热构造

1. 平屋顶的保温

我国北方地区冬季气候寒冷，为了不使室内热量散失太快，保证房屋的正常使用，屋顶应做保温处理。

（1）保温材料。

保温材料应具有吸水率低、导热系数较小、并具有一定强度的性能，其选择应根据建筑物的使用性质、构造方案、经济指标等因素综合考虑来确定。屋面保温材料一般为轻质多孔材料，分为散料类、整体类和板块类三种类型。

①散料类。如膨胀蛭石、膨胀珍珠岩、矿棉、炉渣矿渣等；

②整体类。是以散料类保温材料为集料，掺入一定量的胶结材料整体浇筑而成，如水泥炉渣、沥青膨胀珍珠岩、水泥膨胀蛭石等；

③板块类。是指利用集料和胶结材料由工厂制作而成的板块材料，如加气混凝土板、泡沫混凝土板、膨胀珍珠岩板、膨胀蛭石板、矿棉板、岩棉板、泡沫塑料板、木丝板、刨花板、甘蔗板等。

（2）平屋顶的保温构造。

根据保温层在屋顶构造中的相对位置不同，可分为正铺法和倒铺法两种，如图 8.33 所示。

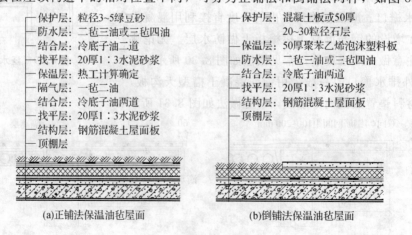

(a)正铺法保温油毡屋面　　　(b)倒铺法保温油毡屋面

图 8.33　平屋顶的保温构造

①正铺法。将保温层设在防水层下。这种做法能有效减少外界温度变化对结构的影响，而且受力合理，施工方便。为防止室内水蒸气从屋面板的孔隙渗透进保温层产生凝结水，使保温层受潮降低保温性能，宜设置隔气层。隔气层的一般做法是在结构层上做找平层、结合层，再铺一毡二油或涂两道热沥青。由于保温层设置在隔气层和防水层之间，处于封闭状态，保温层和找平层在施工中残留的水分无法排出，在太阳照射下产生的水汽会造成防水层鼓包破裂。因此应在结构层之上、保温层之下设置隔蒸汽层。在保温层中设排气通道，排气通道应与排气孔相通，同时排气孔应做防水处理，如图 8.34 所示。

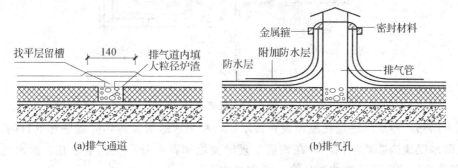

(a)排气通道　　　　　　　　　　　(b)排气孔

图 8.34　柔性防水屋顶排气构造

②倒铺法。将保温层设在防水层之上。这种做法防水层不受外界气候的影响，不受外力作用的破坏，但保温材料受限。保温材料应采用吸湿性差、耐气候性强的材料，如聚苯乙烯或聚氨酯泡沫塑料板等有机保温材料。可选择较重的混凝土板或大粒径的石子做保护层。

2. 平屋顶的隔热

我国南方地区夏季气候炎热，在太阳辐射作用下，屋顶温度较高，为降低屋顶热量对室内的影响，应采取适当的构造措施对屋顶进行隔热处理。

平屋顶的隔热有通风隔热、反射降温、植被隔热、蓄水隔热等几种方式。

(1) 通风隔热。通风隔热是在屋顶设置通风间层，使其上层表面起遮挡阳光的作用，利用空气的流动将间层中的大部分热量带走，从而达到隔热降温的目的。一种是利用吊顶棚内的空间做通风隔热间层，如图 8.35 所示；另一种是在屋顶上做架空通风隔热间层，如图 8.36 所示。

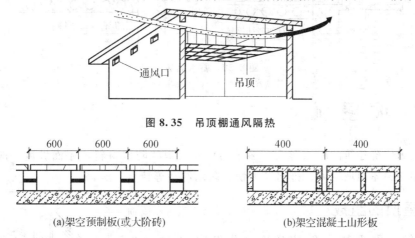

图 8.35　吊顶棚通风隔热

(a)架空预制板(或大阶砖)　　　　　　　　　　(b)架空混凝土山形板

图 8.36　架空通风隔热

(2) 反射降温。反射降温是在屋顶上喷涂白色、浅色涂料或铺浅色的面砖及砾石等。通过屋顶的浅色处理，增强对太阳热辐射的反射率，以达到屋顶隔热降温的目的。如合成高分子卷材外表面覆盖的一层铝箔，就是利用反射降温的原理来达到降低屋面温度而保护卷材的目的。

(3) 植被隔热。植被隔热是在屋顶上种植植物，利用种植介质隔热以及植物光合作用时吸收热量,从而达到隔热降温的目的。这种屋面同时还可以提高绿化面积,对净化空气和改善城市景观都非常有意义,所以目前多用于低层和多层建筑中,其构造要点如图8.37所示。

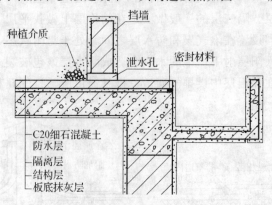

图 8.37 植被隔热

(4)蓄水隔热。蓄水隔热是在屋顶设置蓄水层,利用水的蒸发达到降温隔热的目的。蓄水屋顶构造与刚性防水屋顶构造基本相同,在构造处理时要增加蓄水分仓壁、溢水孔、泄水孔和过水孔,如图8.38所示。但这种屋面维修费用高,不宜推广采用。

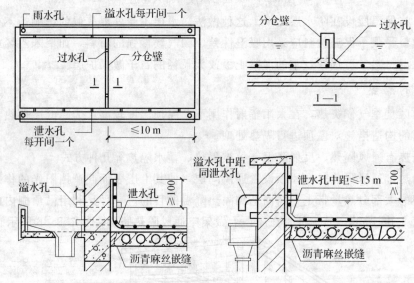

图 8.38 蓄水隔热

8.3 坡屋顶

坡屋顶是我国传统建筑的屋顶形式,多采用块状或板状防水材料,屋面坡度一般大于10°。坡屋顶具有造型多样、屋面坡度大、排水速度快、防水便利等特点。

8.3.1 坡屋顶的组成

坡屋顶一般由承重结构和屋面两部分组成如图8.39所示,必要时可加设保温层、隔热层及顶棚等。

1. 承重结构

承重结构主要承受屋面荷载并把荷载传递到墙或柱上,一般有椽子、檩条、屋架或大梁等。

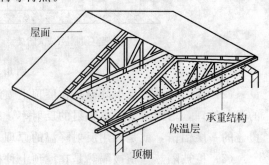

图 8.39 坡屋顶组成

2. 屋面

屋面是屋顶上的覆盖层,直接承受风、雪、雨和太阳辐射等大自然气候的作用。包括屋面盖料和基层,如挂瓦条、顺水条、屋面板等。

3. 顶棚

顶棚是指屋顶下面的遮挡部分,可使室内上部平整、美观、并起到反射光线和装饰的作用。

4. 保温层或隔热层

北方寒冷地区应设保温层,南方炎热地区可设隔热层。保温层或隔热层可设在屋面层或顶棚层,由具体情况而定。

8.3.2 坡屋顶的承重结构形式

坡屋顶的承重结构主要由椽子、檩条、屋面梁和屋架等组成。承重方案主要有横墙承重、屋架承重和梁架承重等,如图 8.40 所示。

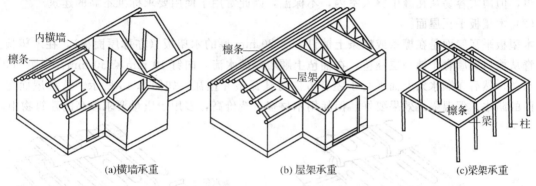

内横墙
檩条
檩条
屋架
檩条
梁
柱

(a)横墙承重   (b)屋架承重   (c)梁架承重

图 8.40　坡屋顶的承重结构类型

1. 横墙承重

横墙承重,又称山墙承重或硬山搁檩,是指将横墙顶部按屋顶坡度大小砌成三角形,其上搁置承重构件。其承重构件的搁置方式有两种:一种是在横墙上直接搁置檩条或钢筋混凝土屋面板;另一种是在横墙上搁置檩条,在檩条上铺设椽子后铺设屋顶面层,如图 8.40 (a) 所示。常用檩条有木檩条、混凝土檩条、钢檩条等。由于檩条及挂瓦板的跨度限制,横墙承重一般适用于住宅、旅馆等开间较小的建筑。

2. 屋架承重

屋架承重是指屋架搁置在外纵墙或柱上,屋架上搁置檩条或钢筋混凝土屋面板来承受屋面荷载的结构形式,如图 8.40 (b) 所示。屋架可用木材、钢材、钢筋混凝土制作,如图 8.41 所示。由于屋顶坡度较大,常采用三角形屋架,也称桁架,一般由上弦杆、下弦杆以及腹杆组成。屋架承重多用于要求有较大空间的建筑,如食堂、工业厂房等。

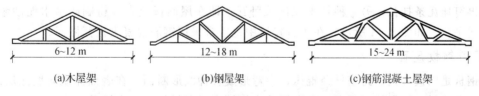

6~12 m   12~18 m   15~24 m

(a)木屋架   (b)钢屋架   (c)钢筋混凝土屋架

图 8.41　屋架形式

3. 梁架承重

梁架承重是我国古建筑屋顶的主要结构形式,又称木构架。它一般由立柱和横梁组成的梁架作为屋顶和墙身的承重骨架,并利用檩条将梁架联系起来形成整体骨架,如图 8.40 (c) 所示。墙体填充在骨架之间，不承重，只起围护和分隔作用。梁架承重整体性及抗震性能较好，耗木材多，防火性差，现很少采用。

8.3.3 坡屋顶的构造

坡屋顶一般在基层上搁置瓦材作为防水面层。基层有檩式和板式两种。檩式是指将檩条搁置在横墙或屋架上，檩条上面铺设屋面板或椽子；板式是指钢筋混凝土结构屋面作为瓦屋面的基层；面层材料有平瓦、油毡瓦、西式陶瓦、波形瓦、金属瓦、压型钢板等。这里仅介绍平瓦屋面及压型钢板屋面构造做法。

1. 平瓦屋面

平瓦屋面根据基层的不同主要有冷摊瓦屋面、木望板平瓦屋面和钢筋混凝土板瓦屋面三种做法。

（1）冷摊瓦屋面。

冷摊瓦屋面也称空铺平瓦屋面，在椽子上钉挂瓦条后直接挂瓦，如图 8.42 所示。这种方法构造简单，但雨雪容易从瓦缝中飘入室内，不保温，因此常用于使用要求标准不高的建筑。

（2）木望板平瓦屋面。

木望板平瓦屋面是在檩条或椽条上铺钉 15～20 mm 厚的木望板（亦称屋面板），在木望板上平行屋脊从檐口到屋脊干铺一层油毡，在油毡上顺着屋面水流方向钉 10 mm×30 mm、中距 500 mm 的顺水条，然后在顺水条上面平行于屋脊方向钉挂瓦条并挂瓦，如图 8.43 所示。这种屋面比冷摊瓦屋面的防水、保温隔热效果要好，但耗用木材多、造价高，多用于质量要求较高的建筑物中。

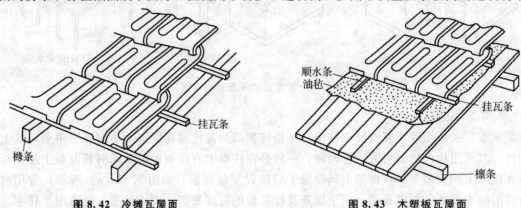

图 8.42 冷摊瓦屋面　　　　　　　　　图 8.43 木塑板瓦屋面

（3）钢筋混凝土板瓦屋面。

瓦屋面由于保温、防火或造型等的需要，可将钢筋混凝土板作为瓦屋面的基层。钢筋混凝土坡屋顶按照施工方式可分为预制装配式和现浇整体式。装配式结构是在横墙、屋面梁或屋架上放置屋面板作为结构层，一般用于坡度较小的坡顶；现浇整体式是采用现浇的板式或梁板式结构，能形成较大的坡度。

盖瓦的方式有两种：一种是挂瓦条挂瓦，在找平层上铺油毡一层，用压毡条钉在嵌在板缝内的木楔上，再钉挂瓦条挂瓦；另一种是水泥砂浆卧瓦，即在屋面板上直接粉刷防水水泥砂浆并贴瓦、陶瓷面砖或平瓦，如图 8.44 所示。在仿古建筑中也常常采用钢筋混凝土板瓦屋面。

2. 压型钢板屋面

压型钢板是以镀锌钢板为基材经辊压、冷弯形成各种波形断面，在表面涂刷防腐涂层或彩色烤漆而成的屋面材料。根据使用要求，可在板的中间填充保温材料，成为保温夹芯板。

当采用压型钢板作为屋面材料时，檩条一般采用槽钢、工字钢或轻钢檩条，在檩条上固定钢板支架，采用螺钉、螺栓等紧固件将屋面板固定于支架上，如图 8.45 所示。

压型钢板屋面具有自重轻、色泽丰富、施工方便快捷、寿命长、免维护等特点，适用于工业建筑、大跨度钢结构等建筑。

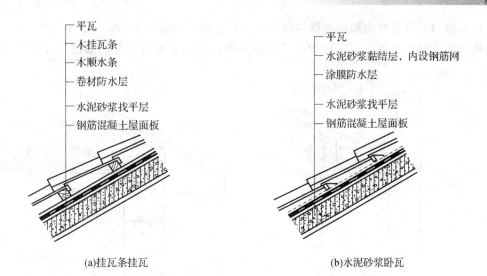

(a)挂瓦条挂瓦　　　　　　(b)水泥砂浆卧瓦

图 8.44　钢筋混凝土板平瓦屋面

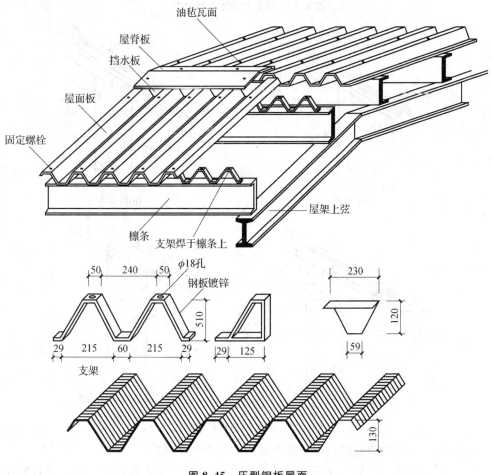

图 8.45　压型钢板屋面

8.3.4　坡屋顶的细部构造

1. 檐口

檐口包括纵墙檐口和山墙檐口。

（1）纵墙檐口。纵墙檐口有封檐和挑檐两种做法。

①封檐是檐口处外墙高出屋面将檐口包住，也称包檐，如图 8.46（a）所示。

②挑檐即屋面挑出外墙，用以保护外墙不受雨淋，挑檐常见构造做法如图 8.46（b）、图 8.47 所示。

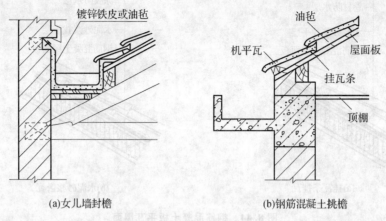

(a)女儿墙封檐　　　　　　　(b)钢筋混凝土挑檐

图 8.46　有组织排水纵墙檐口

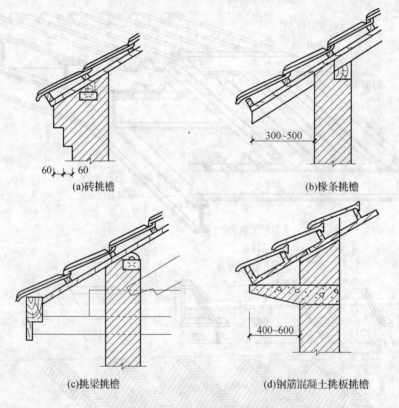

(a)砖挑檐　　　　　　　　　(b)椽条挑檐

(c)挑梁挑檐　　　　　　　　(d)钢筋混凝土挑板挑檐

图 8.47　无组织排水纵墙挑檐

（2）山墙檐口。山墙檐口按屋顶形式分为硬山和悬山两种做法。

①硬山檐口做法是将山墙高出屋面，在山墙和屋面交接处做泛水处理，一般做砂浆抹灰泛水、小青瓦坐浆泛水、镀锌铁皮泛水，如图 8.48 所示。

②悬山檐口是将屋面挑出山墙，常用檩条挑出山墙，用封檐板封住，沿山墙挑檐边的一行瓦，用水泥砂浆抹出披水线，进行封固，如图 8.49 所示。

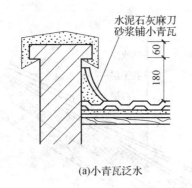

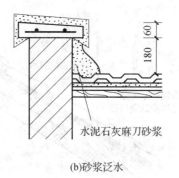

(a)小青瓦泛水　　　　　　(b)砂浆泛水

图 8.48　硬山檐口

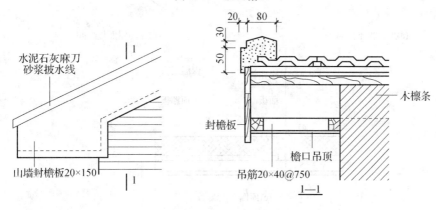

图 8.49　悬山封檐

2. 屋脊和天沟

互为相反的坡面在高处相交形成屋脊，屋脊处应用 V 形脊瓦盖缝，如图 8.50（a）所示。

在等高跨和高低跨屋面相交处常出现天沟。这里雨水集中，对防水问题应特殊处理。天沟应有足够的截面尺寸防止溢水，构造上常用镀锌薄钢板折成槽状，两边包钉在木条上，以作为防水层，如图 8.50（b）所示。

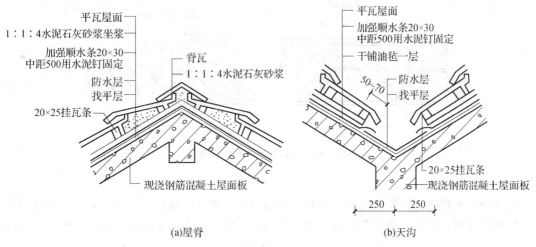

(a)屋脊　　　　　　　　(b)天沟

图 8.50　屋脊和天沟的构造

3. 坡屋顶的保温构造

（1）钢筋混凝土结构坡屋顶。

①在屋面板下用聚合物砂浆粘贴聚苯乙烯泡沫塑料板保温层，如图 8.51（a）所示。

②在瓦材和屋面板之间铺设一层保温层，如图 8.51（b）所示。

③在顶棚上铺设保温材料，如纤维保温板、泡沫塑料板、膨胀珍珠岩等，如图 8.51（c）所示。

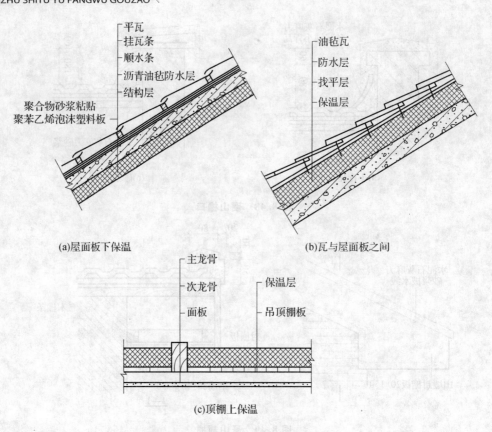

(a)屋面板下保温   (b)瓦与屋面板之间

(c)顶棚上保温

图 8.51 钢筋混凝土结构坡屋顶保温

（2）金属压型钢板屋面。

可在板上铺保温材料（如乳化沥青珍珠岩或水泥蛭石等），上面做防水层，如图 8.52（a）所示；也可用金属夹心板，保温材料用硬质聚氨酯泡沫塑料，如图 8.52（b）所示。

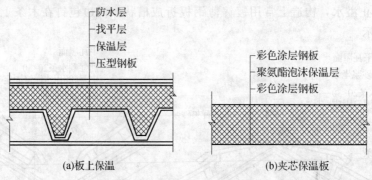

(a)板上保温   (b)夹芯保温板

图 8.52 金属压型钢板屋面保温

4. 坡屋顶隔热

坡屋顶一般利用屋顶通风来隔热，即在屋顶檐口设进风口，屋脊设出风口，形成屋顶内的自然通风，以降低屋顶的温度。通风孔常设在挑檐顶棚处、檐口外墙处和山墙上部，如图 8.53 所示。

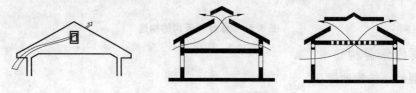

图 8.53 坡屋顶通风隔热屋面

【重点串联】

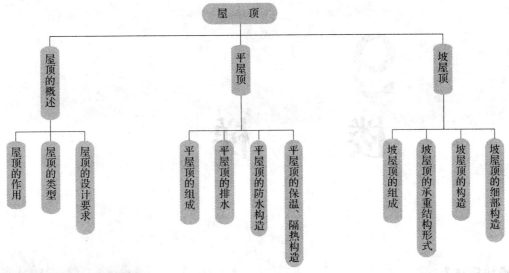

屋顶
- 屋顶的概述
  - 屋顶的作用
  - 屋顶的类型
  - 屋顶的设计要求
- 平屋顶
  - 平屋顶的组成
  - 平屋顶的排水
  - 平屋顶的防水构造
  - 平屋顶的保温、隔热构造
- 坡屋顶
  - 坡屋顶的组成
  - 坡屋顶的承重结构形式
  - 坡屋顶的构造
  - 坡屋顶的细部构造

拓展与实训

职业能力训练

一、选择题

1. 屋顶的坡度形成中材料找坡是指（　　）来形成。

A. 利用预制板的搁置　　　　　　　　B. 利用油毡的厚度

C. 选用轻质材料找坡　　　　　　　　D. 利用结构层

2. 下面不是屋顶坡度表示方法的是（　　）。

A. 高跨比法　　　　B. 角度法　　　　C. 百分比法　　　　D. 斜率法

3. 混凝土刚性防水屋面中，为减少结构变形对防水层的不利影响，常在防水层与结构层之间设置（　　）。

A. 隔热层　　　　　B. 隔蒸汽层　　　　C. 隔声层　　　　D. 隔离层

二、简答题

1. 简述平屋顶排水坡度的形成方法。

2. 屋面排水设计的主要内容有哪些？

工程模拟训练

1. 用图描述不上人卷材防水屋面构造组成层次。

2. 用图描述卷材防水屋面泛水构造。

链接执考

下列关于重要建筑屋面防水等级和设防要求的说法中正确的有（　　）。[2013 年二级建筑师试题（多选题）]

A. 等级为 I 级防水　　　B. 等级为 II 级防水　　　C. 等级为 III 级防水

D. 采用一道设防　　　E. 采用两道设防

模块 9

楼 梯

【模块概述】

建筑空间的竖向组合联系依靠楼梯、电梯、自动扶梯、台阶、坡道及爬梯等竖向交通设施。楼梯作为竖向交通和人员紧急疏散的主要交通设施，使用最为广泛；电梯主要用于高层建筑或有特殊要求的建筑；自动扶梯主要用于人流量大或使用要求高的公共建筑；台阶用于室内外高差的联系；坡道用于建筑物入口处，以方便车辆、轮椅通行；爬梯一般用于消防和检修。

本模块主要介绍楼梯的组成、类型、楼梯尺度与设计方法，钢筋混凝土楼梯的构造，无障碍设计构造等内容。

【知识目标】

1. 了解室外台阶与坡道的构造，了解电梯与自动扶梯；
2. 熟悉楼梯的类型、组成与设计要求；
3. 掌握钢筋混凝土楼梯的类型、构造和楼梯的细部构造；
4. 掌握无障碍设计的构造。

【技能目标】

1. 能够说出坡道、台阶、电梯与自动扶梯各自的适用范围及特点；
2. 能够区分不同类型的楼梯，并根据相关条件和知识进行楼梯设计；
3. 能够熟练识读楼梯平面图、剖面图，并根据相关制图标准准确绘制楼梯平面图、剖面图；
4. 理解楼梯的形式与构造，了解板式楼梯和梁板式楼梯的荷载传递路径；
5. 了解无障碍设计的内容与依据。

【课时建议】

6 课时

工程导入

　　某大学科学楼，主体建筑 16 层，总建筑面积为 22 250 m²，层高为 3.9 m。根据通行和安全疏散要求，主体结构设置了两部平行双跑楼梯和三部电梯，采用防烟楼梯间，楼梯间开间为 5.0 m，进深为 10.0 m，踏步宽 270 mm，踏步高 150 mm。

　　某农村三层住宅，层高为 3.0 m，住宅内设有一部平行双跑楼梯，楼梯间开间为 2.7 m，进深为 6.3 m，采用开敞楼梯间，踏步宽 260 mm，踏步高 167 mm。

　　通过上面两个例子，你觉得同一建筑中电梯和楼梯的位置关系应该是怎样的？一般民用建筑中楼梯尺度要求如何？楼梯的构造怎样？除了楼梯和电梯外，建筑空间的竖向联系还可以通过哪些设施来实现？它们在构造上又有什么要求和特点呢？

9.1 楼梯概述

9.1.1 楼梯的组成

　　楼梯一般由楼梯段、楼梯平台、栏杆扶手三部分组成，如图 9.1 所示。

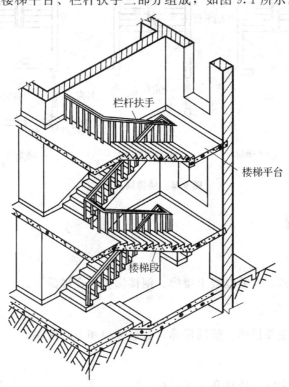

图 9.1　楼梯的组成

1. 楼梯段

　　楼梯段又称梯段或梯跑，是由若干个连续踏步构成的倾斜构件，也是楼梯的主要使用和承重部分。

　　踏步由踏面和踢面组成，供人行走时踏脚的水平部分称为踏面（用 b 表示其宽度），形成踏步高差的垂直部分称为踢面（用 h 表示其高度）。为减少人们上下楼梯时的疲劳和适应人行走的习惯，要求每个楼梯段的踏步数最多不超过 18 级，最少不少于 3 级，以免被忽视而发生安全事故。

2. 楼梯平台

楼梯平台是指连接两梯段之间的水平部分，供楼梯转折和使用者稍作休息之用。楼梯平台分为两种，与楼层标高平齐的平台称为楼层平台，介于两个楼层之间的平台称为休息平台或中间平台。

3. 栏杆扶手

栏杆或栏板是楼梯的安全防护措施，设于梯段边缘及平台临空一侧。栏杆应以坚固、耐久的材料制作，并能承受荷载规范规定的水平荷载。栏杆或栏板顶部供行人倚扶使用的连续构件称为扶手。在公共建筑中，当楼梯段较宽时，常在楼梯段和平台靠墙一侧设置靠墙扶手。

在建筑物中，容纳楼梯的空间称为楼梯间。楼梯间是建筑物中的主要垂直交通空间，是安全疏散的重要通道，防火和疏散能力的大小，直接影响着人员的生命安全与消防队员的救灾工作。因此，建筑防火设计时应根据建筑物的使用性质、高度、层数等具体情况，选择符合防火要求的疏散楼梯，为安全疏散创造有利条件。根据消防要求，可将楼梯间分为开敞楼梯间、封闭楼梯间、防烟楼梯间三种形式，如图9.2所示。

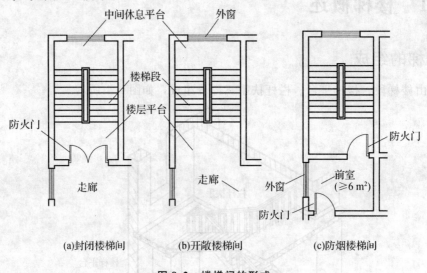

(a)封闭楼梯间　　　　(b)开敞楼梯间　　　　(c)防烟楼梯间

图 9.2 楼梯间的形式

9.1.2 楼梯的类型

1. 按楼梯的材料分

楼梯按材料分有木楼梯、钢筋混凝土楼梯、钢楼梯和组合楼梯等。

2. 按楼梯的使用性质分

楼梯按使用性质分有主要楼梯、辅助楼梯、疏散楼梯和消防楼梯。

3. 按楼梯的位置分

楼梯按位置不同可分为室内楼梯和室外楼梯。

4. 按楼梯的构造形式分

楼梯按其构造形式可分为普通楼梯和异形楼梯。普通楼梯主要是指梯段边缘为直线、梯段及平台的支承方式为普通的楼梯；异形楼梯主要是指梯段边缘为曲线、梯段和平台的支承方式为特殊的楼梯，如螺旋形楼梯、弧形楼梯、悬挑楼梯等，如图9.3所示。

普通楼梯按同一层中每跑梯段的踏步数可分为等跑楼梯和不等跑楼梯；按每层梯段的跑数可分为单跑楼梯、双跑楼梯和三跑楼梯等；按同一层中相邻梯段的关系可分为直式楼梯、折式楼梯和平行楼梯。

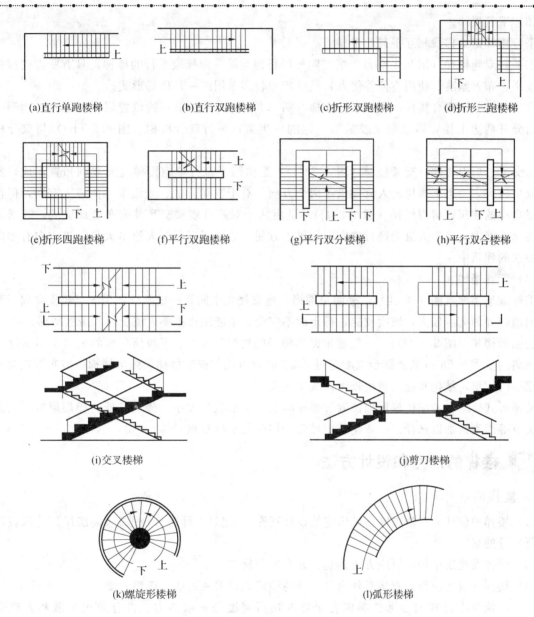

(a)直行单跑楼梯　　(b)直行双跑楼梯　　(c)折形双跑楼梯　　(d)折形三跑楼梯

(e)折形四跑楼梯　　(f)平行双跑楼梯　　(g)平行双分楼梯　　(h)平行双合楼梯

(i)交叉楼梯　　　　　　　　　　　　(j)剪刀楼梯

(k)螺旋形楼梯　　　　　　　　(l)弧形楼梯

图 9.3　楼梯的形式

（1）直式楼梯。

直式楼梯是指沿着一个方向上下楼的楼梯，有单跑和多跑之分。

①直行单跑楼梯（图 9.3（a））。主要用于层高不大的建筑中。

②直行双跑楼梯（图 9.3（b））。在直行单跑楼梯的基础上增加了中间休息平台，具有导向性强的特点，适用于层高较大的公共建筑。

（2）折式楼梯。

折式楼梯中部能形成较大梯井，可用作电梯井位置。

①折形双跑楼梯（图9.3（c））。第一跑和第二跑梯段间成90°或其他角度，适宜于布置在靠房间一侧的转角处，多用于仅上一层楼的影剧院中。

②折形三跑、四跑楼梯（图9.3（d）、图9.3（e））。踏步数较多，一般用于层高较大的公共建筑中。

（3）平行楼梯。

平行楼梯是指梯段相互平行的楼梯。

①平行双跑楼梯（图9.3（f））。第二跑梯段折回与第一跑梯段平行的楼梯，具有所占的楼梯间长度较小、布置紧凑、使用方便等优点，是建筑中较多采用的一种楼梯形式。

②平行双分、双合楼梯：平行双分楼梯（图9.3（g））是指第一跑位置居中且较宽，达到中间平台后分开两边上楼，第二跑一般是第一跑的一半宽；平行双合楼梯（图9.3（h））与双分楼梯类似。

③交叉、剪刀楼梯。交叉楼梯（图9.3（i））是由两个直行单跑楼梯交叉并列布置而成，通行的人流量较大，为上下楼层的人流提供了两个方向，对于空间开敞、人流多方向进入有利，但仅适用于层高小的建筑；剪刀楼梯（图9.3（j））是由两个双跑直楼梯交叉并列布置而成的，既增加了人流的通行能力，又为人流变换行进方向提供了方便，适用于商场等人流量大且行进方向有多向性选择要求的建筑中。

（4）特殊楼梯。

①螺旋形楼梯（图9.3（k））。平面呈圆形，通常楼梯中间设一根圆柱，用于悬挑支撑扇形踏步板。因踏步外侧宽度较大，坡度较陡，行走时不安全，不能用作主要人流交通和疏散楼梯。

②弧形楼梯（图9.3（l））。一般规定弧形楼梯的扇形踏步上、下级所形成的平面角不超过10°，且每级离内扶手0.25 m处的踏步宽度超过0.22 m时可用作疏散楼梯。弧形楼梯一般布置在大空间公共建筑门厅里，结构和施工难度较大，成本较高。

楼梯形式要综合考虑楼梯所处位置、楼梯间的平面形状与大小、楼层高低与楼层层数、人流多少与缓急等因素再加以选择。一般建筑中最常采用的是平行双跑楼梯。

9.1.3　楼梯的尺寸和设计方法

1. 楼梯的设计要求

（1）楼梯的设计应严格遵守《民用建筑设计通则》《建筑设计防火规范》《高层民用建筑设计防火规范》等的规定。

（2）楼梯在建筑中的位置应方便到达，并有明显标志。

（3）楼梯一般均应设置直接对外出口，并与建筑入口关系密切、连接方便。

（4）建筑物中设置的多部楼梯应有足够的通行宽度和疏散能力、符合防火疏散和人流通行要求。

（5）因采光和通风要求，楼梯通常沿外墙设置，可布置在朝向较差的一侧。

（6）在建筑剖面设计中，要注意楼梯坡度和建筑层高、进深的关系，同时，注意平台标高。

2. 楼梯的尺度要求

楼梯的尺寸主要是指楼梯坡度、楼梯宽度、踏步尺寸、空间高度、栏杆及扶手高度等。楼梯的尺寸要满足建筑的适用性和安全性。

（1）楼梯坡度。

楼梯坡度是指梯段的坡度，即梯段中各级踏步前缘的假定连线与水平面的夹角。实际工程中多用踢面和踏面的投影长度之比表示楼梯坡度。

　　一般楼梯的坡度范围为 23°～45°，适宜的坡度为 30°左右；坡度过小时可做成坡道，坡度过大时可做成爬梯，如图 9.4 所示。对于使用频繁、人流量大的公共建筑，楼梯应该平缓一些；人流量较小的住宅建筑等，坡度可适当陡一些，以节省楼梯间面积。

　　(2) 楼梯踏步尺寸。

　　踏步分为踏面和踢面，踏步高用 h 表示，踏步宽用 b 表示，如图 9.5 所示。踏步尺寸确定与人的步距有关，常采用下列经验公式。

$$b+2h=s=600\sim620\text{ mm}$$

　　或
$$b+h=450\text{ mm}$$

式中　　h——踏步踢面高度，mm；

　　　　b——踏步踏面宽度，mm；

　　　　s——成人的平均步距，mm。

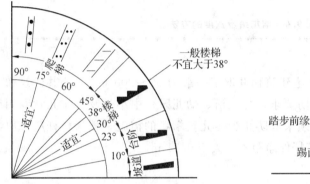

图 9.4　楼梯、坡道、爬梯的坡度范围

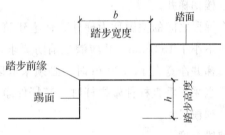

图 9.5　楼梯踏步尺寸

　　公共建筑室内外台阶踏步宽度不宜小于 0.30 m，踏步高度不宜大于 0.15 m，并不小于 0.10 m，同时应防滑。室内台阶踏步数不应少于 2 级，当高差不足 2 级时，应按坡道设置。一般民用建筑楼梯的高宽比应符合表 9.1 的规定。供老年人、残疾人使用及其他专用服务楼梯应符合专用建筑设计规范的规定。

表 9.1　楼梯踏步最小宽度和最大高度　　　　　　　　　　　　　　m

楼梯类别	最小宽度	最大高度
住宅共用楼梯	0.26	0.175
幼儿园、小学校等楼梯	0.26	0.15
电影院、剧场、体育馆、商场、医院、旅馆和大中学校等楼梯	0.28	0.16
其他建筑楼梯	0.26	0.17
专用疏散楼梯	0.25	0.18
服务楼梯、住宅套内楼梯	0.22	0.20

　　注：无中柱螺旋楼梯和弧形楼梯离内侧扶手 0.25 m 处的踏步宽度不应小于 0.22 m

对于一般建筑,因楼梯间进深受到限制,当踏步宽度较小时,在不改变梯段长度的情况下,可通过一些细部变化来增加踏步宽度,可将踏步前缘挑出 20~30 mm 或将踢面做成倾斜面,如图 9.6 所示。

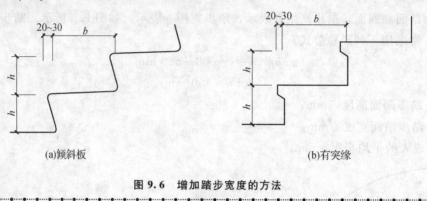

(a)倾斜板   (b)有突缘

图 9.6 增加踏步宽度的方法

(3)楼梯梯井。

两个梯段之间的空隙称为梯井。住宅建筑梯井取值一般为 60~200 mm。公共建筑梯井宽度的取值一般不小于 150 mm,并应满足消防要求。托儿所、幼儿园、中小学及少年儿童专用活动场所的楼梯,梯井净宽大于 0.20 m 时,必须采取防止少年儿童攀爬的措施,楼梯栏杆应采取不易攀登的构造,当采用垂直杆件做栏杆时,其杆件净距不应大于 0.11 m。

(4)梯段尺寸。

①梯段宽度。

梯段宽度指墙面至扶手中心线或扶手中心线之间的水平距离,用 B 表示。梯段宽度除应符合防火规范要求外,还应根据建筑物使用特征,按每股人流为 0.55+(0~0.15)m 的人流股数确定,并不应少于两股人流。0~0.15 m 为人流在行进中人体的摆幅,公共建筑人流众多的场所应取上限值。有关的规范一般限定其下限值(见表 9.2 和图 9.7)。

表 9.2 楼梯梯段宽度

计算依据:每股人流宽度为 550 mm+(0~150)mm		
类别	梯段宽度/mm	备注
单人通过	≥900	满足单人携物通过
双人通过	1 100~1 400	
多人通过	1 650~2 100	

注:本表摘自《建筑设计手册》

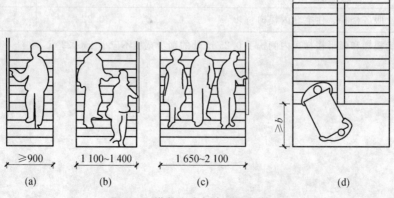

(a)≥900   (b)1 100~1 400   (c)1 650~2 100   (d)

图 9.7 梯段宽度与人流股数关系

一般住宅公用楼梯梯段净宽不应小于 1 100 mm，六层及六层以下单元住宅，梯段净宽不小于 1 000 mm。公共建筑的次要楼梯梯段净宽不应小于 1 100 mm，主要楼梯梯段净宽不宜小于 1 650 mm。

楼梯应至少在一侧设扶手，梯段净宽达三股人流时应两侧设扶手，达四股人流时宜加设中间扶手。

②梯段长度。

楼梯段的长度是指每一梯段的水平投影长度，用 L 表示，由该梯段的踏步数 n 和踏面宽 b 确定，有 n 个踏步的梯段长为 $b(n-1)$。

(5) 楼梯平台宽度。

梯段改变方向时，扶手转向端处的平台最小宽度不应小于梯段宽度，并不得小于 1.20 m，当有

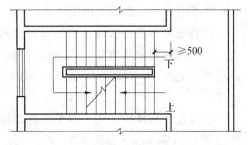

搬运大型物件需要时应适量加宽。楼梯平台宽度分为中间平台宽度 D_1 和楼层平台宽度 D_2。中间平台宽度是指平台边缘与平台另一侧墙身内边缘之间的距离，D_1 应大于等于梯段宽度 B，保证在转折处人流通行及家具搬运的便利。对于封闭楼梯间和防烟楼梯间，楼层平台宽度 D_2 应大于等于 D_1，以利于人流分配和停留；对于开敞楼梯间，楼层平台宽度可利用走廊或过厅的宽度，但为防止走廊上的人流和从楼梯上下的人流发生拥堵或干扰，楼层平台应有一个缓冲空间，其宽度不得小于500 mm（图9.8）。

图 9.8 开敞楼梯间楼层平台宽度

(6) 栏杆扶手尺寸。

楼梯栏杆扶手的高度，指楼地面或屋面至栏杆扶手顶面的垂直高度。临空高度在 24 m 以下时，栏杆高度不应低于 1.05 m，临空高度在 24 m 及 24 m 以上（包括中高层住宅）时，栏杆高度不应低于 1.10 m。室内楼梯扶手高度自踏步前缘线量起不宜小于 0.90 m。靠楼梯井一侧水平扶手长度超过 0.50 m 时，其高度不应小于 1.05 m。在幼儿建筑中，通常在 500~600 mm 高度处增设一道扶手以适应儿童身高，如图 9.9 所示。住宅、托儿所、幼儿园、中小学及少年儿童专用活动场所的栏杆必须采用防止少年儿童攀登的构造，当采用垂直杆件做栏杆时，其杆件净距不应大于 0.11 m。文化娱乐建筑、商业服务建筑、体育建筑、园林景观建筑等允许少年儿童进入活动的场所，当采用垂直杆件做栏杆时，其杆件净距也不应大于 0.11 m。

技术提示

栏杆高度应从楼地面或屋面至栏杆扶手顶面垂直高度计算，如底部有宽度大于或等于 0.22 m，且高度低于或等于 0.45 m 的可踏部位，应从可踏部位顶面起计算。栏杆离楼面或屋面 0.10 m 高度内不宜留空。

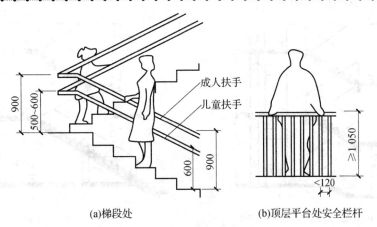

(a)梯段处   (b)顶层平台处安全栏杆

图 9.9 楼梯栏杆扶手高度

（7）楼梯净空高度。

楼梯的净空高度包括上下梯段间的净高和平台过道处的净高。梯段间的净高是指下层梯段踏步前缘（包括最低和最高一级踏步前缘线以外 0.30 m 范围内）至其正上方梯段下表面的垂直距离；平台过道处的净高是指平台过道地面至上部结构最低点（通常为平台梁）的垂直距离。我国有关规范规定：楼梯平台上部及下部过道处的净高不应小于 2 m，梯段净高不宜小于 2.20 m，如图 9.10 所示。

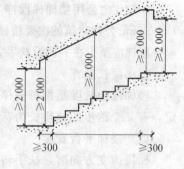

图 9.10　楼梯净空高度

当在底层平台下做通道或出入口，楼梯平台下净空高度不能满足 2 m 要求时，可采取以下措施解决：

①将底层等跑楼梯段变为不等跑楼梯段，即增加楼梯底层第一跑梯段踏步数量，相应减少楼梯底层第二跑梯段踏步数量，以提高中间平台标高，如图 9.11（a）所示。此方式仅在楼梯进深较大、底层平台宽度 D_2 有富余时适用，同时应检验第一、三梯段之间的净高能否满足净高 2.20 m 的要求。

②降低底层楼梯中间平台下的地面标高，但为防止雨水倒流，楼梯间入口处的地面必须高于室外地面 0～150 mm，如图 9.11（b）所示。此方式可以保持等跑梯段，使构件统一，但仅在室内外高差较大时采用。

③综合以上两种方式，在采取长短跑楼梯的同时降低底层中间平台下地面标高，如图 9.11（c）所示。此处理方式兼有两者优点。

④底层用直行单跑或直行双跑楼梯直接从室外上二层，如图 9.11（d）所示。此处理方式不利于防水、卫生、防寒保温，多用于南方地区的住宅建筑中。

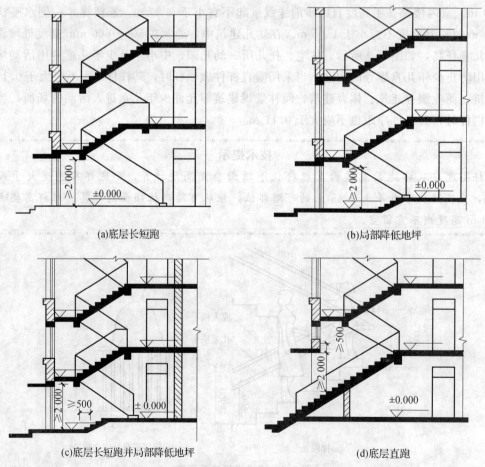

(a)底层长短跑　　　　　　　　　　　(b)局部降低地坪

(c)底层长短跑并局部降低地坪　　　　　(d)底层直跑

图 9.11　楼梯间地层中间平台做出入口时的处理方式

3. 楼梯设计

在楼梯的设计中，楼梯的层高、开间、进深尺寸一般已知，但还要注意区分是封闭楼梯间还是开敞楼梯间，楼梯间平面尺寸示意图如图9.12所示。

（1）楼梯设计步骤。

楼梯的设计步骤如下：

①根据已知的楼梯间尺寸，选择合适的楼梯形式。

②根据楼梯的性质和用途初步选定适宜的踏步高 h 和踏步宽 b，参见表9.1。设计时，可选定踏步宽度，由经验公式 $2h+b=600\sim620$ mm，可求得踏步高度，各级踏步高度应相同。

③根据层高 H 和初步选定的楼梯踏步高 h 计算楼梯各层的踏步数量 N（$N=\dfrac{H}{h}$），若得出的踏步数量 N 不是整数，可以反过来调整踏步高 h 和踏步宽 b，使踏步数量为整数。

④确定每个梯段的踏步数，一个梯段的

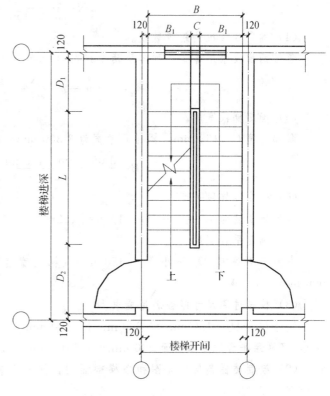

图9.12 楼梯间平面尺寸示意图

踏步数不少于3级，也不能多于18级。如平行双跑楼梯，此时每个梯段的踏步数 $n=\dfrac{N}{2}$。

⑤根据楼梯的开间尺寸，确定楼梯间的开间净宽 B，再根据楼梯间开间净宽 B 和梯井宽度 C，确定梯段宽度 B_1。

⑥根据每个梯段的踏步数 N 和初步选定的踏步宽 b 计算梯段长度 L，$L=(N-1)\times b$。

⑦确定楼梯平台宽度 D_1（$D_1\geqslant B_1$）和 D_2（$D_2\geqslant B_1$），验算楼梯间进深净长度能够满足要求，如不能满足要求，则需对 L 进行调整（即调整踏步宽 b），必要时调整进深尺寸。

⑧若底层平台下要求通行时，还应验算平台下的净高是否满足2 000 mm的要求，不满足时要采取相应措施。

⑨绘制楼梯各层平面图和剖面图。楼梯平面图通常包括底层平面图、标准层平面图和顶层平面图。

（2）楼梯设计实例。

【例9.1】 某建筑物层高为3.60 m，开间为3 300 mm，进深为6 000 mm，开敞式楼梯。室内外地面高差为450 mm，墙厚为240 mm，轴线居中，楼梯间不能通行，试设计该楼梯。

［解］ （1）选择楼梯形式。

对于开间为3 300 mm，进深为6 000 mm的楼梯间，适合选用双跑平行楼梯。

（2）确定踏步尺寸。

作为公共建筑的楼梯，初步选取踏步宽度 $b=300$ mm，由经验公式 $2h+b=600$ mm求得踏步高度 $h=150$ mm，初步取 $h=150$ mm。

（3）确定踏步数量。

$$N=\frac{H}{h}=\frac{3\ 600}{150}=24$$

（4）确定各梯段的踏步数量。

各层两梯段采用等跑，则各层两个梯段踏步数量为

$$n_1=n_2=\frac{N}{2}=\frac{24}{2}=12$$

（5）确定梯段宽度。

取梯井宽 $C=160\ mm$，楼梯间净宽为 $3\ 300\ mm-2\times120\ mm=3\ 060\ mm$，则梯段宽度为

$$B=\frac{3\ 060\ mm-160\ mm}{2}=1\ 450\ mm$$

（6）确定各梯段长度。

两梯段长度为 $L_1=L_2=(n-1)\,b=(12-1)\times300\ mm=3\ 300\ mm$

（7）确定平台宽度。

中间平台宽度 D_1 不小于 $1\ 450\ mm$（梯段宽度），取 $1\ 600\ mm$，楼梯平台宽度 D_2 暂取 $600\ mm$。

（8）校核进深尺寸能否满足要求。

$L_1+D_1+D_2+120\ mm=3\ 300\ mm+1\ 600\ mm+600\ mm+120\ mm=5\ 620\ mm<6\ 000\ mm$（进深），将楼层平台宽度加大至 $600\ mm+(6\ 000\ mm-5\ 620\ mm)=980\ mm$。

（9）绘制楼梯各层平面图和楼梯剖面图，按三层教学楼绘制。设计时按实际层数绘图，如图 9.13 所示。

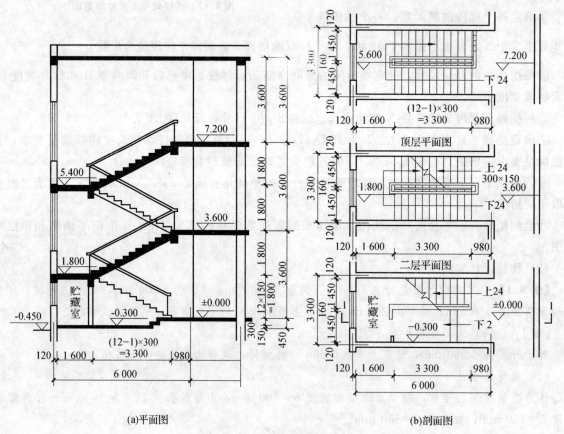

(a)平面图　　　　　　　　　　(b)剖面图

图 9.13　例 9.1 的楼梯平面图与剖面图

【例 9.2】 某单元式住宅的层高为 2.7 m，室内外地面高差为 0.6 m，拟采用双跑平行楼梯，楼梯底层中间平台下设通道，试设计该楼梯。

[**解**] （1）确定踏步尺寸。

根据住宅楼梯的特点，初步取踏步宽度为 260 mm，由经验公式 $2h+b=600$ mm 求得踏步高度 $h=170$ mm，初步取 $h=170$ mm。

（2）确定各层踏步数量。

$$N=\frac{H}{h}=\frac{2\,700}{170}=15.9$$

取 N=16 级，则踏步高度调整为

$$h=\frac{H}{N}=\frac{2\,700\ \text{mm}}{16}\approx169\ \text{mm}$$

（3）确定各梯段踏步数量。

二层及以上梯段采用等跑，则各梯段踏步数量为

$$n_1=n_2=\frac{N}{2}=\frac{16}{2}=8\ \text{级}$$

由于底层中间平台下设通道，当底层楼梯两梯段采用等跑时，底层中间平台面的标高为

$$\frac{H}{2}=\frac{2.7\ \text{m}}{2}=1.35\ \text{m}$$

假定平台梁的高度（包括板厚）为 250 mm，则底层中间平台净高为 1 350 mm－250 mm＝1 100 mm。

采取的处理方法为：

①将平台下的地面标高降低至－0.450 m，则平台净高为 1 100 mm＋450 mm＝1 550 mm＜2 000 mm，仍不能满足要求；

②再将第一个梯段的踏步数量增加 (2 000－1 550)/169＝3 级，此时平台净高为 1 550 mm＋169 mm×3＝2 060 mm＞2 000 mm，满足要求，底层第一个梯段的踏步数量为 8＋3＝11 级，第二个梯段的踏步数量为 8－3＝5 级。

（4）确定梯段长度和梯段高度。

底层楼梯的梯段长度分别为

$$L_1=(n_1-1)b=(11-1)\times260\ \text{mm}=2\,600\ \text{mm}$$
$$L_2=(n_2-1)b=(5-1)\times260\ \text{mm}=1\,040\ \text{mm}$$

楼梯二层及以上的梯段长度为

$$L_1=L_2=(n-1)b=(8-1)\times260\ \text{mm}=1\,820\ \text{mm}$$

底层楼梯的梯段高度分别为

$$H_1=n_1\times h=11\times169\ \text{mm}=1\,860\ \text{mm}$$
$$H_2=n_2\times h=8\times169\ \text{mm}=840\ \text{mm}$$

二层及以上楼梯的梯段高度为

$$H_1=H_2=n\times h=8\times169\ \text{mm}=1\,350\ \text{mm}$$

（5）确定梯段宽度。

住宅共用楼梯的梯段净宽不小于 1 100 mm，假定扶手中心线至梯段边缘尺寸为 50 mm，取梯段宽度为 1 150 mm。

（6）确定平台宽度。

平台宽度不小于梯段宽度，取平台宽度＝梯段宽度＝1 150 mm。

（7）确定楼梯间的开间和进深。

取梯井宽 C＝160 mm，梯间墙内缘至轴线尺寸为 120 mm，则开间最小尺寸为

$$1\,150\ \text{mm}\times2+160\ \text{mm}+2\times120\ \text{mm}=2\,700\ \text{mm}$$

楼梯间开间取 2 700 mm。

进深最小尺寸为

$$2\ 600\ mm+1\ 150\ mm+1\ 150\ mm+2\times120\ mm=5\ 140\ mm$$

楼梯进深取 5 400 mm。

中间平台深度调整为 1 200 mm，底层楼层平台深度调整为

$$1\ 150\ mm+（5\ 400\ mm-5\ 140\ mm）-（1\ 200\ mm-1\ 150\ mm）=136\ mm$$

（8）绘制楼梯各层平面图和楼梯剖面图，按三层住宅绘制。设计时按实际层数绘图，如图 9.14 所示。

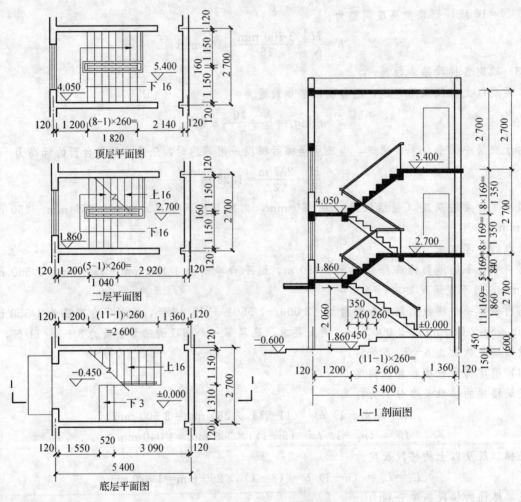

图 9.14　例 9.2 的楼梯平面图和剖面图

9.2　钢筋混凝土楼梯

钢筋混凝土楼梯坚固耐久、防火性能好、刚度大、可塑性强，在民用建筑中被大量采用。根据施工方法不同，钢筋混凝土楼梯可分为现浇钢筋混凝土楼梯和预制钢筋混凝土楼梯两大类。现浇钢筋混凝土楼梯是指在现场支模板、绑扎钢筋，将梯段和楼梯平台等整浇在一起的楼梯。它能够充分发挥混凝土的可塑性，具有整体性好、刚度大、抗震性能好等诸多优点，但施工进度慢、耗费模板多、现场湿作业多，适用于工程较小且抗震设防要求高的建筑及螺旋楼梯等异形楼梯。预制钢筋混凝土楼梯是指用预制厂生产或现场制作的构建安装拼合而成的楼梯，现场湿作业少，施工速度快，有利于工业化施工，但消耗钢材量大、安装构造复杂、整体性差、抗震性能差。

9.2.1 现浇钢筋混凝土楼梯

根据梯段传力与结构形式的不同，可以将现浇钢筋混凝土楼梯分成板式楼梯和梁板式楼梯。

1. 现浇钢筋混凝土板式楼梯

现浇钢筋混凝土板式楼梯一般由梯段板、平台板和平台梁（可不设）组成。可以将梯段板看成是一块斜放的现浇板，两端分别支承在上、下平台梁上，梯段板承受该梯段上的全部荷载，并将荷载传至两端的平台梁上，平台梁再将荷载传给墙或柱。有时为了保证平台过道处的净高，可取消板一端或两端的平台梁，使梯段板与平台板连成一体，形成折线形的板直接支承在墙上，如图 9.15所示。

现浇钢筋混凝土板式楼梯构造简单，梯段底部平整美观，便于装饰，常在梯段跨度小于 3 m 时采用。当梯段跨度超过 3 m 或梯段使用荷载较大时会导致板厚增加，自重较大，钢材和混凝土用量较多，不经济。

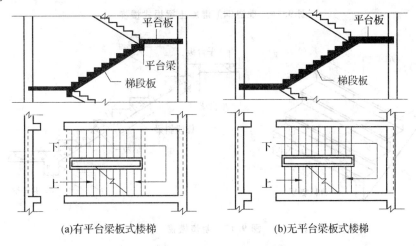

(a)有平台梁板式楼梯　　　　(b)无平台梁板式楼梯

图 9.15　现浇钢筋混凝土板式楼梯

2. 现浇钢筋混凝土梁板式楼梯

梁板式楼梯一般由踏步板、梯段斜梁（简称斜梁）、平台板和平台梁组成，如图 9.16 所示。梯段的荷载由踏步板传给斜梁，再由斜梁将荷载传至两端的平台梁，最后平台梁将荷载传给墙或柱。梁板式楼梯比板式楼梯的钢材和混凝土用量少、自重轻，适用于荷载较大、层高较高的建筑。

斜梁的结构布置有双斜梁式（图 9.16（a））和单斜梁式（图 9.16（b））两种，斜梁可布置在梯段的侧面或下面。

双斜梁布置时，斜梁位于踏步板的两端，有正梁式（明步）和反梁式（暗步）两种做法。

明步做法是将斜梁置于踏步板之下，此时踏步外露，如图 9.17 所示。此做法梯段形式明快，但在梁阴角处易积灰。

暗步做法是将斜梁置于踏步板之上，形成反梁，将踏步包在里面，如图 9.18 所示。此种做法使梯段底部平整，可防止污水污染梯段底部，但凸出的斜梁将占据梯段一定宽度。

单斜梁布置时，斜梁位于梯段下面，有两种形式：一种是将斜梁布置在踏步板的中间，踏步板向两侧悬挑，如图 9.19（a）所示；另一种是在踏步板的一侧设斜梁，将踏步板的另一侧搁置在楼梯间墙上，如图 9.19（b）所示。单斜梁式楼梯受力较复杂，但外形轻巧美观，多用于对建筑空间造型有较高要求的建筑。

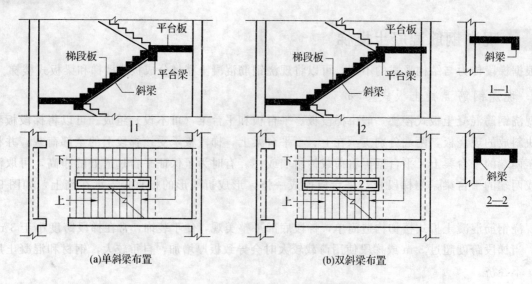

(a)单斜梁布置　　　　　　　　(b)双斜梁布置

图 9.16　现浇钢筋混凝土梁板式楼梯

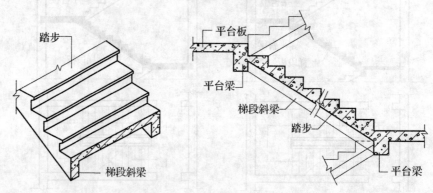

图 9.17　明步楼梯

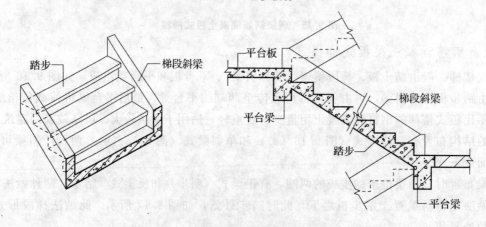

图 9.18　暗步楼梯

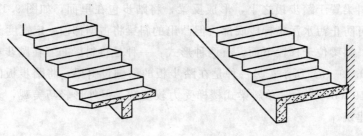

(a)梯段中间设斜梁　　　　　　(b)梯段一侧设斜梁

图 9.19　单斜梁式楼梯

9.2.2 预制钢筋混凝土楼梯

预制钢筋混凝土楼梯根据生产、运输、吊装和建筑体系的不同，有许多不同的构造形式。因构件尺度的不同，大致可分为小型构件预制钢筋混凝土楼梯、中型构件预制钢筋混凝土楼梯和大型构件预制钢筋混凝土楼梯三种。

1. 小型构件预制钢筋混凝土楼梯

小型构件预制钢筋混凝土楼梯一般将踏步和支承结构分开预制，构件小而轻，容易制作，便于运输和安装。但施工工序多，湿作业多，需耗费较多的人力，施工进度慢，适用于施工条件较差的地区。

预制踏步的断面形式一般有一字形、L形和三角形三种，如图9.20所示。一字形踏步只有踏板没有踢板，制作简单，存放方便，外形轻巧，必要时可用砖补砌踢板。L形踏步自重轻，用料省，但拼装后底面形成折板，易积灰，其搁置方式有正置和倒置两种。三角形踏步安装后板底平整，但实心三角形踏步自重较大，通常将踏步内抽孔形成空心三角形踏步以减轻自重。

(a)一字形踏步　　(b)正置L形踏步　　(c)倒置L形踏步　　(d)实心三角形踏步　　(e)空心三角形踏步

图9.20　预制踏步的断面形式

根据预制踏步的支承方式不同，可将小型构件预制钢筋混凝土楼梯分为梁承式、墙承式和悬挑式三种。

（1）梁承式楼梯。

梁承式楼梯的基本构件有踏步板、斜梁、平台梁和平台板。这些构件之间的传力关系为：预制踏步搁置在斜梁上，斜梁搁置在平台梁上，平台梁搁置在两边侧墙或柱上，平台板可搁置在两边侧墙上，或一边搁置在墙上、另一边搁置在柱上。任何一种断面形式的预制踏步构件都可以采用此种支承方式。

斜梁的断面形式视踏步构件形式而定，三角形踏步一般采用矩形斜梁，楼梯为暗步时可采用L形斜梁。L形和一字形踏步采用锯齿形斜梁，如图9.21所示。

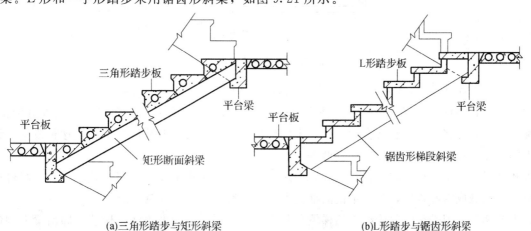

(a)三角形踏步与矩形斜梁　　　　　　　(b)L形踏步与锯齿形斜梁

图9.21　梁承式楼梯

（2）墙承式楼梯。

预制踏步两端直接支承在墙上，将荷载直接传递给两侧的墙体，不须设斜梁和平台梁，预制构件只有踏步和平台板，如图9.22所示。墙承式楼梯一般适用于直跑式楼梯，或中间设有电梯间的三跑楼梯。双跑平行楼梯若要采用墙承式，必须在原楼梯井处设一道中墙作为踏步板的支座。这种墙承式双跑楼梯因在梯段之间有墙，使得视线、光线受到阻挡，感到空间狭窄，对搬运家具及较多人流上下均感不便。通常在中间墙上开设观察口，改善视线和采光。

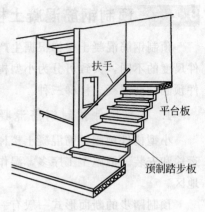

图9.22　墙承式楼梯

（3）悬挑式楼梯。

踏步的一端固定在墙上，另一端悬挑，利用悬挑的踏步板承受梯段全部荷载，并直接传给墙体。预制踏步板挑出部分多为L形断面，压在墙体内的部分为矩形断面，从结构安全性方面考虑，楼梯间两侧的墙体厚度一般不应小于240 mm，踏步悬挑长度（楼梯宽度）一般不超过1 500 mm。悬挑式楼梯不设斜梁和平台梁，构造简单、施工方便。安装预制踏步板时，须在踏步板临空一侧设临时支撑，以防倾覆。悬挑式楼梯适用于非抗震区、楼梯宽度不大的建筑，如图9.23所示。

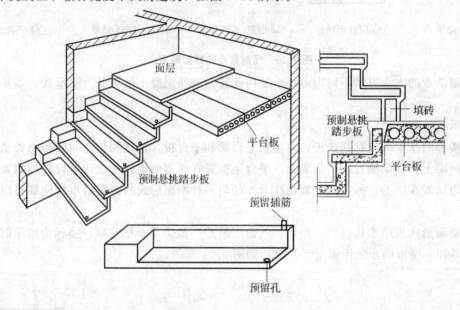

图9.23　悬挑式楼梯

2. 中型构件预制钢筋混凝土楼梯

中型构件预制钢筋混凝土楼梯一般是将楼梯分成楼梯段、平台板和平台梁三类构件分别预制，再装配而成。也可将平台板和平台梁合成一个构件预制，平台板一般采用槽型板。楼梯段按其结构形式不同可分为板式梯段和梁板式梯段两种。

板式梯段由踏步和板组成，有实心和空心之分。实心梯段加工简单，但自重较大。为减轻梯段板自重，可以做成空心构件，常采用横向抽孔方式，孔型可为圆形或三角形。

梁板式梯段是把踏步和斜梁组成的梯段预制成一个构件，一般采用暗步做法，即斜梁上翻包住踏步，形成槽板式梯段，相比板式梯段而言能节省材料。

梯段板在平台梁上的布置方式与上行和下行梯段板的布置方式不同，有梯段齐步和错步两种；根据梯段板与平台梁之间的关系不同，有埋步和不埋步之分，如图9.24所示。

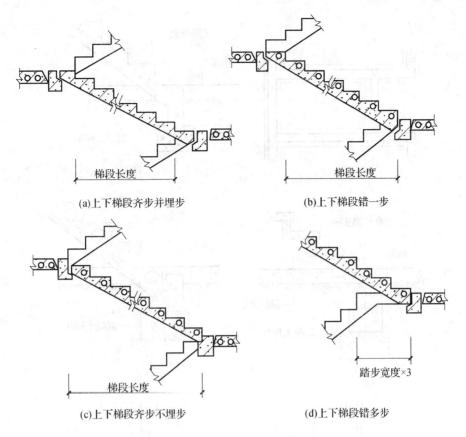

梯段长度	梯段长度
(a)上下梯段齐步并埋步	(b)上下梯段错一步
梯段长度	踏步宽度×3
(c)上下梯段齐步不埋步	(d)上下梯段错多步

图 9.24　中型构件预制钢筋混凝土楼梯

3. 大型构件预制钢筋混凝土楼梯

大型构件预制钢筋混凝土楼梯是将梯段板和平台板预制成一个构件，梯段板可连一侧平台，也可连两侧平台。按结构形式不同，有板式楼梯和梁板式楼梯两种，如图 9.25 所示。这种预制楼梯构件数量少，施工速度快，装配化程度高，但通用性和互用性差，主要用于装配式工业化建筑中。

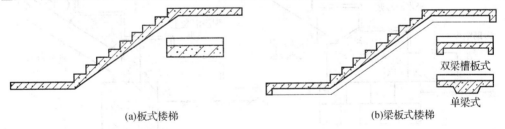

(a)板式楼梯　　　　　　　　(b)梁板式楼梯

双梁槽板式

单梁式

图 9.25　大型构件预制钢筋混凝土楼梯

4. 梯段或斜梁与基础的连接处理

楼梯底层第一跑梯段下必须做基础，楼梯的基础形式根据建筑物的结构形式和楼梯构造确定，一般采用条形基础或基础梁。

（1）梯段或斜梁下条形基础连接。

当建筑物为墙承重时，梯段或斜梁下多采用条形基础，如图 9.26 所示。

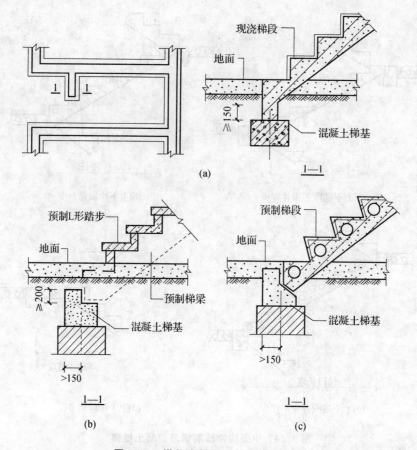

图 9.26　梯段或斜梁下条形基础构造

对于预制装配式楼梯，当底层两梯段不等长时，为减少预制梯段（或斜梁）的种类，可仍采用等跑的标准梯段（或斜梁），下部用砖砌或现浇混凝土踏步接到地面上，如图 9.27 所示。

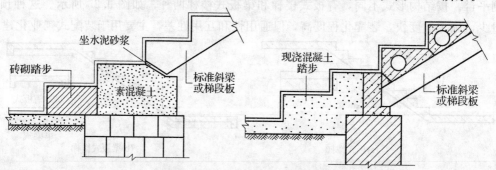

图 9.27　梯段或斜梁接地处理

（2）梯段或斜梁下基础梁（或平台梁）连接。

当建筑物为柱承重时，梯段或斜梁下多采用基础梁（或平台梁）连接（图 9.28），梁型同平台梁，构造简单、施工方便。但应注意基础梁顶面标高，避免梁顶面露出或高于地面。

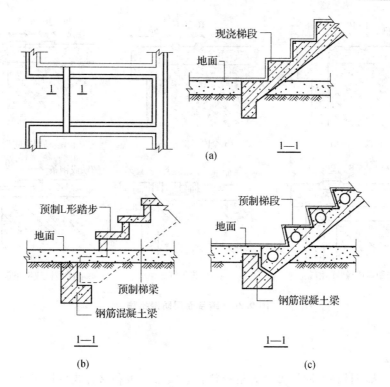

图 9.28　梯段或斜梁下条形基础构造

楼梯的细部构造

1. 踏步面层及防滑构造

（1）踏步面层。

楼梯踏步面层应便于行走、耐磨、防滑、易于清洁且美观。踏步面层的做法与楼层面层构造做法基本一致，踏步面层的材料视装饰要求而定，一般与门厅或走道的楼地面材料一致，常用的有水泥砂浆面层、水磨石面层、缸砖贴面、大理石和花岗岩等石材贴面、塑料铺贴或地毯铺贴等，如图 9.29所示。

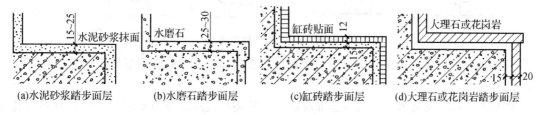

(a)水泥砂浆踏步面层　(b)水磨石踏步面层　(c)缸砖踏步面层　(d)大理石或花岗岩踏步面层

图 9.29　踏步面层类型

（2）防滑构造。

因踏步面层比较光滑，为防止行人滑到，踏步表面应有防滑措施。常用的防滑措施有三种：

①在距踏步面层前缘 40 mm 处设 2～3 道防滑凹槽，但使用中易被灰尘填埋，防滑效果不够理想且易破损，如图 9.30（a）所示。

②在距踏步前缘 40～50 mm 处设防滑条，常用的防滑条材料有金刚砂、马赛克、橡皮条和金属材料等，如图 9.30（b）、图 9.30（c）和图 9.30（d）所示，防滑条或防滑凹槽长度一般按踏步长度每边减去 150 mm。

③采用耐磨防滑材料如缸砖、铸铁等做防滑包口，既防滑又起保护作用，如图 9.30（e）、图 9.30（f)所示。

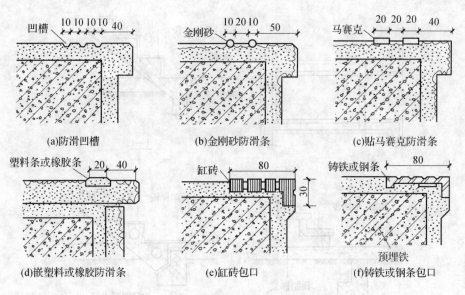

(a)防滑凹槽　　　　　(b)金刚砂防滑条　　　　(c)贴马赛克防滑条

(d)嵌塑料或橡胶防滑条　　(e)缸砖包口　　　　(f)铸铁或钢条包口

图 9.30　踏步面层防滑措施

2. 栏杆和扶手构造

（1）栏杆构造。

栏杆按照其做法和材料不同，可分为空花栏杆、实心栏板和组合式栏杆三种。

空花栏杆通透性好，对建筑空间具有良好的装饰效果，在楼梯中采用较多。一般采用圆钢、方钢、扁钢和钢管等金属材料做成，如图 9.31 所示。

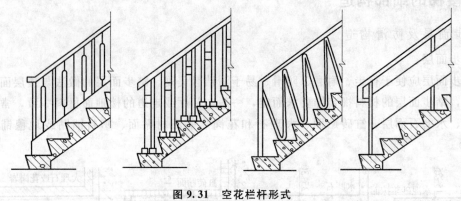

图 9.31　空花栏杆形式

栏杆与梯段应有可靠的连接，常用的方法有预埋铁件焊接、预留孔洞插接和螺栓连接三种，如图 9.32 所示。

实心栏板通常采用现浇或预制的钢筋混凝栏板、砖砌栏板或铁丝网水泥栏板，也可采用具有较好装饰性的有机玻璃、钢化玻璃等做栏板，如图 9.33 所示。

组合式栏杆是将空花栏杆和栏板组合而成的一种栏杆形式，其中空花栏杆多采用金属材料制作，栏板可采用钢筋混凝土板、砖砌栏板、有机玻璃、钢化玻璃等材料制成，如图 9.34 所示。

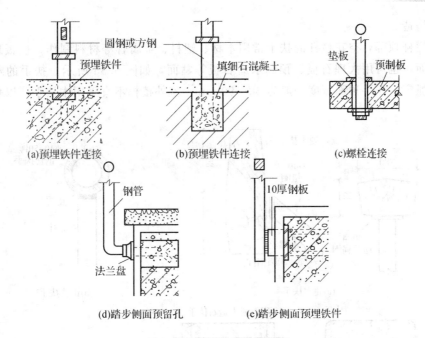

图 9.32　栏杆与梯段的连接

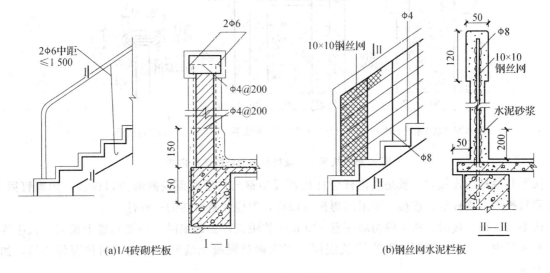

(a)1/4砖砌栏板　　　　　　　　　　(b)钢丝网水泥栏板

图 9.33　实心栏板

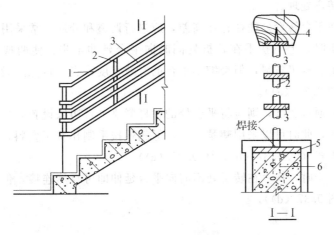

图 9.34　组合式栏杆

（2）扶手构造。

扶手位于栏杆顶部，空花栏杆的扶手常用木材、塑料、金属管等材料制作；栏板顶部的扶手可用水泥砂浆抹面，也可用大理石板、预制水磨石板等贴面，如图9.35所示。扶手的断面形式和尺寸应便于手握抓牢，扶手顶面宽度一般为40～90 mm。室外楼梯不宜采用木扶手，以免淋雨后变形开裂。

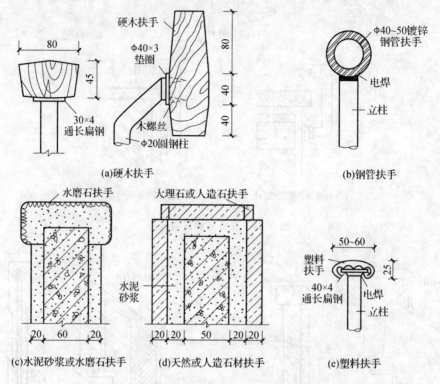

图9.35 扶手形式及扶手与栏杆的连接构造

扶手与栏杆的连接，一般是在栏杆竖杆顶部设扁钢与扶手底面或侧面槽口榫接，用螺钉固定；金属管材扶手与栏杆竖杆连接一般采用焊接或铆接，但应注意材料的一致性。

扶手与墙面连接时，扶手应与墙面有100 mm的距离，为砖墙时，一般在墙上留洞，扶手连接杆件伸入洞内，用细石混凝土两次浇筑嵌固，当为钢筋混凝土墙时，一般采用预埋件焊接，如图9.36所示。

（3）栏杆扶手的转弯处理。

上下梯段的扶手在平台转弯处往往存在高差，应进行调整和处理。常采用的方法有：

①当上下梯段齐步时，上下扶手在转折处同时向平台延伸半步，使两扶手高度相等，平顺连接，这种做法连接简单、省工省料，但会缩小平台的有效宽度，当平台宽度较小时会给通行和家具设备搬运带来不便（图9.37（a））。

②若不改变平台的通行宽度，则应将平台处的栏杆紧靠平台边缘设置，此时上下梯段的扶手顶面标高不同，形成高差，此时可以采用鹤颈扶手，但鹤颈扶手制作费工费料，使用不便，有时可以改用直线转折的硬接方式（图9.37（b））、图9.37（c））。

③当上下梯段错一步时，扶手在转折处不需向平台延伸即可自然连接，但长短跑楼梯错开几步时将出现水平栏杆（图9.37（d））。

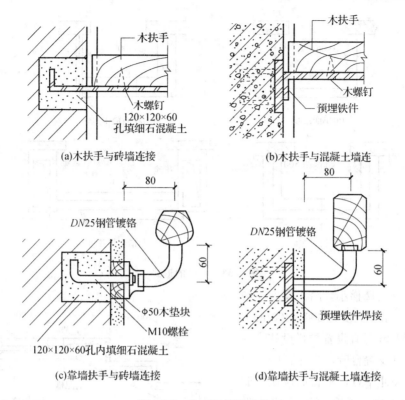

图 9.36　扶手与墙面连接

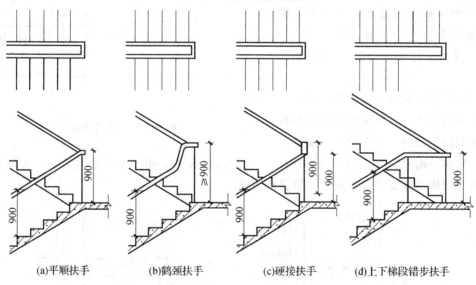

图 9.37　栏杆扶手的转弯处理

 # 9.3　台阶与坡道

　　室外台阶与坡道都是在建筑物入口处，连接室内外不同标高地面的构件，其中台阶更为多用，但有车辆通行或室内外高差较小时采用坡道。

9.3.1　台阶构造

　　台阶分为室内台阶和室外台阶。室外台阶由平台和踏步组成，有单面踏步（一出）、双面踏步、三面踏步（三出）、单面踏步带花池等形式，如图 9.38 所示。

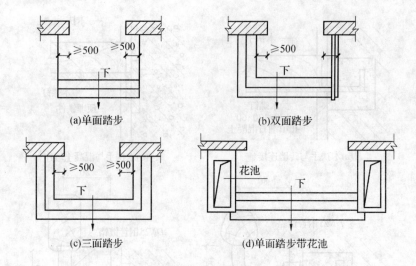

(a)单面踏步　　　　　　　(b)双面踏步

(c)三面踏步　　　　　　　(d)单面踏步带花池

图 9.38　台阶的形式

台阶的坡度应比楼梯小，踏步高度一般为 100～150 mm，踏步宽度为 300～400 mm。当台阶高度超过 1 m 时宜设置护栏设施。一般不直接紧靠门口设置台阶，应在台阶和建筑大门之间设一缓冲平台，平台面应比门洞口每边宽出 500 mm，平台深度不应小于 1 m。为防止雨水积聚或溢水，室内平台面应比室内地面低 30～50 mm，并向外找坡 1‰～3‰，以利于排水。台阶的尺寸如图 9.39 所示。

室外台阶应坚固耐磨，具有较好的耐久性、抗冻性和抗水性。台阶按所采用的材料不同可分为混凝土台阶、石砌台阶、钢筋混

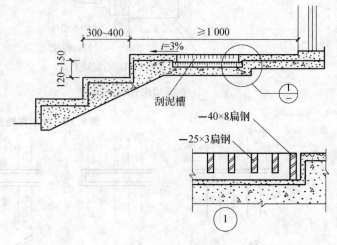

图 9.39　室外台阶的尺度

凝土悬挂台阶和砖砌台阶等，如图 9.40 所示。台阶的设置可采用实铺和架空两种，实铺台阶的构造与室内地坪的构造相似，包括基层、面层和垫层。

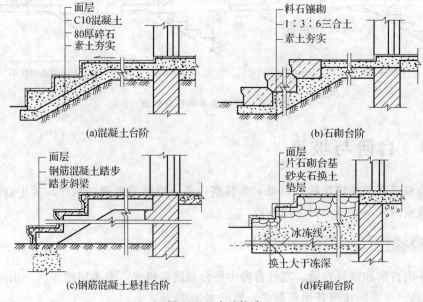

(a)混凝土台阶　　　　　　(b)石砌台阶

(c)钢筋混凝土悬挂台阶　　(d)砖砌台阶

图 9.40　台阶构造

为防止台阶与建筑物因沉降差而出现裂缝，台阶应与建筑物主体之间设置沉降缝，并应在建筑物主体沉降趋于基本均匀后再做台阶。

9.3.2 坡道构造

建筑入口处有行车通行或要求无障碍设计时应采用坡度。坡道按其用途不同可分为行车坡道和轮椅坡道两类。行车坡道分为普通坡道和回车坡道两种，如图 9.41 所示。普通坡道一般布置在有车辆进出的建筑入口处，如车库、库房等；回车坡道一般与台阶组合在一起，布置在某些大型公共建筑的入口处。轮椅坡道是专供残疾人使用的。

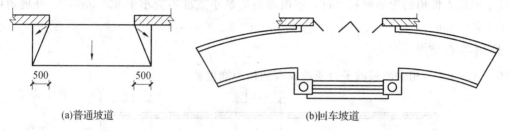

(a)普通坡道 　　　　　　　　　　　　(b)回车坡道

图 9.41　行车坡道

坡道的坡度与使用要求、面层材料及构造做法有关，坡道的坡度用高度与长度的比值来表示，一般为 1：6～1：12。

与台阶一样，坡道也应采用耐久、耐磨和抗冻性好的材料。常见的材料有混凝土或块石等，面层多采用水泥砂浆；对于经常处于潮湿、坡度较陡或采用水磨石做面层的坡道，在其表面必须做防滑处理，如图 9.42 所示。

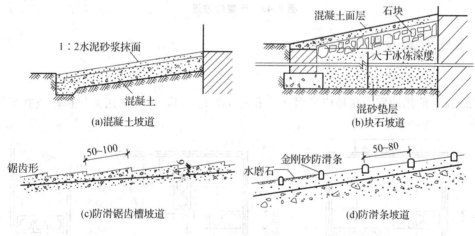

(a)混凝土坡道 　　　　　　　　　(b)块石坡道

(c)防滑锯齿槽坡道 　　　　　　　(d)防滑条坡道

图 9.42　坡道构造

 9.4　有高差处无障碍设计的特殊构造

竖向通道无障碍的构造设计主要是为解决残疾人通行使用的。前面已经介绍，在解决连通不同高差的问题时，可以采用楼梯、台阶、坡道等设施，但这些设施在给某些残疾人使用时仍会造成不便，特别是下肢残疾的人和视觉残疾的人。下肢残疾的人往往会借助拐杖和轮椅代步，视觉残疾的人往往会借助导盲棍来帮助行走。无障碍设计中有一部分就是指帮助上述两类残疾人顺利通过高差的设计。

9.4.1 坡道的坡度和宽度

坡道是最适合下肢残疾的人使用的通道，其坡度必须平缓，还应有一定的宽度。

1. 坡道的坡度

我国对供残疾人通行使用的轮椅坡道坡度标准为不大于 1∶12，同时还规定与之匹配的每段坡道的最大高度为 750 mm，最大水平距离为 9 000 mm。

2. 坡道的宽度

为便于残疾人使用的轮椅顺利通过，室内坡道的最小宽度不应小于 900 mm，室外坡道的宽度不应小于 1 500 mm。

3. 坡道平台宽度

如图 9.43 所示为相关坡道的平台所应具有的最小宽度。

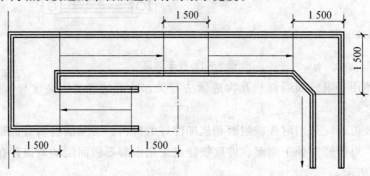

图 9.43　无障碍坡道

9.4.2 楼梯形式及扶手栏杆

1. 楼梯形式及相关尺度

残疾人或盲人使用的室内楼梯应采用直行形式（图 9.44），不宜采用弧形梯段或在半平台上设置扇步。

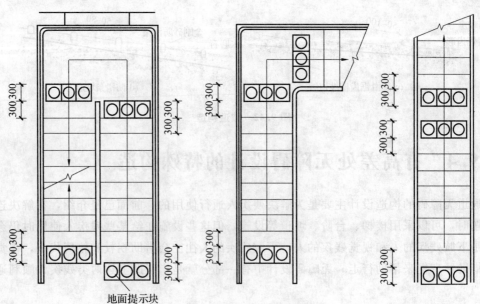

地面提示块

图 9.44　楼梯梯段采取直行方式

楼梯的坡度应尽量平缓，其坡度宜在35°以下，其踢面高不大于150 mm，其中养老建筑为140 mm，且每步踏步应保持等高。楼梯梯段宽度，公共建筑不小于1 500 mm，居住建筑不小于1 200 mm。楼梯踏步应无直角凸缘，不得无踢面，如图9.45所示。

2. 踏步设计注意事项

视力残疾者或盲人使用的楼梯踏步应选用合理的构造形式及饰面材料，无直角凸缘，表面防滑，防止发生勾绊行人或其助行工具而引起意外事故。

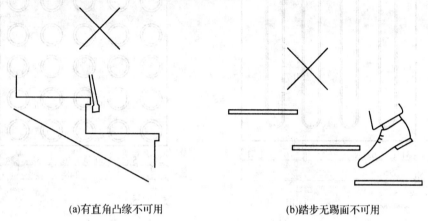

(a)有直角凸缘不可用   (b)踏步无踢面不可用

图9.45　不可用的踏步构造

3. 楼梯、坡道的栏杆扶手

楼梯、坡道的扶手栏杆应坚固适用，并且在两侧都应设置扶手。出于安全考虑，坡道、公共楼梯临空侧的构件边缘应上翻50 mm，并设上下双层扶手，上层扶手高度0.9 m，下层扶手高度0.65 m。在楼梯梯段（或坡道坡段）的起始及终结处，扶手应自其前缘向前伸出300 mm以上，两个相邻梯段的扶手及梯段与平台的扶手应连通（图9.46）。扶手的断面应便于抓握（图9.47）。

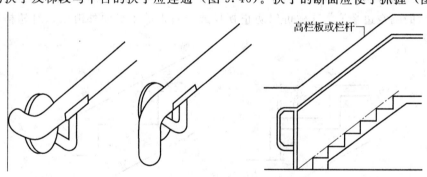

图9.46　楼梯、坡道的扶手构造形式

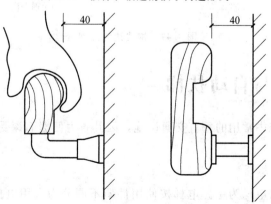

图9.47　扶手断面要求

9.4.3　导盲块的设置

导盲块又称地面提示块，一般设置在有障碍物、需要转折或存在高差的场所，利用其表面上的特殊构造形式，向视力残疾者提供触感信息，提示何时该停止或需改变行进方向等。如图 9.48 所示为常用的导盲块的两种形式。

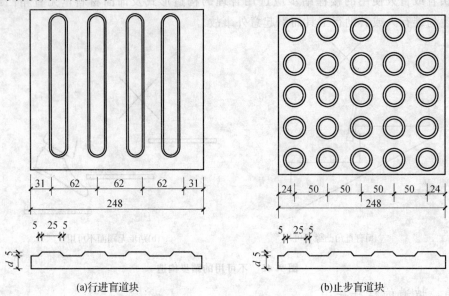

(a)行进盲道块　　　　　　　　　　　(b)止步盲道块

图 9.48　盲道块的形式

9.4.4　构件边缘处理

鉴于安全方面的考虑，凡有临空处的构件边缘都应向上翻起，包括楼梯梯段和坡度的临空一侧、室内外平台的临空边缘等。这样可以防止拐杖或导盲棍等工具向外滑出，对轮椅也是种制约，如图 9.49 所示。

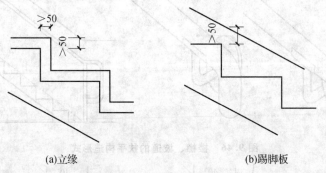

(a)立缘　　　　　　　　　　　(b)踢脚板

图 9.49　构建边缘处理

9.5　电梯与自动扶梯

电梯与自动扶梯是建筑中常用的垂直交通设施，因其省力便捷而深受欢迎。

9.5.1　电　梯

高层建筑的垂直交通以电梯为主。电梯按使用性质不同分为客用电梯、货用电梯和消防电梯。客用电梯主要供人在建筑中的竖向联系；货用电梯主要用于搬运货物和设备；消防电梯在发生火灾等紧急情况下供安全疏散人员和消防人员紧急救援使用。在客用电梯中还有一种观光电梯，多用于大型公共建筑中。如图 9.50 所示为不同类别电梯的平面示意图。

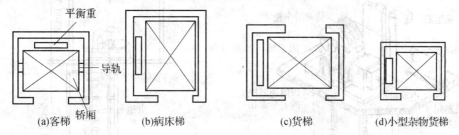

图 9.50　电梯分类及井道平面示意图

电梯安装在电梯间内，电梯的设置应符合下列规定：

（1）电梯间应布置在人流集中的地方，如门厅、出入口等，位置要明显，电梯前面应有足够的等候面积，以免造成拥挤和堵塞。

（2）电梯不得计作安全出口。

（3）以电梯为主要垂直交通的高层公共建筑和 12 层及 12 层以上的高层住宅，每栋楼设置电梯的台数不应少于 2 台。

（4）建筑物每个服务区单侧排列的电梯不宜超过 4 台，双侧排列的电梯不宜超过 2×4 台；电梯不应在转角处贴邻布置。

（5）电梯候梯厅的深度应符合相关规定，并不得小于 1.50 m。

（6）电梯井道和机房不宜与有安静要求的用房贴邻布置，否则应采取隔振、隔声措施。

（7）按防火规范的要求，设计电梯时应配置辅助楼梯，供电梯发生故障时使用。布置时可将两者靠近，以便灵活使用，并有利于安全疏散。

（8）机房应为专用的房间，其围护结构应保温隔热，室内通风良好、防尘，宜有自然采光，不得将机房顶板做水箱底板及在机房内直接穿越水管或蒸汽管。

（9）消防电梯的布置应符合防火规范的有关规定。

电梯由电梯井道、电梯轿厢、电梯机房和地坑组成，如图 9.51 所示。轿厢是直接载人、运货的箱体；井道、机房、地坑组成电梯间，是电梯轿厢运行的空间，其构造形式和尺寸应符合轿厢的安装要求。

1. 电梯井道

电梯井道是电梯运行的通道。电梯井道的井壁目前大多选用钢筋混凝土结构。

（1）井道的防火。

井道是高层建筑穿通各层的垂直通道，火灾事故中火焰和烟气容易从中蔓延，井道围护构件应根据有关防火规定进行设计，井道和机房四周的围护结构必须具备足够的防火性能，其耐火极限不低于该建筑物的耐火等级的规定。高层建筑的电梯井道内，超过两部电梯时应用防火结构隔开。

（2）井道的隔声与隔振。

为了减轻运行时对建筑物的振动和噪声，应采取适当的隔振和隔声措施。一般情况下只在机房机座下设置弹性垫层来达到隔振和隔声的目的，如图 9.52 所示。电梯运行速度超过 1.5 m/s 时，除设置弹性垫层外，还应在机房与井道间设置隔声层，高度为 1.5～1.8 m。

（3）井道的通风。

井道除设排烟通风口外，还要考虑电梯运行中井道内空气流动问题。一般运行速度 2 m/s 以上的乘客电梯，在井道的顶部和底坑应有不小于 300 mm×600 mm，面积不小于井道面积 3.5% 的通风口，层数较高的建筑可依情况增加通风孔，通风口总面积的 1/3 应经常开启。

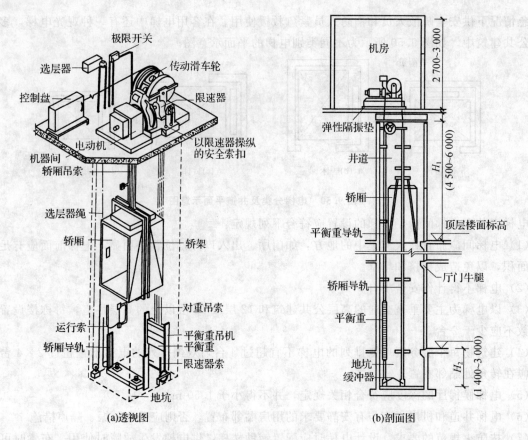

(a)透视图　　　　　　　(b)剖面图

图 9.51　电梯井组成

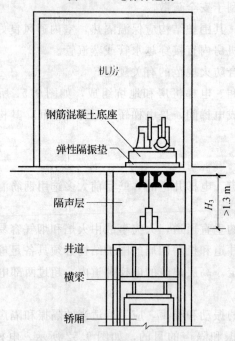

图 9.52　井道的隔声与隔振

2. 电梯轿厢

电梯轿厢是指载人、运货的箱体。电梯门是指电梯井壁在每层楼梯面留出的门洞，进而设置的专用门。轿厢门和每层专用门应全部封闭以保证安全。电梯门门套做法应与电梯厅的装修统一考虑，可以采用水泥砂浆抹灰，水磨石或木板装修，高级的可采用大理石或金属装修，如图 9.53 所示。

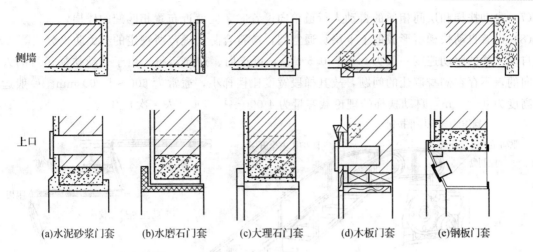

(a)水泥砂浆门套　　(b)水磨石门套　　(c)大理石门套　　(d)木板门套　　(e)钢板门套

图 9.53　电梯门门套构造

3. 电梯机房

电梯机房一般设在井道的顶部，机房应满足有关设备的安装维修要求，一般至少有两个门门边扩出 600 mm 以上宽度，高度多为 2.5～3.5 m。机房维护构件的防火要求应与井道一样。为了便于安装和修理，机房楼板应按机器设备要求的部位预留孔洞。电梯机房的平面示意图如图 9.54 所示。

4. 井道地坑

井道地坑底部应低于底层平面标高至少 1.4 m，考虑电梯停靠时的冲力，作为轿厢下降时所需的缓

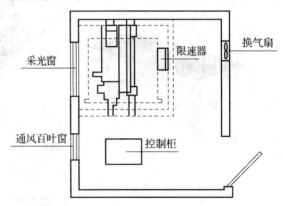

图 9.54　电梯机房平面示意图

冲器的安装空间。井道底坑壁需考虑防水处理，消防电梯在井道底坑还应有排水设施。为便于检修，需考虑坑壁设置爬梯和检修灯槽，坑底位于地下室时，宜从侧面开一检修小门，坑内预埋件按电梯厂要求确定。

9.5.2　自动扶梯

自动扶梯是一种在一定方向上能大量、连续输送流动客流的装置。除了是乘客上下楼层的既方便又舒适的运输工具外，自动扶梯还可引导乘客走一些既定路线，以引导乘客和顾客游览、购物，并具有良好的装饰效果。在具有频繁而连续人流的大型公共建筑中，如百货大楼、展览馆、游乐场、火车站、地铁站、航空港等均将自动扶梯作为主要垂直交通工具考虑，如图 9.55 所示。

自动扶梯的设置应符合下列规定：

(1) 自动扶梯不得计作安全出口。

(2) 出入口畅通区的宽度不应小于 2.50 m，畅通区有密集人流穿行时，其宽度应加大。

(3) 栏板应平整、光滑和无突出物；扶手带顶面距自动扶梯前缘、自动人行道踏板面或胶带面的垂直高度不应小于 0.90 m；扶手带外边至任何障碍物不应小于 0.50 m，否则应采取措施防止障碍物引起人员伤害。

(4) 扶手带中心线与平行墙面或楼板开口边缘间的距离、相邻平行交叉设置时两梯之间扶手带中心线的水平距离不宜小于 0.50 m，否则应采取措施防止障碍物引起人员伤害；

(5) 自动扶梯梯级的踏板或胶带上空，垂直净高不应小于 2.30 m；

(6) 自动扶梯的倾斜角不应超过 30°，当提升高度不超过 6 m，额定速度不超过 0.50 m/s 时，倾斜角允许增至 35°。

（7）自动扶梯和层间相通的自动人行道单向设置时，应就近布置相匹配的楼梯。

（8）设置自动扶梯所形成的上下层贯通空间，应符合防火规范所规定的有关防火分区等要求。

自动扶梯的驱动速度一般为 0.45~0.5 m/s，可正向、逆向运行。由于自动扶梯运行的人流都是单向的，不存在侧身避让的问题，故其梯段宽度比楼梯小，通常为 600~1 000 mm。一般运输的垂直高度为 0~20 m，自动扶梯的理论载客量为 4 000~13 500（人·次）/时。

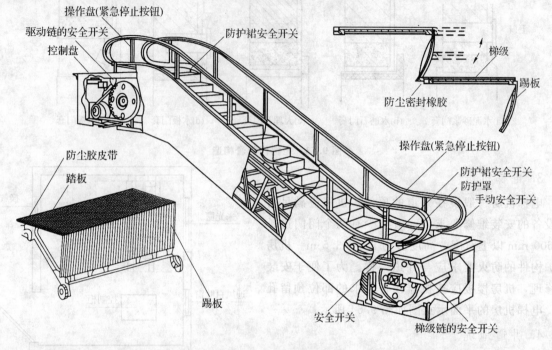

图 9.55　自动扶梯示意图

根据自动扶梯在建筑中的位置及建筑平面布局，自动扶梯的平面布置方式主要有以下几种：

①并联排列式（图 9.56（a））。楼层交通乘客流动可以连续，升降两方向交通均分离清楚，外观豪华，但安装面积大。

②平行排列式（图 9.56（b））。楼层面积小，但楼层交通不连续。

③串联排列式（图 9.56（c））。楼层交通乘客流动可以连续。

④交叉排列式（图 9.56（d））。乘客流动升降两方向均为连续，且搭乘场地相距较远，升降客流不发生混乱，安装面积小。

自动扶梯设计应注意下列问题：

①自动扶梯适宜设置在有大量人流上下的公共场所，如车站、码头、空运港、商场等。

②自动扶梯可正、逆方向运行，可做提升和下降使用，机器停止转动时可做普通楼梯使用，但不可用作消防通道。

③自动扶梯的机械装置悬在楼板下面，楼层下做装饰外壳处理，底层则做地坑。在其机房上部自动扶梯口处应做活动地板，以利检修。

④自动扶梯洞口四周应按照防火分区要求采取防火措施。自动扶梯两侧留出 400 mm 左右的空间为安全距离。

自动扶梯的构造如图 9.57 所示。

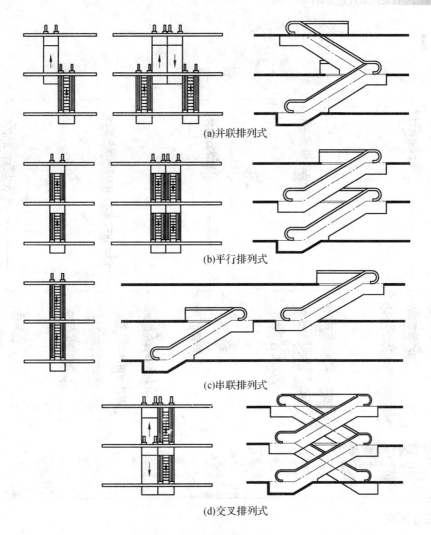

图 9.56　自动扶梯布置方式

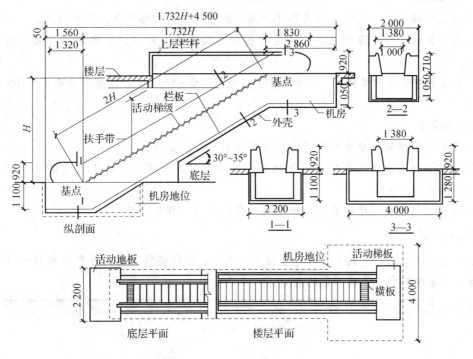

图 9.57　自动扶梯的构造

【重点串联】

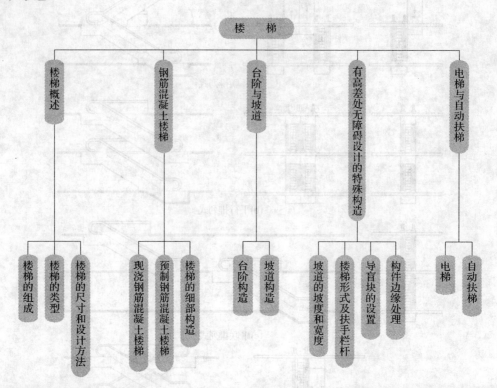

拓展与实训

职业能力训练

一、判断题

1. 封闭楼梯间是指用耐火建筑构件分隔，能够防止烟和热气进入的楼梯间。 （　）

2. 为了保证平台过道处的净空高度，可在板式楼梯的局部位置取消平台梁，形成折板式楼梯。 （　）

3. 台阶的坡度应比楼梯大，台阶踏步宽一般取 300～400 mm，高度取值不小于150 mm。 （　）

二、简答题

1. 楼梯由哪些部分组成？各组成部分的作用和要求如何？

2. 当在平行双跑楼梯底层中间平台下设置通道时，为保证平台下净高满足要求，一般可采取哪些解决办法？

3. 现浇钢筋混凝土楼梯有哪几种？在荷载的传递上有何不同？

工程模拟训练

深入到建筑工地，认真查阅各种楼梯施工图纸，掌握楼梯方案选择和楼梯构造设计的主要内容，训练绘制和识读施工图的能力。

链接执考

1. 楼梯踏步最小宽度不应小于 0.28 m 的是（　　）的楼梯。[2013 年一级建造师试题（单选题）]

　A. 幼儿园　　　　　　B. 医院　　　　　　C. 住宅套内　　　　　　D. 专用疏散

2. 下列楼梯栏杆的做法错误的是（　　）。[2012 年二级建造师试题（单选题）]

　A. 栏杆垂直杆件间的净距为 100 mm

　B. 临空高度 25 m 部位，栏杆高度为 1.05 m

　C. 室外楼梯临边处栏杆离地面 100 mm 高度内不留空

　D. 栏杆采用不易攀爬的构造

3. 在公共建筑中，以下哪种竖向交通方式不能作为防火疏散之用？（　　）[2007 年一级建筑师试题（单选题）]

　A. 封闭楼梯　　　　　B. 室外楼梯　　　　　C. 自动扶梯　　　　　D. 防烟楼梯

模块 10
门 与 窗

【模块概述】

门窗是房屋建筑中重要的围护和分隔构件，不承重。门的主要功能是供交通出入及联系、分隔空间；带玻璃的门还可以起到采光和通风的作用。窗的主要功能是采光、通风观察和递物，为使用者提供良好的视野。根据使用环境的不同，门窗还应提供保温、隔热、隔声、防水、防火、防盗等功能。此外，门窗的大小、比例尺度、样式、颜色、位置和数量等对建筑物的立面视觉效果和装修会带来一定影响。故对建筑物门窗的要求是：坚固、耐用、开启方便、功能合理、便于维修。

【知识目标】

1. 了解窗和门的构造及分类；
2. 掌握门窗的作用、类型和构造要求；
3. 了解防火门的设置需要。

【技能目标】

1. 能够根据使用要求选择合理的门窗形式及尺寸；
2. 能够说出门窗的安装过程及注意事项。

【课时建议】

3 课时

某教学楼，主体结构6层，层高3.9 m，教室采用平开塑钢窗和平开木门，窗洞尺寸为3 000 mm×1 800 mm，门洞尺寸为900 mm×2 100 mm；楼梯间采用乙级防火门，双扇外开，门洞尺寸为1 200 mm×2 100 mm。

同学们，通过上面的例子你了解门窗的类型和尺度吗？门窗由哪些部分组成？不同类型的门窗，其构造有何不同呢？

10.1 门

门的主要功能是内外交通和房间的分隔联系。但在不同的使用条件下，门同时具有以下功能。在紧急事故状态下供人们紧急疏散，此时门的大小、数量、位置以及开启方式均应按建筑的使用要求和有关规范规定选用；对建筑空间来说，门的位置、大小、材料、造型对装饰均起着非常重要的作用；同时，门作为建筑围护的一部分，也应考虑保温隔热、隔声防风等作用。

10.1.1 门的种类

1. 按开启方式分类

按照门的开启方式可分为平开门、弹簧门、推拉门、折叠门、转门等，如图10.1所示。

（1）平开门（图10.1（a））。

平开门为水平开启，铰链安装在门扇一侧与门框相连，可以分为单扇、双扇和多扇，内开和外开等形式。一般门为内开，以免妨碍走道交通；开向疏散走道及楼梯间的门扇，开足时不应影响走道及楼梯平台的疏散宽度，安全疏散出入口的门应开向疏散方向。平开门构造简单、开启灵活、制作安装和维修均较方便，在建筑中使用广泛。

（2）弹簧门（图10.1（b））。

弹簧门的形式与平开门一样，区别在于侧边用弹簧合页或下边用地弹簧代替普通铰链，开启后能自动关闭。单项弹簧门常用于有自关要求的房门，如卫生间的门等。双向弹簧门需用内外双向弹动的弹簧合页，多用于人流量较大或有自动关闭要求的公共场所，如公共建筑门厅的门等，但不宜用于幼儿园、托儿所等建筑。双向弹簧门一般要安装透明的大玻璃，供出入的人互相观察，以免碰撞。

（3）推拉门（图10.1（c））。

推拉门门扇沿上下设置轨道左右滑行，有单扇和双扇两种。推拉门占用面积小，受力合理，不易变形，但构造复杂。推拉门常采用玻璃门扇，可设置光电管或触动式设施以实现自动关闭。

（4）折叠门（图10.1（d））。

折叠门门扇可拼合、折叠推移到洞口的一侧或两侧，少占房间的使用面积。简单的折叠门可只在侧边安装铰链，复杂的还要在门的上边或下边装导轨及转动五金配件。

（5）转门（图10.1（e））。

转门由两个固定弧形门套和垂直旋转的门扇构成，一般为三扇或四扇连成风车形，在弧形门套内旋转，装置与配件较为复杂，造价较高。转门对防止内外空气对流有一定作用，一般用于公共建筑中人员进出频繁且有采暖或空调设备情况下的外门，但不能作为疏散门。作为疏散门时，在转门的两侧还应设置平开门或弹簧门。

此外还有上翻门、卷帘门和升降门等形式可以适用于门洞较大、有特殊要求的房间。

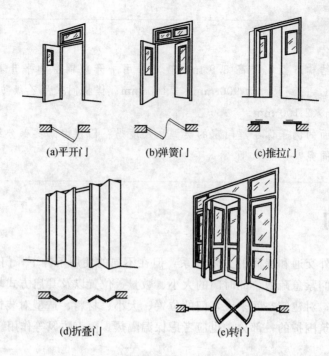

(a)平开门　　　　(b)弹簧门　　　　(c)推拉门

(d)折叠门　　　　　　　　(e)转门

图 10.1　门的开启方式

2. 按制造材料分类

门按照制造材料可分为木门、钢门、塑料门、铝合金门及钢塑、木塑、铝塑等复合材料制成的门。

3. 按形式和制造工艺分类

按形式和制造工艺可分为镶板门、纱门、实拼门、夹板门等。

4. 按用途分类

门按用途可分为普通门、防火门、隔声门、防盗门等。

5. 按位置分类

门按照其位置可分为外门和内门。

10.1.2　门的构造

1. 门的尺度

门的尺度是指门洞口的高、宽尺寸。门的尺度需根据交通运输和安全疏散要求设计，并应符合国家颁布的门窗洞口尺寸系列标准《建筑门窗洞口尺寸系列》（GB 5804—86）。一般建筑中，门的宽度为：单扇门，800～1 000 mm；双扇门，1 200～1 800 mm；辅助房间如浴室、储藏室门，600～800 mm。门的高度一般为2 100～2 400 mm，当门上设亮子时可增加300～600 mm。公共建筑门的尺寸可适当加大。

2. 门的组成

门一般由门框、门扇、五金零件及附件组成，如图10.2所示。

门框又称门樘，是门扇、亮子与墙体的联系构件。门框一般由上槛、边框等组成，门上设亮子时应设中横框，多扇门还有中竖框，一般不设下槛。门扇一般由上冒头、中冒头、下冒头和边梃等组成。亮子又称腰头窗，在门上方，为辅助采光和通风之用，有固定、平开及上、中、下悬等形式。五金零件一般有铰链、插销、门锁、拉手、风钩等。附件有贴脸、门蹾、筒子板等。

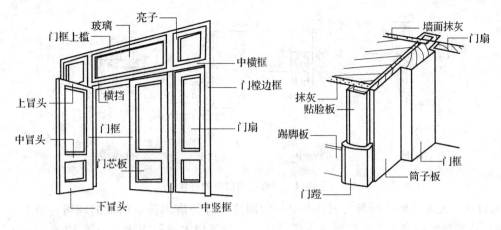

图 10.2 门的组成

3. 平开木门构造

(1) 门框。

①门框的断面形式与尺寸。

门框的断面形式与门的类型、层数有关，同时应利于门的安装，并具有一定的密闭性。门框的断面尺寸主要按材料的强度和接榫需要确定。常用的门框断面形式和尺寸如图 10.3 所示。为便于门扇密封，门框上要做裁口。根据门扇数与开启方式的不同，裁口的形式可分为单裁口与双裁口两种，单层门为单裁口，双层门为双裁口。裁口宽度要比门扇大 1~2 mm，以利于门扇的安装和开启，裁口深度一般为 10~12 mm。门框背面应做防止变形的凹槽，并做防腐处理。

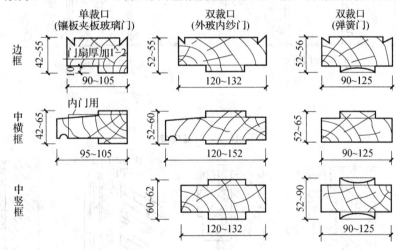

图 10.3 门框的断面形式与尺寸

②门框与墙的位置关系。

根据门的开启方式及墙体厚度不同，门框在洞口中的位置可分为外平、居中、内平、内外平四种，如图 10.4 所示。一般情况下多做在门开启一侧，与抹灰面平齐，使门的开启角度较大。对于尺寸较大的门，为便于牢固安装，多居中设置。

③门框的安装。

门框的安装有立口法和塞口法两种，如图 10.5 所示。

a. 立口法。先立门框后砌墙。为使门框连接牢固，门框上下槛两端分别伸出 120 mm，称槛出头（俗称羊角），并每隔 600 mm 在边梃上钉防腐木拉砖，木拉砖也伸入墙身，如图 10.5 (a) 所示。立口法的优点是门框与墙体结合紧密、牢固；缺点是施工不便。

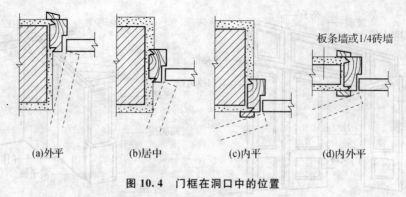

(a)外平　　　(b)居中　　　(c)内平　　　(d)内外平

图 10.4　门框在洞口中的位置

b. 塞口法。先砌筑墙体预留门洞，并隔一定距离预埋防腐木砖，门框的四周各留 10～20 mm 的安装缝，待建筑主体完工后将门框塞入门洞口内，与预埋木砖钉牢固，如图 10.5（b）所示。一般木砖沿门高按每 600 mm 加设一块，每侧不应少于两块。

门框与墙体的缝隙一般用面层砂浆直接填塞或用贴脸板封盖，寒冷地区缝内应填充毛毡、矿棉、沥青麻丝或聚乙烯泡沫塑料等，如图 10.6 所示。

门框的两边框下端应埋入地面，当设下槛时，下槛也应部分埋入地面，保证连接牢固。

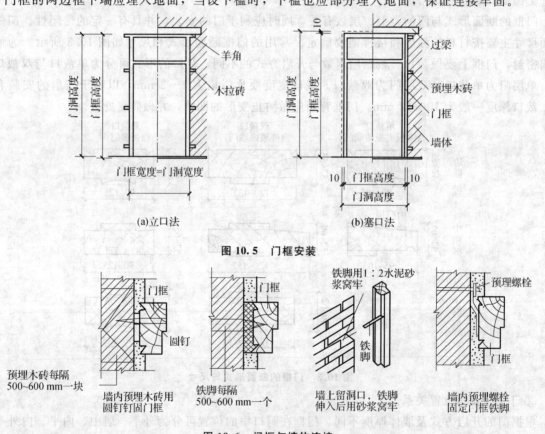

(a)立口法　　　　　　　　(b)塞口法

图 10.5　门框安装

图 10.6　门框与墙体连接

（2）木门扇。

木门扇按照构造方式不同分为镶板门、夹板门、拼板门等。

①镶板门。

镶板门是应用最广泛的一种门，门扇由骨架和门芯板组成，骨架一般由上冒头、中冒头、下冒头、边梃组成，在骨架内镶嵌门芯板而成，门芯板一般采用 10～15 mm 厚的木板拼成，也可采用胶合板、硬质纤维板、玻璃、塑料和纱等。门芯板换成玻璃即为玻璃门，可以是半玻璃门或全玻璃门；门芯板换成纱或百叶，即为纱门或百叶门；门芯板还可以根据需要组合，如上部玻璃、下部木板，如图 10.7 所示。

门扇的边梃与上、中冒头的断面尺寸一般相同，厚度为 40~45 mm，纱门骨架的厚度可薄一些，宽度为 75~120 mm。下冒头考虑踢脚比上冒头加大 50~120 mm。中冒头如考虑门锁安装可适当加宽。门底端至地面应留 5 mm 的门隙，利于门的启闭。镶板门的构造如图 10.8 所示。

镶板门具有自重大、坚固耐用、保温隔热效果好、造价高、构造简单、加工制作方便等特点，适于一般民用建筑做内门和外门。

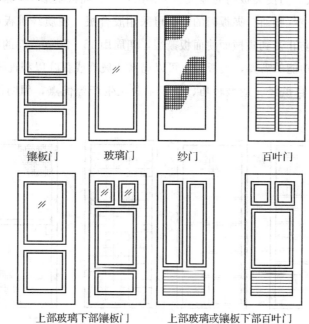

镶板门　　玻璃门　　纱门　　百叶门

上部玻璃下部镶板门　　上部玻璃或镶板下部百叶门

图 10.7　镶板门形式

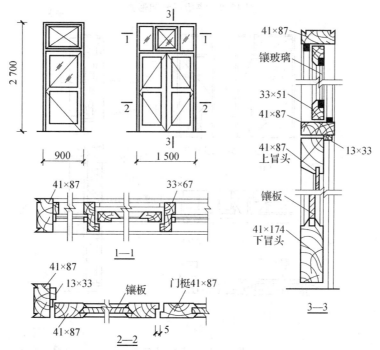

图 10.8　镶板门构造

②夹板门。

夹板门由轻型木骨架和面板组成，骨架通常采用（30～35）mm×（30～60）mm 的木料做边框，内部采用（30～35）mm×（10～25）mm 的小木料做成格形纵横肋条，有横向骨架、双向骨架、密肋骨架和蜂窝纸骨架几种形式，如图 10.9 所示，木条肋距视木料尺寸而定，一般为 200～400 mm，门锁处附加木块。为使夹板内的湿气易于排出，减少面板变形，一般在骨架间设置透气孔贯穿下框格，保持骨架内的空气畅通。夹板门的面板可采用胶合板、硬质纤维板或塑料板，用胶结材料双面胶结。为整齐美观和防止受到碰撞而使面板撕裂，四周用 15～20 mm 厚的木条镶边，夹板门的构造如图 10.10 所示。根据功能的需要，夹板门也可以局部加玻璃或百叶以利视线和通风。

夹板门具有用料省、自重轻、造型轻巧、便于工业化生产等优点，但防潮、防变形性能差，一般用作建筑内门。

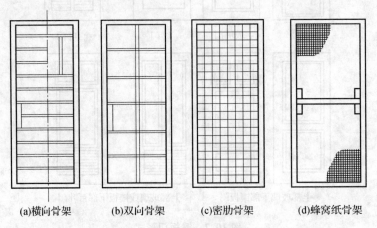

(a)横向骨架　　(b)双向骨架　　(c)密肋骨架　　(d)蜂窝纸骨架

图 10.9　夹板门骨架形式

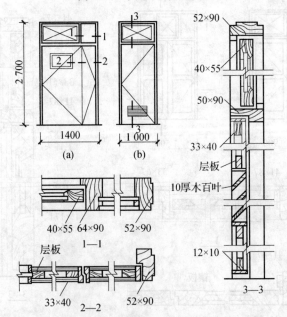

图 10.10　夹板门构造

③拼板门。

拼板门构造与镶板门相同,是由木板拼合而成的门。一般有厚板拼成的实拼门、单面及双面拼成的薄拼板门。实拼门一般用厚 40 mm 的木板拼成,每块板的宽度为 100~150 mm。薄拼板门是由 15~25 mm 厚的木板拼合成单面或双面的拼板门,如图 10.11 所示。

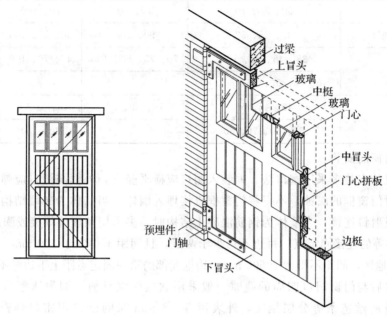

图 10.11 拼板门构造

拼板门具有坚固耐久的优点,但因自重较大,多用于库房、车间的外门。

4.铝合金门构造

铝合金门窗具有质量轻、强度高、耐腐蚀、密闭性好等优点,近年来越来越多地在建筑中被广泛应用。常用的铝合金门有推拉门、平开门、弹簧门、卷帘门等。各种铝合金门都是用不同断面型号的铝合金型材、配套零件及密封件加工制作而成。各地铝合金加工厂都有系列标准产品供选用,特殊需要可提供图样,委托加工。

(1)铝合金门窗的特点。

①质量轻,强度高。

②具有良好的使用性能。铝合金门窗密封性能好,气密性、水密性、隔声隔热、耐腐蚀性均比木门窗、普通钢门窗有显著提高。

③美观大方,坚固耐用。铝合金门窗采用铝合金型材经表面氧化着色处理后可制成多种颜色,还可以在铝合金表面涂刷保护装饰膜,获得不同色彩和花纹,具有良好的装饰效果,增加立面美观。

(2)铝合金门窗的框料系列。

铝合金门窗框料的系列名称是以门窗框的厚度构造尺寸来区分的,如平开门门框厚度构造尺寸为 50 mm,即称为 50 系列平开铝合金门;推拉铝合金窗的窗框厚度构造尺寸为 90 mm,即称为 90 系列推拉铝合金窗,我国各地常用铝合金门型材系列见表 10.1。

表 10.1　我国各地铝合金门型材系列对照参考表

门型 系列 地区	铝合金门			
	平开门	推拉门	有框地弹簧门	无框地弹簧门
北京市	50、55、70	70、90	70、100	70、100
上海市、华东地区	38、45、53	90、100	50、55、100	70、100
广州	38、45、46、100	70、73、90、108	46、70、100	70、100
	40、45、50、55、60、80			
深圳	40、45、50	70、80、90	45、55、70	70、100
	55、60、70、80		80、100	

（3）铝合金门窗的安装。

铝合金门窗框的安装多采用塞口法。框装入洞口应横平竖直，外框与洞口应弹性连接牢固。安装时，为防止碱对门窗框的腐蚀，不得将门窗框直接埋入墙体。当墙体为砖墙结构时，多采用燕尾形铁脚灌浆连接或射钉连接；当墙体为钢筋混凝土结构时，多采用预埋件焊接或膨胀螺栓铆接。

门窗框与墙体等的连接固定点，每边不得少于两点，且间距不得大于 700 mm。在基本风压大于或等于 0.7 kPa 的地区，间距不得大于 500 mm。边框端部的第一固定点距上下边缘不得大于 200 mm。

门窗框固定好后与门窗洞口四周的缝隙一般采用软质保温材料，如泡沫塑料条、泡沫聚氨酯条、矿棉毡条或玻璃丝毡条等分层填实，外表留 5～8 mm 深的槽口用密封膏密封，如图 10.12 所示。

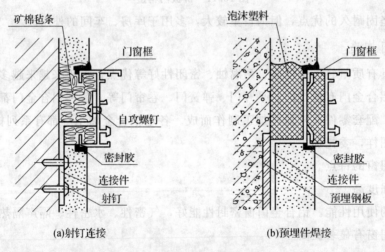

(a)射钉连接　　　　　　　　　　(b)预埋件焊接

图 10.12　铝合金门窗框与墙体连接

（4）铝合金门构造。

以铝合金地弹簧门为例，地弹簧门是使用地弹簧作为开关装置的平开门，门可以向内或向外开启。铝合金地弹簧门可分为无框地弹簧门和有框地弹簧门，有框地弹簧门如图 10.13 所示。

地弹簧门向内或向外开启不到 90°时，门扇会自动关闭，开启到 90°时，门扇可固定不动。门扇玻璃应采用 6 mm 或 6 mm 以上的钢化玻璃或夹层玻璃。

地弹簧门通常采用 70 系列和 100 系列门用铝合金型材。

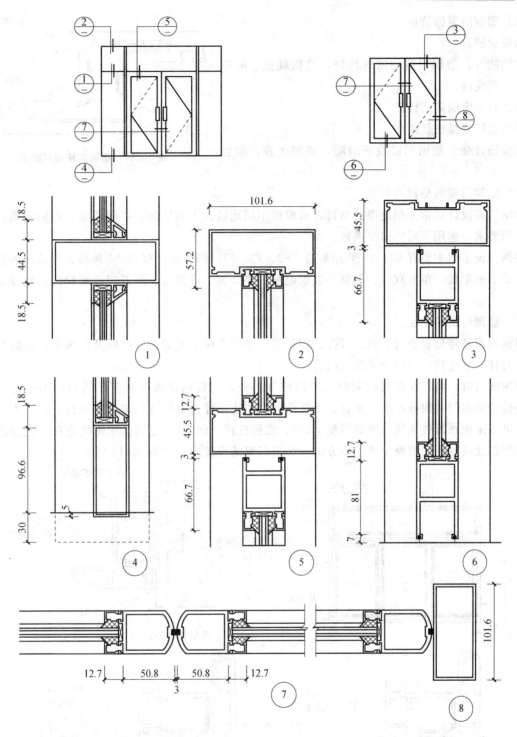

图 10.13　有框地弹簧门

5. 塑钢门构造

　　塑料门窗是以聚氯乙烯（PVC）、改性聚氯乙烯或其他树脂为主要原料，以轻质碳酸钙为填料，添加适量助剂和改性剂，经挤压机挤出各种截面的空腹门窗异型材，再根据不同的品种规格选用不同的截面异型材料组装而成。由于塑料刚度差，变形较大，一般在型材内腔加入钢或铝等金属型材（又称钢衬），以增强型材的抗弯曲变形能力，即所谓塑钢门窗，其较全塑门窗刚度更好，质量更轻，如图 10.14 所示。

（1）塑钢门窗的特点。

①质量轻。

②性能好。塑钢门窗的密封性好，热损耗低，隔声效果好，耐腐蚀。

③具有一定的防火性能。

④耐久性及维护性能好。

⑤装饰性强。塑钢门窗线条清晰，造型美观，颜色丰富。

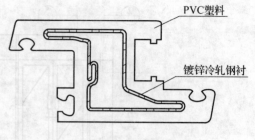

图 10.14　塑钢共挤型材断面

（2）塑钢门窗的型材系列。

塑钢门窗设计通常采用定型的型材，可根据不同地区、不同气候、不同环境、不同建筑物和不同的使用要求，选用不同的门窗系列。

塑钢门窗系列主要有 60、66 平开系列，62、73、77、80、85、88 和 95 推拉系列等多腹腔异型材组装的单框单玻、单框双玻、单框三玻固定窗、平开窗、推拉窗、平开门、推拉门、地弹簧门等门窗。

（3）塑钢门窗的安装。

塑钢门窗是将型材通过下料、打孔、攻丝等一系列工序加工成为门窗框及门窗扇，然后与连接件、密封件、五金件一起组合装配成门窗。

门窗安装时，将门窗框在抹灰前立于门窗洞口处，与墙内预埋件对正，然后用木楔将三边固定，经检验确定门、窗框水平、垂直、无挠曲后，用连接件将塑料框固定在墙（柱、梁）上，连接件固定可以采用预埋件焊接（钢筋混凝土墙）、铁脚连接（砖墙）、金属膨胀螺栓连接（钢筋混凝土墙）和射钉连接（钢筋混凝土墙）等方法。塑料门窗的安装方式如图 10.15 所示。

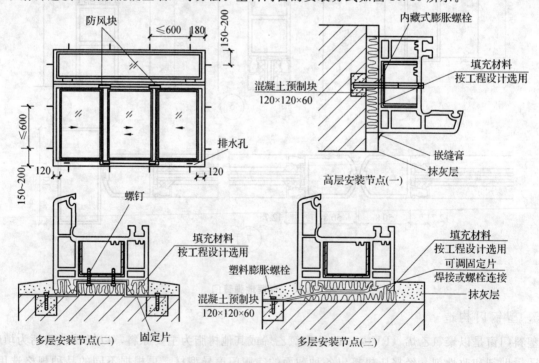

图 10.15　塑料门窗的安装方式

门窗的构造尺寸应考虑预留洞口与预安装窗框的间隙及墙体饰面材料的厚度。门窗框与墙体的连接固定点每边不少于 2 点，间距不大于 600 mm，边框端部的第一个固定点距离端部的距离不大于 200 mm。

（4）塑钢门窗的构造。

以平开塑钢门为例，平开门常用 60 系列或 66 系列。60 系列平开门构造如图 10.16 所示。

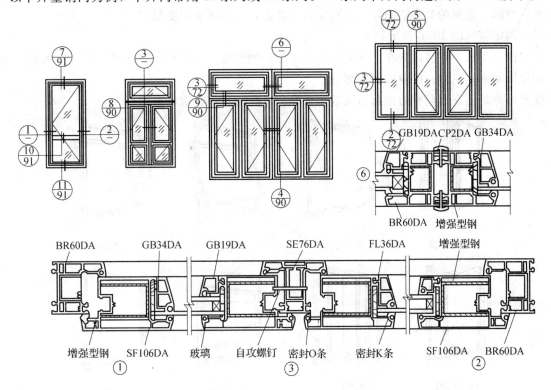

图 10.16　60 系列平开门构造

 ## 10.2　窗

窗主要供采光、通风、观察和递物之用，同时也起着围护作用，对建筑的立面效果起着重要的影响。除特殊情况外，大部分房间均需设窗，以满足房间的采光和通风要求。和门一样，作为建筑围护的一部分，窗也应考虑保温隔热、隔声、防风、防雨等功能。

10.2.1　窗的种类

1. 按窗扇的开启方式分类

按窗扇的开启方式可分为固定窗、平开窗、悬窗、立转窗、推拉窗、百叶窗等，如图 10.17 所示。

（1）平开窗（图 10.17（a））。

窗扇一侧用铰链与窗框相连，窗扇可向外或向内水平开启。平开窗构造简单，开关灵活，制作与维修方便，在一般建筑中采用较多。

（2）悬窗（图 10.17（b）、图 10.17（c）、图 10.17（d））。

悬窗根据铰链和转轴位置的不同分为上悬窗、中悬窗和下悬窗。上悬窗和中悬窗向外开启，防雨效果好，且利于通风，常用作门上的亮子和不方便手动开启的高侧窗。下悬窗不能防雨，且开启时占用较多室内空间，多与上悬窗组成双层窗，用于有特殊要求的房间。

（3）立转窗（图 10.17（e））。

立转窗是窗扇可沿竖轴转动的窗。竖轴可设在窗扇中心，也可略偏于窗扇一侧。立转窗通风效果好，但不严密，不宜用于寒冷和多风沙的地区。

（4）推拉窗（图10.17（f）、图10.17（g））。

推拉窗是窗扇沿着导轨或滑槽推拉开启的窗，有水平推拉窗和垂直推拉窗两种。推拉窗开启后不占室内空间，窗扇的受力状态好，适宜安装大玻璃，但通风面积受限制。

（5）固定窗（图10.17（h））。

固定窗是将玻璃直接镶嵌在窗框上，不设可活动的窗扇。一般用于只要求有采光、眺望功能的窗，如走道的采光窗和一般窗的固定部分。

除此之外，还有遮阳、防雨及通风效果较好的百叶窗、折叠窗等形式。

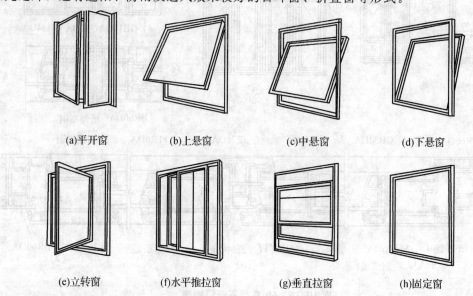

(a)平开窗　　(b)上悬窗　　(c)中悬窗　　(d)下悬窗

(e)立转窗　　(f)水平推拉窗　　(g)垂直拉窗　　(h)固定窗

图10.17　窗的开启方式

2. 按窗的框料材质分类

按窗的框料材质可分为铝合金窗、塑钢窗、彩板窗、木窗、钢窗等。

3. 按窗的层数分类

按窗的层数可分为单层窗和双层窗。

10.2.2　窗的构造

1. 窗的尺度

窗的尺度主要指窗洞口的尺度，它主要取决于房间的采光、通风、构造做法和建筑造型等要求，并要符合现行《建筑模数协调统一标准》的规定。为使窗坚固耐久，一般平开木窗的窗扇高度为800～1 200 mm，宽度不宜大于500 mm，上下悬窗的窗扇高度为300～600 mm，中悬窗窗扇高不大于1 200 mm，宽度不宜大于1 000 mm；推拉窗高度均不宜大于1 500 mm。对一般民用建筑用窗，各地均有通用图，各类窗的高度与宽度尺寸通常采用扩大模数3 M数列作为洞口的标志尺寸，需要时只要按所需类型及尺度大小直接选用。

2. 窗的组成

窗一般由窗框、窗扇、五金零件及配件组成，如图10.18所示。

窗框是窗与墙体的连接部分，由上框、下框、边框、中横框和中竖框组成。窗扇是窗的主体部分，分为活动扇和固定扇两种，一般由上冒头、下冒头、边梃和窗芯（又叫窗棂）组成骨架，中间固定玻璃、窗纱或百叶。五金零件包括铰链、插销、风钩、把手等。配件包括窗帘盒、窗台板、贴脸板、筒子板等。

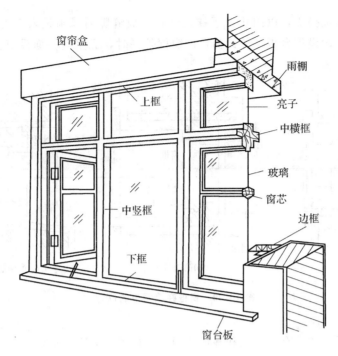

图 10.18　窗的组成

3. 平开木窗构造

（1）窗框。

①窗框的断面形式与尺寸。

窗框的断面形式与窗的类型有关，同时应利于窗的安装，并应具有一定的密闭性。窗框的断面尺寸应根据窗扇层数和榫接的需要确定，如图 10.19 所示。

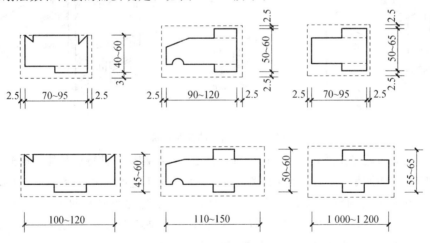

图 10.19　窗框的断面形式与尺寸

一般单层窗的窗框断面厚 40～60 mm，宽 70～95 mm，中横框和中竖框因两面有裁口，并且横框常有披水，断面尺寸应相应增大。双层窗窗框的断面宽度应比单层窗宽 20～30 mm。同门框一样，窗框在构造上也应做裁口和背槽。裁口有单裁口和双裁口之分。在窗框上做裁口，以利于窗扇的安装和开启，裁口宽度比窗扇厚度大 1～2 mm，裁口深度一般为 8～12 mm。

②窗框与墙的位置关系。

窗在墙洞中的位置主要根据房间的使用要求和墙体的厚度来确定。一般有窗框内平、窗框外平、窗框居中三种形式，如图 10.20 所示。

一般与墙的内表面平齐，安装时窗框突出砖面 20 mm，以便墙面粉刷后与抹灰面平齐。窗框与抹灰面交接处应用贴脸板搭盖,以阻止由于抹灰干缩形成缝隙后风雨透入室内,同时可增加美观。当窗框立于墙中时,应内设窗台板,外设窗台。窗框外平时,靠室内一面设窗台板。窗台板可用木板,也可用预制水磨石板。

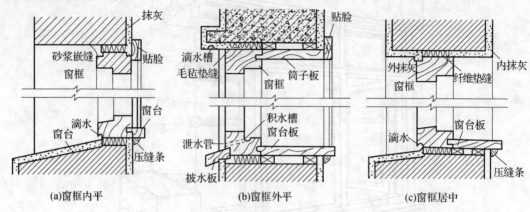

(a)窗框内平   (b)窗框外平   (c)窗框居中

图 10.20 窗框在墙洞中的位置

③窗框的安装。

窗框的安装与门框一样,有立口法和塞口法两种,如图 10.21 所示。

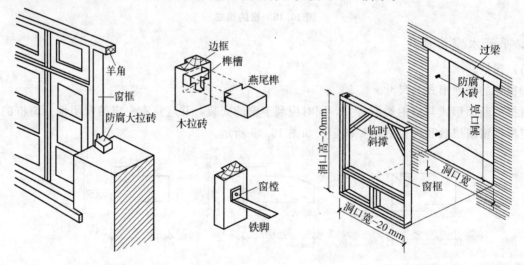

图 10.21 窗框的安装方法

a. 立口法。砌墙时就将窗框立在相应的位置,找正后继续砌墙。其特点是能使窗框与墙体连接紧密牢固,但安装窗框和砌墙两种工序相互交叉进行,会影响施工进度,并且容易对窗框造成损坏。

b. 塞口法。砌墙时将窗洞口预留出来,预留的洞口一般比窗框外包尺寸大 30~40 mm,当整幢建筑的墙体砌筑完工后,再将窗框塞入洞口固定。其特点是不会影响施工进度,但窗框与墙体之间的缝隙较大,应加强固定时的牢固性和对缝隙的密闭处理。

窗框与墙缝隙的处理如图 10.22 所示。窗框靠墙的内外二角常做灰口,并在窗框与墙的缝隙间用砂浆或油膏嵌缝以防风挡雨;窗框靠墙面一侧可能会受潮变形,因此,当窗框宽度超过 120 mm时,背面应开槽,并做防腐处理。但建筑装修标准高时,窗框与墙间可做贴脸、筒子板,贴脸和筒子板也要开槽防止变形。

(2)木窗扇。

常见的木窗扇有玻璃扇、纱扇和百叶扇等,其中以玻璃扇最普遍。一般平开窗的窗扇高度为600~1 200 mm,宽度不宜大于 600 mm;推拉窗的窗扇高度不宜大于 1 500 mm。窗扇是由上、下冒头和边梃榫接而成,有时为减小玻璃尺寸,还会在窗扇上设窗芯(又叫窗棂)分格。在下冒头处

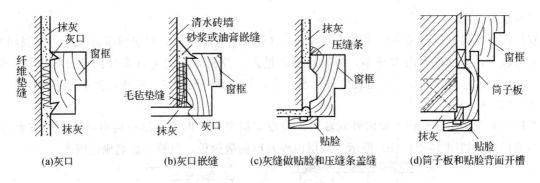

图 10.22　木窗框靠墙一面的处理

(a)灰口　　　(b)灰口嵌缝　　(c)灰缝做贴脸和压缝条盖缝　　(d)筒子板和贴脸背面开槽

设披水板以防止雨水进入室内，木质披水板下侧要做滴水，如图 10.23（a）所示。

玻璃窗扇的上下冒头与边梃的断面尺寸多为（35～42）mm×（50～60）mm；内开窗的下冒头比上冒头尺寸稍宽，如（35～42）mm×（60～90）mm，以便在下冒头外侧装披水板；窗芯断面尺寸多为（35～42）mm×（20～30）mm，如图 10.23（b）所示。

上下冒头、边梃及窗芯的室外一侧要做安装玻璃的铲口，深为 12～15 mm，宽为 10～12 mm。各杆件玻璃铲口的室内一侧做装饰性线脚，既减少挡光，又美观，如图 10.23（c）所示。

窗扇之间的接缝常做成高低缝或加压缝条，以提高防风雨的能力和减少冷风渗透，如图 10.23（d）所示。

窗面较大时可做多扇处理，根据开、关扇的具体情况与亮窗的位置，确定中横框和中竖框的位置和数量。

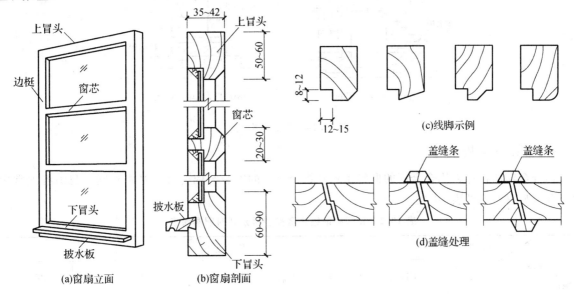

(a)窗扇立面　　　(b)窗扇剖面

(c)线脚示例

(d)盖缝处理

图 10.23　木窗扇的构造处理

普通窗多采用 3 mm 厚的无色透明平板玻璃，单块玻璃面积较大时可选用 4 mm 或 5 mm 的厚玻璃，同时加大窗料尺寸，以增强窗扇刚度。为了满足保温、隔热、遮挡视线、使用安全及防晒等方面的要求，可分别选择双层中空玻璃、磨砂或压花玻璃、夹丝玻璃、钢化玻璃等。

玻璃的安装，一般先用小铁钉固定在窗扇上，然后用油灰或玻璃密封膏嵌成三角形，也可以采用小木条镶钉。

（3）双层窗。

在寒冷地区或有隔声要求的房间，为了减少热损失和隔声，多设置双层窗扇。夏季为防蚊蝇，内扇可以取下，改换成纱窗。南方炎热地区多采用一玻一纱的双层窗。单层玻璃窗保温能力差，双层玻璃窗增加了一个空气间层，提高了窗的保温能力，降低了建筑物冬季采暖热损耗。双层玻璃根据窗扇和窗框构造不同，分为以下几种。

①双层内开窗。

双层内开窗的双层窗扇一般共用一个窗框，也可采用双层窗框，双层窗扇都内开，在我国寒冷地区采用较多。双层窗扇内大外小，为防止雨水进入，外层窗扇的下冒头外侧应设披水板，如图10.24（a）所示。全内开窗扇可避免室外雨水侵袭，便于擦洗和维护，但构造复杂，透光性较差。

②双层内外开窗。

双层内外开窗是在窗框上设内外双裁口，或设双层窗框，内外各设一层窗扇，外层窗扇外开，内层窗扇内开，如图10.24（b）所示。双层内外开窗构造简单，但擦洗玻璃比较困难。

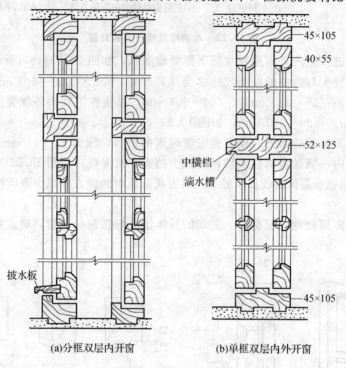

(a)分框双层内开窗　　　　　(b)单框双层内外开窗

图10.24　双层窗构造

4.铝合金窗构造

铝合金窗的特点、铝合金窗的框料系列及铝合金窗的安装与铝合金门基本相同。我国各地常用铝合金窗型材系列见表10.2。

表10.2　我国各地铝合金窗型材系列对照参考表

地区 \ 窗型 系列	铝合金窗				
	固定窗	平开、滑轴	推拉窗	立轴、上悬	百叶
北京市	40、45、50	40、50、70	70、100	70、100	70、80
	55、70		70、90、90－1		
上海市	38、45、50	38、45、50	60、70、75	50、70	70、80
华东	53、90		90		
广州	38、40、70	38、40、46	70、70B	50、70	70、80
			73、90		
深圳	38、55	40、45、50	40、55、60	50、60	70、80
	60、70、90	55、60、65、70	70、80、90		

常见的铝合金窗的类型有推拉窗、平开窗、固定窗、悬挂窗、百叶窗等。各种窗都用不同断面型号的铝合金型材和配套零件及密封件加工制成。

铝合金窗一般采用塞口法安装，安装时，将窗框在抹灰前立于窗洞处，与墙内预埋件对正，然后用木楔将三边固定，经检验确定窗框水平、垂直、无翘曲后，用连接件将铝合金窗框固定在墙（或梁、柱）上，最后填入软填料或其他密封材料封固，如图 10.25 所示。窗框与墙体之间采用预埋铁件、燕尾铁脚、膨胀螺栓、射钉固定等方式连接，如图 10.26 所示。

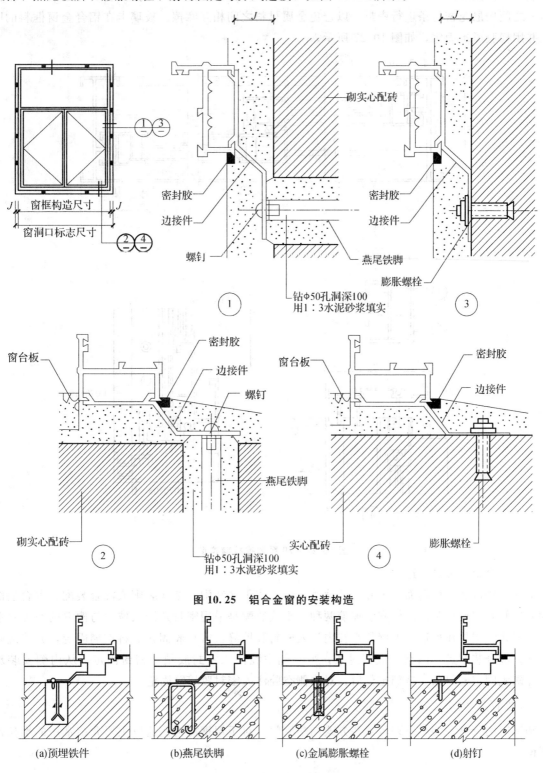

图 10.25　铝合金窗的安装构造

(a)预埋铁件　　(b)燕尾铁脚　　(c)金属膨胀螺栓　　(d)射钉

图 10.26　铝合金窗框与墙体的固定方式

（1）铝合金推拉窗构造。

铝合金推拉窗有水平推拉和垂直推拉两种，其中水平推拉窗应用较多。铝合金推拉窗外形美观、采光面积大、开启不占空间、防水隔声效果好、气密性和水密性佳，广泛应用于宾馆、住宅、办公楼等建筑。

目前 70 系列是广泛采用的一种推拉窗型材，采用 90°开榫对对合，螺钉连接。玻璃视面积大小、隔声、保温隔热等要求，可选择 3～8 mm 厚的普通平板玻璃、钢化玻璃或夹层玻璃等。窗扇与窗框之间用尼龙密封条进行密封，以避免金属材料之间相互摩擦。玻璃卡在铝合金窗框料的凹槽内，并用橡胶压条固定，如图 10.27 所示。

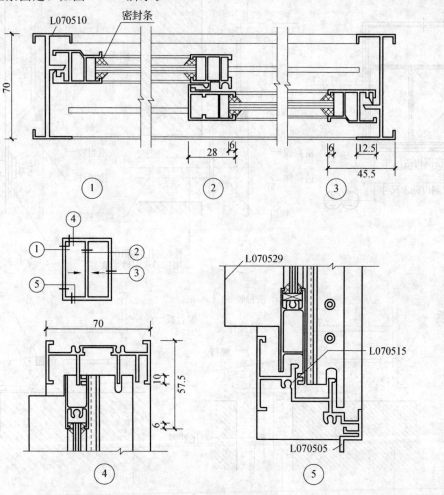

图 10.27　70 系列推拉窗构造

（2）铝合金平开窗构造。

平开窗铰链装于窗侧面。平开窗玻璃镶嵌可采用干式装配、湿式装配或混合装配。混合装配又分为从外侧安装玻璃和从内侧安装玻璃两种。干式装配是采用密封条嵌入玻璃与槽壁的空隙将玻璃固定。湿式装配是在玻璃与槽壁的空腔内注入密封胶填缝，密封胶固化后将玻璃固定，并将缝隙密封起来。混合装配是一侧空腔嵌密封条，另一侧空腔注入密封胶填缝密封固定。从内侧安装玻璃时，外侧先固定密封条，玻璃定位后，对内侧空腔注入密封胶填缝固定。

5. 塑钢窗构造

塑钢窗的特点、型材系列、安装方式同塑钢门。对于塑钢窗构造这里主要介绍常用的推拉窗和平开窗。

（1）塑钢推拉窗。

塑钢推拉窗外形美观，采光面积大，开启不占空间，防水及隔声效果好，并具有很好的气密性和水密性，广泛用于住宅、宾馆、办公、医疗等建筑中。推拉窗常用的系列有 62、77、80、85、88 和 95 等多个系列，可根据要求进行选择。88 系列塑钢推拉窗的构造如图 10.28 所示。

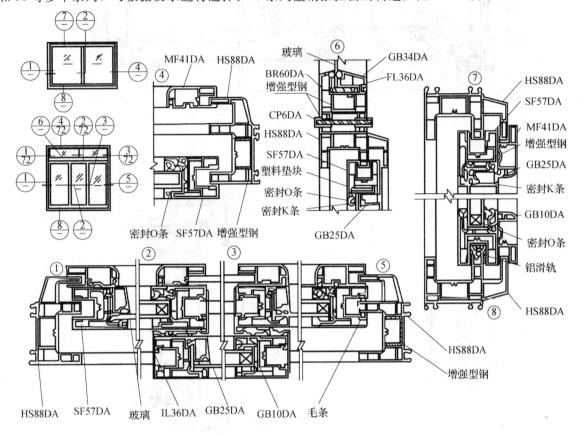

图 10.28 88 系列塑钢推拉窗构造

（2）塑钢平开窗。

平开窗可向外或向内水平开启，有单扇、双扇和多扇，铰链安装在窗扇一侧，与窗框相连。平开窗构造相对简单，维修方便。较为常用的平开窗有 60 系列和 66 系列。

60 系列平开窗主型材为三腔结构，有独立的排水腔，具有保温、隔声、防盗的特点。窗扇可采用单框单层玻璃或单框双层玻璃，既可用于热带，也可用于寒冷地区。60 系列平开窗构造如图 10.29 所示。

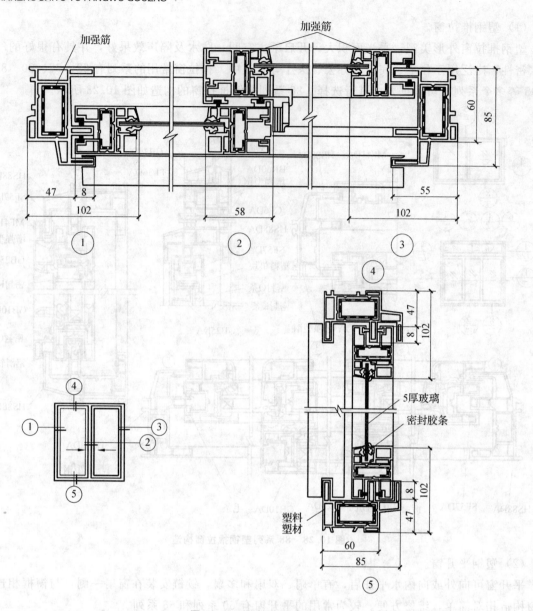

图 10.29　塑钢平开窗构造

10.3　防火门窗

防火门窗是在一定时间内能满足耐火稳定性、完整性和隔热性要求的门窗，主要用于建筑防火分区的防火墙开口、楼梯间出入口、疏散走道、管道井口等处。平常用于人员通行，在发生火灾时可起到阻止火焰蔓延和防止燃烧烟气流动，并在正送风系统工作时起密封的作用。其设置的位置是否合理、选择型号是否恰当、质量是否合格、管理是否到位直接关系到防火门窗的防火效果。

10.3.1　防火门窗的等级分类

1. 防火门

防火门，又称防烟门，是用来维持走火通道的耐火完整性及提供逃生通道的门。其目的是要确保在合理时间内（通常是逃生时间），保护走火通道内正在逃生的人免受火灾的威胁，包括阻隔浓烟及热力。

（1）术语和定义。

①平开式防火门。

由门框、门扇和防火铰链、防火锁等防火五金配件构成的，以铰链为轴垂直于地面，该轴可以沿顺时针或逆时针单一方向旋转以开启或关闭门扇的防火门。

②木质防火门。

用难燃木材或难燃木材制品制作门框、门扇骨架、门扇面板，门扇内若填充材料，则填充对人体无毒无害的防火隔热材料，并配以防火五金配件所组成的具有一定耐火性能的门。

③钢质防火门。

用钢质材料制作门框、门扇骨架和门扇面板，门扇内若填充材料，则填充对人体无毒无害的防火隔热材料，并配以防火五金配件所组成的具有一定耐火性能的门。

④钢木质防火门。

用钢质和难燃木质材料或难燃木材制品制作门框、门扇骨架、门扇面板，门扇内若填充材料，则填充对人体无毒无害的防火隔热材料，并配以防火五金配件所组成的具有一定耐火性能的门。

⑤其他材质防火门。

其他材质防火门采用除钢质、难燃木材或难燃木材制品之外的无机不燃材料或部分采用钢质、难燃木材、难燃木材制品制作门框、门扇骨架、门扇面板，门扇内若填充材料，则填充对人体无毒无害的防火隔热材料，并配以防火五金配件所组成的具有一定耐火性能的门。

⑥A类防火门。

A类防火门也称隔热防火门，指在规定时间内能同时满足耐火完整性和隔热性要求的防火门。

⑦B类防火门。

B类防火门也称部分隔热防火门，指在规定大于等于 0.50 h 内，满足耐火完整性和隔热性要求，在大于 0.50 h 后所规定的时间内，能满足耐火完整性要求的防火门。

⑧C类防火门。

C类防火门也称非隔热防火门，指在规定时间内能满足耐火完整性要求的防火门。

（2）防火门的分类和代号。

①按材质分。

a. 木质防火门，代号为 MFM。

b. 钢质防火门，代号为 FM。

c. 钢木质防火门，代号为 MFM。

d. 其他材质防火门，代号为 ＊FM。（＊＊代表其他材质的具体表述大写拼音字母）

②按门扇数量分。

a. 单扇防火门，代号为 1。

b. 双扇防火门，代号为 2。

c. 多扇防火门（含有三个及以上门扇的防火门），代号为门扇数量用数字表示。

③按结构形式分。

a. 门扇上带防火玻璃的防火门，代号为 b。

b. 防火门门框。门框双槽口代号为 s，单槽口代号为 d。

c. 带亮窗防火门，代号为 l。

d. 带玻璃、亮窗防火门，代号为 bl。

e. 无玻璃防火门，代号略。

④按耐火性能分。

防火门按耐火性能的分类及代号见表 10.3。

表 10.3 按耐火性能分类

名称	耐火性能		代号
A类（隔热）防火门	耐火隔热性≥0.60 h 耐火完整性≥0.60 h		A0.60（丙级）
	耐火隔热性≥0.90 h 耐火完整性≥0.90 h		A0.90（乙级）
	耐火隔热性≥1.20 h 耐火完整性≥1.20 h		A1.20（甲级）
	耐火隔热性≥2.00 h 耐火完整性≥2.00 h		A2.00
	耐火隔热性≥3.00 h 耐火完整性≥3.00 h		A3.00
B类（部分隔热）防火门	耐火隔热性≥0.50 h	耐火完整性≥1.00 h	B1.00
		耐火完整性≥1.50 h	B1.50
		耐火完整性≥2.00 h	B2.00
		耐火完整性≥3.00 h	B3.00
C类（非隔热）防火门		耐火完整性≥1.00 h	C1.00
		耐火完整性≥1.50 h	C1.50
		耐火完整性≥2.00 h	C2.00
		耐火完整性≥3.00 h	C3.00

（3）防火门其他代号。

①下框代号。

有下框的防火门代号为 k。

②平开门门扇关闭方向代号。

平开门门扇关闭方向代号见表 10.4。

表 10.4 平开门门扇关闭方向代号

代号	说明	图示
5	门扇顺时针方向关闭	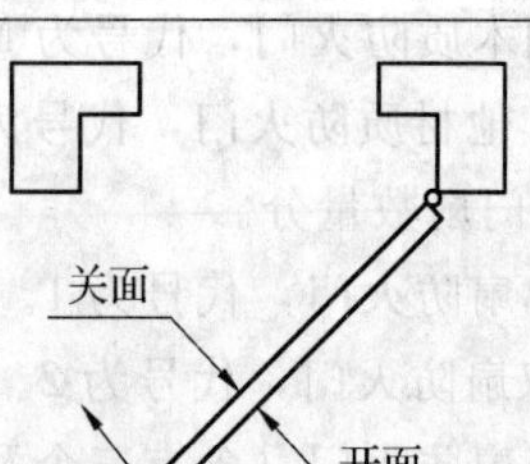
6	门扇逆时针方向关闭	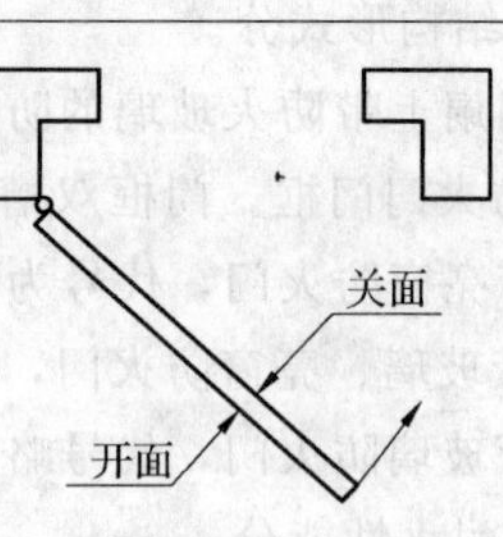

注：双扇防火门关闭方向代号，以安装锁的门扇关闭方向表示

（4）防火门标记。

防火门标记为

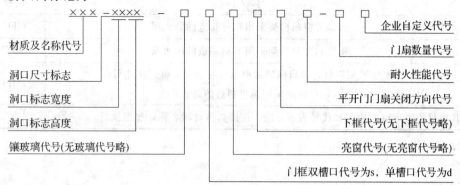

示例1：MFM－0924－bslk5 A1.20（甲）－1。表示A类木质防火门，其洞口宽度为900 mm，洞口高度为2 400 mm。门扇镶玻璃、门框双槽口、带亮窗、有下框，门扇顺时针方向关闭，耐火完整性和耐火隔热性的时间均不小于1.20 h的甲级单扇防火门。

示例2：GFM－1221－6B1.00－2。表示B类钢质防火门，其洞口宽度为1 200 mm，洞口高度为2 100 mm。门扇逆时针方向关闭，其耐火完整性的时间不小于1.00 h，耐火隔热性的时间不小于0.50 h的双扇防火门。

（5）防火门规格。

防火门规格用洞口尺寸表示，洞口尺寸应符合《建筑门窗洞口尺寸系列》（GB/T 5824—2008）的相关规定，特殊洞口尺寸可由生产厂方和使用方按需要协商确定。

2. 防火窗

防火窗是用钢窗框、钢窗扇和防火玻璃组成的。指能起隔离和阻止火势蔓延的窗。

（1）术语和定义。

①固定式防火窗。

无可开启窗扇的防火窗。

②活动式防火窗。

有可开启窗扇，且装配有窗扇启闭控制装置的防火窗。

③隔热防火窗。

在规定时间内，能同时满足耐火隔热性和耐火完整性要求的防火窗。

④非隔热防火窗。

在规定时间内，能满足耐火完整性要求的防火窗。

⑤窗扇启闭控制装置。

活动式防火窗中，控制活动窗扇开启、关闭的装置，该装置具有手动控制启闭窗扇功能，且至少具有易熔合金件或玻璃球等热敏感元件的自动控制关闭窗扇功能。

⑥窗扇自动关闭时间。

从活动式防火窗进行耐火性能试验开始计时，至窗扇自动可靠关闭的时间。

（2）防火窗产品命名。

防火窗产品采用其窗框和窗扇框架的主要材料命名，具体名称见表10.5。

表 10.5 防火窗产品名称

产品名称	含义	代号
钢质防火窗	窗框和窗扇框架采用钢材制造的防火窗	GFC
木质防火窗	窗框和窗扇框架采用木材制造的防火窗	MFC
钢木复合防火窗	窗框采用钢材、窗扇框架采用木材制造或窗框采用木材、窗扇框架采用钢材制造的防火窗	GMFC

其他材质防火窗的命名和代号表示方法，按照具体材质名称，参照执行。

（3）防火窗的分类和代号。

①按使用功能分。

防火窗按其使用功能的分类与代号见表 10.6。

表 10.6 防火窗的使用功能分类与代号

使用功能分类名称	代号
固定式防火窗	D
活动式防火窗	H

②按耐火性能分。

防火窗按其耐火性能的分类与代号见表 10.7。

表 10.7 防火窗的耐火性能分类与代号

耐火性能分类	耐火等级代号	耐火性能
隔热防火窗，A	A0.50（丙级）	耐火隔热性≥0.50 h，且耐火完整性≥0.50 h
	A1.00（乙级）	耐火隔热性≥1.00 h，且耐火完整性≥1.00 h
	A1.50（甲级）	耐火隔热性≥1.50 h，且耐火完整性≥1.50 h
	A2.00	耐火隔热性≥2.00 h，且耐火完整性≥2.00 h
	A3.00	耐火隔热性≥3.00 h，且耐火完整性≥3.00 h
非隔热防火窗，C	C0.50	耐火完整性≥0.50 h
	C1.00	耐火完整性≥1.00 h
	C1.50	耐火完整性≥1.50 h
	C2.00	耐火完整性≥2.00 h
	C3.00	耐火完整性≥3.00 h

（4）防火窗的规格与型号。

①规格。

防火窗的规格型号表示方法和一般洞口尺寸系列应符合《建筑门窗洞口尺寸系列》（GB/T 5824—2008）的规定，特殊洞口尺寸由生产单位和顾客按需要协商确定。

②型号。

防火窗的型号编制方法如下：

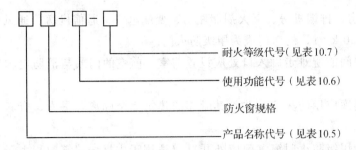

耐火等级代号（见表10.7）

使用功能代号（见表10.6）

防火窗规格

产品名称代号（见表10.5）

示例1：防火窗的型号为 mFC 0909－D－A1.00（乙级），表示木质防火窗，规格型号为0909（即洞口标志宽度为900 mm，标志高度为900 mm），使用功能为固定式，耐火等级为A1.00（乙级）（即耐火隔热性≥1.00 h，且耐火完整性≥1.00 h）。

示例2：防火窗的型号为 GFC 1521－H－C2.00，表示钢质防火窗，规格型号为1521（即洞口标志宽度为1 500 mm，标志高度为2 100 mm），使用功能为活动式，耐火等级为C2.00（即耐火完整性时间不小于2.00 h）。

10.3.2 防火门窗的一般设置原则

1. 应设甲级防火门窗的部位

甲级防火门耐火极限为1.2 h，甲级防火窗的耐火极限为1.5 h。

（1）防火墙上的门窗应为甲级防火门窗（固定式或火灾时具备自行关闭功能）。

（2）消防电梯井、机房与相邻电梯井、机房之间应用耐火极限大于等于2.0 h（2.5 h）的隔墙隔开，隔墙上的门应为甲级防火门。

（3）高层建筑自动灭火系统的设备室、通风、空调机房房间的门应为甲级防火门。

（4）高层建筑的消防水泵房在首层时宜直通室外；在其他层时应直通安全出口；与其他部位隔开的隔墙耐火极限为2.0 h，楼板为1.5 h。房门应为甲级防火门。

（5）地下室内存放可燃物平均质量超过30 kg/m的房间房门应为甲级防火门；地下商店总建筑面积大于20 000 m² 时，应采用无门窗洞口的防火墙分隔；相邻区域需局部连通时，在所设防火间隔、避难走道或防烟楼梯间及其前室的门应为火灾时能自行关闭的常开式甲级防火门。

（6）柴油发电机房布置在高层建筑和裙房内时可布置在建筑物首层或地下一、二层，并采用耐火极限大于等于2.0 h的隔墙和大于等于1.5 h的楼板与其他部分隔开，门应采用甲级防火门；储油间应用防火墙隔开，门应为甲级防火门（并应具有自行关闭功能）；设在高层建筑内的变、配电所，应采用耐火隔墙、楼板及甲级防火门与其他部位隔开；可燃油油浸变压器室通向配电室或变压器室之间的门应为甲级防火门。

（7）燃油、燃气锅炉房、燃油油浸电力变压器、电容器和多油开关间，当其容量值许可设在建筑物内时，与建筑物其他部位之间隔墙上的门窗应为甲级防火门窗。有下列情况之一时，变压器室的门应为防火门。

①变压器室位于高层主体建筑内。

②变压器室附近堆有易燃品或通向汽车车库。

③变压器室位于建筑物的二层或更高层。

④变压器室位于地下室或下面有地下室。

⑤变压器室有通向配电装置室的门。

⑥变压器室之间的门。

（8）液体燃料中间罐的容积不应大于1.0 m³，并应设在耐火等级不低于二级的单独房间内，其门应为甲级防火门，燃油锅炉房日用油箱间的门应为甲级防火门。

（9）人防消防控制室、消防水泵房、排烟机房、灭火剂储瓶间、变配电室、通信机房、通风和空调机房及可燃物存放量平均值超过 30 kg/m² 的房门应为甲级防火门。

（10）人防各防火分区至防烟楼梯间或避难走廊入口处应设置前室，前室的门或与消防电梯间合用前室的门应为甲级防火门。

（11）图书馆基本书库、非书资料库应用防火墙，并与其毗邻的建筑完全隔离，书库、资料库防火墙上的门应为甲级防火门。

（12）计算机房内墙上的门窗应为甲级防火门窗（门应外开）。（适用于主机房建筑面积大于等于 140 m² 的机房）

（13）除敞开式和斜楼板式以外的多层、高层及地下车库，其坡道两侧应用防火墙与停车区隔开。坡道出入口应采用水幕、防火卷帘或设甲级防火门与停车区隔开（当车库和坡道上均设有自动灭火系统时可不受此限）。

（14）附建在旅馆建筑中的餐厅部分应采用防火墙及甲级防火门与其他部分分隔。

（15）剧场舞台通向各处洞口应设甲级防火门，高低压配电室与舞台、侧台、后台相连时必须设置前室并设甲级防火门。

（16）体育比赛和训练建筑的灯控、声控、配电室、发电机房、空调机房、消防控制室等部位应做防火分隔。门窗耐火极限不应低于 1.2 h（甲级）。

2. 应设乙级防火门窗的部位

乙级防火门耐火极限为 0.9 h，乙级防火窗耐火极限为 1.0 h。

（1）高层中庭叠加面积超过一个防火分区面积时：

①房间与中庭回廊相通的门窗应为乙级防火门，同时应具备自行关闭功能。

②与中庭相通的过厅、通道等应设乙级防火门（或耐火极限＞3.0 h 的防火卷帘）分隔。

（2）当防火墙两侧的门窗水平距离小于 2.0 m（平墙）及 4.0 m（转角）时应设固定的乙级防火窗及乙级防火门。

（3）高层建筑内的歌舞娱乐、放映、游艺场所应设在首层、二或三层，与其他部分分隔的隔墙上开门应为不低于乙级的防火门；当歌舞、娱乐、放映、游艺场所必须布置在首层、二层或三层以外的其他楼层时，一个厅室的建筑面积不应大于 200 m²，厅室的疏散门应为乙级防火门。

（4）高层住宅户门不应直接开向前室，确有困难时部分开向前室的户门均应为乙级防火门。

（5）防烟楼梯间前室和楼梯间的门应为乙级防火门，并应向疏散方向开启。

（6）首层门厅扩大的封闭楼梯间和扩大的防烟前室与其他走道和房间相通的门应为乙级防火门。

（7）附设在建筑物内的消防控制室、固定灭火系统的设备室、消防水泵房和通风空气调节机房等，应采用耐火极限不低于 2.0 h 的隔墙和不低于 1.5 h 的楼板与其他部位隔开。设置在丁、戊类厂房中的通风机房应采用耐火极限不低于 1.0 h 的隔墙和不低于 0.5 h 的楼板与其他部位隔开。隔墙上的门除规范另有规定者外，均应采用乙级防火门。

（8）地下室和半地下室不应与地上层共用楼梯间。当须共用楼梯间时，在首层应用耐火极限大于等于 2.0 h 的隔墙与其他部分隔开并直通室外。当需在隔墙上开门时应为不低于乙级的防火门。地下室、半地下室的楼梯间，在首层应采用耐火极限大于等于 2.0 h 的隔墙与其他部位隔开并直通室外。隔墙上开门时应为乙级防火门。

（9）未设封闭楼梯间的 11 层及 11 层以下的单元式住宅开向楼梯间的户门应为乙级防火门。

（10）与首层主要出入口处扩大的封闭楼梯间相连通的走道门与房门应为乙级防火门。

（11）下列建筑或部位的隔墙应采用耐火极限不低于 2.0 h 的不燃烧体，隔墙上的门窗应为乙级防火门窗：

①甲、乙类厂房和使用丙类液体的厂房。

②有明火和高温的厂房。

③剧院后台的辅助用房。

④一、二级耐火等级建筑的门厅。

⑤除住宅外，其他建筑内的厨房。

⑥甲、乙、丙类厂房或甲、乙、丙类仓库内布置有不同类别火灾危险性的房间。

（12）商店建筑的营业厅，当建筑高度在 24 m 以下时，可采用设有防火门（宜采用乙级防火门）的封闭楼梯间。

（13）剧院舞台口上部与观众厅闷顶间的隔墙可采用耐火极限大于等于1.5 h的非燃烧体，墙上的门应采用乙级防火门。

（14）医院中的洁净手术室或洁净手术部、附设在建筑中的歌舞、娱乐、放映游艺场所以及附设在居住建筑中的托儿所、幼儿园的儿童用房和儿童游乐厅等儿童活动场所、老年人建筑，应采用耐火极限不低于2.0 h的不燃烧体墙和不低于1.0 h的楼板，并与其他场所或部位隔开，当墙上必须开门时应设置乙级防火门。

（15）设在库房内的升降机，垂直井道的耐火极限应大于等于2.0 h。升降机通向仓库的门应为乙级防火门。

（16）地下及高层汽车库和设在高层裙房内的车库，其楼梯间及前室的门应为乙级防火门。

（17）病房楼每层防火分区内，有两个及两个以上护理单元时，通向公共走道的单元入口处应设乙级防火门。

（18）综合医院每层电梯间应设前室，由走道通向前室的门应为向疏散方向开启的乙级防火门。

（19）高层建筑内室外疏散梯可作为辅助的防烟楼梯，其疏散门应采用乙级防火门。楼梯周围2.0 m范围内的墙面上除此门以外不应开设其他门窗洞口。

（20）高层厂房（仓库）、人员密集的公共建筑及丙类厂房所设封闭楼梯间的门应为乙级防火门。

（21）体育建筑的观众厅、比赛厅、训练厅的安全出口应设乙级防火门。

（22）消防电梯前室、防烟楼梯间及其前室的门应为向疏散方向开启的乙级防火门。

（23）高层厂房（仓库）、人员密集的公共建筑及多层丙类厂房设置封闭楼梯间时，通向楼梯间的门应为向疏散方向开启的乙级防火门。高层建筑封闭楼梯间的门应为向疏散方向开启的乙级防火门。

（24）当消防电梯前室采用乙级防火卷帘时，在相近位置应加设乙级防火门。

3.应设丙级防火门窗的部位

丙级防火门耐火极限为0.6 h，丙级防火窗耐火极限为0.5 h。

（1）设备管井、通风道、垃圾道壁上的检查门应为丙级防火门。

（2）垃圾道前室门应为丙级防火门。

（3）电缆井和管道井设置在防烟楼梯间前室、合用前室时，其井壁上的检查门应采用丙级防火门。

（4）变配电所内部相通的门，宜为丙级防火门。变配电所直接通向室外的门，应为丙级防火门。

【重点串联】

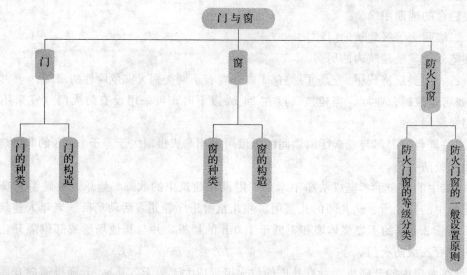

拓展与实训

职业能力训练

一、判断题

1. 对建筑门窗的基本要求是：坚固、耐用、开启方便、功能合理、便于维修。（   ）
2. 窗的主要作用是采光和通风，同时有眺望景观、分隔室内外空间和围护作用。（   ）
3. 防烟楼梯间前室和楼梯间的门应为甲级防火门，并应向疏散方向开启。（   ）

二、简答题

1. 门的形式有哪几种？各自的特点和适用范围是什么？
2. 铝合金门窗的特点是什么？各种铝合金门窗系列的称谓是如何确定的？

工程模拟训练

观察身边的铝合金或塑料门窗的开启方式及构造特点，动手测量门窗的实际尺度。

链接执考

1. 塑料门窗安装工程的质量要求是（   ）。[2006年一级建造师试题（单选题）]

A. 平开门窗扇应开关灵活，平铰链的开关力不大于80 N

B. 推拉门窗扇视情况设防脱落措施

C. 在框与墙体间采用结构胶填嵌缝隙

D. 密封条不得脱槽，旋转窗间隙应采用密封胶密封

2. 安装门窗严禁采用射钉方法固定的墙是（   ）。[2007年一级建造师试题（单选题）]

A. 预制混凝土墙   B. 现浇混凝土墙   C. 陶粒轻质混凝土墙   D. 砌体墙

3. 防火玻璃按耐火性能分为A、B、C三类，这三类都应满足（   ）要求。[2007年二级建造师试题（单选题）]

A. 耐火完整性   B. 耐火隔热性   C. 热辐射强度   D. 热辐射隔热性

模块 11

单层工业厂房构造

【模块概述】

工业建筑是各类工厂为工业生产需要而建造的不同用途的建筑物和构筑物的总称。工业厂房是指工业建筑中供生产用的建筑物，通常把在工业厂房内按生产工艺过程进行各类工业产品的加工和制造的生产单位称为生产车间。一般来说，一个工厂除了有若干个生产车间外，还要有生产辅助用房，如辅助生产车间、锅炉房、水泵房、仓库、办公室及生活用房等。

通常，厂房与民用房屋相比，其基建投资多、占地面积大，而且受生产工艺条件制约。厂房的设计除要满足生产工艺的要求以外，还要为工人创造一个安全、卫生、劳动保护条件良好的生产环境，这就要求工业厂房的设计要符合国家和地方的有关基本建设方针、政策。做到坚固适用、经济合理、技术先进、施工方便，并为实现建筑工业化创造条件。

【知识目标】

1. 通过学习单层工业厂房的构造，了解单层工业厂房的类型、组成；
2. 掌握单层工业厂房主要结构构件及构造做法。

【技能目标】

1. 了解工业建筑的特点及分类；
2. 熟悉单层工业厂房的结构类型和组成；
3. 掌握单层工业厂房的主要结构构件及构造做法。

【课时建议】

6 课时

某金工装配车间的平面示意图如图 11.1 所示，厂房跨度分别为 12 m、12 m、18 m，横向装配间跨度为 18 m，柱距为 6 m。各跨在△位置设置通行大门，大门尺寸为 3 300 mm×3 000 mm。每个柱距内设侧窗，中间跨内设有天窗。吊车采用桥式吊车，分别为 10 t、20/5 t、30/5 t，中级工作制。

请分析工业建筑与民用建筑的异同，划分厂房定位轴线，确定厂房构造方案。

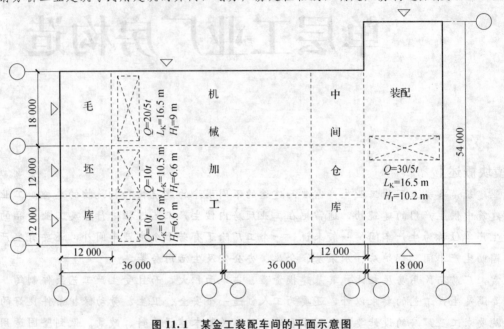

图 11.1　某金工装配车间的平面示意图

 # 11.1　工业建筑概述

11.1.1　工业建筑的特点与分类

1. 工业建筑的特点

工业建筑是生产性建筑，具有如下特点。

(1) 工业建筑的平面形状应按照工艺流程及设备布置的要求进行设计。

工业产品的生产都要经过一系列的加工过程，这个过程称为生产工艺流程。生产所需的设备都应按照工艺流程的要求来布置。

(2) 工业建筑应具有较大的空间。

厂房内一般都有笨重的机器设备、起重运输设备（吊车）等，同时，厂房结构要承受较大的静荷载、动荷载以及振动或撞击力等的作用。

(3) 工业建筑应具有良好的通风和采光。

某些加工过程是在高温状态下完成的，生产过程中要散发大量的余热、烟尘、有害气体及噪声等。

(4) 某些工业建筑对环境条件有严格的要求。

许多产品的生产需要严格的环境条件，如有些厂房要求一定的温度、湿度和洁净度，有些厂房要求无振动、无电磁辐射等。

（5）工业建筑设计时应考虑各种管道的敷设要求和它们的荷载要求。

生产过程往往需要各种工程技术管网，如上下水、热力、煤气、氧气管道和电力供应等。

（6）工业建筑设计时应考虑所采用的运输工具的通行问题。

生产过程中有大量的原料、加工零件、半成品、成品、废料等需要用吊车、电瓶车、汽车或火车进行运输。

2. 工业建筑的分类

工业建筑可按用途、生产状况和建筑层数的不同进行分类。

（1）按用途分类。

①主要生产厂房。

在这类厂房中进行生产工艺流程的全部过程，一般包括备料、加工到装配的全过程。如机械制造工厂，包括铸造车间、锻造车间、冲压车间、铆焊车间、电镀车间、热处理车间、机械加工车间和机械装配车间等。

②辅助生产车间。

辅助生产车间是为主要生产厂房服务的车间。如机械修理、工具等车间。

③动力用厂房。

动力用厂房是为全厂提供能源的厂房。如发电站、锅炉房、煤气站等。

④储存用房屋。

储存用房屋是为生产提供存储原料、半成品、成品的仓库。如炉料、砂料、油料、半成品、成品库房等。

⑤运输用房屋。

运输用房屋是为管理、存储及检修交通工具用的房屋。如机车库、汽车库、电瓶车库等。

⑥其他建筑。

其他建筑指解决厂房给水、排水问题的水泵房、污水处理站等。

中、小型工厂或以协作为主的工厂，则仅有上述各类型房屋中的一部分。此外，也有一幢厂房中包括多种类型用途的车间的情况。

（2）按生产状况分类。

①冷加工车间。

冷加工车间指在常温状态下进行生产。如机械加工车间、金工车间、机修车间等。

②热加工车间。

热加工车间指在高温和熔化状态下进行生产，可能散发大量余热、烟雾、灰尘、有害气体等。如铸造、冶炼、热处理车间等。

③恒温恒湿车间。

恒温恒湿车间指为保证产品质量，厂房内要求稳定的温度、湿度条件。如精密仪器、纺织、酿造等车间。

④洁净车间。

洁净车间要求在保持高度洁净的条件下进行生产，防止大气中灰尘及细菌的污染。如集成电路车间、精密仪器加工及装配车间、医药工业中的粉针剂车间等。

⑤其他特种状况的车间。

其他特种状况的车间指有爆炸可能性、有大量腐蚀性物质、有放射性物质、防微震或防电磁波干扰等的车间。

生产状况是确定厂房平、立、剖面，主体建筑材料以及围护结构形式的主要因素之一。

（3）按建筑层数分类。

①单层厂房。

单层厂房主要用于重型机械、冶金工业等重工业。这类厂房的特点是设备体积大、重量重、厂房内以水平运输为主。单层厂房按跨度不同分为单跨、双跨和多跨，如图 11.2 所示。

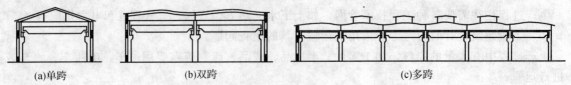

(a)单跨　　　　　　　　(b)双跨　　　　　　　　　　(c)多跨

图 11.2　单层厂房

②多层厂房。

多层厂房常见的层数为 2～6 层。多用于食品、电子、化工、精密仪器工业等。这类厂房的特点是设备较轻、体积较小、工厂的大型机床一般放在底层，小型设备放在楼层上，厂房内部的垂直运输以电梯为主，水平运输以电瓶车为主，如图 11.3 所示。

③层数混合的厂房。

层数混合的厂房由单层跨和多层跨组合而成，多用于热电厂、化工厂等。高大的生产设备位于中间的单跨内，边跨为多层，如图 11.4 所示。

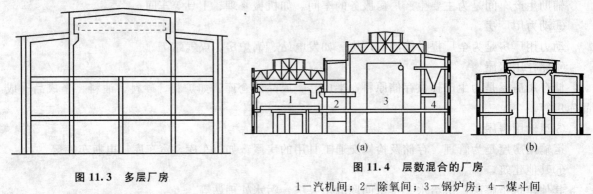

图 11.3　多层厂房

(a)　　　　　　　　(b)

图 11.4　层数混合的厂房

1—汽机间；2—除氧间；3—锅炉房；4—煤斗间

11.1.2　单层工业厂房的结构类型及组成

在工业厂房建筑中，支承各种荷载作用的构件所组成的骨架，通常称为厂房结构。厂房结构的坚固、耐久是靠结构构件连接在一起的，组成一个结构空间来保证的。单层工业厂房结构主要荷载示意如图 11.5 所示。

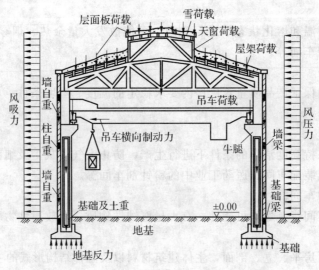

图 11.5　单层工业厂房结构主要荷载示意图

1. 单层厂房的结构类型

单层厂房结构按其承重结构的材料来分，有混合结构、钢筋混凝土结构、钢结构和轻钢结构等类型；按其主要承重结构的形式分，有排架结构和刚架结构两种常用的结构形式。下面具体介绍按主要承重结构的形式分类。

（1）排架结构。

排架结构是目前单层厂房中最基本的、应用最多的结构形式，如图 11.6 所示。它的基本特点是把屋架看作一个刚度很大的横梁，屋架（或屋面梁）与柱子的连接为铰接，柱子与基础的连接为刚接，屋架、柱子、基础组成了厂房的横向排架。连系梁、吊车梁、基础梁等均为纵向连系构件，它们和支撑构件将横向排架联成一体，组成坚固的骨架结构系统。排架结构单层工业厂房实例如图 11.7 所示。

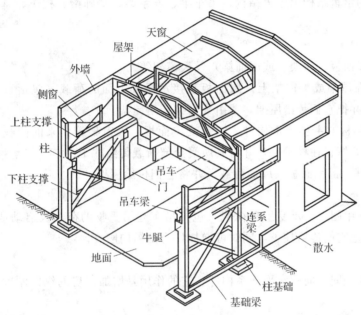

图 11.6 排架结构单层工业厂房的组成

图 11.7 排架结构单层工业厂房实例

（2）刚架结构。

刚架结构是将屋架（或屋面梁）与柱子合并为一个构件，柱子与屋架（或屋面梁）的连接处为刚性节点，柱子与基础一般做成铰接。刚架结构的优点是梁柱合一，构件种类少，结构轻巧，空间宽敞，但刚度较差，适用于屋盖较轻的无桥式吊车或吊车吨位不大、跨度和高度较小的厂房和仓库。目前单层工业厂房中常用两铰和三铰钢架形式，如图 11.8 所示。

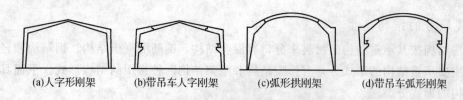

| (a)人字形刚架 | (b)带吊车人字刚架 | (c)弧形拱刚架 | (d)带吊车弧形刚架 |

图 11.8 装配式钢筋混凝土门式刚架结构

2. 单层厂房的组成

装配式钢筋混凝土排架结构的单层厂房在工业建筑中应用较为广泛,它由承重结构和围护结构两大部分组成,如图 11.6 所示。

(1) 承重结构。

排架结构厂房的承重结构由屋盖结构、吊车梁、连系梁、基础梁、柱子、基础、屋架支撑和柱间支撑组成。

①屋盖结构。

屋盖结构包括屋面板、屋架(或屋面梁)及天窗架等。

a. 屋面板铺设在屋架或天窗架上。屋面板直接承受其上面的荷载(包括自重、屋面材料、雨雪、施工等荷载),并把它们传给屋架,或由天窗架传给屋架。

b. 屋架是屋盖结构的主要承重构件。它承受屋面板、天窗架等传来的荷载及吊车荷载(当设有悬挂吊车时)。屋架搁置在柱子上,并将其所受全部荷载传给柱子。

c. 天窗架承受其上部屋面板及屋面荷载,并将它们传给屋架。

②吊车梁。

吊车梁搁置在柱牛腿上,承受吊车荷载(包括吊车起吊重物的荷载及启动或制动时产生的纵、横向水平荷载),并把它们传给柱子,同时可增加厂房的纵向刚度。

③连系梁。

连系梁是柱与柱之间纵向的水平连系构件,它的作用是增加厂房的纵向刚度,承受其上部的墙体荷载。

④基础梁。

基础梁搁置在柱基础上,主要承受其上部墙体的荷载。

⑤柱子。

柱子承受屋架、吊车梁、连系梁及支撑系统传来的荷载,并把它们传给基础。

⑥基础。

基础承受柱及基础梁传来的荷载,并把它们传给地基。

⑦屋架支撑。

屋架支撑设在相邻的屋架之间,用来加强屋架的刚度和稳定性。

⑧柱间支撑。

柱间支撑包括上柱支撑与下柱支撑,用来传递水平荷载(如风荷载、地震荷载及吊车的制动力等),提高厂房的纵向刚度和稳定性。

(2) 围护结构。

排架结构厂房的围护结构由屋面、外墙、门窗和地面组成。

①屋面。

屋面指承受外界传来的风、雨、雪、积灰、检修等荷载,并防止外界的寒冷、酷暑对厂房内部的影响,同时屋面板也加强了横向排架的纵向联系,有利于保证厂房的整体性。

②外墙。

外墙指厂房四周的外墙和抗风柱。外墙主要起防风雨、保温、隔热等作用,一般分上下两部分，上部分砌在连系梁上，下部分砌在基础梁上，属自承重墙。抗风柱主要承受山墙传来的水平荷载，并传给屋架和基础。

③门窗。

门窗作为外墙的重要组成部分，主要用来交通联系、采光、通风，同时具有外墙的围护作用。

④地面。

地面指承受生产设备、产品以及堆积在地面上的原材料等荷载，并根据生产使用要求，提供良好的劳动条件。

11.1.3 工业建筑的起重运输设备

在生产过程中，为了装卸、搬运各种原材料和产品，以及进行生产、设备检修等，在厂房内部上空须设置适当的起重吊车。起重吊车是目前厂房中应用最为广泛的一种起重运输设备。厂房剖面高度的确定和计算等，与吊车的规格、起重质量等有着密切关系。常见的吊车有单轨悬挂吊车、梁式吊车和桥式吊车等。

1. 单轨悬挂吊车

单轨悬挂吊车是在屋架（屋面梁）下弦悬挂梁式钢轨，轨梁上设有可水平移动的滑轮组（即电葫芦），利用滑轮组升降起重的一种吊车，如图 11.9 所示。单轨悬挂吊车的起重质量一般不超过5 t。由于钢轨悬挂在屋架下弦上，则要求屋盖结构有较高的强度和刚度。

2. 梁式吊车

梁式吊车有悬挂式和支撑式两种。悬挂式是在屋架（屋面梁）下弦悬挂双轨，在双轨上设置可滑行的单梁，在单梁上设有可横向移动的滑轮组（电葫芦），如图 11.10 所示。支撑式是在排架柱的牛腿上安装吊车梁和钢轨，钢轨上设可滑行的单梁，单梁上设可滑行的滑轮组。

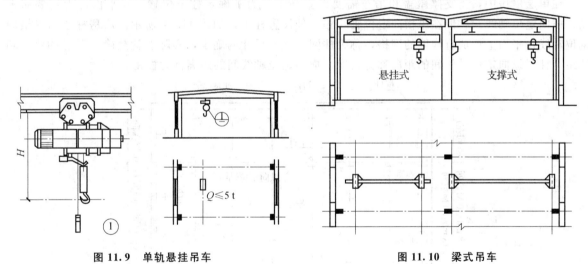

图 11.9　单轨悬挂吊车　　　　　　　　图 11.10　梁式吊车

两种吊车的单梁都可按轨道纵向运行，梁上滑轮组可横向运行和起吊重物，起重幅面较大，起重质量不超过 5 t。

3. 桥式吊车

桥式吊车通常是在厂房排架柱的牛腿上安装吊车梁及钢轨，钢轨上设置能沿着厂房纵向滑移的桥架（或板梁），起重小车安装在桥架上，沿桥架上面的轨道横向运行。在桥架和小车运行范围内均可起重，起重质量为 5～400 t。司机室设在桥架一端的下方，如图 11.11 所示。

起重吊车按工作的重要性及繁忙程度分为轻级、中级、重级等三种工作制。吊车的工作制是根据吊车开动时间与全部生产时间的比率来划分的，用 JC% 表示。轻级工作制为 JC15%；中级工作制为 JC25%；重级工作制为 JC40%。

吊车的工作状况对支撑它的构件（吊车梁、柱子）有很大影响，在设计这些构件时必须考虑所承受的吊车属于哪种工作制。

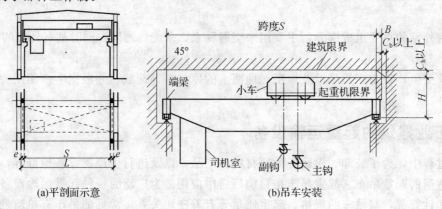

(a)平剖面示意　　　　　　　　(b)吊车安装

图 11.11　电动桥式吊车

11.1.4　单层工业厂房的柱网及定位轴线

厂房的定位轴线是确定厂房主要构件的位置及其标志尺寸的基准线，同时也是设备定位、安装及厂房施工放线的依据。

为了提高厂房建筑设计标准化、生产工厂化和施工机械化的水平，划分厂房定位轴线时，在满足生产工艺要求的前提下应尽可能减少构件的种类和规格，并使不同厂房结构形式所采用的构件能最大限度地互换和通用，以提高厂房建筑的装配化程度和建筑工业化水平。

1. 柱网尺寸

在单层厂房中，为支撑屋盖和吊车需要设置柱子，为了确定柱子位置，在平面图上需要布置纵、横向定位轴线。一般在纵横向定位轴线相交处设置柱子，如图 11.12 所示。厂房柱子与纵横向定位轴线在平面上形成有规律的网格，称为柱网。柱网尺寸的确定，实际上就是确定厂房的跨度和柱距。柱子纵向定位轴线间的距离称为跨度，横向定位轴线间的距离称为柱距。

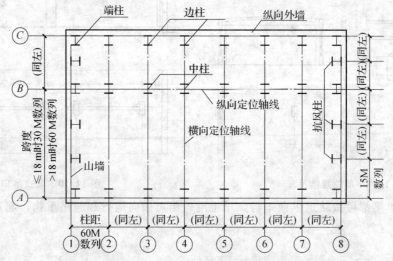

图 11.12　跨度和柱距示意图

确定柱网尺寸时，首先要满足生产工艺要求，尤其是工艺设备的布置；其次在考虑建筑材料、结构形式、施工技术水平、经济效果等因素的前提下，应符合《厂房建筑模数协调标准》的规定。

（1）跨度。

单层厂房的跨度在 18 m 以下时，应采用扩大模数 30 M 数列，即 9 M、12 M、15 M、18 M；在 18 m 以上时，应采用扩大模数 60 M 数列，即 24 M，30 M，36 M，…，如图 11.12 所示。

（2）柱距。

单层厂房的柱距应采用扩大模数 60 M 数列，采用钢筋混凝土或钢结构时，常采用 6 M 柱距，有时也可采用 12 M 柱距。单层厂房山墙处的抗风柱柱距宜采用扩大模数 15 M 数列，即 4.5 M、6 M、7.5 M，如图 11.12 所示。

2. 定位轴线的划分

厂房定位轴线的划分是在柱网布置的基础上进行的，并与柱网布置保持一致。

厂房的定位轴线分为横向和纵向两种。与横向排架平面平行的称为横向定位轴线；与横向排架平面垂直的称为纵向定位轴线。定位轴线应予以编号。

（1）横向定位轴线。

与横向定位轴线有关的承重构件，主要有屋面板和吊车梁。此外，横向定位轴线还与连系梁、基础梁、墙板、支撑等其他纵向构件有关。因此，横向定位轴线应与屋面板、吊车梁等构件长度的标志尺寸相一致。

①中间柱与横向定位轴线的关系。

除了靠山墙的端部柱和横向变形缝两侧的柱以外，一般中间柱的中心线与横向定位轴线相重合，且横向定位轴线通过屋架中心线及屋面板、吊车梁等构件的接缝中心，如图 11.13（a）所示。

②山墙处柱子与横向定位轴线的关系。

当山墙为非承重墙时，墙内缘应与横向定位轴线相重合，且端部柱及端部屋架的中心线应自横向定位轴线向内移 600 mm，如图 11.13（b）所示。这是由于山墙内侧的抗风柱需通至屋架上弦或屋面梁上翼并与之连接，同时定位轴线定在山墙内缘，可与屋面板的标志尺寸端部重合，因此不留空隙，形成"封闭结合"，使构造简单。

当山墙为承重山墙时，墙内缘与横向定位轴线的距离应按砌体的块材类别分为半块、半块的倍数或墙厚的一半，如图 11.13（c）所示，以保证伸入山墙内的屋面板与砌体之间有足够的搭接长度。屋面板与墙上的钢筋混凝土垫梁连接。

③横向变形缝处柱子与横向定位轴线的关系。

在横向伸缩缝处或防震缝处，应采用双柱及两条定位轴线。柱的中心线均应自定位轴线向两侧各移 600 mm，如图 11.13（d）所示，两条横向定位轴线分别通过两侧屋面板、吊车梁等纵向构件的标志尺寸端部，两轴线间加插入距 a_i，a_i 应等于伸缩缝或防震缝的宽度 a_e。

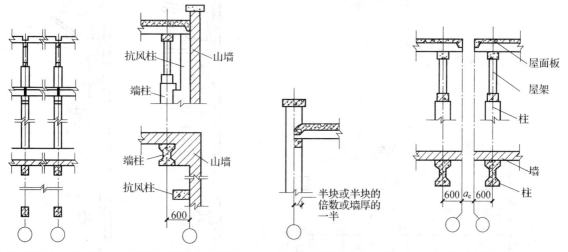

(a)中间轴的横向定位轴线　(b)山墙处柱子的横向定位轴线　(c)承重山墙的横向定位轴线　(d)变形缝处的横向定位轴线

图 11.13　横向定位轴线

（2）纵向定位轴线。

与纵向定位轴线有关的构件主要是屋架（屋面梁），此外纵向定位轴线还与屋面板宽、吊车等有关。因为屋架（屋面梁）的标志跨度是以 3 m 或 6 m 为倍数的扩大模数，并与大型屋面板（一般为 1.5 m 宽）相配合，因此，一般厂房的纵向定位轴线都是按照屋架跨度的标志尺寸从其两端垂直引下来。

①边柱与纵向定位轴线的关系。

在有梁式或桥式吊车的厂房中，为了使厂房结构和吊车规格相协调，保证吊车的安全运行，厂房跨度与吊车跨度两者之间的关系规定为

$$S = L - 2e$$

式中　L——厂房跨度，即纵向定位轴线间的距离；

　　　S——吊车跨度，即吊车轨道中心线间的距离；

　　　e——吊车轨道中心线至厂房纵向定位轴线间的距离（一般为 750 mm，当构造需要或吊车起重质量大于 75 t 时为 1 000 mm），如图 11.14 所示。

轨道中心线至厂房纵向定位轴线间的距离是根据厂房上柱的截面高度、吊车侧方宽度尺寸（吊车端部至轨道中心线的距离）、吊车侧方间隙（吊车运行时，吊车端部与上柱内缘间的安全间隙尺寸）等因素决定的。上柱截面高度 h 由结构设计确定，常用尺寸为 400 mm 或 500 mm。吊车侧方间隙与吊车起重质量大小有关。当吊车起重质量小于 50 t 时，吊车侧方间隙为 80 mm；吊车起重质量大于 63 t 时，侧方间隙为 100 mm。吊车侧方宽度尺寸随吊车跨度和起重质量的增大而增大。实际工程中，由于吊车形式、起重质量、厂房跨度、高度和柱距以及是否设置安全走道板等条件不同，外墙、边柱与纵向定位轴线的关系有以下两种情况。

a. 封闭结合。

当结构所需的上柱截面高度、吊车侧方宽度及安全运行所需的侧方间隙 C_b 三者之和（$h + B + C_b$）$< e$ 时，可采用纵向定位轴线、边柱外缘和外墙内缘三者相重合，屋架端部与外墙内缘相重合，无空隙，形成"封闭结合"。这种纵向定位轴线称为"封闭轴线"，如图 11.15 (a) 所示。

采用这种"封闭轴线"时，用标准的屋面板便可铺满整个屋面，不需另设补充构件，因此构造简单，施工方便，经济合理。它适用于无吊车或只有悬挂吊车及柱距为 6 m、吊车起重质量不大且不需增设联系尺寸的厂房。

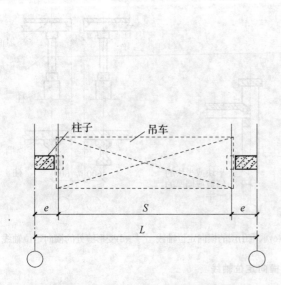

图 11.14　吊车跨度与厂房跨度的关系

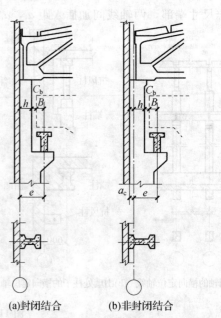

(a)封闭结合　　(b)非封闭结合

图 11.15　边柱与纵向定位轴线的关系

b. 非封闭结合。

当柱距大于 6 m，吊车起重质量及厂房跨度较大时，由于 B、C_b、h 均可能增大，因而可能导致 $(h+B+C_b)>e$，此时若继续采用"封闭结合"，便不能满足吊车安全运行所需净空要求，易造成厂房结构的不安全，因此，将边柱外缘从纵向定位轴线向外需推移，即边柱外缘与纵向定位轴线之间增设联系尺寸 a_c，使 $(e+a_c)>(h+B+C_b)$，以满足吊车运行所需的安全间隙，如图 11.15（b）所示。当外墙为墙板时，联系尺寸 a_c，使 $(e+a_c)>(h+B+C_b)$ 应为 300 mm 或其整数倍数；当围护结构为砌体时，联系尺寸 a_c 可采用 50 mm 或其整数倍数。

当纵向定位轴线与柱子外缘间有"联系尺寸"时，由于屋架标志尺寸端部与柱子外缘、外墙内缘不能相重合，上部屋面板与外墙之间便出现空隙，这种情况称为"非封闭结合"，这种纵向定位轴线称为"非封闭轴线"。此时，屋面上部空隙处需做构造处理，通常应加设补充构件，一般有挑砖、加设补充小板等，如图 11.16 所示。

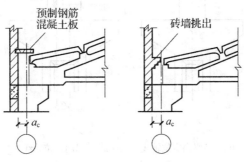

预制钢筋混凝土板　　砖墙挑出

图 11.16　"非封闭结合"屋面板与墙空隙的处理

厂房是否需要设置"联系尺寸"及其取值，应根据所需吊车规格校核安全净空尺寸，使其在任何可能发生的情况下，均有安全保证。此外，还与柱距以及是否设置吊车梁走道板等因素有关。当厂房采用承重墙结构时，承重外墙内缘与纵向定位轴线间的距离宜为半块砌体的倍数或墙厚的一半。若为带壁柱的承重墙，其内缘与纵向定位轴线相重合，或与纵向定位轴线相距半块砌体或半块的倍数，如图 11.17 所示。

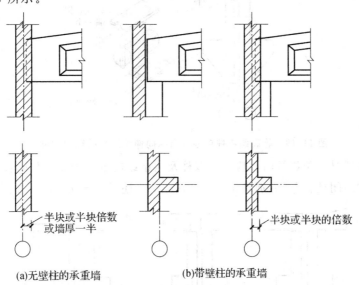

半块或半块倍数　　　　　　　　半块或半块的倍数
或墙厚一半

(a)无壁柱的承重墙　　　　　(b)带壁柱的承重墙

图 11.17　承重墙的纵向定位轴线

②中柱与纵向定位轴线的关系。

中柱处纵向定位轴线的确定方法与边柱相同，定位轴线与屋架（屋面梁）的标志尺寸相重合。

a. 等高跨中柱与纵向定位轴线的关系。

无变形缝时，等高厂房的中柱宜设单柱和一条纵向定位轴线，柱的中心线宜与纵向定位轴线相重合，如图 11.18（a）所示。当相邻跨为桥式吊车且起重质量较大、厂房柱距较大或有其他构造要求时需设置插入距。中柱可采用单柱，并设两条纵向定位轴线，其插入距应符合数列 3 M（即 300 mm 或其整数倍数），但围护结构为砌体时，可采用 M/2（即 50 mm）或其整数倍数，柱中心线宜与插入距中心线相重合，如图 11.18（b）所示。

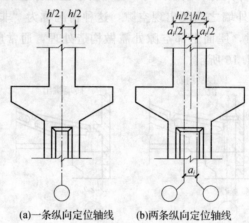

(a)一条纵向定位轴线   (b)两条纵向定位轴线

图 11.18　等高跨中柱单柱（无纵向伸缩缝）

等高跨厂房设有纵向伸缩缝时，中柱可采用单柱并设两条纵向定位轴线，伸缩缝一侧的屋架（屋面梁）应搁置在活动支座上，两条定位轴线间插入距 a_i 为伸缩缝的宽度 a_e，如图 11.19 所示。

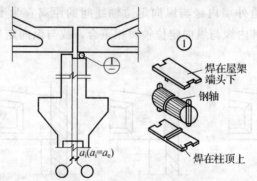

焊在屋架
端头下

钢轴

焊在柱顶上

图 11.19　等高跨中柱单柱（有纵向伸缩缝）的纵向定位

等高跨厂房需设置纵向防震缝时，应采用双柱及两条纵向定位轴线。其插入距 a_i 应根据防震缝的宽度及两侧是否"封闭结合"，分别确定为 a_e、$a_e + a_c$，还是 $a_c + a_e + a_c$，如图 11.20 所示。

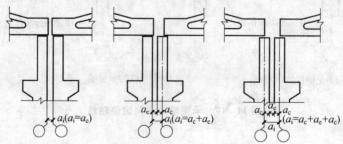

图 11.20　等高跨中柱设双柱时的纵向定位轴线

b. 不等高跨中柱与纵向定位轴线的关系。

无变形缝时的不等高跨中柱。

不等高跨处采用单柱时，把中柱看作高跨的边柱，对于低跨，为简化屋面构造，一般采用"封闭结合"。根据高跨是否封闭及封墙位置的高低，纵向定位轴线按下述两种情况定位。

高跨采用"封闭结合"，且高跨封墙底面高于低跨屋面，宜采用一条纵向定位轴线，即纵向定位轴线与高跨上柱外缘、封墙内缘及低跨屋架标志尺寸端部相结合，如图 11.21（a）所示。若封墙底面低于低跨屋面，宜采用两条纵向定位轴线，其插入距 a_i 等于封墙厚度 t，即 $a_i = t$，如图 11.21（b）所示。

高跨采用"非封闭结合"，上柱外缘与纵向定位轴线不能重合，应采用两条定位轴线。插入距根据高跨封墙高于或是低于低跨屋面，分别等于联系尺寸或封墙厚度加联系尺寸 a_c，即 $a_i = a_c$ 或 $a_i = a_c + t$，如图 11.21（c）、（d）所示。

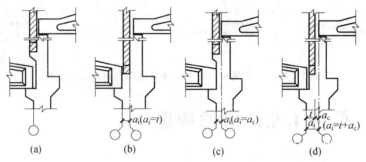

图 11.21 不等高跨中柱单柱（无纵向伸缩缝时）与纵向定位轴线的定位

有变形缝时的不等高跨中柱。

不等高跨处采用单柱并设纵向伸缩缝时，低跨的屋架或屋面梁可搁置在活动支座上，不等高跨处应采用两条纵向定位轴线，并设插入距。其插入距可根据封墙的高低位置及高跨是否"封闭结合"分别定位。

当高低两跨纵向定位轴线时均采用"封闭结合"，高跨封墙底面低于低跨屋面时，其插入距 $a_i = a_e + t$，如图 11.22（a）所示。

当高跨纵向定位轴线为"非封闭结合"，低跨仍为"封闭结合"，且高跨封墙底面低于低跨屋面时，其插入距 $a_i = a_e + t + a_c$，如图 11.22（b）所示。

当高低两跨纵向定位轴线均采用"封闭结合"，且高跨封墙底面高于低跨屋面时，其插入距 $a_i = a_c$，如图 11.22（c）所示。

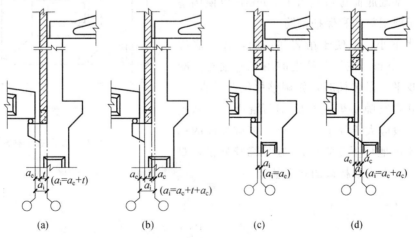

图 11.22 不等高跨中柱单柱（有纵向伸缩缝）与纵向定位轴线的定位

当高跨纵向定位轴线为"非封闭结合"，低跨仍为"封闭结合"，且高跨封墙底面高于低跨屋面时，其插入距 $a_i＝a_e＋a_c$，如图 11.22（d）所示。

当厂房不等高跨处需设置防震缝时，应采用双柱和两条纵向定位轴线的定位方法，柱与纵向定位轴线的定位规定与边柱相同。其插入距 a_i 可根据封墙位置的高低以及高跨是否是"封闭结合"，分别定为 $a_i＝a_e＋t$ 或 $a_i＝a_e＋t＋a_c$，$a_i＝a_e$ 或 $a_i＝a_e＋a_c$，如图 11.23 所示。

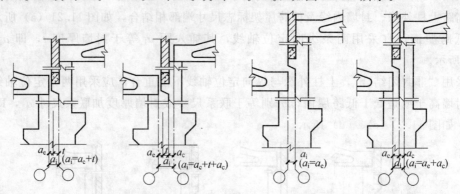

图 11.23　不等高跨设中柱双柱与纵向定位轴线的定位

11.2　单层工业厂房的构造

11.2.1　基础、基础梁及柱

1. 基础

与民用建筑一样，基础起着承上传下的作用，它承受厂房结构的全部荷载，并传给地基。因此，基础是工业厂房的重要构件之一。

单层厂房的基础主要有独立式和条式两类，当柱距为 6 m 或更大，地质情况较好时，多采用独立式基础，其中杯形基础较为常见，如图 11.24 所示。

基础所用的混凝土强度等级一般不低于 C15，基础底面通常要先浇灌 100 mm 厚、C10 的素混凝土垫层，垫层宽度一般比基础底面每边宽出 100 mm，以便调整地基标高，便于施工放线和保护钢筋。

杯口应上大下小，以便于吊装和锚固，杯口底应低于柱底标高 50 mm，在吊装柱之前用 C20 细石混凝土按设计标高找平。吊装柱时，先调整柱位及垂直度，用钢模固定，并在空隙中填充 C20 细石混凝土。基础杯口底板厚度一般应大于等于 200 mm。基础顶面的标高，一般应距室内地坪下 500 mm，在伸缩缝处设置双柱独立基础时，可做成双杯口的独立基础。

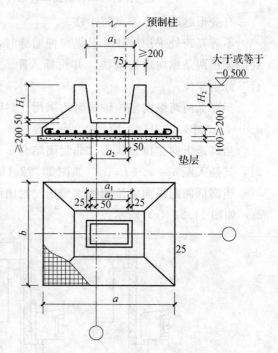

图 11.24　预制柱下杯形基础图

当场地起伏不平，局部地质较差，或柱基础旁有深的设备基础时，为了使柱子的长度统一，便于制作和吊装，可将局部基础做成高杯形基础，如图 11.25 所示。杯形基础除应满足上述要求外，柱插入杯口深度、基础底面尺寸以及配筋量均须经过结构计算来确定。

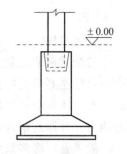

图 11.25 高杯口基础图

2. 基础梁

采用装配式钢筋混凝土排架结构的厂房时，墙体仅起围护和分隔作用，通常不再做基础，而将墙砌在基础梁上，基础梁两端搁置在杯形基础的杯口上，如图 11.26 (a) 所示。墙体的重量通过基础梁传到基础上，用基础梁代替一般条形基础，既经济又施工方便，还可防止墙、柱基础产生不均匀沉降导致墙身开裂。

基础梁的断面形状常用倒梯形，有预应力和非预应力钢筋混凝土两种。梯形基础梁的预制较为方便，可利用已制成的梁作为模板，如图 11.26 (b)、(c) 所示。

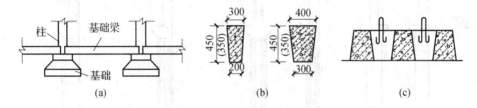

图 11.26 基础梁的位置及截面尺寸

技术提示

基础梁的搁置方式及防冻措施

为了避免影响开门及满足防潮要求，基础梁顶面标高至少应低于室内地坪标高 50 mm，比室外地坪标高至少高 100 mm。基础梁底回填土时一般不需要夯实，并留有不少于 50～150 mm 的空隙，以利于基础梁与柱基础同步沉降。寒冷地区要铺设较厚的干砂或炉渣，以防地基土壤冻胀将基础梁及墙体顶裂，如图 11.27 所示。

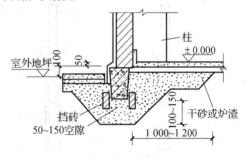

图 11.27 基础梁搁置的构造要求及防冻措施

基础梁搁置在杯形基础顶的方式，视基础埋置深度而定，如图 11.28 所示。当基础杯口顶面距室内地坪为 500 m 时，基础梁可直接搁置在杯口上；当基础杯口顶面距室内地坪大于 500 m 时，可设置 C15 混凝土垫块，搁置在杯口顶面，当墙厚 370 mm 时垫块的宽度为 400 mm，当墙厚 240 mm 时为 300 mm。当基础埋深较大时，基础梁可搁置于高杯口基础的顶面或柱牛腿上。

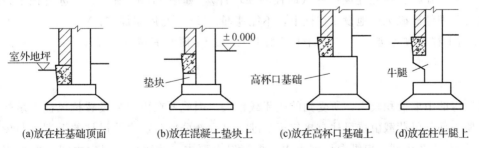

(a)放在柱基础顶面　　(b)放在混凝土垫块上　　(c)放在高杯口基础上　　(d)放在柱牛腿上

图 11.28 基础梁的搁置方式

3. 柱

(1) 承重柱。

在装配式钢筋混凝土排架结构的单层厂房中，柱子主要有承重柱（即排架柱）和抗风柱两类。其中承重柱主要承受屋盖、吊车梁及部分外墙等传来的垂直荷载，以及风荷载和吊车制动力等水平荷载，有时还承受管道设备等荷载，因此承重柱是厂房的主要受力构件之一，应具有足够的抗压和抗弯能力，并通过结构计算来合理确定截面尺寸和形式。

一般工业厂房多采用钢筋混凝土柱。跨度、高度和吊车起重质量都比较大的大型厂房可以采用钢柱。单层工业厂房钢筋混凝土柱，基本上可分为单肢柱和双肢柱两大类，如图 11.29 所示。单肢柱截面形式有矩形、工字形及单管圆形。双肢柱截面形式是由两肢矩形柱或两肢圆形管柱，用腹杆（平腹杆或斜腹杆）连接而成。

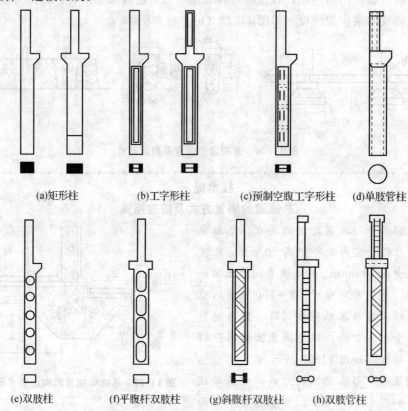

| (a)矩形柱 | (b)工字形柱 | (c)预制空腹工字形柱 | (d)单肢管柱 |

| (e)双肢柱 | (f)平腹杆双肢柱 | (g)斜腹杆双肢柱 | (h)双肢管柱 |

图 11.29　常用的几种钢筋混凝土柱

钢筋混凝土柱除了按结构计算需要配置一定数量的钢筋外，还要根据柱的位置以及柱与其他构件连接的需要，在柱上预先埋设铁件（即柱的预埋件），如图 11.30 所示。在进行柱子设计和施工时，必须将预埋件准确无误地设置在柱上，不能遗漏。M—1 与屋架焊接；M—2、M—3 与吊车梁焊接；M—4 与上柱支撑焊接；M—5 与下柱支撑焊接。$2\phi6$ 预埋钢筋与砖墙锚拉；$2\phi2$ 预埋钢筋与圈梁锚拉。

(2) 抗风柱。

单层厂房的山墙面积较大，所受到的风荷载也大，因此要在山墙处设置抗风柱来承受墙面上的风荷载，使一部分风荷载由抗风柱直接传至基础，另一部分风荷载由抗风柱的上端（与屋架上弦连接），通过屋盖体系传到厂房纵向柱列上去。根据以上要求，抗风柱与屋架之间一般采用竖向可以移动、水平方向又具有一定刚度的 Z 形弹簧板连接，屋架与抗风柱间应留有不少于 150 mm 的间隙，如图 11.31 (a) 所示。

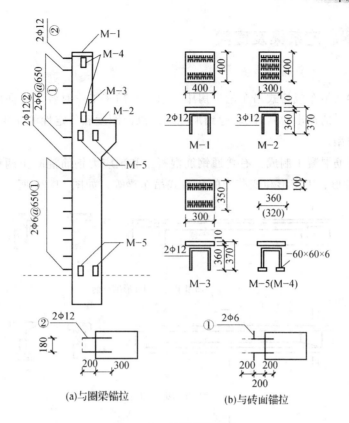

图 11.30　柱子预埋铁件

若厂房沉降较大时，则宜采用螺栓连接，如图 11.31（b）所示。一般情况下抗风柱须与屋架上弦连接；当屋架设有下弦横向水平支撑时，抗风柱可与屋架下弦相连接，作为抗风柱的另一支点。

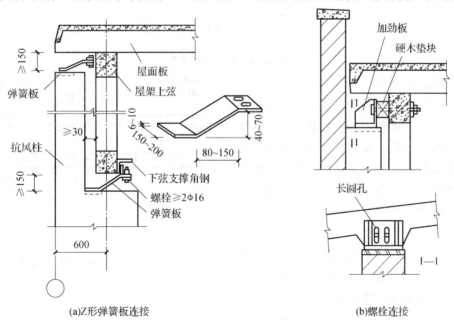

图 11.31　抗风柱与屋架的连接构造

11.2.2 吊车梁、连系梁及圈梁

1. 吊车梁

吊车架设在有梁式吊车或桥式吊车的厂房中,以承受吊车工作时各个方向的动荷载(即起吊荷载、横向与纵向刹车时的冲击力),同时起到加强厂房纵向刚度和稳定性的作用。

(1)吊车梁的类型。

吊车梁一般用钢筋混凝土制成,有普通钢筋混凝土和预应力钢筋混凝土两种,按其外形和截面形状分有等截面的 T 形、工字形和变截面的鱼腹式吊车梁等,如图 11.32 所示。

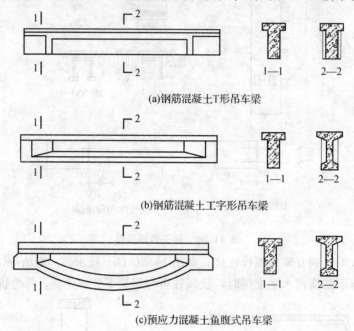

(a)钢筋混凝土T形吊车梁

(b)钢筋混凝土工字形吊车梁

(c)预应力混凝土鱼腹式吊车梁

图 11.32 吊车梁的类型

(2)吊车梁的预埋件。

吊车梁两端上下边缘各埋有铁件,作为与柱子连接用,如图 11.33 所示。由于端柱处、伸缩缝处的柱距不同,因此,在预制和安装吊车梁时应注意预埋件的位置。在吊车梁的上翼缘处留有固定轨道用的预留孔。有车挡的吊车梁应预留有与车挡连接用的钢管或预埋件。

(3)吊车梁与柱的连接。

吊车梁与柱的连接多采用焊接连接。上翼缘与柱间用钢板或角钢焊接,底部通过吊车梁底的

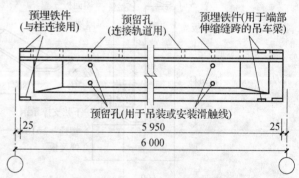

图 11.33 吊车梁的预埋件

预埋角钢和柱牛腿面上的预埋钢板焊接,吊车梁之间、吊车梁与柱之间的空隙用 C20 混凝土填实,如图 11.34 所示。

(4)吊车轨道在吊车梁上的安装。

吊车轨道铺设在吊车梁上供吊车运行。轨道可采用铁路钢轨、吊车专用钢轨或方钢。轨道安装前,先做 30~50 mm 厚的 C20 细石混凝土垫层,然后铺钢垫板,用螺栓连接压板将吊车轨道固定,如图 11.35 所示。

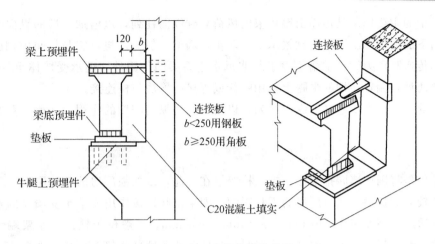

图 11.34　吊车梁与柱的连接

（5）车挡在吊车梁上的安装。

为了防止吊车运行时来不及刹车而冲撞到山墙上，需在吊车梁的端部设车挡。车挡一般用螺栓固定在吊车梁的翼缘上，如图 11.36 所示。

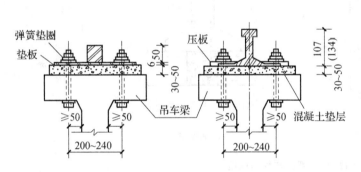

图 11.35　车挡在吊车梁上的安装

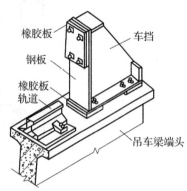

图 11.36　车挡在吊车梁上的安装

2. 连系梁

连系梁是厂房纵向柱列的水平连系构件，有设在墙内和不在墙内两种。它的截面形状有矩形和 L 形两种，可根据外墙厚度选用，长度、柱距和抗风柱距相适应（6 m 或 4.5 m）。设在墙内的连系梁称墙梁，分非承重和承重两种，如图 11.37 所示。

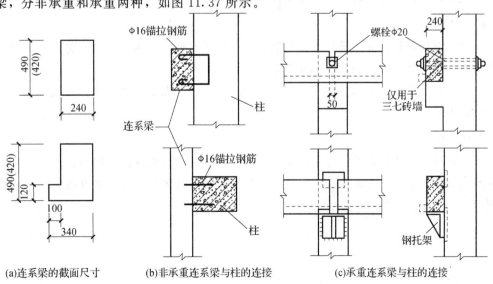

(a)连系梁的截面尺寸　　(b)非承重连系梁与柱的连接　　(c)承重连系梁与柱的连接

图 11.37　连系梁与柱的连接

非承重墙梁的主要作用是传递山墙传来的风荷载到纵向柱列，以增加厂房的纵向刚度。它将上部墙荷载传给下面墙体，由墙下基础梁承受。非承重墙梁一般为现浇，它与柱间用钢筋拉接，只传递水平力而不传递竖向力。承重墙梁除了起非承重连系梁的作用外，还承受墙体重量并传给柱子，有预制和现浇两种，搁置在柱的牛腿上，用螺栓或焊接的方法与柱连接。

不在墙内的连系梁主要起联系纵向柱列，以增加厂房纵向刚度的作用，一般布置在多跨厂房的中列柱中。

3. 圈梁

圈梁的作用是将围护墙同排架柱、抗风柱等箍在一起，以加强厂房的整体刚度，防止由于地基不均匀沉降或较大的振动荷载对厂房的不利影响。圈梁仅起拉接作用而不承受墙体的重量，其截面宽度与墙体相适应，高度多用 240 mm、300 mm、360 mm。一般位于柱顶、屋架端头顶部、吊车梁附近。圈梁一般为现浇，也可预制，施工时应与柱侧的预埋件连接为一体，如图 11.38 所示。实际布置时，应与厂房立面结合起来，尽量调整圈梁、连系梁的位置，使其兼起过梁的作用。

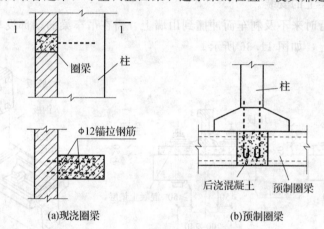

图 11.38　圈梁与柱的连接

11.2.3　支撑系统

在装配式单层厂房中大多数构件节点为铰接，整体刚度较差，为保证厂房的整体刚度和稳定性，必须按结构要求，合理布置必要的支撑。支撑构件是连系各主要承重构件以构成厂房空间结构骨架的重要组成部分。支撑系统包括屋盖支撑和柱间支撑。

1. 屋盖支撑

屋盖支撑主要用以保证屋架受到吊车荷载、风荷载等水平力后的稳定，并将水平荷载向纵向传递。屋盖支撑包括三类八种，如图 11.39 所示。

纵向水平支撑和纵向水平系杆沿厂房总长设置，横向水平支撑和垂直支撑一般布置在厂房端部和伸缩缝两侧的第二（或第一）柱间。

2. 柱间支撑

柱间支撑的作用是将屋盖系统传来的风荷载及吊车制动力传至基础，同时加强柱稳定性。柱间支撑以牛腿为分界线，分上柱支撑和下柱支撑，多用型钢制成交叉形式，也可制成门架式以免影响开设门洞口，如图 11.40 所示。

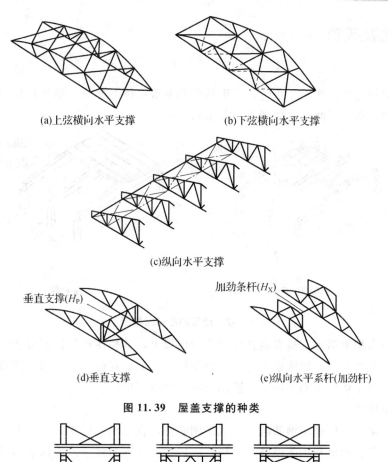

(a)上弦横向水平支撑　　　　　(b)下弦横向水平支撑

(c)纵向水平支撑

垂直支撑(H_P)　　　　　　　加劲条杆(H_X)

(d)垂直支撑　　　　　　　(e)纵向水平系杆(加劲杆)

图 11.39　屋盖支撑的种类

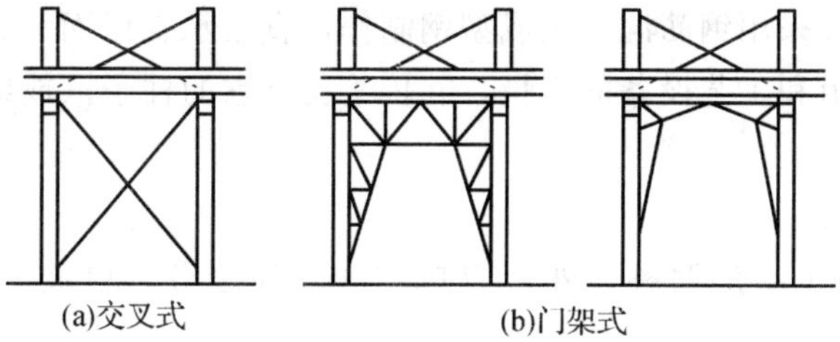

(a)交叉式　　　　　　(b)门架式

图 11.40　柱间支撑形式图

柱间支撑适宜布置在各温度区段的中央柱间或两端的第二个柱距中。支撑杆的倾角宜在 35°～55°之间，与柱侧的预埋件焊接连接，如图 11.41 所示。

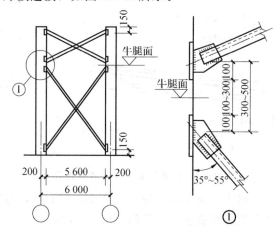

图 11.41　柱间支撑与柱的连接构造

11.2.4 屋盖及天窗

1. 屋盖

厂房屋盖起围护与承重作用。它包括承重构件和覆盖构件两部分。单层厂房屋盖结构形式大致可分为无檩体系和有檩体系两类,如图11.42所示。

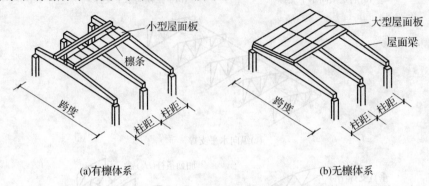

图 11.42 屋顶的覆盖结构图

无檩体系是将大型屋面板直接焊接在屋架或屋面梁上,其整体性好,刚度大,是目前单层厂房比较广泛采用的一种体系。有檩体系是将各种小型屋面板搁置在檩条上,檩条支撑在屋架或屋面梁上。有檩体系屋盖的整体性和刚度较差,适用于中、小型厂房。

(1)屋盖承重构件。

屋架(或屋面梁)一般采用钢筋混凝土或型钢制作,直接承受屋面、天窗荷载及安装在其上的顶棚、悬挂吊车、各种管道和工艺设备的重量,并传给支承它的柱子(或纵墙),屋架(或屋面梁)与柱、基础构成横向排架。

①屋面梁。

屋面梁截面有 T 形和工字形两种,外形有单坡和双坡之分,单坡一般用于厂房的边跨,如图11.43所示。

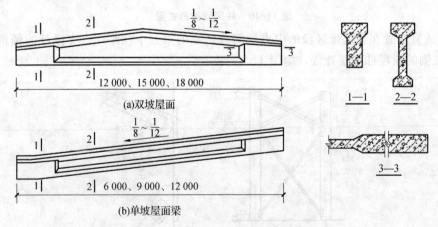

图 11.43 钢筋混凝土工字形屋面梁

屋面梁的特点是形式简单,制作和安装较方便,梁高小,重心低,稳定性好,但自重大,适用于厂房跨度不大,有较大振动荷载或有腐蚀性介质的厂房。

②屋架。

屋架按材料分为钢屋架和钢筋混凝土屋架两种,除跨度很大的重型车间和高温车间采用钢屋架外,一般多采用钢筋混凝土屋架。钢筋混凝土屋架的构造形式很多,常用的有三角形屋架、梯形屋架、拱形屋架、折线形屋架等,如图11.44所示。

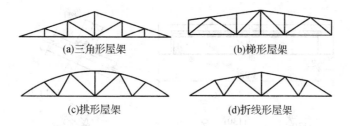

(a)三角形屋架　　　　　　(b)梯形屋架

(c)拱形屋架　　　　　　　(d)折线形屋架

图 11.44　钢筋混凝土屋架的外形

　　屋架与柱子的连接方法有焊接和螺栓连接两种，屋架焊接连接是在屋架下弦端部预埋钢板，并将其与柱顶的预埋钢板焊接在一起，如图 11.45（a）所示。螺栓连接是在柱顶伸出预埋螺栓，在屋架下弦端部焊上带有缺口的支承钢板，就位后用螺栓固定，如图 11.45（b）所示。

　　③屋架托架。

　　当厂房全部或局部柱距为 12 m 或 12 m 以上，屋架间距仍保持 6 m 时，需在 12 m 柱距间设置托架来支撑中间屋架，如图 11.46 所示，通过托架将屋架上的荷载传递给柱子。吊车梁也相应采用 12 m 长。托架有预应力混凝土和钢托架两种。

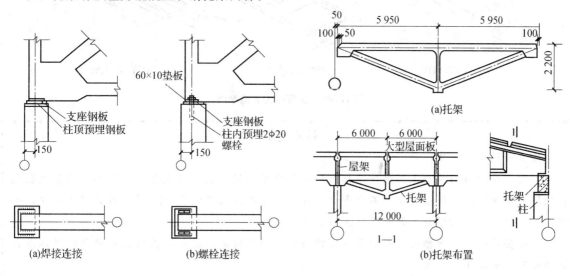

(a)焊接连接　　　　　　(b)螺栓连接

图 11.45　屋架与柱的连接

(a)托架

(b)托架布置

图 11.46　预应力钢筋混凝土托架

　　（2）屋盖覆盖构件。

　　①檩条。

　　檩条用于有檩体系的屋盖中，其长度为屋架或屋面梁的间距，檩条的间距多为 3 m，其上支承小型屋面板，并将屋面荷载传给屋架。檩条有钢檩条和钢筋混凝土檩条。

　　钢筋混凝土檩条的截面形状有倒 L 形和 T 形，两端底部埋有铁件，以备与屋架或屋面梁顶部铁件连接，如图 11.47 所示。两檩条在屋架上弦的对头空隙应用水泥砂浆填实。

　　②屋面板。

　　屋面板是屋面的覆盖构件，分大型屋面板和小型屋面板两种，如图 11.48 所示。

　　在无檩体系中，用的最多的就是预应力钢筋混凝土大型屋面板。这种屋面板的长度即为柱距 6 m,宽度 1.5 m,且与屋架或屋面梁的跨度相适应。

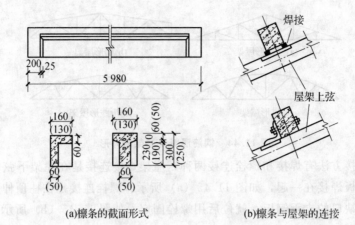

(a)檩条的截面形式　　　　　　(b)檩条与屋架的连接

图 11.47　檩条及其连接构造

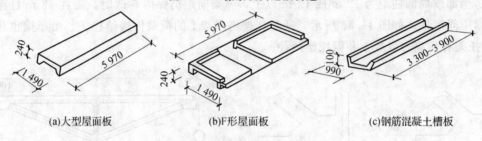

(a)大型屋面板　　　　　(b)F形屋面板　　　　　(c)钢筋混凝土槽板

图 11.48　屋面板的类型举例

技术提示

屋面板的固定方法：

①大型屋面板与屋架采用焊接连接，即将每块屋面板纵向主肋底部的预埋件与屋架上弦相应预埋件相互焊接，焊接连接点不宜少于三点，板间缝隙用不低于 C15 的细石混凝土填实，如图 11.49 所示。天沟板与屋架的焊接点不少于四点。

②小型屋面板（如槽瓦）与檩条通过钢筋钩或插铁固定，这就需在槽瓦端部预埋挂环或预留插销孔，如图 11.50 所示。

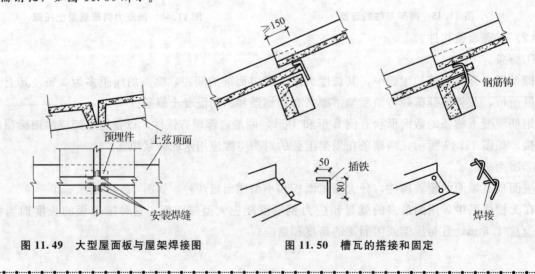

图 11.49　大型屋面板与屋架焊接图　　　　**图 11.50　槽瓦的搭接和固定**

---

2. 天窗

对于多跨厂房和大跨度厂房，为了解决厂房内的天然采光和自然通风问题，除了在侧墙上设置侧窗外，往往还需要在屋顶上设置天窗。

（1）天窗的类型和特点。

天窗的类型很多，按构造形式分有矩形天窗、M形天窗、锯齿形天窗、纵向下沉式天窗、横向下沉式天窗、井式天窗、平天窗等，如图11.51所示。

①矩形天窗。

矩形天窗一般沿厂房纵向布置，断面呈矩形，两侧的采光面垂直，玻璃不易积灰并易于防雨，采光通风效果好，所以在单层厂房中应用最广；其缺点是构造复杂、自重大、造价较高。

②M形天窗。

M形天窗是将矩形天窗屋顶从两边向中间倾斜形成的。倾斜的屋顶有利于通风，且能增强光线反射，所以M形天窗的采光、通风效果比矩形天窗好；缺点是天窗屋顶排水构造复杂。

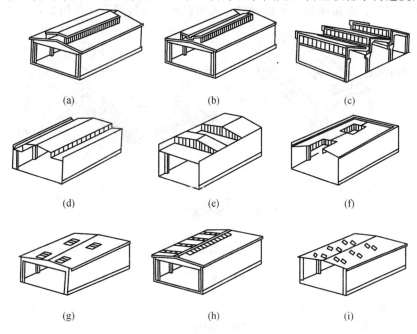

(a)   (b)   (c)

(d)   (e)   (f)

(g)   (h)   (i)

图 11.51 天窗的类型

③锯齿形天窗。

锯齿形天窗是将厂房屋顶做成锯齿形，在其垂直（或稍倾斜）面设置采光、通风口。窗口一般朝北或接近北向，可避免光线直射以及因光线直射而产生的眩光现象，室内光线均匀、稳定，有利于保证厂房内恒定的温度、湿度，适用于纺织厂、印染厂和某些机械厂。

④横向下沉式天窗。

横向下沉式天窗是将一个柱距或几个柱距内的整跨屋面板上下交替布置在屋架上下弦上，利用屋面板的高度差在横向垂直面设天窗口。这种天窗适用于纵轴为南北向的厂房，天窗采光效果较好，但均匀性差，且窗扇形式受屋架形式限制，规格多，构造复杂，厂房的纵向刚度较差，屋面的清扫、排水不便。

⑤纵向下沉式天窗。

纵向下沉式天窗是将厂房的屋面板沿纵向连续下沉搁置在屋架下弦上，利用屋面板的高度差在纵向垂直面设置天窗口。这种天窗适用于纵轴为东西向的厂房，且多用于热加工车间，厂房纵向刚度较横向下沉式天窗好，但布置于跨中时，其排水较复杂。

⑥井式天窗。

井式天窗将局部屋面板下沉铺在屋架下弦上，利用屋面板的高度差在纵横向垂直面设窗口，形成一个个凹嵌在屋面之下的井状天窗。其特点是布置灵活，排风路径短捷，通风性能好，采光均匀，因此广泛用于热加工车间，但屋面清扫不方便，构造较复杂，且使室内空间高度有所降低。

⑦平天窗。

平天窗可分为采光板、采光带和采光罩三种。采光板是在屋面上留孔，装设平板透光材料形成；采光带是将部分屋面板空出来，铺上采光材料做成长条形的纵向或横向采光带；采光罩是在屋面上留孔，装设弧形透光材料形成。这三种平天窗的共同特点是采光均匀，采光效率高，布置灵活，构造简单，造价低，因此在冷加工车间应用较多，但平天窗不易通风，易积灰，阳光直射易产生眩光，透光材料易受外界影响而破碎。

（2）矩形天窗的构造。

矩形天窗沿厂房纵向布置，为了简化构造并留出屋面检修和消防通道，在厂房两端和横向变形缝两侧的第一个柱间通常将矩形天窗断开，并在每段天窗的端壁设置上天窗屋面的检修梯。

矩形天窗由天窗架、天窗屋顶、天窗端壁、天窗侧板和天窗扇五部分组成，如图 11.52 所示。

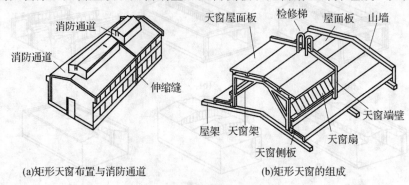

(a)矩形天窗布置与消防通道　　　　(b)矩形天窗的组成

图 11.52　矩形天窗布置与组成

①天窗架。

天窗架是天窗的承重构件，支承在屋架或屋面梁上，其高度根据天窗扇的高度确定。天窗架的跨度一般为厂房跨度的 $\frac{1}{3}\sim\frac{1}{2}$，且应符合扩大模数 30 M 系列，常见的有 6 M、9 M、12 M 三种。天窗架有钢筋混凝土天窗架和钢天窗架两种，如图 11.53 所示。钢天窗架重量轻，制作吊装方便，多用于钢屋架上，也可用于钢筋混凝土屋架上。钢筋混凝土天窗架则要与钢筋混凝土屋架配合使用。

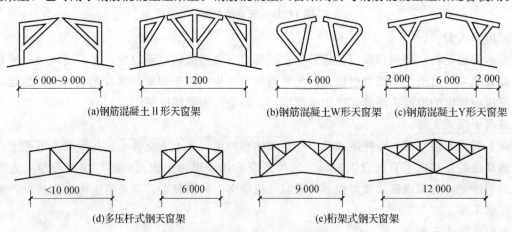

(a)钢筋混凝土Ⅱ形天窗架　　(b)钢筋混凝土W形天窗架　(c)钢筋混凝土Y形天窗架

(d)多压杆式钢天窗架　　　　　(e)桁架式钢天窗架

图 11.53　天窗架形式

技术提示
天窗架的安装方法

为便于天窗架的制作和吊装，钢筋混凝土天窗架一般加工成两榀或三榀，在现场组合安装，各榀之间采用螺栓连接，与屋架采用焊接连接。钢天窗架一般采用桁架式，自重轻，便于制作和安装，其支脚与屋架一般采用焊接连接，适用于较大跨度的厂房。

---

②天窗屋顶。

天窗屋顶与厂房屋顶的构造相同，因天窗的集水面积不大，一般可采取无组织排水形式，即在天窗的檐口部分搁置檐口板，挑出长度为 300～500 mm。但应在天窗檐口的对应屋面范围内铺设混凝土滴水板，以防天窗屋顶落水损伤屋面防水层。

③天窗端壁。

天窗端壁是天窗端部的山墙。有预制钢筋混凝土天窗端壁（可承重）、石棉瓦天窗端壁（非承重）等。

预制钢筋混凝土天窗端壁可以代替端部天窗架，具有承重与围护双重功能。端壁板一般由两块或三块组成，其下部焊接固定在屋架上弦轴线的一侧，与屋面交接处应作泛水处理，上部与天窗屋面板的空隙，采用 M5 砂浆砌砖填补。对端壁有保温要求时，可在端壁板内侧加设保温层，如图 11.54 所示。

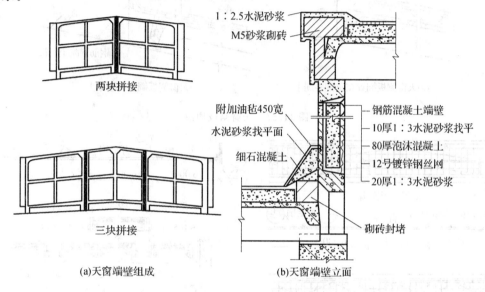

图 11.54 天窗端壁构造图

石棉瓦天窗端壁采用天窗架承重，端壁的围护结构由轻型波形瓦做成，这种端壁构件琐碎，施工复杂，主要用于钢天窗架上。

④天窗侧板。

天窗侧板是天窗下部的围护构件。主要作用是防止天窗檐口下落的雨水溅入厂房及积雪影响窗扇的开启。天窗侧板的高度不应小于 300 mm，多雪地区可增高至 400～600 mm。

天窗侧板的选择应与屋面构造及天窗架形式相适应，当屋面为无檩体系时，应采用与大型屋面板等长度的钢筋混凝土槽形侧板，侧板可以搁置在天窗架竖杆外侧的钢牛腿上，也可以直接搁置在屋架上，同时应做好天窗侧板处的泛水，如图 11.55 所示。

⑤天窗扇。

天窗的窗扇一般为单层玻璃扇，窗框多用钢材制作。按开启方式分上悬式钢天窗和中悬式钢天窗。上悬式天窗扇最大开启角为 45°，开启方便，防雨性能好，所以采用较多。

上悬式钢天窗扇的高度有 900 mm、1 200 mm、1 500 mm（标志尺寸）三种，可根据需要组合形成不同的窗口高度。窗扇主要由开启扇和固定扇组成，可以布置成通长窗扇和分段窗扇，如图 11.56 所示。通长窗扇有两个端部窗扇和若干个中间窗扇利用垫板和螺栓连接而成；分段窗扇是每个柱距设一个窗扇，各窗扇可独立开启。在天窗的开启扇之间、开启扇与天窗端壁之间，均须设置固定窗扇起竖框作用。为了防止雨水从窗扇两端开口处飘入车间，须在固定扇的后侧附加 600 mm 宽的固定挡雨板。

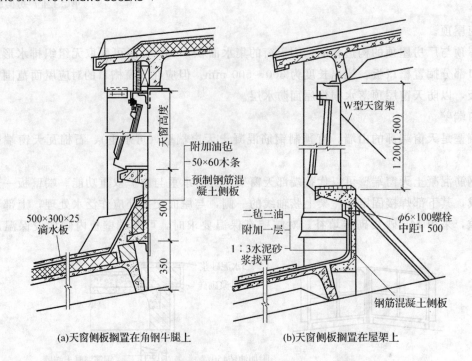

(a)天窗侧板搁置在角钢牛腿上　　　　(b)天窗侧板搁置在屋架上

图 11.55　天窗侧板构造

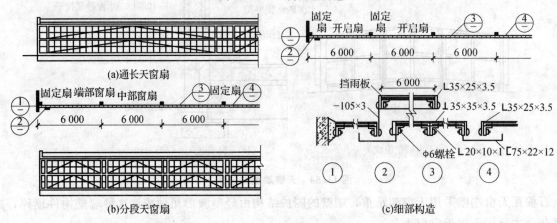

(a)通长天窗扇

(b)分段天窗扇

(c)细部构造

图 11.56　上悬式钢天窗扇

11.2.5　外墙及其他构造

1. 外墙

单层工业厂房的墙体包括外墙、内墙和隔墙。外墙由于高度与长度都比较大，要承受较大的风荷载，同时还要受到机器设备与运输工具振动的影响，因此墙身的刚度与稳定性应有可靠的保证。

厂房外墙一般只起围护作用，根据外墙所用材料的不同，有砌体墙、板材墙和开敞式外墙等几种类型。

（1）砌体墙。

砌体墙包括普通砖墙和各种材料、各种规格的砌块墙。普通砖墙的厚度有 240 mm 和 370 mm 两种，砌块墙的厚度多为 180 mm 和 190 mm。

①墙体的位置。

a. 墙体在柱子外侧。

外墙包在柱子的外侧，具有构造简单，施工方便，热工性能好的优点，便于基础梁与连系梁等构配件的标准化，用途广泛，如图 11.57 (a) 所示。

b. 墙体嵌在柱列之间。

墙体在柱子中间，可以节省建筑占地面积、加强柱子和墙体的刚度，有利抗震，也可省掉柱间支撑。但砌筑时砍砖多，柱子与墙体间有缝隙，热损失大，柱子因热桥效应不利保温，基础梁与连系梁的长度因柱子宽度的不同而不利标准化。这种做法可用于不需保温的简易厂房和厂房的内墙，如图 11.57（b）、图 11.57（c）所示。

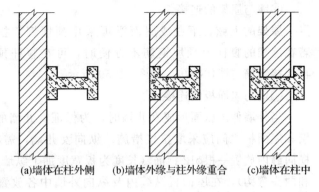

(a)墙体在柱外侧　　(b)墙体外缘与柱外缘重合　　(c)墙体在柱中

图 11.57　墙体与柱的相对位置

② 墙与柱的连接。

为保证墙体的稳定性和提高其整体刚度，墙体应与柱有可靠的连接。常用的做法是在预制柱时，沿柱高每隔 500～600 mm 伸出两根φ6 钢筋，每根伸出长度不小于 500 mm，砌墙时把伸出的钢筋砌在灰缝中。端柱距外墙内缘的空隙应在砌墙时填实，以利于柱对墙体起骨架作用，如图 11.58 所示。

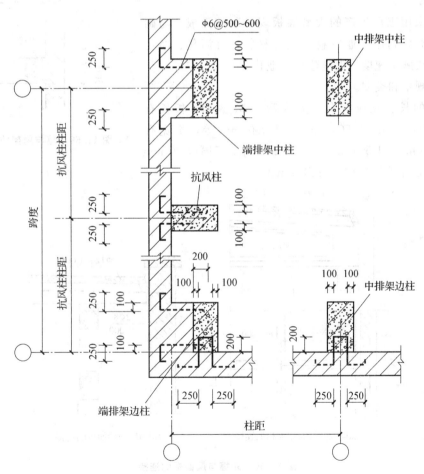

图 11.58　墙与柱的连接构造

③墙与屋架的连接。

屋架的上弦、下弦或屋面梁可采用预埋钢筋拉接墙体。若在屋架的腹杆上预埋钢筋不方便时，可在腹杆预埋钢板，再焊接钢筋与墙体拉接，如图11.59所示。

④墙与屋面板的连接。

当外墙伸出屋面形成女儿墙时，为保证女儿墙的稳定性，墙和屋面板之间应采取拉接措施。纵向女儿墙，需在屋面板横向缝内放置一根φ12钢筋（长度为板宽度加上纵墙厚度一半和两头弯钩），在屋面板纵缝内及纵向外墙中各放置一根φ12（长度为1 000 mm）钢筋相连接，形成工字形的钢筋，然后在缝内用C20细石混凝土捣实，如图11.60（a）所示；山墙处应在山墙上部沿屋面设置两根φ8钢筋于墙中，并在屋面板的板缝中嵌入一根φ12（长度为1 000 mm）钢筋与山墙中钢筋拉接，如图11.60（b）所示。

（2）板材墙。

板材墙是采用工厂生产的大型墙板现场装配而成。与砌体墙相比，能充分利用工业废料和地方材料，可简化、净化施工现场，加快施工速度，促进建筑工业化。

①墙板的规格和类型。

一般墙板的长和宽应符合扩大模数3 M数列，板长有4 500 mm、6 000 mm、7 500 mm、12 000 mm等，板宽有900 mm、1 200 mm、1 500 mm、1 800 mm等。板厚以20 mm为模数进级，常用厚度为160～240 mm。

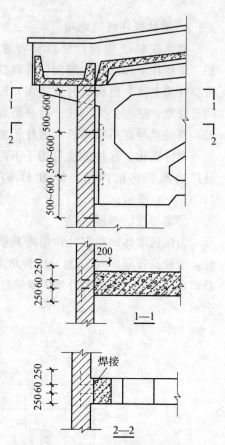

图11.59 墙与屋架的连接构造

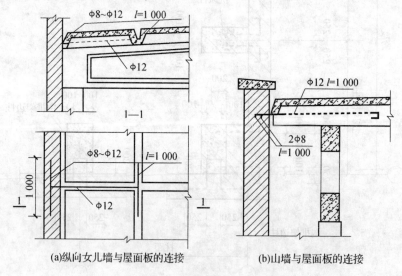

(a)纵向女儿墙与屋面板的连接　　(b)山墙与屋面板的连接

图11.60 外墙与屋面板的连接

【知识拓展】

墙板的分类

a. 按照墙板在墙面位置的不同，可分为：檐口板、窗上板、窗下板、窗框板、一般板、山尖板、勒脚板和女儿墙板等。

b. 按照墙板的构造和组成材料的不同，分为单一材料的墙板（如钢筋混凝土槽形板、空心板、配筋轻混凝土墙板）和复合墙板（如各种夹心墙板）。

②墙板的位置。

墙板的布置方式有横向布置、竖向布置和混合布置三种，如图 11.61 所示。其中以柱距为板长，板型少，可省去窗过梁和连系梁，便于布置窗框板或带形窗，连接简单，构造可靠，有利于增强厂房的纵向刚度。

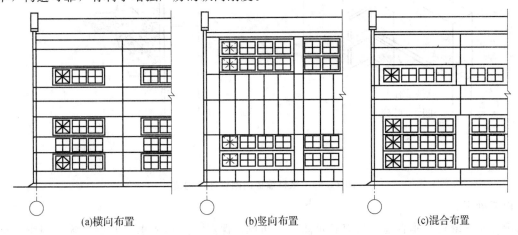

(a)横向布置　　　　　　　(b)竖向布置　　　　　　　(c)混合布置

图 11.61　板材墙板的布置

③墙板与柱的连接。

墙板与柱的连接分为柔性连接和刚性连接。

a. 柔性连接。

柔性连接包括螺栓连接和压条连接等做法。螺栓连接是在水平方向用螺栓、挂钩等辅助件拉接固定，在垂直方向每 3～4 块板在柱上焊一个钢支托支承，如图 11.62（a）所示。压条连接是在柱上预埋或焊接螺栓，然后用压条和螺母将两块墙板压紧固定在柱上，如图 11.62（b）所示。

柔性连接可使墙与柱在一定范围内相对位移，能够较好地适应变形，适用于地基沉降较大或有较大振动影响的厂房。

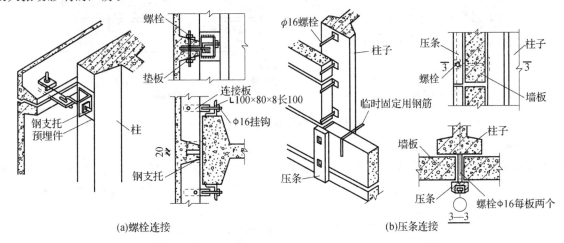

(a)螺栓连接　　　　　　　　　　(b)压条连接

图 11.62　板材墙板的柔性连接构造

b. 刚性连接。

刚性连接是在柱子和墙板上先分别设置预埋件，安装时再用角钢或 φ16 的钢筋段把它们焊接在一起的连接，如图 11.63 所示。其优点是用钢量少、厂房纵向刚度强、施工方便，但楼板与柱间不能相对位移，适用于非地震区和地震烈度较小的地区。

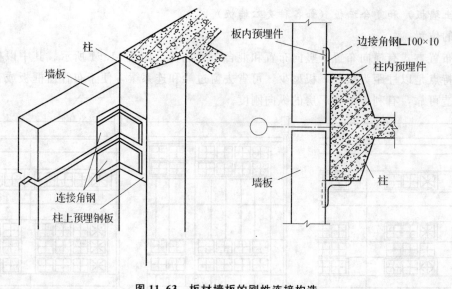

图 11.63　板材墙板的刚性连接构造

④板缝处理。

无论是水平缝还是垂直缝，均应满足防水、防风、保温、隔热要求，并便于施工制作、经济美观、坚固耐久。板缝的防水处理一般是在墙板相交处做出挡水台、滴水槽、空腔等，然后在缝中填充防水材料，如图 11.64 所示。

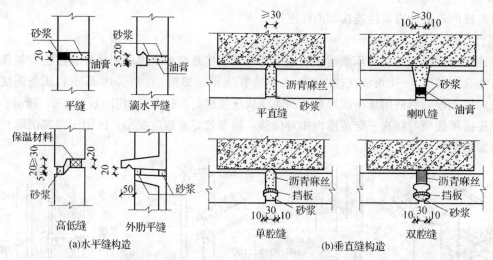

图 11.64　板材墙的板缝构造

（3）开敞式外墙。

在南方炎热地区和热加工车间，为了获得良好的自然通风和散热效果，厂房外墙可做成开敞式外墙。开敞式外墙最常见的形式是上部为开敞式墙面，下部设矮墙，如图 11.65 所示。

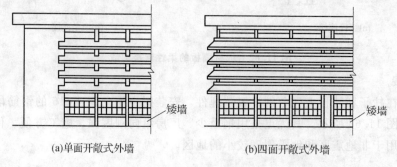

图 11.65　开敞式外墙的形式

为了防止太阳光和雨水通过开敞口进入厂房，一般要在开敞口处设置挡雨遮阳板。挡雨遮阳板每排之间距离与当地的飘雨角度、日照以及通风等因素有关，设计时应结合车间对防雨的要求确定，一般飘雨角度可按 45°设计，风雨较大地区可酌情减少角度。

技术提示

挡雨板的做法

挡雨板有两种做法，一种是用支架支承石棉水泥瓦挡雨板或钢筋混凝土挡雨板，如图 11.66（a）、图 11.66（b）所示；另一种是无支架钢筋混凝土挡雨板，如图 11.66（c）所示。

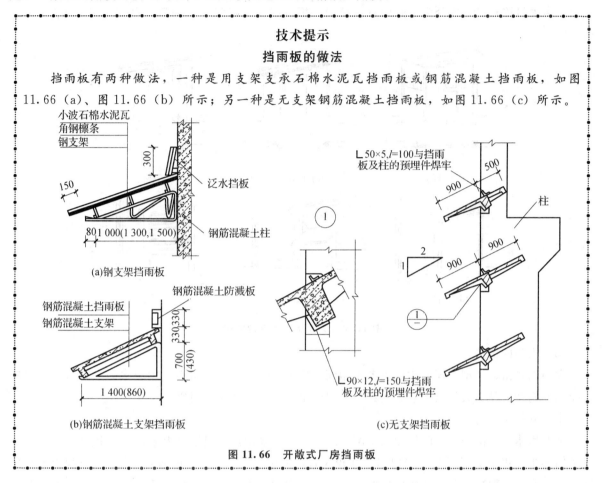

图 11.66　开敞式厂房挡雨板

---

2. 大门

（1）大门洞口尺寸。

工业厂房的大门是运输原材料、成品、设备的重要出入口，因而它的洞口尺寸应满足运输车辆、人流通行等要求，为使满载货物的车辆能顺利通过大门，门洞的尺寸应比满载货物车辆的外轮廓加宽 600～1 000 mm，加高 400～500 mm。同时，门洞的尺寸还应符合《建筑模数协调标准》的规定，以扩大模数 3 M 为进级。我国单层厂房常用的大门洞口尺寸如图 11.67 所示。

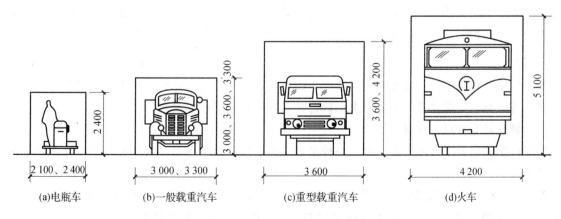

图 11.67　常用厂房大门的尺寸

（2）大门的类型。

工业厂房的大门按用途分为一般大门和特殊大门。特殊大门是根据特殊要求设计的，有保温门、防火门、防风砂门、隔声门、冷藏门、烘干室门、射线防护门等。

厂房大门按开启方式分为平开门、推拉门、折叠门、升降门、上翻门、卷帘门等，如图 11.68 所示。

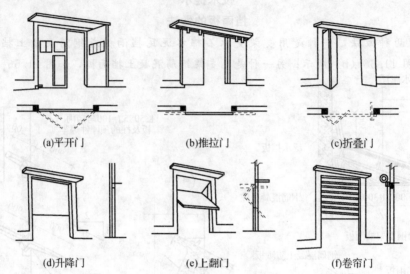

(a)平开门　　　　　　　(b)推拉门　　　　　　　(c)折叠门

(d)升降门　　　　　　　(e)上翻门　　　　　　　(f)卷帘门

图 11.68　厂房大门的开启方式

（3）大门的构造。

大门的规格、类型不同，构造也各不相同，这里只介绍工业厂房中应用较多的平开钢木大门和推拉门的构造，其他大门的构造做法参见厂房建筑有关的标准通用图集。

①平开钢木大门。

平开钢木大门由门扇、门框和五金配件组成。门扇采用角钢或槽钢焊成骨架，上贴 15～25 mm 厚木门芯板并用 φ6 螺栓固定。当门扇尺寸较大时，可在门扇中间加设角钢横撑和交叉支撑以增强刚度。门框有钢筋混凝土门框和砖门框两种，当门洞宽度大于 3 m 时，应采用钢筋混凝土门框，并将门框与过梁连为一体，铰链与门框上的预埋件焊接。当门洞宽度小于 3 m 时，一般采用砖门框，砖门框应在铰链位置上镶砌混凝土预制块，其上带有与砌体的拉接筋和与铰链焊接的预埋铁件，如图 11.69 所示。

②推拉门。

推拉门由门扇、门框、滑轮、导轨等部分组成。门扇可采用钢木门扇、钢板门扇和空腹薄壁钢板门等。门框一般均由钢筋混凝土制作。推拉门按门扇的支承方式分为上挂式和下滑式两种。当门扇高度小于 4 m 时采用上挂式，即将门扇通过滑轮吊挂在导轨上推拉开启，如图 11.70 所示。当门扇高度大于 4 m 时，多采用下滑式，下部的导轨用来支承门扇的重量，上部导轨用于导向。

3. 侧窗

单层厂房侧窗除应满足采光通风要求外，还应满足生产工艺上的特殊要求，如泄压、保温、防尘、隔热等。侧窗需综合考虑上述要求来确定其布置形式和开启方式。

（1）侧窗的布置形式及窗洞尺寸。

单层厂房侧窗的布置形式有两种：一种是被窗间墙隔开的独立窗；另一种是沿厂房纵向连续布置的带形窗。

窗口尺寸应符合《建筑模数协调标准》的规定。洞口宽度在 900～2 400 mm 之间时，应以扩大模数 3 M 为进级；在 2 400～6 000 mm 之间时，应以扩大模数 6 M 为进级。

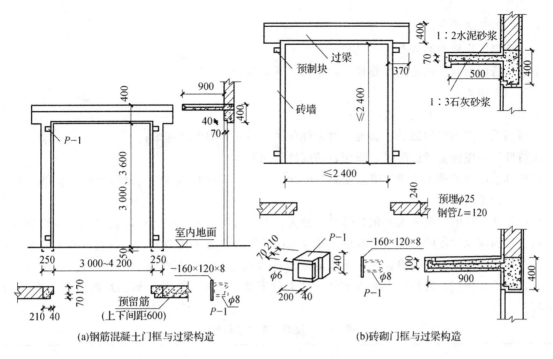

(a)钢筋混凝土门框与过梁构造　　　(b)砖砌门框与过梁构造

图 11.69　平开钢木大门构造

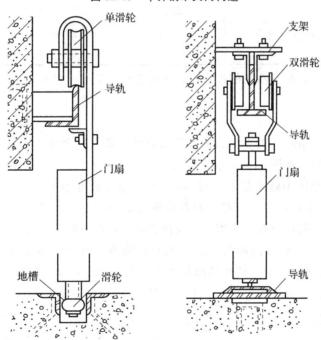

图 11.70　上挂式推拉门

（2）侧窗的类型。

侧窗按开启方式分为中悬窗、平开窗、固定窗、立转窗等。由于厂房的侧窗面积较大，故一般采用强度较大的金属窗，如铝合金窗、钢窗等，少数情况下采用木窗。

（3）侧窗的构造。

为了便于侧窗的制作和运输，窗的基本尺寸不能过大，钢侧窗一般不超过 1 800 mm×2 400 mm（宽×高），木侧窗不超过 3 600 mm×3 600 mm，称其为基本窗，其构造与民用建筑的相同。由于厂房侧窗面积往往较大，就必须选择若干个基本窗进行拼接组合，以得到所需的尺寸和窗型。

4. 屋面排水与防水

（1）单层厂房屋面的特点。

单层厂房屋面与民用建筑屋面相比，具有以下特点：

①屋面面积大；

②屋面板多采用装配式，接缝多；

③屋面受厂房内部的振动、高温、腐蚀性气体、积灰等因素的影响；

④特殊厂房屋面要考虑防爆、泄压、防腐蚀等问题。

这些都给屋面的排水和防水带来困难，因此，单层厂房屋面构造的关键问题是排水和防水。

（2）屋面排水。

单层工业厂房的屋面集水面积和排水量较大，为了减少雨水在屋面的停留时间，屋面须有一定的坡度。屋面排水坡度的选择主要取决于屋面基层的类型、防水构造方式、材料性能、屋架形式以及当地气候条件等因素。一般说来，坡度越陡对排水越有利，但某些卷材（如油毡），在屋面坡度过大时，夏季会因气温过高产生沥青流淌，使卷材下滑。通常，各种屋面的坡度可参考表 11.1 进行选择。

表 11.1　屋面坡度选择参考表

防水类型	卷材类型	非卷材防水		
		嵌缝式	F 板	石棉瓦等
选择范围	1：4～1：50	1：4～1：10	1：3～1：8	1：2～1：5
常用坡度	1：5～1：10	1：5～1：8	1：5～1：8	1：2.5～1：4

选择适当的排水方式会减少渗漏的可能性，从而有助于防水。排水方式分无组织排水和有组织排水。

①无组织排水。

无组织排水也称自由落水，雨水沿坡面和檐口直落地面。这种排水方式构造简单，造价便宜，施工方便，不易发生泄漏，如图 11.71（a）所示。

无组织排水适用于地区年降雨量不超过 900 mm，檐口高度小于 10 m，或地区年降雨量超过 900 mm，檐口高度小于 8 m 的厂房。对屋面有特殊要求的厂房，如屋面容易积灰的冶炼车间，屋面防水要求很高的铸工车间以及对雨水管具有腐蚀作用的炼铜车间等，宜采用无组织排水。

无组织排水挑檐长度与檐口高度有关，当檐口高度在 6 m 以下时，挑檐挑出长度不宜小于 300 mm；当檐口高度超过 6 m 时，挑檐挑出长度不宜小于 500 mm。挑檐可由外伸的檐口板形成，也可利用顶部圈梁挑出挑檐板，如图 11.71（b）、图 11.71（c）所示。

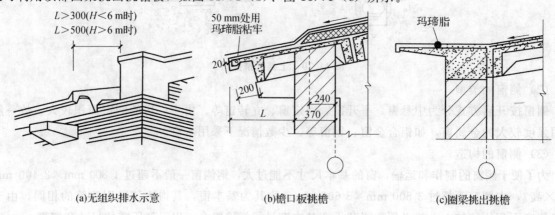

(a)无组织排水示意　　　　(b)檐口板挑檐　　　　(c)圈梁挑出挑檐

图 11.71　无组织排水

②有组织排水。

有组织排水是将屋面雨水有组织地汇集到天沟或檐沟内，再经雨水斗、落水管排到室外或下水道。有组织排水又分外排水和内排水。这种排水方式构造较复杂，造价较高，容易发生堵塞和渗漏，适用于联跨多坡屋面和檐口较高、屋面集水面积较大的大中型厂房。

a. 檐沟外排水。

当厂房较高或地区年降雨量较大，不宜做无组织排水时，可把屋面的雨、雪水组织在檐沟内，经雨水口和立管排下。这种方式具有构造简单、施工方便、造价低，且不影响车间内部工艺设备的布置等特点，故在南方地区应用较广。檐沟一般采用钢筋混凝土槽形天沟板，天沟板支承在屋架端部的水平挑梁上，如图 11.72 所示。

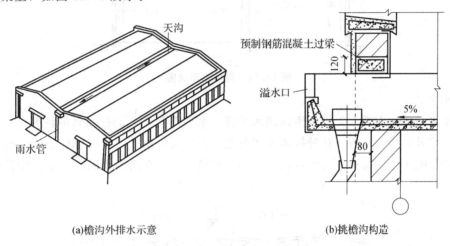

(a)檐沟外排水示意　　　(b)挑檐沟构造

图 11.72　檐沟外排水构造

b. 长天沟外排水。

当厂房内天沟长度不大时，可采用长天沟外排水，即沿厂房纵向设通长天沟汇集雨水，天沟内的雨水由端部的雨水管排至室外地坪。这种排水方式构造简单，施工方便，造价较低。但受地区降雨量、汇水面积、屋面材料、天沟断面和纵向坡度等因素的制约。

当采用长天沟外排水时，须在山墙上留出洞口，天沟板伸出山墙，并在天沟板的端壁上方留出溢水口，洞口的上方应设置预制钢筋混凝土过梁，如图 11.73 所示。

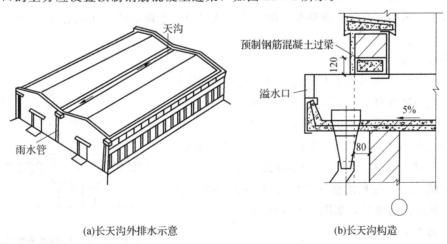

(a)长天沟外排水示意　　　(b)长天沟构造

图 11.73　长天沟外排水构造

c. 内排水。

内排水是将屋面雨水由设在厂房内的雨水管及地下雨水管沟排除。其特点是不受厂房高度限制，排水组织灵活，但排水构造复杂，造价及维修费高，且室内雨水管易与地下管道、设备基础、工艺管道等发生矛盾。内排水常用于多跨厂房，特别是严寒多雪地区的采暖厂房和有生产余热的厂房，如图 11.74 所示。

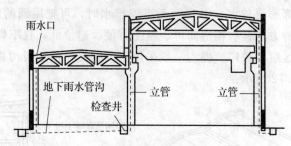

图 11.74　内排水示意图

d. 内落外排水。

内落外排水是将屋面雨水先排至室内的水平管，水平管设有 0.5%～1% 的坡度，再由室内水平管将雨水导至墙外的排水立管。这种排水方式避免了内排水与地下干管布置的矛盾，也克服了内排水室内雨水管影响工艺设备布置等缺点，但水平管易堵塞，不宜用于屋面有大量积尘的厂房，如图 11.75 所示。

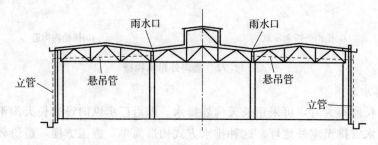

图 11.75　内落外排水示意图

（3）屋面防水。

按照屋面防水材料和构造做法，单层厂房的屋面分柔性防水屋面和构件自防水屋面。柔性防水屋面适用于有振动影响和有保温隔热要求的厂房。构件自防水屋面适用于南方地区和北方无保温要求的厂房。

①卷材防水屋面。

单层厂房中卷材防水屋面的构造原则和做法与民用建筑基本相同，它的防水质量关键在于基层和防水层。由于厂房屋面荷载大，振动大，因此变形可能性大，一旦基层变形过大，易引起卷材拉裂，施工质量不高也会引起渗漏，应加以处理。具体做法为：在屋面板的板缝处，须用 C20 细石混凝土灌缝填实；在板的横缝处应加铺一层干铺卷材延伸层后，再做屋面防水层，如图 11.76 所示。

②构件自防水屋面。

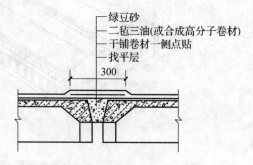

图 11.76　屋面板横缝处构造

构件自防水屋面是利用屋面板自身的混凝土密实性和抗渗性来承担屋面的防水作用，应采用较高强度等级的混凝土（C30～C40）。确保骨料的质量和级配，保障振捣密实、平滑、无裂缝。屋面板缝的防水则靠嵌缝、贴缝或搭盖等措施来解决。

5. 地面

（1）厂房地面的特点。

厂房地面与民用建筑地面相比，其特点是面积较大，承受荷载较重，材料用量多，并应满足不同生产工艺的不同要求，如防尘、防爆、耐磨、耐冲击、耐腐蚀等。同时厂房内工段多，各工段生产要求不同，地面类型也应不同，这就增加了地面构造的复杂性。所以正确而合理地选择地面材料和构造，将直接影响到建筑造价、产品质量以及工人的劳动条件等。

（2）厂房地面的构造。

厂房地面与民用建筑一样，由面层、垫层和基层三个基本层次组成，有时，为满足生产工艺对地面的特殊要求，需增设结合层、找平层、防潮层、保温层等，除特殊部位，其基本构造与民用建筑相同。

（3）地沟。

由于生产工艺的需要，厂房内有各种生产管道（如电缆、采暖、压缩空气、蒸汽管道等）需要设在地沟内。

地沟由底板、沟壁、盖板三部分组成。常用有砖砌地沟和混凝土地沟两种。砖砌地沟一般需做防潮处理，如图 11.77 所示。

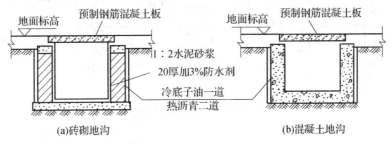

图 11.77　地沟构造

6. 其他设施

（1）钢梯。

厂房需设置供生产操作和检修使用的钢梯，如作业平台钢梯、吊车钢梯、屋面消防检修钢梯等。

①作业钢梯。

作业钢梯是为工人上下操作平台或跨越生产设备联动线而设置的通道。多选用定型钢梯，其坡度一般较陡，有 45°、59°、73°、90°四种，宽度有 600 mm、800 mm 两种。作业钢梯由斜梁、踏步和扶手组成。斜梁采用角钢或钢板，踏步一般采用网纹钢板，两者焊接连接。扶手用 φ22 的圆钢制作，其垂直高度为 900 mm。钢梯斜梁的下端和预埋在地面混凝土基础中的预埋钢板焊接，上端与作业台钢梁或钢筋混凝土梁的预埋件焊接固定，如图 11.78 所示。

②吊车钢梯。

吊车钢梯是为吊车司机上下司机室而设置的。为了避免吊车停靠时撞击端部的车挡，吊车钢梯宜布置在厂房端部的第二个柱距内，且位于靠司机室的一侧。一般每台吊车都应有单独的钢梯，但当多跨厂房相邻跨均有吊车时，可在中柱上设一部共用吊车钢梯，如图 11.79 所示。

吊车钢梯由梯段和平台两部分组成。梯段的坡度一般为 63°，宽度为 600 mm，其构造同作业台钢梯。平台支承在柱上，采用花纹钢板制作，标高应低于吊车梁底 1 800 mm 以上，以免司机上下时碰头。

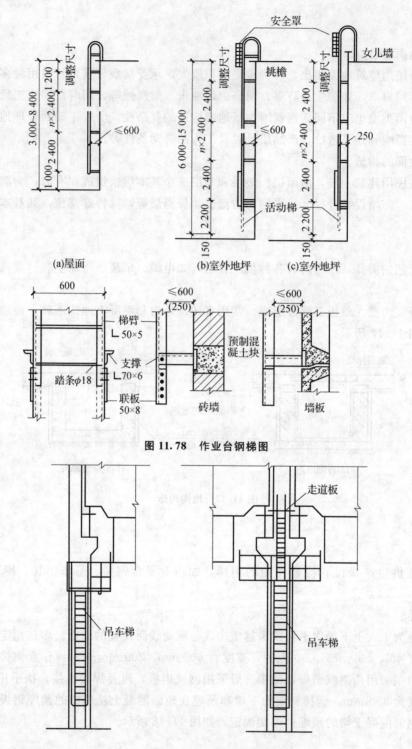

图 11.78　作业台钢梯图

图 11.79　吊车钢梯

③屋面消防检修梯。

消防检修梯是在发生火灾时供消防人员从室外上屋顶之用，平时兼做检修和清理屋面时使用。其形式多为直梯，厂房很高时，用直梯既不方便也不安全，应采用设有休息平台的斜梯。

消防检修梯一般设于厂房的山墙或纵墙端部的外墙面上，不得面对窗口。当有天窗时应在天窗端壁上设置上天窗屋面的直梯。

直梯一般宽度为 600 mm，为防止儿童和闲人随意上屋顶，消防梯应距下端 1 500 mm 以上。钢梯与外墙距离通常不小于 250 mm。梯身与外墙应有可靠的连接，一般是将梯身上每隔一定的距离伸出短角钢埋入墙内，或与墙内的预埋件焊牢，如图 11.80 所示。

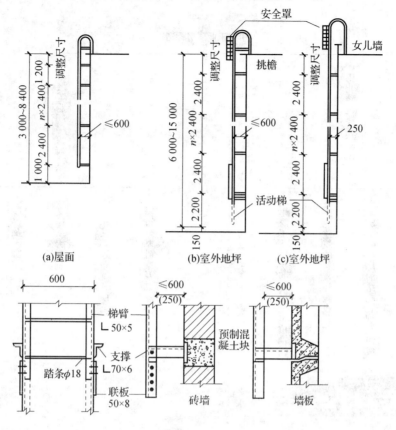

图 11.80　屋面检修消防直钢梯图

（2）吊车梁走道板。

走道板是为维修吊车和吊车轨道的人员行走而设置的，应沿吊车梁顶面铺设。当吊车为中级工作制，轨顶高度小于 8 m 时，只需在吊车操纵室一侧的吊车梁上设通长走道板；若轨顶高度大于 8 m 时，则应在两侧的吊车梁上设置通长走道板；如厂房为高温车间、吊车为重级工作制，或露天跨设吊车时，不论吊车台数、轨顶高度如何，均应在两侧的吊车梁上设通长走道板。走道板有木板、钢板及预制钢筋混凝土板三种。目前采用较多的是预制钢筋混凝土走道板，其宽度有 400 mm、600 mm、800 mm 三种，板的长度与柱子净距相配套。走道板的铺设方法有以下三种：

①在柱身预埋钢板，上面焊接角钢，将钢筋混凝土走道板搁置在角钢上，如图 11.81（a）所示。

②走道板的一侧支承在侧墙上，另一侧支承在吊车梁翼缘上，如图 11.81（b）所示。该做法不适宜地震区使用。

③走道板铺放在吊车梁侧面的三角支架上，如图 11.81（c）所示。

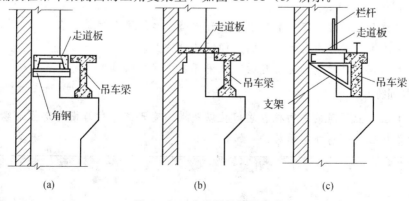

图 11.81　走道板的铺设方式

【重点串联】

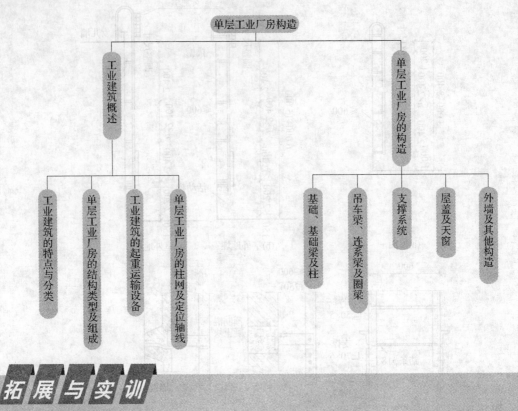

拓展与实训

职业能力训练

一、单项选择题

1. 目前单层工业厂房中最基本的、应用比较普遍的结构形式是（　　）。

A. 砖混结构　　　　　B. 框架结构　　　　　C. 排架结构　　　　　D. 钢架结构

2.（　　）是柱与柱之间在纵向的水平连系构件，起着增加厂房的纵向刚度，承受其上部墙体荷载的作用。

A. 圈梁　　　　　　　B. 过梁　　　　　　　C. 吊车梁　　　　　　D. 连系梁

3. 设在相邻的屋架之间，用来加强屋架的刚度和稳定性的构件是（　　）。

A. 连系梁　　　　　　B. 框架梁　　　　　　C. 屋盖支撑　　　　　D. 柱间支撑

4. 单层工业厂房的柱距采用扩大模数（　　）数列。

A. 12 M　　　　　　　B. 15 M　　　　　　　C. 30 M　　　　　　　D. 60 M

二、简答题

1. 板材墙板与柱的连接方式有哪些？各自的特点和适用条件是什么？

2. 吊车梁走道板的作用是什么？它是如何铺设的？

3. 厂房大门洞口尺寸是如何确定的？常用开启方式有哪些？

工程模拟训练

1. 图示单层工业厂房的中间柱、端部柱以及横向变形缝处柱与横向定位轴线的关系。

2. 图示单层工业厂房排架结构。

链接执考

1. 当厂房全部或局部柱距为 12 m 或 12 m 以上，而屋架间距仍保持（   ）时，需设置托架。（执考模拟题）

A. 3 m　　　　　　B. 6 m　　　　　　C. 9 m　　　　　　D. 12 m

2. 开敞式外墙挡雨遮阳板每排之间的距离与当地的飘雨角度有关，飘雨角度一般可按（   ）设计。（执考模拟题）

A. 15°　　　　　　B. 30°　　　　　　C. 45°　　　　　　D. 60°

3. 无组织排水的挑檐长度，当檐口高度在 6 m 以下时，一般不宜小于（   ）mm；当檐口高度超过 6 m 时，一般不宜小于（   ）mm。（执考模拟题）

A. 500，300　　　B. 180，300　　　C. 300，180　　　D. 300，500

4. 石棉水泥波瓦直接铺在檩条上，一般要求一块瓦跨（   ）根檩条。（执考模拟题）

A. 2　　　　　　　B. 3　　　　　　　C. 4　　　　　　　D. 5

第3篇
建筑识图基本知识

模块 12

房屋建筑工程施工图概述

【模块概述】

房屋是建筑物或构筑物的重要组成部分。如今在我们的生活环境中高层建筑十分普遍，高校毕业生选择的就业方向一般都是房屋建设方向。伴随着房地产市场经济的发展，越来越多的工程建设需要房屋建筑专业的优秀毕业生。而作为房屋建设的第一步，如何认识图纸，怎样识别图纸则是当前学生学习的首要目的，通过对本模块内容的学习，可以让学生对房屋建筑工程施工图有一个整体上的把握。

【知识目标】

1. 房屋建筑的组成部分；
2. 房屋建筑各部分构件的作用；
3. 房屋建筑的设计程序；
4. 房屋建筑施工图的分类；
5. 房屋建筑施工图的识图方法与步骤；
6. 标准图的查阅方法。

【技能目标】

1. 能够分清房屋各个部位的使用功能；
2. 明确各部位构件的作用；
3. 能理解房屋建筑设计的一般流程；
4. 认识建筑施工图的各类图纸；
5. 初步掌握房屋建筑施工图的识图方法与步骤；
6. 熟悉标准图的查阅方法。

【课时建议】

4～6课时

工程导入

　　如图 12.1 所示为某企业兴建的办公大楼。主体建筑四层，房屋高度约为 16 m，楼顶设水箱。根据上部结构和地质情况，基础采用人工处理浅基础，基础形式为墙下条形基础，其房屋建筑的各部分构件如图 12.1 所示。

　　通过下面的图示例子你明白房屋建筑的各构件的使用要求和相应的作用吗？基础的类型是怎样的？如何确定使用？另外，如何去识别相应的建筑施工图、结构施工图及水电施工图？其标准图集如何查阅？

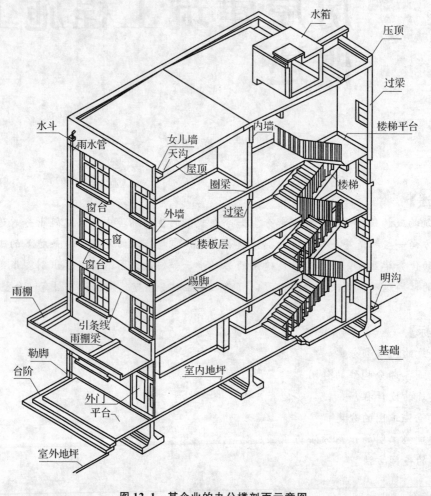

图 12.1　某企业的办公楼剖面示意图

 # 12.1　房屋建筑设计程序与施工图分类

　　建筑施工图是经过从方案设计、初步设计、技术设计最后到施工图设计而产生的。也有的工程实例中，忽略了技术设计这个阶段，直接由初步设计过渡到施工图设计阶段。但是总的来说，在施工图设计阶段，关于技术设计的方面肯定要有所涉及，而且相关技术的设计也是房屋建筑施工图设计中必不可少的。

12.1.1 房屋建筑施工图的设计程序

1. 方案设计阶段

方案设计阶段指由建筑设计者考虑建筑的功能，而确定建筑的平面形式、层数、立面造型等基本问题。

2. 初步设计阶段

初步设计阶段指由建筑设计者考虑到包括结构、设备等一系列基本相关因素后独立设计完成。设计人员接受任务后，首先根据设计任务书、有关的政策文件、地质条件、环境、气候、文化背景等，明确设计意图，根据建设单位提出的设计任务和要求，进行调查研究、搜集资料，以提出设计方案。简略的总平面布置图及房屋的平、立、剖面图；设计方案的技术经济指标；设计概算和设计说明等。在设计方案中应包括总平面布置图、平面图、立面图、剖面图、效果图、建筑经济技术指标，必要时还要提供建筑模型。经过多个方案的比较，最后确定综合方案，即为初步设计。

3. 技术设计阶段

技术设计阶段是各专业根据报批的初步设计图对工程进行技术协调后设计绘制的基本图纸。对于大多数中小型建筑而言，此过程及图纸均由建筑师在初设阶段完成。在已批准的初步设计的基础上，组织有关各工种的技术人员进一步解决各种技术问题，协调工种之间的矛盾，使设计在技术上合理可行，并进行深入的技术经济比较。

4. 施工图设计阶段

施工图设计阶段的主要设计依据是报批获准的技术设计图或扩大初设图，要求尽可能以详尽的图形、尺寸、文字、表格等方式，将工程对象的有关情况表达清楚。满足工程施工各项具体技术要求，提供一切准确可靠的施工依据，包括指导工程施工的所有专业施工图、详图、说明书、计算书及整个工程的施工预算书等。施工图设计是各工种的设计人员根据初步设计方案和技术设计方案绘制的，用来指导施工用的图样。如：建筑设计人员设计建筑施工图，结构设计人员设计结构施工图，给水排水设计人员设计给水排水施工图，暖通设计人员设计采暖和通风施工图，建筑电气设计人员设计电气施工图等。

12.1.2 施工图的分类

1. 建筑施工图（简称建施）

建筑施工图指表达建筑的平面形状、内部布置、外部造型、构造做法、装修做法的图样，一般包括施工图首页、总平面图、平面图、立面图、剖面图和详图。

2. 结构施工图（简称结施）

结构施工图指表达建筑的结构类型，结构构件的布置、形状、连接、大小及详细做法的图样，包括结构设计说明、结构平面布置图和构件详图等内容。这类基本图有：基础平面图、基础详图、楼层及屋盖结构平面图、楼梯结构图和各构件的结构详图等（梁、柱、板）。

3. 设备施工图

设备施工图又分为给水、排水施工图，采暖、通风施工图和电气施工图。一般包括设计说明、平面布置图、空间系统图和详图。

4. 装饰施工图

装饰施工图是反映建筑室内外装修做法的施工图，包括装饰设计说明、装饰平面图、装饰立面图和装饰详图。一套完整的房屋建筑工程图在装订时要按专业顺序排列，一般为图纸目录、建筑设计总说明、总平面图、建筑施工图、结构施工图、给水排水施工图、采暖施工图和电气施工图。

【知识拓展】

图纸的编排顺序

1. 整套房屋施工图的编排顺序是：首页图（包括图纸目录、设计总说明、汇总表等）、建筑施工图、结构施工图、设备施工图。

2. 各专业施工图的编排顺序是：基本图在前、详图在后；总体图在前、局部图在后；主要部分在前、次要部分在后；先施工的图在前、后施工的图在后等。

3. 在土建工程施工图中一般没有装饰施工图，装饰施工图另外装订。

房屋建筑施工图因为涉及的专业图纸类型多，数量大，表达内容也受图纸篇幅的限制而受到影响。例如，建筑施工图的内容大体上包括：图纸目录，门窗表，建筑设计总说明，一层至屋顶的平面图，正立面图，背立面图，东立面图，西立面图，剖面图，节点大样图及门窗大样图等。由于涉及的范围广，不可能面面俱到。因此，房屋建筑施工图具有如下特点：

（1）房屋建筑施工图除效果图、设备施工图中的管道线路系统图外，其余采用正投影的原理绘制，因此所绘图样符合正投影的特性。

（2）建筑物形体很大，绘图时都要按比例缩小。为反映建筑物的细部构造及具体做法，常配较大比例的详图图样，并且用文字和符号详细说明。

（3）许多构配件无法如实画出，需要采用国标中规定的图例符号画出。有时国标中没有，需要自己设计，并加以说明。

12.2 房屋建筑施工图的识图

12.2.1 房屋建筑施工图的识图原理和步骤

施工图的识图可以根据施工图的编排顺序，先看要施工的图纸，后看未施工的图纸。在阅读房屋建筑工程图时应注意以下几个问题：

（1）施工图是根据正投影原理绘制的，用图样表明房屋建筑的设计及构造做法。所以要看懂施工图，应掌握正投影原理和熟悉房屋建筑的基本构造。

（2）施工图采用了一些图例符号以及必要的文字说明，共同把设计内容表现在图样上。因此要看懂施工图，还必须记住常用的图例符号。

（3）看图时要注意从粗到细，从大到小。先粗看一遍，一般先看建施图，了解建筑概况、使用功能及要求、内部空间的布置、层数与层高、墙柱布置、门窗尺寸、楼（电）梯间的设置、内外装修、节点构造及施工要求等基本情况。然后再看结施图，了解工程的概况、结构方案等。熟悉结构平面布置，检查构件布置是否合理，有无遗漏、柱网尺寸、构件定位尺寸、楼面标高是否正确。最后根据结构平面布置图，细看每一构件的标高等。

（4）一套施工图是由各工种的许多张图样组成的，且各图样之间是互相配合紧密联系的。图样的绘制大体是按照施工过程中不同的工种、工序分成一定的层次和部位进行的，因此要有联系地、综合地看图。特别要注意结构施工图与建筑施工图相结合，其他设施图参照看。

①相同处：如轴线，墙厚，柱尺寸，过梁位置与洞口对应，梁底标高同洞顶标高，结构详图与建筑详图有无矛盾。

②不同处：如建筑标高与结构标高是否相对应，一般来说结构标高比建筑标高低 50～100 mm 的建筑面层厚度。

③相关联处：如建施中墙，结施应有梁；建施中底层墙，结施为基础；楼面梁与门窗洞口有无矛盾；楼梯图有无矛盾等。

（5）最后阅读设备图，应特别注意设备的布置与建施图有无矛盾、设备的预留孔位置及尺寸与结构布置有无矛盾、结构预留孔的数量及位置是否正确、各设备工种之间有无矛盾。只有把三者结合起来看，才能正确全面地了解施工图的全貌，并发现存在的矛盾和问题。

12.2.2 房屋建筑施工图识图的常用方法

房屋建筑施工图的识图，首先要掌握房屋建筑施工图中常用的一些符号和画法规定。本节对施工图中一些常用的符号和画法予以了总结，希望读者能掌握。

1. 比例尺

房屋建筑施工图中，一般的建筑或结构施工图纸采用1∶100的比例，这样可方便施工人员施工，但是由于总平面图包括地区较大，《国家制图标准》规定：总平面图的比例应用1∶500、1∶1 000、1∶2 000来绘制。实际工程中，由于国土局以及有关单位提供的地形图常为1∶500的比例，故总平面图常用1∶500的比例绘制。

【知识拓展】

图 例

由于比例较小，故总平面图上的房屋、道路、桥梁、绿化等都用图例表示。表12.1列出的为国标规定的总图图例（图例：以图形规定出的画法称为图例）。在较复杂的总平面图中，如用了一些国标上没有的图例，应在图纸的适当位置加以说明。

表 12.1　总平面图的部分图例（摘自 GB/T 50103—2001）

名　称	图　例	说　明
新建的建筑物	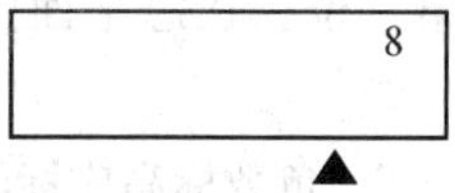 8 ▲	1. 需要时，可用▲表示出入口，可在图形内右上角用点数或数字表示层数 2. 建筑物外形（一般以0.00高度处的外墙几何轴线或外墙面线为准）用粗实线表示。需要时，地面以上建筑用中粗实线表示，地面以下建筑用细虚线表示
原有的建筑物	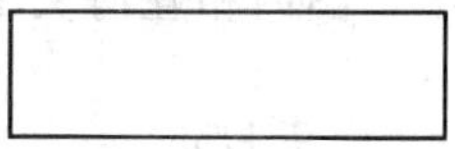	用细实线表示
计划扩建的预留地或建筑物（拟建的建筑物）		用中粗虚线表示
拆除的建筑物		用细实线表示

2. 建筑详图

由于建筑平、立剖面图一般采用较小比例绘制，许多细部构造、材料和做法等内容很难表达清楚。为了能够指导施工，常把这些局部构造用较大比例绘制详细的图样，这样图样称为建筑详图（也称之为大样图或节点图）。常用的比例包括1∶2、1∶5、1∶10、1∶20、1∶50。建筑详图可以是平、立、剖面图的放大图。对于某些建筑构造或构件的通用做法，可直接引用国家或地方制定的标准图集或通用图集中的大样图，不必另画详图。常见的建筑详图包括墙身剖面图和楼梯、阳台、雨棚、台阶、门窗、卫生间、厨房、内外装饰等详图。

3. 图线

绘图时，首先按所绘图样选用的比例选定基本线宽，然后再确定其他线型的宽度，具体见模块
1中表1.3，建筑工程图样中的图线执行《房屋建筑制图统一标准》（GB/T 50001—2001）、《建筑
制图标准》、《总图制图标准》等国家标准中的有关图线的规定。

4. 标高

（1）标高的分类。

标高表示建筑物某一部位相对于基准面（标高的零点）的竖向高度，是竖向定位的依据。标高
有绝对标高和建筑标高两种不同的表示方法。

绝对标高是以我国青岛黄海的平均海平面为绝对标高的零点，全国各地标高都是以此为基准测
出的。绝对标高的图式是黑色三角形，图纸上某处所标注的绝对标高高度，就是说明该图面上某处
的高度比海平面高出多少。绝对标高一般只用在总平面图上，以标出新建筑物所处位置的高度，如
图12.2（a）所示。有时在建筑施工图的首层平面上也有注写。

建筑标高除总平面图外，其他施工图上用来表示建筑物各部位的高度，都是以该建筑物的首层
（即底层）室内地面高度为0点来计算的。比0点高的地方称为正标高，如比0点高出3 m的地方，
我们省去"＋"，而在三角形符号上直接写上3.000；反之比0点低5 m的地方，如室外地面，我们
可以在数字前加一负号，在标高符号上直接写成"－5.000"。

（2）标高符号的表示。

标高符号是高度为3 mm的等腰直角三角形，如图12.2（b）所示。按图所示形式用细实线绘制，
当标注位置不够时，也可以按图12.2（c）所示形式绘制。标高的具体画法应该符合图12.2（b）的
规定。

（3）标高数值的标注。

①标高符号的尖端应该指向被注高度的位置。尖端宜向下，也可以向上。标高数字应注写在标
高符号上侧或下侧。

②标高数字应以米为单位，注写到小数点以后第三位。在总平面图中，可注写到小数点以后第
二位。

③零点标高应注写成±0.000，正数标高不标注"＋"，负数标高应标注"－"，如5.230、－3.890。

④在图样的同一位置处需要标注几个不同的标高时，标高数字可按照图12.2（d）所示注写。

⑤相邻的立面图或剖面图宜绘制在同一水平线上，图内相互有关的尺寸及标高，宜标注在同一
竖线上。

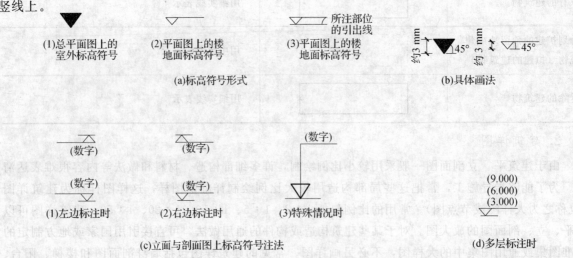

图 12.2　各类标高的表达示意图

5. 定位轴线

（1）定位轴线的概念。

定位轴线是建筑施工图中为了表示建筑的具体尺寸而在其主要承重构件处横向和纵向设置的轴线，采用点画线表示，是用以确定建筑物位置的中心线。放线之类的工作都是根据建筑物的定位轴线予以放线定位的。它是施工中定位、放线的重要依据。我国发布了相关的技术标准，对砖混结构建筑和大板结构建筑的定位、轴线划分原则做了具体的规定。建筑需要在水平和竖向两个方向进行定位，平面定位相对复杂一些。

（2）定位轴线的分类。

定位轴线分为平面定位轴线和竖向定位轴线。平面定位轴线一般按照纵、横两个方向分别编号，宜标注在图样的下方和左方。横向定位轴线应用阿拉伯数字按照从左至右的顺序编号；纵向定位轴线应用大写拉丁字母，按照从下至上的顺序编号，但拉丁字母中的 I、O、Z 不得用于轴线编号，以避免与数字 1、0、2 混淆。如果字母数量不够使用，可增用双字母或单字母加数字注脚，例如 A_A，B_B，Y_Y 或者 A_1，B_1，…，Y_1。

（3）定位轴线的画法及编号。

① 墙体的平面定位轴线。

a. 承重外墙的定位轴线。平面定位轴线应与外墙内缘距离 120 mm，底层墙体与顶层墙体厚度相同或不同时，其定位轴线表示方法如图 12.3 所示。

b. 承重内墙的定位轴线。承重内墙的平面定位轴线应与顶层内墙中线重合。为了减轻建筑自重和节省空间，承重内墙根据承载的实际情况，往往是变截面的，即下部墙体厚，上部墙体薄，如图 12.4 表示。

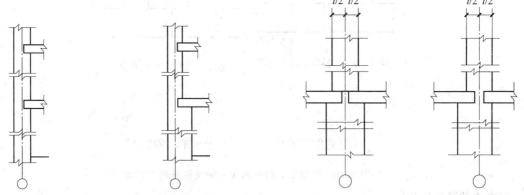

(a)底层墙体与顶层墙体厚度相同　(b)底层墙体与顶层墙体厚度不同　　(a)定位轴线中分底层墙身　(b)定位轴线偏分底层墙身

图 12.3　承重外墙定位轴线的标定　　　　图 12.4　承重内墙定位轴线的标定

如果墙体是对称内缩的，则平面定位轴线中分底层墙身，如图 12.4（a）所示。如果墙身是非对称内缩，则平面定位轴线偏中分底层墙身，如图 12.4（b）所示。当内墙厚度大于等于 370 mm 时，为了便于圈梁或墙内竖向孔道的通过，往往采用双轴线形式。有时根据建筑空间的要求，把平面定位轴线设在距离内墙某一外缘 120 mm 处。

c. 非承重墙定位轴线。

由于非承重墙没有支撑上部水平承重构件的能力，因此平面定位轴线的定位比较灵活。非承重墙除了可以按照承重墙定位轴线的规定进行定位外，还可以使墙身内缘与平面定位轴线相重合。

d. 变形缝处定位轴线。

当变形缝一侧为墙体，另一侧为墙垛时，墙按承重墙和非承重墙处理。当变形缝两侧均为墙体，如两侧墙体均为承重墙，平面定位轴线应分别设在距顶层墙体内缘 120 mm 处；如两侧墙体均为非承重墙，平面定位轴线应分别与顶层墙体内缘重合，表示方法如图 12.5 所示。

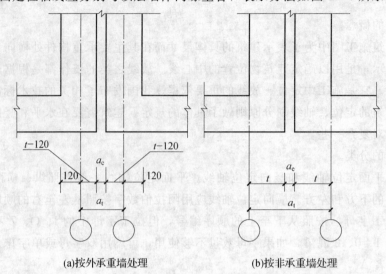

(a)按外承重墙处理　　　　　　(b)按非承重墙处理

图 12.5　变形缝处的定位轴线的标定

e. 带连系尺寸的双墙定位。

当两侧墙按承重墙处理时，顶层定位轴线均为距墙内缘 120 mm；当两侧墙按非承重墙处理时，定位轴线均应与墙内缘重合，如图 12.6 所示。

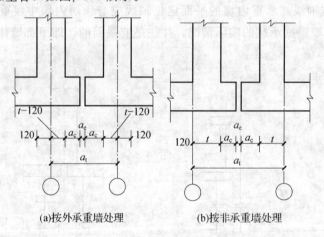

(a)按外承重墙处理　　　　　　(b)按非承重墙处理

图 12.6　变形缝处带连系尺寸的定位轴线的标定

②墙体的竖向定位。

砖墙楼地面竖向定位应与楼面面层上表面重合；屋面竖向定位应为屋面结构层上表面与距墙内缘 120 mm 处的外墙定位轴线的相交处，如图 12.7 所示。

③定位轴线的编号。

定位轴线应编号，编号应注写在轴线端部的圆内。圆应用细实线绘制，直径为 8～10 mm。定位轴线圆的圆心应在定位轴线的延长线或延长线的折线上。

a. 除较复杂的定位轴线需采用分区编号或圆形、折线外，平面图上定位轴线的编号，宜标注在图样的下方或左侧。横向编号应用阿拉伯数字，从左至右顺序编写；竖向编号应用大写拉丁字母，从下至上顺序编写，如图 12.8 所示。

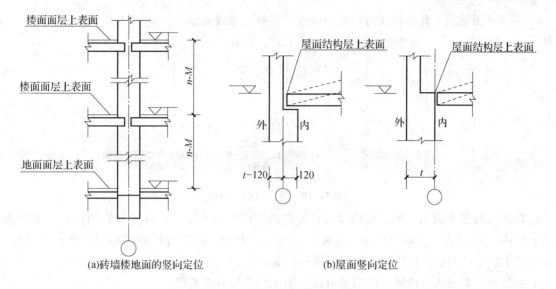

(a)砖墙楼地面的竖向定位 (b)屋面竖向定位

图 12.7 竖向定位轴线的标注

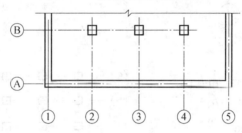

图 12.8 定位轴线的编号与顺序

b. 在组合较复杂的平面图中，定位轴线也可采用分区编号，如图 12.9 所示，编号的注写形式应为"分区号－该分区编号"。"分区号－该分区编号"采用阿拉伯数字或大写拉丁字母表示。

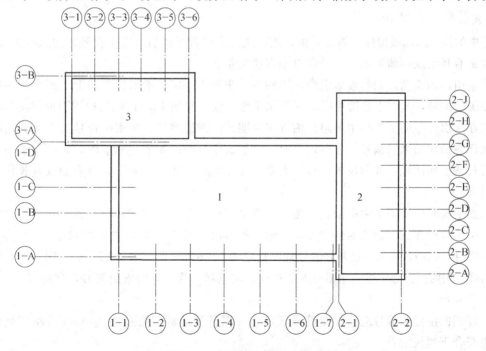

图 12.9 定位轴线的分区编号

c. 附加定位轴线的编号，应以分数形式表示。两根轴线的附加轴线，应以分母表示前一轴线的编号，分子表示附近轴线的编号。编号宜用阿拉伯数字顺序编写，1 号轴线或 A 号轴线之间的附加轴线的分母应以 01 或 0A 表示。

d. 一个详图适用于几根轴线时，应同时注明各有关轴线的编号，通用详图中的定位轴线，应只画圆，不注写轴线编号。详图的轴线编号如图12.10所示。

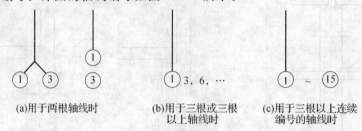

(a)用于两根轴线时 (b)用于三根或三根 (c)用于三根以上连续
以上轴线时 编号的轴线时

图12.10　详图的轴线编号

e. 圆形与弧形平面图中的定位轴线，其径向轴线应以角度定位，其编号宜用阿拉伯数字表示，从左下角或−90°（若径向轴线很密，角度间隔很小）开始，按逆时针顺序编写；其环向轴线宜用大写（拉丁）字母表示，且从外向内顺序编写，如图12.11所示：

f. 折线形平面图中定位轴线的编号可以按图12.12的形式编写。

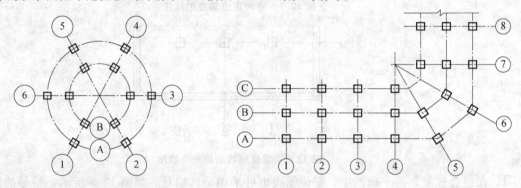

图12.11　圆形平面定位轴线的编号图　　　图12.12　折线形平面定位轴线的编号

6. 索引符号与详图符号

图样中的某一局部或构件，如需另见详图，应以索引符号索引。索引符号是由直径为8～10 mm的圆和水平直径组成，圆及水平直径应以细直线绘制。

（1）索引出的详图，如与被索引的详图同在一张纸内，应在索引符号的上半圆中用阿拉伯数字注明该详图的编号，并在下半圆中间画一段水平细实线，见表12.2；如与被索引的详图不在同一张纸内，应在索引符号的上半圆中用阿拉伯数字注明该详图的编号，在索引符号的下半圆用阿拉伯数字注明该详图所在图纸的编号。数字较多时，可加文字标注；如采用标准图时，应在索引符号水平直径的延长线上加注该标准图集的编号。需要标注比例时，文字在索引符号右侧或延长线下方，与符号下对齐。

（2）索引符号应当用于索引剖视详图，应在被剖切的部位绘制剖切位置线，并以引出线引出索引符号，引出线所在的一侧应为剖视方向。索引符号的编写应符合表12.2的规定。

（3）零件、钢筋、杆件、设备等编号宜以直径为5～6 mm的细实线圆表示，同一图样应保持一致，其编号应用阿拉伯数字按顺序编写。消火栓、配电箱、管井等的索引符号，宜用直径为4～6 mm的细实线圆表示。

（4）详图的位置和编号应以详图符号表示。详图符号的圆以直径为14 mm的粗实线绘制。详图编号应符合下列规定：

①详图与被索引的图样同在一张图纸内时，应在详图符号内用阿拉伯数字注明详图的编号；

②详图与被索引的图样不在同一张图纸内时，应用细实线在详图符号内画一水平直径，在上半圆中注明详图编号，在下半圆中注明被索引的图纸的编号。具体表示参见表12.2。

表 12.2　索引符号与详图符号

名称	表示方法	备注
详图的索引符号	⑤ —详图的编号　—详图在本页图纸内 ⑤/2 —详图的编号　—详图所在的图纸编号　　J103 ⑤/2 —标准图集的编号　—详图的编号　—详图所在的图纸编号	圆圈直径为 10，线宽为 $0.25d$
剖面索引符号	⑤ —详图的编号　—详图在本页图纸内 ⑤/2 —详图的编号　—详图所在的图纸编号　　J103 ⑤/2 —详图的编号　—详图所在的图纸编号	圆圈画法同上，粗短线代表剖切位置，引出线所在的一侧为剖视方向
详图符号	⑤ —详图的编号（详图在被索引的图纸内）　　⑤/4 —详图的编号　—被索引的详图所在图纸编号	圆圈直径为 14，线宽为 d

7. 引出线

（1）引出线应以细实线绘制，采用水平方向的直线，或与水平方向成 30°、45°、60°、90° 的直线，或经上述角度再折为水平线。文字说明应注写在水平线的上方，也可注写在水平线的端部。索引详图的引出线应与水平直线相连接，如图 12.13 所示。

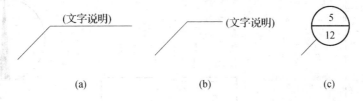

图 12.13　引出线

（2）同时引出的几个相同部分的引出线，宜相互平行，也可以化成集中于一点的放射线，如图 12.14 所示。

图 12.14　共用引出线

（3）多层构造或多层管道共用引出线，应通过被引出的各层，并用圆点示意对应各层次。文字说明宜注写在水平线的上方，或注写在水平线的端部，说明的顺序应该由上而下，并应与所说明的层次对应一致；如层次为横向排序，则由上至下的说明顺序应与由左至右的层次对应一致，如图 12.15 所示。

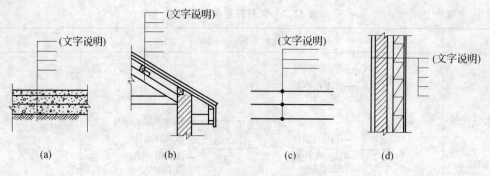

图 12.15　多层共用引出线

8. 对称符号

对称符号由对称线和两端的两对平行线组成。对称线用细点画线绘制；平行线用细实线绘制，其长度宜为 6~7 mm，每对的间距宜为 2~3 mm；对称线垂直平分于两对平行线，两端超出平行线宜为 2~3 mm，如图 12.16 所示。

9. 连接符号

连接符号应该以折断线表示需连接的部位。两部位相距过远时，折断线两端靠图样一侧应标注大写拉丁字母表示连接编号。两个被连接的图样应用相同的字母编号，如图 12.17 所示。

10. 指北针

在总平面图及底层建筑平面图上，一般都画有指北针，以指明建筑物的朝向。指北针形状如图 12.18 所示。圆的直径宜为 24 mm，用细实线绘制。指针尾端的宽度为 3 mm，需用较大直径绘制指北针时，指针尾部宽度宜为圆的直径的 1/8，指针涂成黑色，针尖指向北方，并注明"北"或"N"。

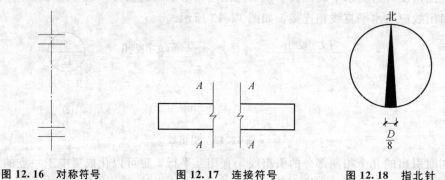

图 12.16　对称符号　　**图 12.17　连接符号**　　**图 12.18　指北针**

12.2.3　标准图的查阅方法

1. 标准图的阅读

在房屋建筑施工图中，对于某些建筑构造或构件的通用做法，可以直接引用国家或地方制定的标准图集或通用图集中的大样图，不必另画详图。除此之外，施工中有些构配件和构造作法，也可以直接采用标准图集，因此阅读施工图前要查阅本工程所采用的标准图集。

我国编制的标准图集，按其编制的单位和适用范围的情况大体可分为三类。

（1）经国家批准的标准图集，供全国范围内使用。全国通用的标准图集，通常采用"S×××"或"D×××"代号表示水暖或电气的图集，例如 03G702、03D301－3 等。

（2）经各省、市、自治区等地方批准的通用标准图集，供本地区使用，例如辽 G107、DG811 等。

（3）各设计单位编制的标准图集，供本单位设计的工程使用。

2. 标准图的查阅方法

（1）根据施工图中注明的标准图集名称和编号及编制单位，查找相应的图集。

（2）阅读标准图集时，应先阅读总说明，了解编制该标准图集的设计依据和使用范围、施工要求及注意事项等。

（3）根据施工图中的详图索引编号查阅详图，核对有关尺寸及套用部位等要求，以防差错。

【重点串联】

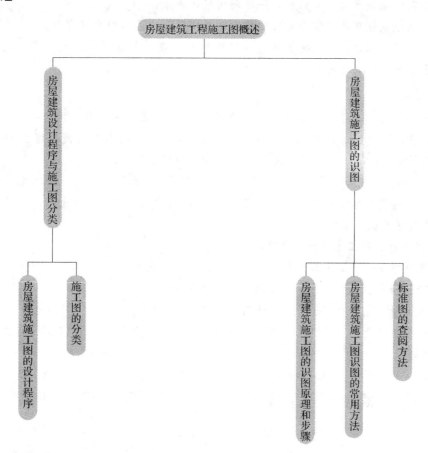

拓展与实训

✎ 职业能力训练

一、填空题

1. 房屋施工图由于专业分工的不同，分为＿＿＿＿＿、＿＿＿＿＿和＿＿＿＿＿。

2. 在建筑施工平面图中，横向定位轴线应用于建筑物＿＿＿＿＿，轴线编号用＿＿＿＿＿从左到右依次编写；纵向定位轴线应用于建筑物＿＿＿＿＿，轴线编号用＿＿＿＿＿从下至上顺序编写。

3. ⓔ号轴线之后附加的第二根轴线如何表示＿＿＿＿＿。

4. 指北针所绘圆的直径为＿＿＿＿＿ mm，指北针尾部宽度为＿＿＿＿＿ mm。

二、简答题

1. 房屋的组成分为哪几种，其各自的作用有哪些？

2. 房屋建筑施工图按照专业的不同，可分为哪几种？

3. 房屋建筑施工图的一般设计程序有哪几个阶段？

工程模拟训练

1. 抄绘某住宅建筑施工平面图，并绘制相应的图纸。

2. 参照图纸或图集抄绘某个部位的构件，并按照标准图集抄绘该构件。

3. 参观某建筑工地，调研施工单位房屋建筑施工图，并根据现场施工人员的介绍，对施工图图纸有一个整体的把握。

链接执考

1. 某6层住宅建筑各层外围水平面积为 $400 \ m^2$，二层以上每层有两个有围护结构的阳台，每个水平面积为 $5 \ m^2$，建筑中间设置一条宽度为 $300 \ mm$ 的变形缝，缝长 $10 \ m$，则该建筑总建筑面积为：（   ）（2011年二级注册建筑师考试真题）

A. $2 \ 407 \ m^2$ B. $2 \ 422 \ m^2$ C. $2 \ 425 \ m^2$ D. $2 \ 450 \ m^2$

2. 根据《建筑工程设计文件编制深度规定》，民用建筑工程一般分为：（   ）（2011年二级注册建筑师考试真题）

A. 方案设计、施工图设计二个阶段

B. 概念性方案设计、方案设计、施工图设计三个阶段

C. 可行性研究、方案设计、施工图设计三个阶段

D. 方案设计、初步设计、施工图设计三个阶段

3. 相邻房屋需设置防震缝时，防震缝的最小宽度应符合：（   ）（2005年二级注册建筑师考试真题）

A. 50 mm   B. 70 mm   C. 100 mm   D. 150 mm

模块 13

建筑施工图

【模块概述】

施工图就是一种在建筑工程中能十分准确地表达出建筑物的外形轮廓、大小尺寸、结构构造和材料做法的图样。因此施工图是房屋建筑施工时的重要依据，同样也是进行企业管理的重要技术文件。建筑施工图包括建筑施工图的首页图，建筑总平面图，楼层平面图，屋顶平面图各方向的立面图、剖面图，楼梯平面图和楼梯详图，外墙详图等。

本模块以某砖混结构住宅楼建筑施工图为例，介绍建筑施工图的首页图、总平面图、楼层平面图、屋顶平面图、立面图、剖面图及楼梯详图等。

【知识目标】

1. 建筑施工图的组成成分；

2. 首页图的内容；

3. 总平面图的图示及识读；

4. 建筑平面图、立面图、剖面图、详图的图示及识读；

5. 建筑施工图的绘制。

【技能目标】

1. 熟悉建筑施工图的组成；

2. 了解首页图包括的内容；

3. 了解建筑总平面图、建筑平面图、立面图、剖面图的图示方法和内容；

4. 了解建筑施工详图；

5. 会识读建筑施工图；

6. 能绘制建筑施工图。

【课时建议】

6 课时

工程导入

郑州市某砖混结构住宅楼，位于京广线以东，西陈庄前街南侧，一梯两户，两个单元，建筑高度约为 21.650 m，建筑面积为 3 271.60 m²。设计年限为 50 年，抗震设防烈度为 7 度。室内相对标高为 ±0.000，对应的绝对标高为 101.350 m，室内外高差为 0.450 m。该住宅楼共六层，第六层为复式结构。本章采用插图即以该工程建筑施工图为例。

通过该工程的建筑施工图，你对建筑施工图的组成有了一定的认识吗？能正确地识读建筑施工图了吗？会绘制建筑施工图吗？

13.1　首页图

建筑施工图的首页图是建筑施工图的第一张图，主要内容包括图纸目录、设计说明、工程做法表和门窗表。

13.1.1　图纸目录

图纸目录是查阅图纸的主要依据，包括图纸的类别、编号、图名以及备注等栏目。图纸目录一般包括整套图纸的目录，即包括建筑施工图目录、结构施工图目录、给水排水施工图目录、采暖通风施工图目录和建筑电气施工图目录。

13.1.2　设计说明

建筑设计说明是对施工图的必要补充，主要是对图样中无法表达清楚的内容用文字加以详细的说明，其主要包括建设工程概况、建筑设计依据、所选用的标准图集的代号、建筑装修和构造的要求，以及设计人员对施工单位的要求等。小型工程的总说明可以与相应的施工图的说明放在一起。

13.1.3　工程做法表

工程做法表主要是对建筑各部位构造做法用表格的形式加以详细说明。在表中对各施工部位的名称、做法等详细表达清楚，如采用标准图集中的做法，应注明所采用标准图集的代号、做法编号，如有改变，在备注中说明。

13.1.4　门窗表

门窗表是对建筑物上所有不同类型的门窗统计后列成的表格，以备施工、编制预算的需要。门窗表中应反映门窗的类型、大小、所选用的标准图集及其类型编号，如有特殊要求，应在备注中加以说明。

13.2　总平面图

13.2.1　总平面图概述

将新建工程四周一定范围内的新建、拟建、原有和拆除的建筑物、构筑物连同其周围的地形、地物状况用水平投影方法和相应的图例所画出的工程图样，即为总平面图。主要是表示新建房屋的位置、朝向、与原有建筑物的关系，以及周围道路、绿化和给水、排水、供电条件等方面的情况。

作为新建房屋施工定位、土方施工、设备和管网平面布置，以及在施工时安排进入现场的材料、构件和配件堆放场地，构件预制的场地和运输道路的依据。

13.2.2 总平面图的图示内容与图示方法

1. 图示内容

（1）图名、图例。图样的比例为图形与实物相对应的线性尺寸之比，因总平面图所反映的范围较大，常用的比例为 1∶500、1∶1 000、1∶2 000、1∶5 000 等。

（2）新建建筑场地的地形、地貌。如果地形变化较大，则应画出相应的等高线，标注高程。

（3）新建建筑的具体位置，在总平面图中应详细地表达出新建建筑的定位方式。在总平面图中新建建筑的定位方式有三种：第一种是利用新建建筑物和原有建筑物之间的距离定位，第二种是利用施工坐标确定新建建筑物的位置，第三种是利用新建建筑物与周围道路之间的距离确定其位置。

（4）注明新建房屋底层室内地面和室外整平地面的绝对标高。

（5）相邻原有建筑物、拆除建筑物的位置或范围。

（6）附近的地形、地物，如道路、河流、水沟、池塘、土坡等。应注明道路的起点、变坡、转折点、终点，以及道路中心线的标高、坡向等。

（7）指北针或风向频率玫瑰图。在总平面图中通常画有带指北针的风向频率玫瑰图（风玫瑰），如图 13.1 所示，用来表示该地区常年的风向频率和房屋的朝向。风向频率玫瑰图是总平面图上表示当地每年风向频率的标志，在风向玫瑰图中粗实线围成的折线图表示全年的风向频率，离中心最远的风向表示常年中该风向的刮风频率，即刮风天数最多的风向称为当地的常年主导风向，用虚线绘制成的折线图表

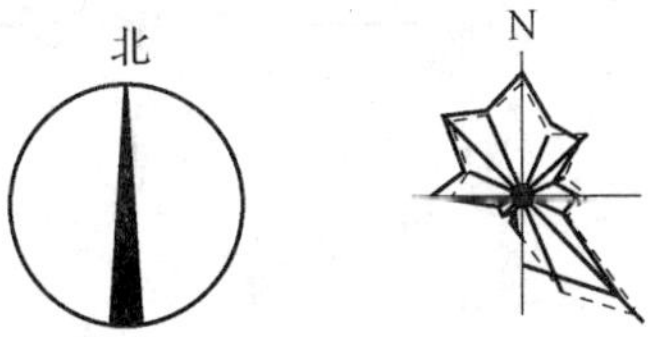

图 13.1 带指北针的风玫瑰图

示当地夏季 6～8 月的风向频率。明确风向有助于建筑构造的选用及材料的堆放，有粉尘污染的材料应堆放在下风位，如熬沥青或淋石灰。

（8）绿化规划和给水排水、电力、通信等管网布置。

2. 图示方法

总平面图是用正投影的原理绘制的，图形主要是以图例的形式表示，总平面图的图例采用《总图制图标准》（GB/T 50103—2010）规定的图例，画图时应严格执行该图例符号，如图中采用的图例不是标准中的图例，应在总平面图下面说明。图线的宽度 b 应根据图样的复杂程度和比例，按《房屋建筑制图统一标准》（GB/T 50001—2010）中图线的有关规定执行。总平面图的坐标、标高、距离以"m"为单位，并应至少取至小数点后两位。

13.2.3 总平面图的识图

下面以某办公楼总平面图为例说明建筑总平面图的识读方法。如图 13.2 所示为某办公楼总平面图。

从图 13.2 可知，该施工图为总平面图，比例为 1∶500。控制红线内的都属新建部分，从右上方带指北针的风玫瑰图可知该地区全年以东北-西南方向为主导风向，主体建筑为矩形共六层，坐北朝南。建筑南控制线外是建设路，主入口开在南面正中，西面是碧蒲巷，在西北角开次入口。在新建区域正北、正东、正南面将拟建停车位 37 个。在建设区域四周种植绿化，西面、南面种植常绿阔叶乔木，沿四周设置环形行车道。在拟建主体建筑物南面建休闲广场，广场西南角设置下沉休息区和自行车停车位。

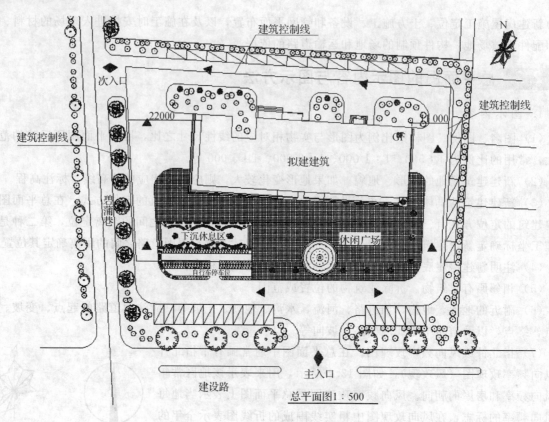

图 13.2　某办公楼总平面图

13.3　建筑平面图

建筑平面图是建筑施工图的重要图样，是建筑设计师接到设计任务后根据建筑的功能、地形、建筑规范首先设计的图样。

13.3.1　建筑平面图概述

建筑平面图实际上是把房屋用一个假想的水平剖切平面，沿门、窗洞口部位（指窗台以上，过梁以下的空间）水平切开，移出剖切平面以上的部分，把剖切平面以下的物体投影到水平面上，所得的水平剖面图，即为建筑平面图，简称平面图。如图 13.3 所示为房屋建筑平面图。

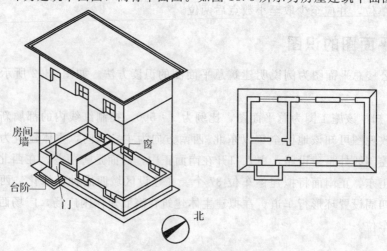

图 13.3　房屋建筑平面图

建筑平面图反映建筑物的平面形状和大小、内部布置、墙（柱）的位置、厚度和材料、门窗的位置和类型以及交通等情况，可作为建筑施工定位、放线、砌墙、安装门窗、室内装修、编制预算的依据。

13.3.2 建筑平面图的图示内容与图示方法

（1）图名。一般情况下，房屋有几层，就应画几个平面图，并在图的下方书写相应的图名，如底层平面图、二层平面图等。但有些建筑的二层至顶层之间的楼层，其构造、布置情况基本相同，则画一个平面图即可。这种平面图称为标准层平面图。若中间有个别层的平面布置不同，可单独补画平面图。因此，多层建筑的平面图一般由底层平面图、标准层平面图、顶层平面图组成，另外还有屋顶平面图。如图 13.4～13.8 所示为某砖混结构住宅楼平面图。屋顶平面图是从建筑物上方向下所做的平面投影，主要是表明建筑物屋顶上的布置情况和屋顶排水方式。

（2）比例。建筑平面图常用的比例是 1：50、1：100 或 1：200，其中 1：100 使用最多。

（3）表示所有轴线及其编号。墙、柱定位轴线，房层承重墙、柱和非承重的墙体均应进行轴线编号。

（4）尺寸标注。

①外墙尺寸。一般标注三道尺寸。外面尺寸为总长、总宽（外墙边到边）。中间尺寸为轴线尺寸，即表示开间、进深尺寸。里面尺寸为门、窗洞口及窗间墙尺寸，便于门、窗定位放线。

②内墙尺寸。建筑物的内墙门窗洞口尺寸、门洞边墙垛的尺寸等，一般相同尺寸可以只标注一个作为代表，其余可以不注。

③细部尺寸。平面图中其余细部尺寸均应标注完全，如墙厚、柱、墙垛、台阶、踏步、散水、明沟、花台、盥洗设备等均应标出尺寸，以便定位，若构造或尺寸复杂时，一般用标准图或大样表示，但应用详图索引符号标明，这种情况可以不注尺寸。

（5）其他需要表示的内容有：

①标出所有房间的名称及其门窗的位置、编号、大小。

②表示电梯、楼梯的位置，以及楼梯上下行方向和主要尺寸。

③表示阳台、雨棚、斜坡、烟道、通风道、管井、消防梯、雨水管沟、花池等的位置及尺寸。

④画出室内设备，如卫生器具、水池、工作台、隔断，以及重要设备的位置、形状。

⑤表示地下室、地坑、地沟、墙上预留洞、高窗等的位置和尺寸。

⑥在底层平面图上还应该画出剖面图的剖切符号及编号。

⑦标注有关部位的详图索引符号。

⑧在底层平面图左下方或右下方画出指北针。

⑨屋顶平面图上一般应表示出女儿墙、檐沟、屋面坡度、分水线和雨水口缝、楼梯间、水箱间、上人孔、消防梯，以及其他构筑物、索引符号等。

⑩标高。底层应标出室外标高、室内楼地面的标高；必要时应有文字说明。

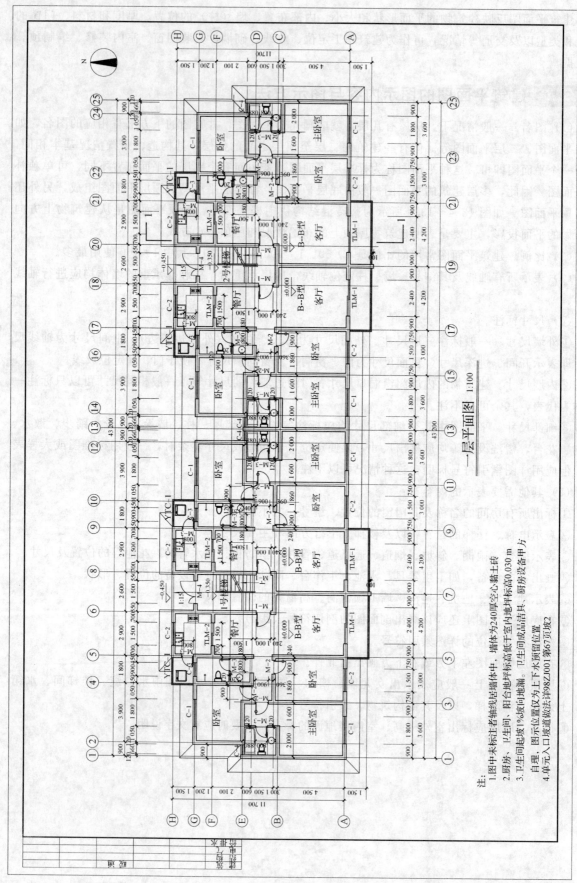

一层平面图 1:100

图13.4 一层平面图

注:
1.图中末标注者轴线居墙体中，墙体为240厚空心粘土砖。
2.厨房、卫生间、阳台地坪标高低于室内地坪标高0.030 m。
3.卫生间起坡1%坡向地漏。卫生间成品洁具、厨房设备甲方
　　自理。图示位置为上下水预留位置
4.单元入口坡道做法详8ZJ001第67页坡2

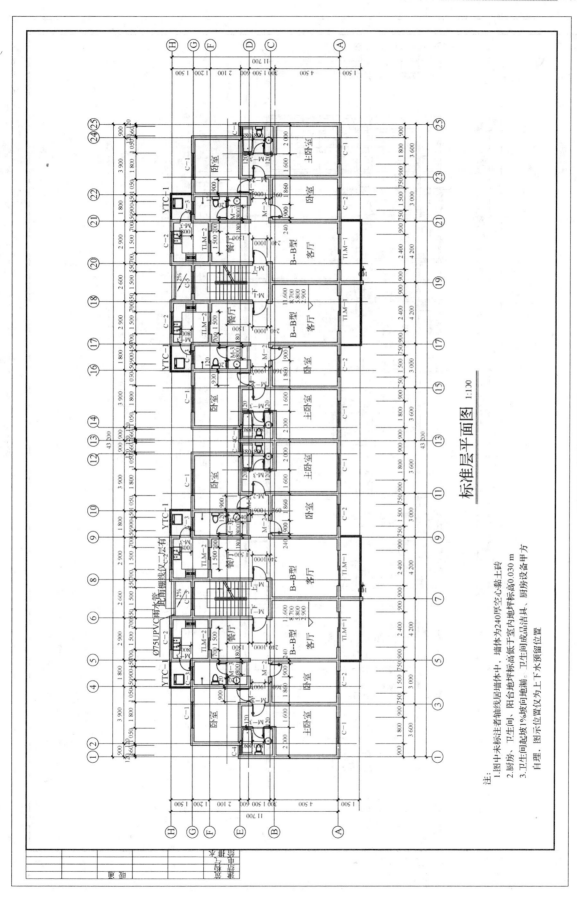

标准层平面图 1:130

图13.5 标准层平面图

注:
1. 图中未标注者轴线居墙体中,墙体为240厚空心黏土砖。
2. 厨房、卫生间、阳台地坪标高低于室内地坪标高0.030 m。
3. 卫生间起坡1%坡向地漏,卫生间成品洁具、厨房设备甲方自理。图示位置仅为上下水预留位置。

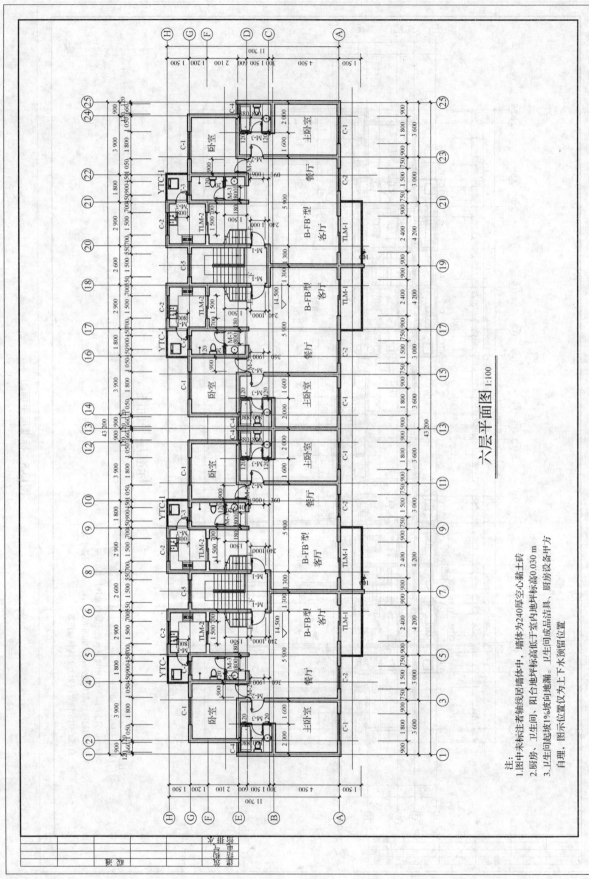

六层平面图 1:100

图13.6 六层平面图

注:
1.图中末标注者辅线居墙体中，墙体为240厚空心黏土砖
2.厨房、卫生间、阳台地坪标高比卧室内地坪标高0.030 m
卫生间起坡1%坡向地漏。卫生间成品洁具、厨房设备甲方
自理，图示位置仅为上下水预留位置

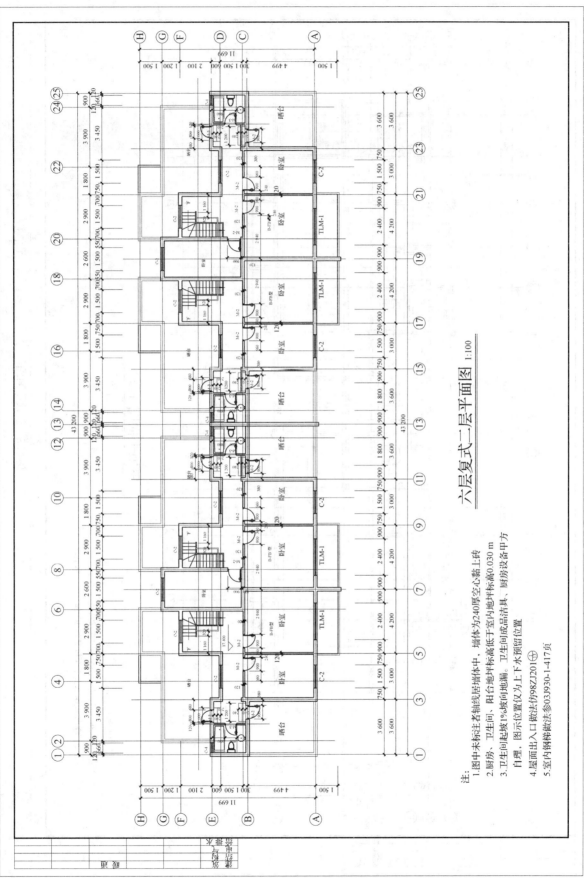

六层复式二层平面图 1:100

注:
1.图中未标注者轴线居墙体中,墙体为240厚空心粘土砖
2.厨房、卫生间、阳台地坪标高低于室内地坪标高0.030 m
3.卫生间起坡1%坡向地漏。卫生间成品洁具、厨房设备中方
  白理,图示位置仅为上下水预留位置
4.屋面出入口做法详98ZJ201⊕
5.室内钢梯做法参03J930-1-417页

图13.7 六层复式二层平面图

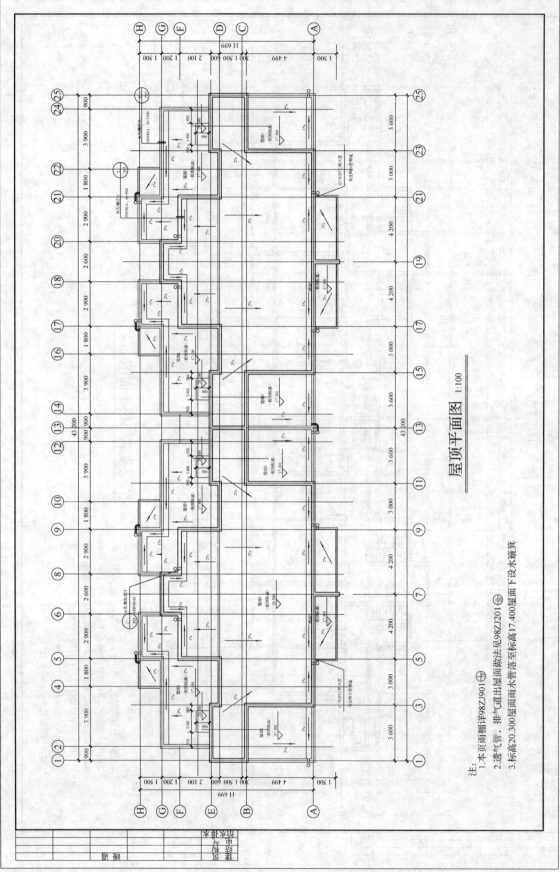

屋顶平面图 1:100

图13.8 屋顶平面图

注:
1.本页雨棚详98ZJ901⊕
2.透气管、排气道出屋面做法见98ZJ201⊜
3.标高20.300屋面雨水管各至标高17.400屋面下设水簸箕

13.3.3 建筑平面图的识读

1. 一层平面图的识读

以上述某砖混结构住宅楼一层平面图为例说明建筑平面图的读图方法。

(1) 了解平面图的图名、比例。从图中可知该图为一层平面图，比例为 1∶100。

(2) 了解建筑的朝向。从图 13.4 右上角的指北针符号得知该商住楼的朝向是坐北朝南的方向。

(3) 了解建筑的结构形式为砖混结构。

(4) 了解建筑的平面布置。该商住楼横向定位轴线有 6 根，纵向定位轴线有 25 根。本层主要为住宅，两个单元，一梯两户，每户三室两厅一厨两卫一个阳台。

(5) 了解建筑平面图上的尺寸。建筑平面图上标注的尺寸均为未经装饰的结构表面尺寸。了解平面图中所注的各种尺寸，并通过这些尺寸了解房屋的占地面积、建筑面积、使用面积，平均面积利用系数等。建筑占地面积为首层外墙外边线所包围的面积；建筑面积是指各层建筑外墙结构的外围水平面积之和，包括使用面积、辅助面积和结构面积；使用面积是指建筑物各层平面布置中可直接为生产或生活使用的净面积总和。

在建筑平面图中，尺寸标注比较多，一般分为外部尺寸和内部尺寸。

① 外部尺寸。

为便于读图和施工，外部尺寸一般在图形的下方及左侧注写三道尺寸。

第一道尺寸，表示外轮廓的总尺寸，即指从一端外墙边到另一端外墙边的总长和总宽尺寸，通过这道尺寸可以计算出新建房屋的占地面积。

第二道尺寸，表示轴线间的距离，称为轴线尺寸，用以说明房间的开间及进深尺寸。房屋定位轴线之间的尺寸应符合建筑模数中扩大模数 300 mm 的要求。

第三道尺寸，表示建筑外墙上各细部的位置及大小，如门窗洞宽和位置、墙柱的大小和位置、窗间墙宽度等。这道尺寸一般与轴线有关，这样，便于确定门窗洞口的大小和位置。

在底层平面图中，台阶（或坡道）、花池及散水等细部的尺寸，单独标注。

② 内部尺寸。

为了说明房间的净空大小和室内的门窗洞、孔洞、墙厚和固定设备（例如厕所、盥洗室、工作台、搁板等）的大小与位置，除房屋总长、定位轴线以及门窗位置的三道尺寸外，图形内部要标注出不同类型各房间的净长、净宽尺寸，内墙上门、窗洞口的定形、定位尺寸及细部详尽尺寸。

从图 13.4 可知，该商住楼的总长度为 43.2 m，总宽度为 11.7 m。

在图形外有三道尺寸，第一道尺寸表示出建筑的总长和总宽，可计算建筑的占地面积。第二道尺寸表示出建筑的定位轴线之间的尺寸，如横向轴线①、③轴线的距离为 3 600 mm，②、④轴线的距离为 3 900 mm，⑤、⑦轴线的距离为 4 200 mm 等，纵向轴线Ⓐ、Ⓑ轴线的距离为 4 500 mm，Ⓑ、Ⓔ轴线的距离为 2 400 mm，Ⓔ、Ⓖ轴线的距离为 3 300 mm。第三道尺寸表示外墙上门窗洞口的尺寸和洞间墙的尺寸，M—1 的洞宽为 1 000 mm，卧室门 M—2 的洞宽是 900 mm，卫生间 M—3 的洞宽为 800 mm，客厅阳台推拉门 TLM—2 洞宽为 2 400 mm，厨房推拉门 TLM—2 洞宽为 1 500 mm。主卧窗 C—1 洞宽为 1 800 mm，其中一个卧室窗 C—2 洞宽为 1 500 mm，卫生间窗 C—3 洞宽 900 mm。

在图 13.4 内主要尺寸有墙体的厚度尺寸，从图中可知，该建筑墙厚度为 240 mm，主卧内卫生间尺寸为 2 000 mm×2 400 mm。

(6) 了解建筑中各组成部分的标高情况。

在平面图中，对于建筑物各组成部分，如地面、楼面、楼梯平台面、室外台阶面、阳台地面等处，应分别注明标高，这些标高均采用相对标高（小数点后保留三位小数），如有坡度时，应注明坡度方向和坡度值，如图 13.4 中室内地面标高为±0.000，室外楼梯平台面标高为−0.350 m，室外地面的标高为−0.450 m，表明建筑室内外地面的高度差值为 0.450 m。

（7）了解门窗的位置及编号。

为了便于读图，在建筑平面图中门采用代号 M 表示，窗采用代号 C 表示，加编号以便区分。如图 13.4 中的 C−1、M−1、M−2 等。在读图时应注意每种类型门窗的位置、形式、大小和编号，并与门窗表对应，了解门窗采用标准图集的代号、门窗型号和是否有备注。

（8）了解建筑剖面图的剖切位置、索引标志。

在一层平面图中适当的位置画有建筑剖面图的剖切位置和编号，以便明确剖面图的剖切位置、剖切方法和剖视方向。如㉑㉑轴线右侧的 1—1 剖切符号，表示建筑剖面图的剖切位置面图类型为全剖面图，剖视方向向右。细部做法如另有详图或采用标准图集的做法，在平面中标注索引符号，注明该部位所采用的标准图集的代号、页码和图号，以便施工人员查阅标准、图集，方便施工。如图 13.4 中单元入口坡道做法采用标准图集 98ZJ001 第 67 页坡 2。

（9）了解各专业设备的布置情况。

建筑物内的设备如卫生间的便池、洗面池位置等，读图时注意其位置、形式及相应尺寸。

2. 其他楼层平面图的识图

其他楼层平面图包括标准层平面图和顶层平面图以及补画的个别不同布置的平面图，其形成与底层平面图的形成相同。在标准层平面图上，为了简化作图，已在底层平面图上表示过的内容不再表示。如标准层平面图上不再画散水、明沟、室外台阶等；顶层平面图上不再画标准层平面图上表示过的雨棚等。识读标准层平面图时，重点应与底层平面图对照异同，如结构形式有无变化，平面布置如何变化，墙体厚度有无变化，楼面标高的变化、楼梯图例的变化等。

3. 屋顶平面图的识读

屋顶平面图主要反映屋面上天窗、水箱、铁爬梯、通风道、女儿墙、变形缝等的位置，采用标准图集的代号，以及屋面排水分区、排水方向、坡度，雨水口的位置、尺寸等内容。

由于在屋顶平面图中反映的内容较少，通常绘图的比例也较小，一般为 1∶100 或 1∶200。因此在屋顶平面图上，各种构件只用图例画出，并用索引符号表示出详图的位置，用尺寸具体表示构件在屋顶上的位置。

13.3.4 建筑平面图的绘制

第一步，确定绘制建筑平面图的比例和图幅。首先根据建筑的长度、宽度和复杂程度以及要进行尺寸标注所占用的位置和必要的文字说明的位置确定图纸的幅面。

第二步，画底图。画底图的目的是为了确定图样在图纸上的具体形状和位置，因此应用较硬的铅笔，如 2H 或 3H 画底图。

（1）画图框线和标题栏的外边线；

（2）布置图面，画定位轴线、墙身线；

（3）在墙体上确定门窗洞口的位置；

（4）画楼梯散水等细部。

第三步，仔细检查底图，无误后，按建筑平面图的线型要求进行加深，墙身线一般为 0.5 mm或 0.7 mm，门窗图例、楼梯分格等细部线为 0.18 mm，并标注轴线、尺寸、门窗编号、剖切符号等。

第四步，写图名、比例及其他内容。汉字宜写成长仿宋字，图名一般为 10 号字，图内说明文字一般为 5 号字。

13.4 建筑立面图

13.4.1 建筑立面图概述

建筑立面图是平行于建筑物各方向外墙面的正投影图，简称（某向）立面图。一幢建筑物是否美观，是否与周围环境协调，很大程度上取决于对建筑物立面上的艺术处理，包括建筑造型与尺度、装饰材料的选用、色彩的选用等内容。在施工图中立面图主要反映建筑物各部位的高度、外貌和装修要求，是建筑物外装修的主要依据。

13.4.2 建筑立面图的图示内容与图示方法

1. 建筑立面图的图示内容

（1）命名。因每幢建筑的立面至少有三个，并且每个立面都应有名称。立面图的命名方式有以下三种：

①用朝向命名。建筑物的某个立面面向哪个方向，就称为那个方向的立面图，如建筑物的立面面向南面，该立面称为南立面图；面向北面，就称为北立面图等。

②按外貌特征命名。将建筑物反映主要出入口或比较显著地反映外貌特征的那一面称为正立面图，其余立面图依次为背立面图、左立面图和右立面图。

③用建筑平面图中的首尾轴线命名。按照观察者面向建筑物从左到右的轴线顺序命名，如①～⑦轴线立面图、②～⑦轴线立面图等。如图 13.9 所示标出了建筑立面图的投影方向和名称。

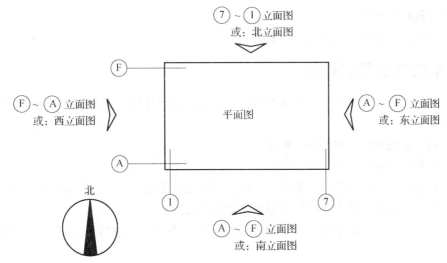

图 13.9 建筑立面图的投影方向和名称

施工图中这三种命名方式都可使用，但每套施工图只能采用其中的一种方式命名。不论采用哪种命名方式，第一个立面图都应反映建筑的外貌特征。

（2）轴线与编号。只需标注建筑物两端的定位轴线及其编号。

（3）比例。同平面图。

（4）尺寸。在建筑立面图的高度方向标注三道尺寸线，即总高度，分层高度，门窗上下皮，勒脚、檐口等高度。长度方向不标注。

（5）所需画的构件内容有从建筑物外可以看见的室外地面线、房屋的勒脚、台阶、花池、门、窗、雨棚、阳台、室外楼梯、墙体外边线、檐口、屋顶、雨水管、墙面分格线等。

（6）标高。标注建筑物立面上的主要标高。如室外地面的标高、台阶表面的标高、各层门窗洞口的标高,以及阳台、雨棚、女儿墙顶、屋顶水箱间及楼梯间屋顶的标高。

(7) 标注详图的索引符号。如立面图局部需画详图时应标注详图的索引符号。

(8) 用文字说明外立面装修的材料及其做法。

2. 建筑立面图的图示方法

为了使建筑立面图主次分明,并有一定的立体感,通常将建筑物外轮廓和较大转折处轮廓的投影用粗实线表示;外墙上凸出、凹进部位如壁柱、窗台、楣线、挑檐、门窗洞口等的投影用中实线表示;门窗的细部分格以及外墙上的装饰线用细实线表示;室外地坪线用加粗实线表示。在立面图上应标注首尾轴线。

在建筑立面图上相同的门窗、阳台、外格装修、构造做法等可在局部图里表示,绘出其完整图形,其余部分只画轮廓线。

房屋立面如有部分不平行于投影面,例如部分立面呈弧形、折线形、曲线形等,可将该部分展开至与投影面平行,再用投影法画出其立面图,但应在该立面图图名后注写"展开"二字。

在建筑立面图上,外墙表面分格线应表示清楚,应用文字说明各部位所用材料及颜色。

建筑立面图的绘图比例应与建筑平面图的比例一致。

13.4.3 建筑立面图的识读

如图 13.10~13.12 所示为某砖混结构住宅楼立面图。

(1) 了解图名、比例。

(2) 了解建筑的外貌。

(3) 了解建筑的高度。

(4) 了解建筑物的外装修。

(5) 了解立面图上详图索引符号的位置与其作用。

13.4.4 建筑立面图的绘制

立面图的画法和步骤与建筑平面图基本相同,同样先选定比例和图幅,经过画底图和加深两个步骤。

第一步,画室外地坪线、建筑外轮廓线。

第二步,画各层门窗洞口线。

第三步,画墙面细部,如阳台、窗台、楣线、门窗细部分格、壁柱、室外台阶、花池等。

第四步,检查无误后,按立面图的线型要求进行图线加深。

第五步,标注标高、首尾轴线,书写墙面装修文字、图名、比例等,说明文字一般用 5 号字,图名用 10 号字。

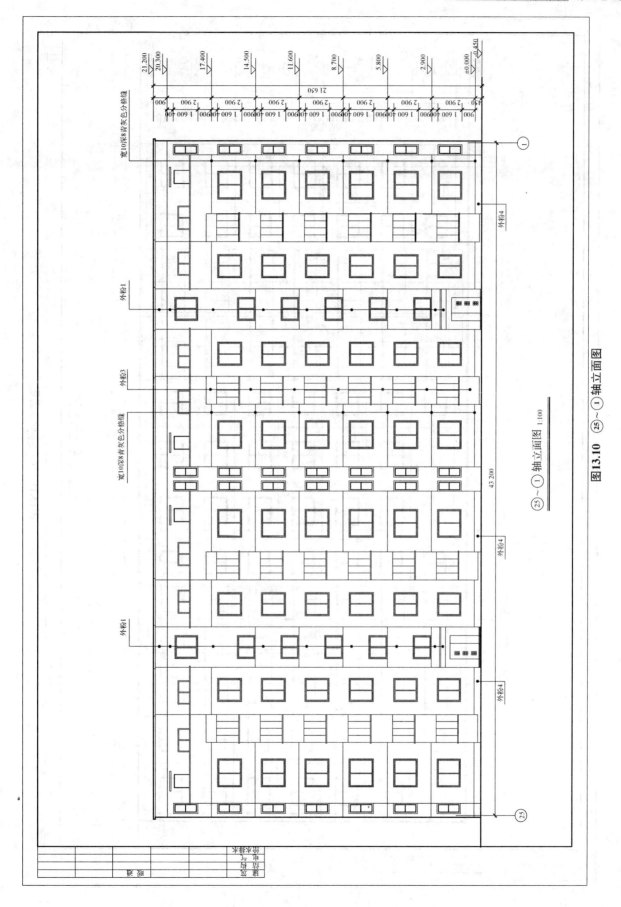

图13.10 ㉕~① 轴立面图

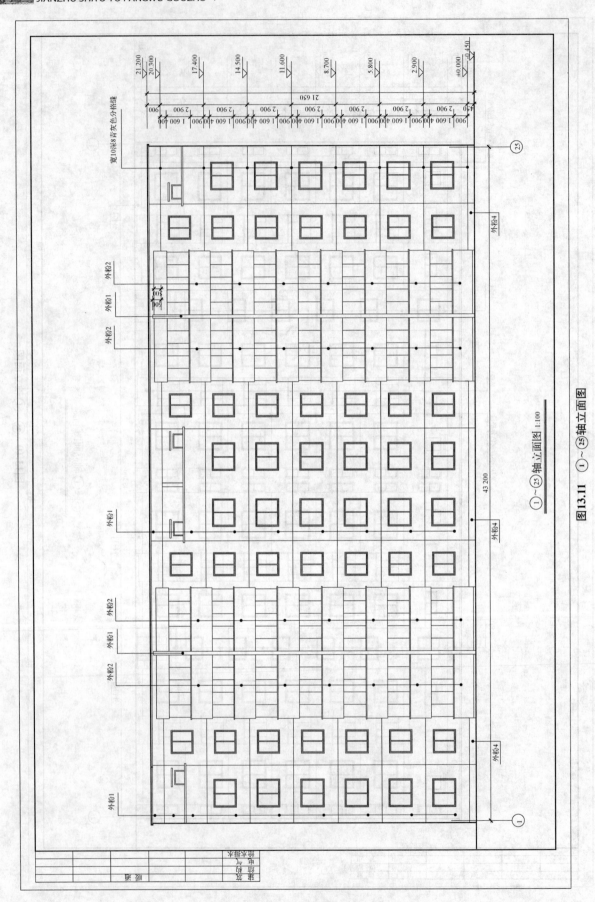

图13.11 ①~㉕轴立面图

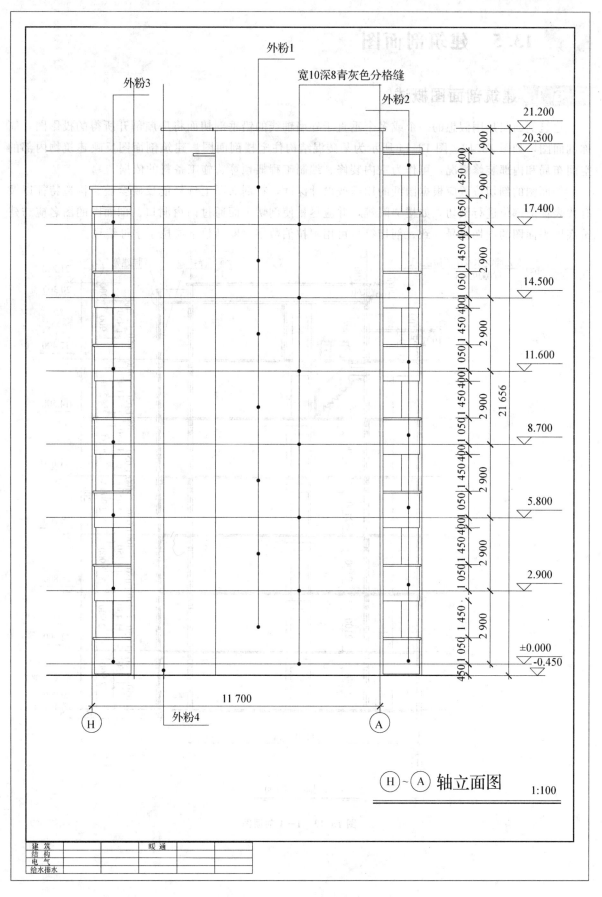

图 13.12 Ⓗ～Ⓐ轴立面图

13.5 建筑剖面图

13.5.1 建筑剖面图概述

建筑剖面图是用假想的一个或多个垂直于外墙轴线的铅垂剖切面将房屋剖开所得的投影图,简称剖面图,如图 13.13、图 13.14 所示为某砖混结构住宅楼剖面图。建筑剖面图反映建筑物内部的空间布局和内部装修情况,可作为室内装修、编制工程概预算、施工备料的依据。

剖面图的剖切位置应根据图纸的用途或设计深度,在剖面图上选择能反映全貌、构造特征以及有代表性的部位进行剖切,如楼梯间等,并应尽量使剖切平面通过门窗洞口。剖面图的图名应与建筑底层平面图的剖切符号一致。剖切符号可用阿拉伯数字、罗马数字或拉丁字母编号。

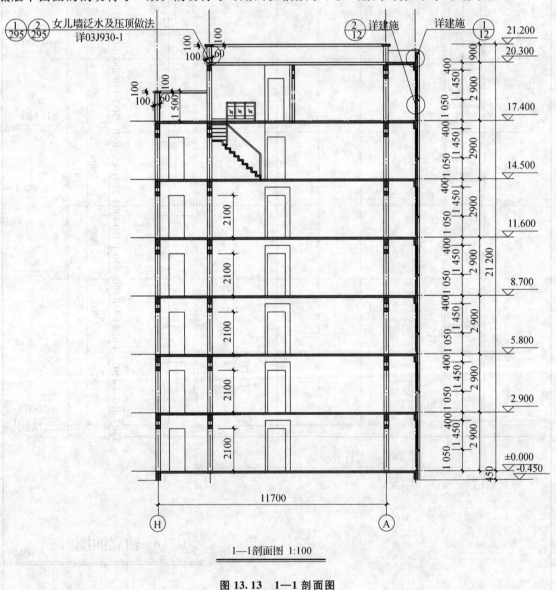

1—1剖面图 1:100

图 13.13 1—1 剖面图

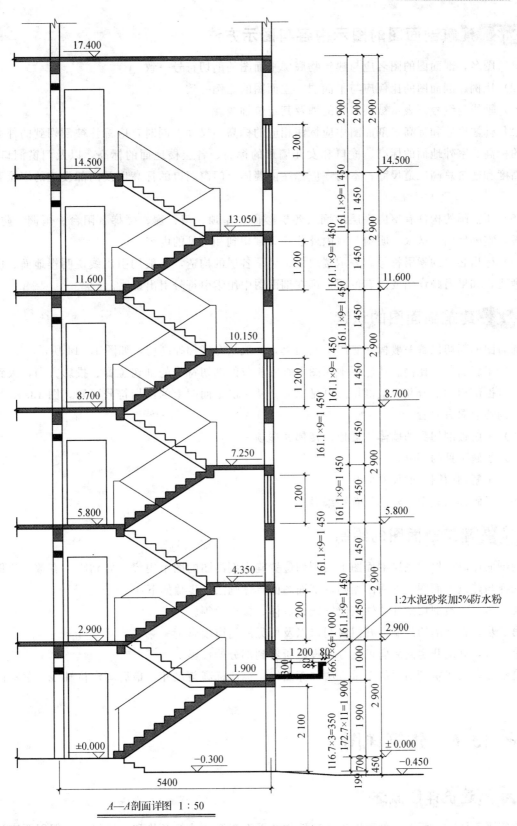

17.400

2 900

1 200

14.500

14.500

2 900

161.1×9=1 450

1 450

13.050

2 900

161.1×9=1 450

1 200

1 450

11.600

11.600

2 900

161.1×9=1 450

1 450

10.150

2 900

161.1×9=1 450

1 200

1 450

8.700

8.700

2 900

161.1×9=1 450

1 450

7.250

2 900

161.1×9=1 450

1 200

1 450

5.800

5.800

2 900

161.1×9=1 450

1 450

4.350

2 900

161.1×9=1 450

1:2水泥砂浆加5%防水粉

1 200

1 450

2.900

2.900

161.1×6=1 000

1 200   80

1 900

166.7×6=1 000

1 000

300

80

2 900

2 100

116.7×3=350

172.7×11=1 900

1 900

±0.000

−0.300

5400

116.7×3=350

±0.000

−0.450

190   700   450

A—A剖面详图 1：50

图 13.14   A—A 剖面详图

13.5.2 建筑剖面图的图示内容与图示方法

（1）图名。剖面图的图名应与建筑物底层平面图的剖切符号一致。

（2）比例。剖面图的比例应与平面图、立面图的比例一致。

（3）轴线与编号。表示被剖切到的墙及其定位轴线。

（4）标注尺寸和标高。剖面图中应标注相应的标高和尺寸。同时，应标注被剖切到的外墙门窗洞口的标高、室外地面的标高、檐口和女儿墙顶的标高、各层楼地面的标高，以及门窗洞口高度、层间高度和建筑总高三道尺寸；室内还应标注内墙体上门窗洞口的标高以及内部设施的定位和定形尺寸。

（5）所需画的构件有室内底层地面、各层楼面、屋顶、门、窗、楼梯、阳台、雨棚、防潮层、踢脚板，室外地面、散水、明沟及室内外装修等剖切到和可见的内容。

（6）标出必要的索引符号。表示楼地面、屋顶各层的构造，一般用引出线说明楼地面、屋顶的构造做法，如果另画详图或已有说明，则在剖面图中用索引符号引出说明。

13.5.3 建筑剖面图的识读

剖面图的剖切位置一般标在底层平面图上，一般从有楼梯处剖切，如图13.14所示。

（1）了解图名、比例。从底层平面图上查阅相应的剖切符号的剖切位置、投影方向，大致了解一下建筑被剖切的部分和未被剖切但可见部分。从一层平面图上的剖切符号可知，图13.13是全剖面图，剖切后向右面看。

（2）了解被剖切到的墙体、楼板、楼梯和屋顶。

（3）了解可见的部分。

（4）了解剖面图上的尺寸标注。

（5）了解详图索引符号的位置和编号。

13.5.4 建筑剖面图的绘制

画剖面图时应根据底层剖面图上的剖切位置确定剖面图的图示内容，做到心中有数。比例、图幅的选择与建筑平面图、立面图相同，剖面图的具体画法、步骤如下：

第一步，画被剖切到的墙体定位轴线、墙体、楼板面等。

第二步，在被剖切的墙上开门窗洞口以及可见的门窗投影。

第三步，画剖开房间后向可见方向投影所看到部分的投影。

第四步，按建筑剖面图的图示方法加深图线。标注标高与尺寸，最后画定位轴线，书写图名和比例。

13.6 建筑详图

13.6.1 建筑详图概述

建筑平面图、立面图、剖面图表达建筑物的平面布置、外部形状和主要尺寸，但因要表达的内容范围大，而比例小，对建筑物的细部构造难以表达清楚，所以为了满足施工要求，对建筑物的细部构造用较大的比例详细地表达出来，这样的图称为建筑详图，有时也称为大样图。详图的特点是比例大，反映的内容详尽，常用的比例有1∶50、1∶20、1∶10、1∶5、1∶2、1∶1等，建筑详图一般有三类：①局部构造详图，如楼梯详图、墙身详图等；②构件详图，如门窗详图、阳台详图等；③装饰构造详图，如墙裙构造详图、门窗套装饰构造详图等。

13.6.2 墙身详图

外墙身详图实际是建筑剖面图中外墙从室外地坪以下到屋顶檐部的局部放大图。它表明房屋顶层、楼板层、地面和檐部的构造，楼板与墙的连接，门窗顶、窗台与勒脚、散水等的构造情况。施工时，可以为砌墙、预留门窗洞口、安放预制构配件、室内外装修等提供施工依据。

在多层房屋中，各层构造情况基本相同，可只画墙脚、檐口和中间部分三个节点。门窗一般采用标准图集，为了简化作图，通常采用省略方法画出，即门窗在洞口处断开。

墙身详图主要内容有：

（1）图名与比例。外墙身大样图一般用1:20的比例绘制。由于比例较大，各部分的构造，如结构层、面层的构造均能详细表达出来，并画出相应的图例符号。

（2）标高与尺寸。标高与尺寸的标注与立面图一致。此外还应标出挑出构件的挑出长度的细部尺寸和挑出构件结构下皮标高。尺寸与标高的标注总原则是除了层高线的标高为建筑表面以外（平屋顶顶层层高线，常以顶板上皮为准），都宜标注结构表面的尺寸标高（即结构标高）。

（3）墙脚。外墙墙脚主要是指一层窗台及以下部分，包括散水（或明沟）、防潮层、踢脚板、一层地面、勒脚等部分的形状、大小、材料及其构造情况。

（4）中间部分。中间节点表明各层墙体与圈梁、楼板等构件的连接关系和连接做法，各层地面、楼面等的标高及构造做法以及门窗洞口的高度和标高。

（5）檐口。檐口节点表明挑檐板、女儿墙、屋面的高度、标高及构造做法。

13.6.3 楼梯详图

楼梯详图是楼梯间局部平面图及剖面图的放大图，是楼梯施工放样的主要依据。

楼梯是建筑中上下层之间的主要垂直交通设施。由于构造复杂，建筑平面图、立面图和剖面图的比例比较小，楼梯中的许多构造无法反映清楚，因此，建筑施工图中一般均应绘制楼梯详图作为楼梯施工放样的主要依据。

楼梯详图的内容由楼梯平面图、楼梯剖面图和楼梯节点详图三部分构成。

（1）楼梯平面图。楼梯平面图就是将建筑平面图中的楼梯间比例放大后画出的图样，比例通常为1:50。楼梯平面图包括楼梯底层平面图、楼梯标准层平面图和楼梯顶层平面图等，如图13.15～13.18所示为某砖混结构住宅楼楼梯平面图。

对楼梯平面图表达的内容说明如下：

①图名、比例及轴线。用楼梯间的各边轴线定位楼梯间的位置，并在有多个楼梯时说明是哪一部楼梯。比例一般是1:50。由于该砖混结构住宅楼有两个单元，且两个楼梯设计相同，故用标高区分。

②尺寸。表示楼梯间的开间、进深、墙体的厚度，楼梯井的宽度，以及梯段的长度、宽度和楼梯段上踏步的宽度和数量，通常把梯段长度尺寸和每个踏步宽度尺寸合并写在一起。

③标高。包括各楼层的标高和各休息平台的标高。

④剖切符号。在底层平面图中还应标注出楼梯剖面图的剖切符号。

（2）楼梯剖面图。楼梯剖面图是用假想的垂直的切平面通过各层的一个梯段和门窗洞口将楼梯垂直剖切，并向另一未剖到的梯段方向投影所作的剖面图。楼梯剖面图主要表现楼梯踏步和平台的构造、栏杆的形状以及相关尺寸。比例一般为1:50、1:30、1:40。如果各层楼梯构造相同，且踏步尺寸和数量相同，则楼梯剖面图可只画底层、中间层和顶层剖面图，其余部分用折断线将其省略。

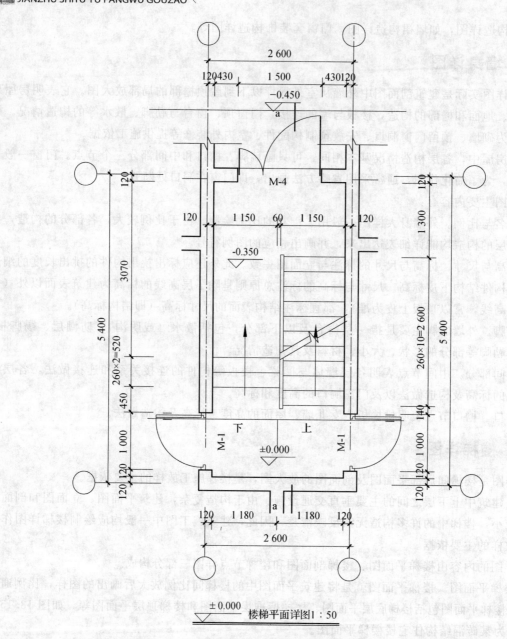

图 13.15 ±0.000 楼梯平面详图

　　在楼梯剖面图上应注明轴线，比例，各阶层面、平台面、楼梯间窗洞的标高，以及踢面的高度、踏步的数量和栏杆的高度；还需要标明踏步的高和宽，以及必要的索引符号。

　　(3) 楼梯节点详图。楼梯节点详图主要表达楼梯栏杆、踏步、扶手的做法，如采用标准图集，则直接引注标准图集代号；如果采用的形式特殊，则用 1∶10、1∶5、1∶2 或 1∶1 的比例详细表示出其形状、大小、所采用材料以及具体做法。索引符号在楼梯的剖面图上表示。

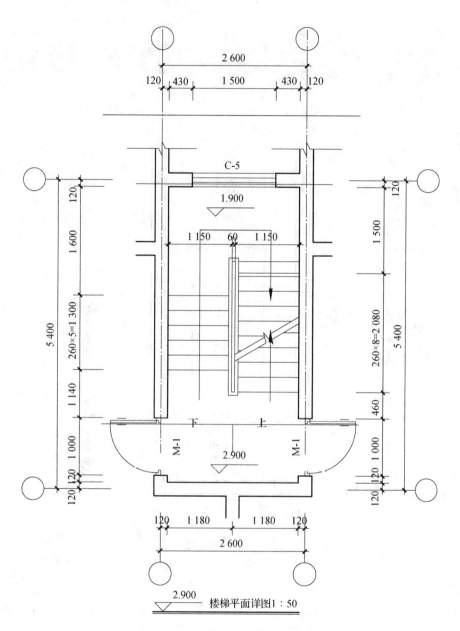

2.900
　　　　楼梯平面详图1：50

图 13.16　2.900 楼梯平面详图

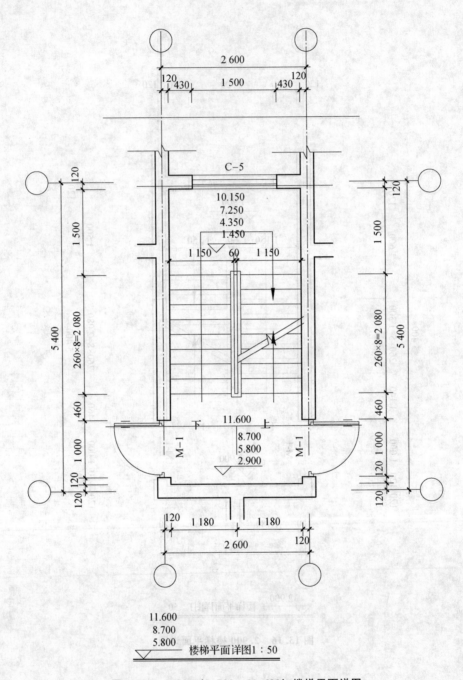

图 13.17　5.800（8.700、11.600）楼梯平面详图

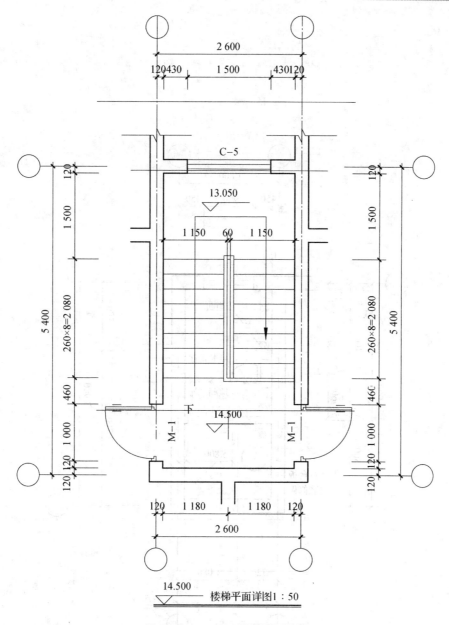

14.500
楼梯平面详图1:50

图 13.18　14.500 楼梯平面详图

13.6.4　卫生间详图

　　由于建筑平面图的比例较小，卫生间平面图只能反映出卫生洁具的形状和数量，并不能具体反映这些洁具的具体位置、地面排水情况、地漏位置等，通常需要画出卫生间详图，该详图的比例通常为 1:50。

　　在不同的建筑施工图中，详图的数量、种类是不一样的，需根据实际情况确定。如图 13.19、图 13.20 所示为六层及六层复式二层卫生间详图。

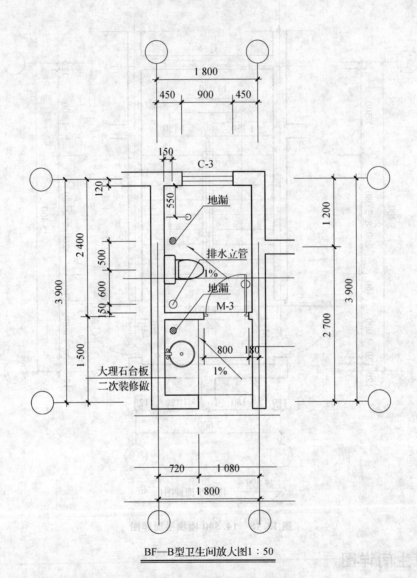

BF—B型卫生间放大图1：50

图 13.19　BF—B 型卫生间放大图

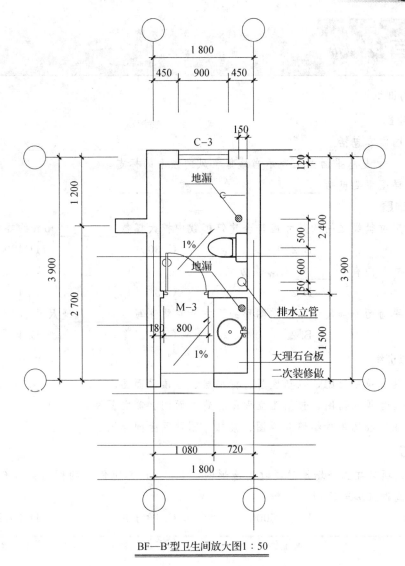

BF—B′型卫生间放大图1：50

图 13.20　BF—B′型卫生间放大图

【重点串联】

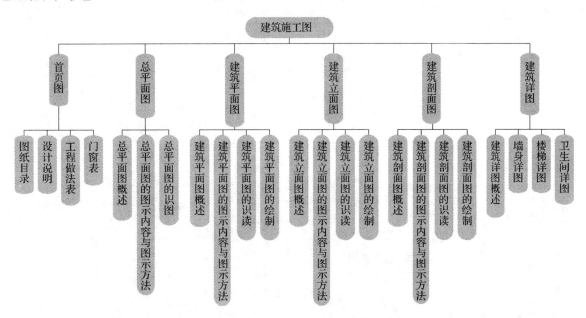

拓展与实训

职业能力训练

一、填空题

1. 首页图内容包括_____、_____、_____、_____、_____。

2. _____是总平面图上表示当地每年风向频率的标志。

3. 建筑详图主要包括_____、_____和_____。

二、单选题

1. 房屋定位轴线之间的尺寸应符合建筑模数中扩大模数_____mm的要求。

A. 100 　　　　　 B. 250 　　　　　 C. 300 　　　　　 D. 400

2. 建筑立面图有_____种命名方式。

A. 1 　　　　　 B. 2 　　　　　 C. 3 　　　　　 D. 4

3. 建筑平面图外部尺寸一般在图形的下方及左侧注写_____道尺寸。

A. 1 　　　　　 B. 2 　　　　　 C. 3 　　　　　 D. 4

工程模拟训练

1. 抄绘某建筑平面图，包括底层、标准层、屋顶平面图。

2. 抄绘某建筑立面图，包括正立面图、背立面图、侧立面图。

3. 参照图纸或图集抄绘墙身详图、楼梯详图及卫生间详图。

链接执考

大型建设项目在选择场地时要收集地形图，（ ）的比例尺的图纸最适合。［2012年二级建筑师试题（单选题）］

A. 1∶100 　　　　 B. 1∶500 　　　　 C. 1∶1 000 　　　　 D. 1∶2 000

模块 14

结构施工图

【模块概述】

建筑工程施工图主要包括建筑施工图、结构施工图、给水排水施工图、暖通施工图和电气施工图等。结构施工图一般包括结构设计说明、结构布置图和结构详图。结构施工图是结构设计的内容和相关工种（建筑、给水排水、暖通、电气）对结构的要求，也是作为施工放线，基槽开挖，绑扎钢筋，浇筑混凝土，安装梁、板、柱等各类构件以及计算工程造价，编制施工组织设计的依据。

本模块以结构施工图识图方法为主线，以钢筋混凝土平面整体表达的方法为重点。主要介绍常用的结构施工图的内容、作用和识读方法。

【知识目标】

1. 结构施工图的内容及其作用；
2. 常用构件的表示方法；
3. 基础布置图的内容；
4. 结构平面图的内容；
5. 钢筋混凝土结构详图。

【技能目标】

1. 掌握结构施工图包括的内容及其作用；
2. 掌握结构施工图的识读方法；
3. 掌握基础布置图的识读方法；
4. 认识结构构件详图的重要性。

【课时建议】

4～6 课时

14.1 概 述

14.1.1 结构施工图的内容和作用

结构施工图表达的是结构设计的内容和相关工种（建筑、给水排水、暖通、电气）对结构的要求，是作为施工放线，基槽开挖，绑扎钢筋，浇筑混凝土，安装梁、板、柱等各类构件以及计算工程造价，编制施工组织设计的依据。

结构施工图的基本内容包括结构设计说明、结构布置图和结构详图。

1. 结构设计说明

结构设计说明是结构施工图的纲领性文件，它结合了现行规范的要求，针对工程结构的特殊性，将设计依据、材料选用、标准图选用以及对施工的特殊要求等，用文字的表达方式形成设计文件。结构设计说明一般要表达以下内容：

（1）工程概况。建设地点、结构形式、抗震设防类别、抗震设防烈度、结构抗震等级、结构安全等级、结构设计使用年限、设计依据、荷载选用、砌体施工质量控制等级等。

（2）材料选用。混凝土强度等级、钢筋级别、砌体材料中的块材和砂浆强度等级，以及钢结构中结构用钢材的情况及对焊条或螺栓的要求等。

（3）地基基础情况。采用的地勘报告情况、地质土质情况、不良地基的处理方法和要求，以及采用的基础形式、地基持力层承载力特征值或桩基的单桩承载力特征值、试桩要求、沉降观测要求以及地基基础的施工要求等。

（4）结构构造要求。混凝土保护层厚度、钢筋的锚固、钢筋的接头、钢结构的焊缝、后浇带或加强带的留设位置及构造要求等。

（5）施工要求。施工顺序、施工方法、质量标准以及与其他工种配合施工等方面的要求。

（6）选用的标准图集。

（7）对本工程施工的特殊要求，施工中应注意的事项。

2. 结构布置图

（1）基础平面图及基础详图。基础平面图以表示基础部位构件的平面位置为主要目的，结合基础详图表示基础和基础部位构件的编号、标高、详细尺寸及做法。

（2）结构平面布置图。主要表示该楼层的梁、板、柱的位置、标高、编号、详细尺寸、钢筋配置情况、预埋件及预留洞的位置。如果采用预制构件楼板，则应表明预制构件编号、荷载等级及数量。工业建筑包括柱网、吊车梁、柱间支撑、屋面板、天沟板、屋架及屋盖支撑系统布置图，如图14.1所示。

> **技术提示**
> 在建筑设计过程中，桩基础还包括桩位平面图，工业建筑还有设备基础布置图。

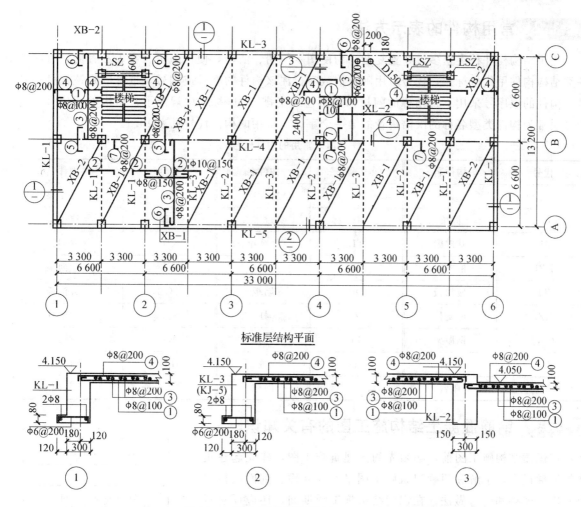

图 14.1 结构平面布置图及剖面图示意图

3. 结构详图

结构详图包括平面布置图中未表示清楚的梁、板、柱详图,基础详图,楼梯详图,屋架详图,模板、支撑、预埋件详图以及选用的构件标准图等。在构件详图中,应详细表达构件的尺寸、标高、钢筋配置情况、构件连接方式等。对于复杂的混凝土构件需要给出模板图,模板图着重表示预留洞、预埋件的位置、形状及数量,必要时增加轴测图。

【知识拓展】

①结构安全等级。建筑物的重要程度据其用途决定,不同用途的建筑物,发生破坏后所引起的生命财产损失是不一样的。《建筑结构可靠度设计统一标准》规定:建筑结构设计时,应根据结构破坏可能产生的后果的严重性,采用不同的安全等级。因此建筑结构划分为三个等级。

②结构的设计使用年限是指设计规定的结构或结构构件不需进行大修即可按其预定目的使用的时期。

③结构抗震等级是确定结构和构件抗震计算与采用抗震措施的标准,《抗震规范》在综合考虑了设防烈度、建筑物高度、建筑物的结构类型、建筑物的类别及构件在结构中的重要性程度等因素后,将结构划分为四个抗震等级,体现了不同的抗震要求。

14.1.2 常用构件的表示方法

建筑结构构件种类繁多，布置复杂，为使图示简明、清晰，便于施工、制表和查阅，有必要对各类结构构件用代号标识，代号后用阿拉伯数字标注该构件的型号或编号，也可以是该构件的顺序号。构件的顺序号采用不带角标的阿拉伯数字连续编排。"国标"中规定了常用构件的代号。构件代号通常为构件类型名称的汉语拼音的第一个字母，常用的构件代号见表14.1。

表 14.1 常用的构件代号

代号	构件名	代号	构件名	代号	构件名
L	梁	WL	屋面梁	DL	吊车梁
QL	圈梁	GL	过梁	LL	连系梁
JL	基础梁	TL	楼梯梁	KJL	框架梁
KZL	框支梁	B	板	WB	屋面板
TB	楼梯板	QB	墙板	TGB	天沟板
KZZ	框支柱	Z	柱	KJZ	框架柱
GWJ	钢屋架	TJ	托架	KJ	框架
CT	承台	ZH	桩	JLQ	剪力墙
YT	阳台	YP	雨棚	J	基础

14.1.3 钢筋混凝土结构施工图的有关知识

在识读结构施工图前，必须先阅读建筑施工图，建立起建筑物的轮廓概念，了解和明确建筑施工图平面、立面、剖面的情况以及构造连接和构造做法。在识读结构施工图期间，还应反复对照结构施工图与建筑施工图对同一部分的表示方法，这样才能准确地理解结构施工图中所表示的内容。

识读结构施工图是一个由浅入深、由粗到细的渐进过程（简单的结构施工图例外）。与建筑施工图一样，结构施工图的表示方法遵循投影关系，其区别在于结构施工图用粗线条表示要突出的重点内容，为了使图面清晰，通常利用编号或代号表示构件的名称和做法。

在识读结构施工图时，要养成做记录的习惯，以便为以后的工作提供技术资料。由于各工种的分工不同，则其侧重点也不同，要学会总揽全局，这样才能不断提高识读结构施工图的能力。

结构施工图的识读步骤可表示为如图14.2所示的框图。

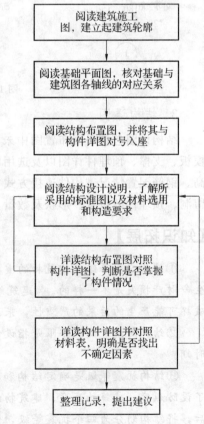

图 14.2 结构施工图的识读

【知识拓展】

名词解释

①建筑施工图。指将建筑物的平面布置、外形轮廓、装修、尺寸大小、结构构造和材料做法等内容，用正投影的方法，详细准确地画出的图样。

②国标建筑规范由政府授权机构所提出的建筑物安全、质量、功能等方面的最低要求，如《房屋建筑制图统一标准》（GB/T 50001—2010）。

14.2 基础图

基础图是建筑物地下部分承重结构的施工图，基础布置图一般由基础平面图、基础详图以及必要设计说明组成。基础施工图是施工放线、开挖基础、基础施工和计算基础工程量的依据。阅读时要注意基础的标高和定位轴线的数值，了解基础的形式和区别，明确各部位的尺寸和配筋，注意其他工种在基础上的预埋件和预留洞。

14.2.1 基础平面图

基础平面图是将建筑从室内±0.000标高以下剖切，向下看形成的图样。为了突出表现基础的位置和形状，将基础上部的构件和土看作透明体。基础平面图以表示基础部位构件的平面位置为主要目的，结合基础详图表示基础和基础部位构件的标高和详细尺寸及做法。

1. 基础平面图的主要内容

（1）图名、比例，表示建筑物朝向的指北针。

（2）与建筑平面图一致的纵横向定位轴线及其编号，一般外部尺寸只标注定位轴线的间隔尺寸和总尺寸。

（3）基础的平面布置和内部尺寸，即基础墙、基础梁、基础底面的形状、尺寸及其与轴线的关系。

（4）以虚线表示暖气、电缆等沟道的路线位置，穿墙管洞应分别标明其尺寸、位置与洞底标高。

（5）剖面图的剖切线及其编号，对基础梁、柱等注写基础代号，以便查找详图。

2. 基础平面图的识读

（1）了解图名和比例。

（2）了解基础与定位轴线的平面位置、相互关系以及轴线间的尺寸。

（3）了解基础墙（或柱）、垫层、基础梁等的平面布置、形状、尺寸、型号等内容。

（4）了解基础断面图的剖切位置及编号。

（5）应与其他有关图纸相配合，特别是底层平面图和楼梯详图，因为基础平面图中的某些尺寸、平面形状、构造等内容已在这些图中表明了。

14.2.2 基础详图

在基础某一处用铅垂剖切平面，沿垂直定位轴线方向切开基础所得到的断面图，称为基础详图。不同类型的基础，其详图的表示方法有所不同。如条形基础的详图一般为基础的垂直剖面图，独立基础的详图一般应包括平面图和剖面。如图14.3所示为某独立基础平面图和剖面图。图14.4为某柱下条形基础示例图。

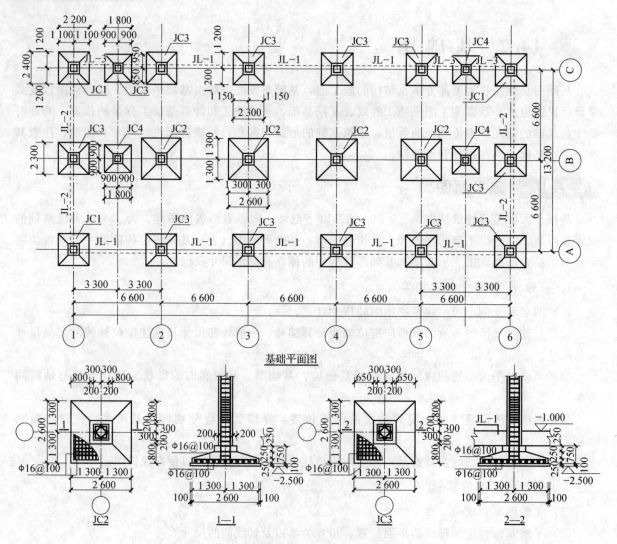

图 14.3　钢筋混凝土独立基础示例图

技术提示

　　不同的基础，其绘制的详图是有差别的。比如桩基础的详图包括桩的详图和承台的详图。筏板基础的详图为基础剖面图，基础梁的配筋图以及柱的配筋图。柱下条形基础形式除了用平面图表示外，还需要与基础剖面图详图相结合，这样才能了解基础的构造。带地梁的条形基础剖面图，不但要有横断面，还要有一个纵剖断面，二者配合才能看清楚梁内钢筋的配置构造。

　　看完基础施工图后，主要应记住轴线道数、位置、编号，为了准确起见，看轴线位置时，应对照建筑平面图进行核对。除此之外还应记住基础底标高，即挖土的深度。以上几点是基础施工最基本的要素，如果弄错待到基础施工完毕后才发现那将很难补救。其他还有底板的配筋，预留孔的位置等也应该看清记牢。

1. 基础详图的主要内容

（1）图名、比例。

（2）基础剖面图中轴线及其编号，若为通用剖面图，则轴线圆圈内可不编号。

（3）基础剖面的形状及详细尺寸。

（4）室内地面及基础底面的标高，外墙基础还需注明室外地坪之间的相对标高。如有沟槽者还应标明其构造关系。

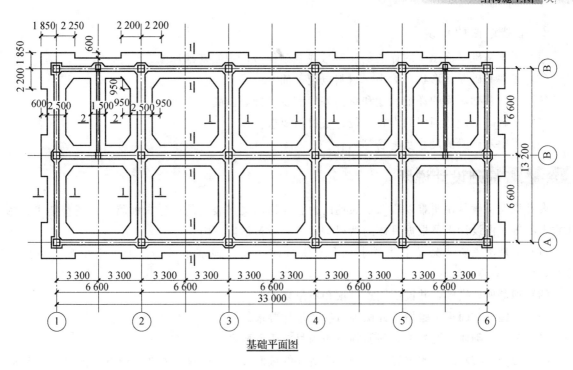

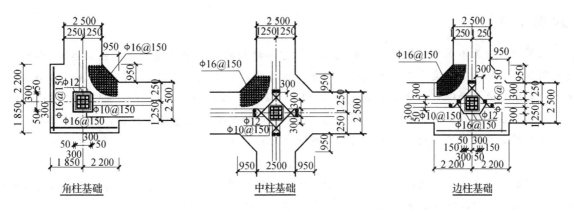

角柱基础　　　　　中柱基础　　　　　边柱基础

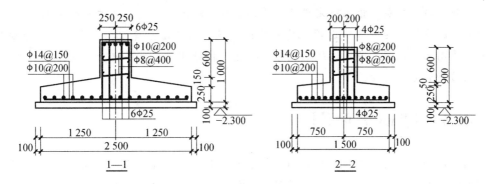

1—1　　　　　　　　　2—2

图 14.4　某柱下条形基础示例图

（5）钢筋混凝土基础应标注钢筋直径、间距及钢筋编号。现浇基础还应标注预留插筋配置、同柱钢筋配置、搭接长度与位置及箍筋加密等。对桩基础应表示承台、配筋及桩尖埋深等。

（6）防潮层的位置、做法及垫层材料等（可用文字说明）。

2. 基础详图的识读

（1）根据基础平面图中的详图剖切符号或基础代号，查阅基础详图。

（2）了解基础断面形状、大小、材料以及配筋。

（3）了解基础断面的详细尺寸和室内外地面及基础底面的标高等。

（4）了解砖基础防潮层的设置、位置及材料要求。

（5）了解基础梁的尺寸及配筋等内容。

14.2.3 基础设计说明

设计说明一般是说明难以用图示表达的内容和易用文字表达的内容，如材料的质量要求、施工注意事项等，由设计人员根据具体的情况编写。一般包括以下内容：

（1）对地基土质情况提出注意事项和有关要求，概述地基承载力、地下水位和持力层地质情况。

（2）地基处理措施，并说明注意事项和质量要求。

（3）对施工方面提出验槽、钎探等事项的设计要求。

（4）垫层、砌体、混凝土、钢筋等所用的材料质量要求。

（5）防潮（防水）层的位置、做法，构造柱的截面尺寸、材料、构造、混凝土保护层厚度等。

【知识拓展】

地质勘探图虽不属于结构施工图的范围，但它与结构施工图中的基础施工图有着密切的关系。是利用钻机钻取一定深度内土层土壤后，经土工试验确定该处地面以下一定深度内土壤成分和分布状况的图纸。地质勘探前要根据该建筑物的大小、高度，以及该处地貌变化情况，确定钻孔的多少、深度和在该建筑上的平面布置，以便钻孔后取得的资料能满足建筑基础设计的需要。施工人员阅读这类图纸只是为了核对施工土方时的准确性和防止异常情况出现，达到顺利施工、保证工程质量的目的。

验槽就是在基础开挖至设计标高后，由设计、监理、甲方会同检验基础下部土质是否符合设计条件，有无地下障碍物及不良土层需处理，合格后方可进行基础施工。

钎探是将钢钎打入土层，根据一定进尺所需的击数探测土层情况或粗略估计土层的容许承载力的一种简易的探测方法。这种方法适用于建筑物或构筑物的基础、坑（槽）底基土质量钎探检查。在钎孔平面布置图上，注明过硬或过软的孔号的位置，把枯井或坟墓等尺寸画上，以便设计勘察人员或有关部门验槽时分析处理。

14.3 结构平面图

结构平面图是表示建筑物各承重构件（如梁、板、柱等）平面布置、构造、配筋（现浇楼板）及构件之间的结构关系的图样。它是施工时布置和安放各层承重构件的依据。

结构平面图一般分为楼层结构平面图和屋顶结构平面图。

14.3.1 楼层结构平面图

用一个假想的水平剖切平面，在所要表明的结构层没有抹灰时的上表面水平剖切后，向下作正投影而得到的水平投影图，称为楼层结构平面图。现浇板结构平面图所表达的内容包括轴线尺寸、轴线编号、板面结构标高、现浇板厚度、钢筋配置情况、节点详图号以及相同板的编号等。板面有高差的部位，构造有特殊要求的部位采用节点详图表达。

1. 楼层结构平面图的图示方法

（1）图名、比例。常用比例为 1：100。与建筑平面图一致。

（2）定位轴线及编号。标注两道尺寸，即轴线间尺寸和建筑的总长、总宽。同建筑平面图。

（3）梁、柱的平面布置、截面尺寸、代号或编号；预制板的数量、代号和编号。现浇板的位置、配筋情况、厚度、标号以及编号。墙体的厚度、构造柱的位置和编号。

（4）有关剖切符号和详图索引符号。凡墙、板、圈梁等构造不同时，均应标注不同的剖切符号和编号，依编号查阅节点详图。

（5）电梯间应绘制机房结构平面图，注明梁板编号、板的配筋、预留孔洞位置、大小及板底标高等。

（6）构件统计表、钢筋统计表、文字说明等。

2. 楼层结构平面图的识读

（1）了解图名和比例。

（2）了解定位轴线的布置和轴线的尺寸。

（3）了解结构层中楼板的平面位置和组合情况。

（4）了解梁的平面布置、编号和截面尺寸等情况。

（5）了解现浇板的厚度、标高，钢筋的布置情况。

（6）了解节点详图的剖切位置。

（7）了解梁、板高低的变化情况。

（8）了解清楚主要构件的细部要求和做法，以及与其他构件的连接方式，钢筋的配置情况，特殊部位的技术要求等。对图纸存在的问题整理汇总，提出图纸中存在的遗漏和施工中存在的困难，为技术交底和图纸会审提供资料。还应和各工种有关人员核对与其相关的部分，如电气、给水排水、暖通的预留、预埋等，确定协调配合的方法。

14.3.2 屋顶结构平面图

屋顶结构平面图与楼层结构平面图大体一致，但在施工过程中，要注意楼梯间、突出建筑的构件及设施的处理。

14.3.3 结构平面图的绘制

楼面结构平面图的比例应与建筑平面图相一致，并标注结构标高。对于多层建筑，一般应分层绘制楼层结构平面图。但如果各层构件的类型、大小、数量、布置均相同，可只画一标准层的楼层结构平面图。在楼层结构平面图中，被剖切到或可见的构件轮廓一般用中实线表示，被楼板挡住的构件轮廓线用中虚线（或细虚线）表示，预制楼板的平面布置情况一般用细实线表示，梁用粗点画线（或细虚线）表示，钢筋用粗实线表示。在结构平面图中，若干部分相同时，可只绘出一部分，并用阿拉伯数字或大写的拉丁字母外加细实线圆圈表示相同部分的分类符号。其他相同部分仅标注分类符号。楼梯间绘斜线并注明所在详图号。楼面结构平面图的外部尺寸，一般只注开间、进深、总尺寸等。

【知识拓展】

①结构标高是指将建筑图中的各层地面和楼面标高值减去建筑面层及垫层做法厚度后的标高。

②现浇板的下部钢筋短方向放在长方向的下部，上部负钢筋应布置垂直于负钢筋的分布钢筋，如图 14.5 所示。

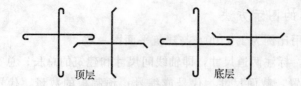

顶层　　　　　　底层

图 14.5　板双层钢筋示意图

14.4　钢筋混凝土结构详图

14.4.1　钢筋混凝土结构详图概述

　　结构平面图只能表示出房屋各承重构件的平面布置情况，关于构件的标高、截面尺寸、材料规格、数量和形状、构件的连接方式、材料用量等则需要分别画出各承重构件的结构详图来表示。

　　在混凝土构件详图中包括配筋图、模板图以及钢筋表。在配筋图中，应有构件的立面图、断面图和钢筋详图，着重表示构件内钢筋的配置形状、数量和规格，必要时还要画构件的平面图。对于复杂的混凝土构件需要给出模板图。模板图也称外形图，它主要表达构件的外部形状、几何尺寸和预埋件代号及位置。对较复杂的构件才画模板图，若构件形状简单，模板图可与配筋图画在一起。钢筋表的设置主要是便于钢筋放样、加工、编制施工预算，同时也便于识图。

14.4.2　钢筋混凝土结构详图的识读

　　首先应将构件对号入座，即核对结构平面上，构件的位置、标高、数量是否与详图相吻合，有无标高、位置和尺寸的矛盾。了解构件与主要构件的连接方法，看能否保证其位置或标高，是否存在与其他构件相抵触的情况。了解构件中配件或钢筋的细部情况，掌握其主要内容。结合材料表核实以上内容。

【重点串联】

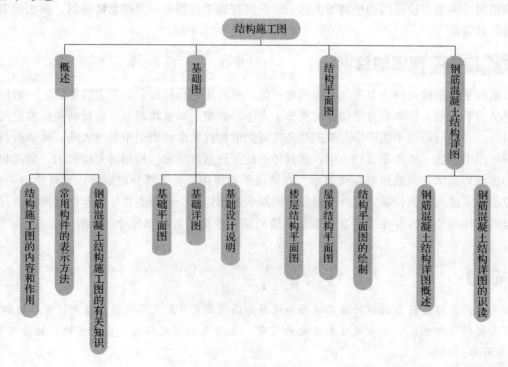

拓展与实训

✎ 职业能力训练

一、填空题

结构施工图的基本内容包括＿＿＿＿＿＿、结构布置和＿＿＿＿＿＿。

二、简答题

结构施工图有什么作用？

✎ 工程模拟训练

框架结构施工图实例调研。

✎ 链接执考

1. 建筑基础验槽必须参加的单位有（ ）。［2007年一级建筑造师试题（多选题）］

A. 建设单位　　　　B. 设计单位　　　　C. 监理单位　　　　D. 施工分包单位

E. 勘察单位

2. 建筑物基坑采用钎探法验槽时，钎杆每打入土层（ ）mm，应记录一次锤击数。［2010年一级建造师真题建筑工程试题（单选题）］

A. 200　　　　　　B. 250　　　　　　C. 300　　　　　　D. 350

单层工业厂房施工图

【模块概述】

工业建筑由于生产工艺复杂、技术要求高等特点，所以其在建筑结构、构造等方面与民用建筑不同。工业建筑按照厂房的层数可分为单层厂房、多层及高层厂房、组合式厂房。本章重点介绍单层工业厂房的建筑施工图和结构施工图的组成和识读。

【知识目标】

1. 了解单层工业厂房施工图的组成及其重要结构构件；
2. 掌握单层工业厂房建筑施工图的识读；
3. 掌握单层工业厂房结构施工图的识读。

【技能目标】

1. 具有识读单层工业厂房建筑施工图的技能；
2. 具有识读单层工业厂房结构施工图的技能。

【课时建议】

4 课时

工程导入

　　某单跨金工车间，厂房长度为 48 m，柱距为 6 m，跨度为 27 m，设置天窗。厂房内设有一台 10 t 桥式吊车；厂房围护墙厚 240，下部窗台标高为 1.5 m，窗洞为 3.6 m×4.5 m；中部窗台标高为 10.5 m，窗洞为 3.6 m×1.5 m；上部窗台标高为 16.4 m，窗洞为 3.6 m×1.8 m。采用钢窗。室内外高差为 0.45 m。屋面采用大型屋面板，卷材防水（两毡三油防水屋面），为非上人屋面。

　　通过上面的例子你了解单层工业厂房施工图的组成了吗？上述的这些构件尺寸是在哪些图中识读的呢？

15.1　概　述

　　工业厂房按照承重形式的不同，主要分为墙体承重结构和骨架承重结构。骨架承重结构主要有排架结构和刚架结构两种形式。墙体承重结构形式由于使用限制，目前已经很少采用。

　　按照厂房结构所采用的材料可将其划分为砖混结构、钢结构和钢筋混凝土结构。砖混结构构造简单，但其承载能力低、整体性较差，因而适用于吊车起重质量不超过 5 t，厂房跨度不大于 15 m，柱顶标高不超过 8 m 的小型厂房。钢结构因其轻质高强、整体性好等特点而广泛应用于工业建筑中，主要适用于厂房跨度大于 36 m，吊车起重质量大于 150 t 的大型厂房。其缺点是易腐蚀、耐火性差，成本费用和维护费用均较高。钢筋混凝土结构整体性好、抗侧力刚度大，主要应用于中型厂房。

　　单层工业厂房的特点如下：

　　（1）首先厂房要满足生产工艺的要求，并能为企业创造良好的工作环境。

　　（2）该类厂房中一般都有起重运输设备，要求有较大操作的空间。

　　（3）在结构上根据使用要求，要能承担较大的静荷载与动荷载、振动等。

　　（4）由于有的厂房在生产过程中会产生大量的余热、烟尘等有害气体等，所以要求有良好的通风采光条件以利于其排出。

　　整套单层工业厂房施工图主要包括以下内容：

　　（1）图纸首页——设计总说明、图纸目录、门窗表。

　　（2）建筑施工图——设计说明、建筑平、立、剖面图、节点详图、屋面平面图。

　　（3）结构施工图——基础平面布置图、屋架结构图、配筋图。

　　（4）设备施工图——水、暖、电施工图。

　　（5）生产工艺施工图。

　　本模块重点介绍单层工业厂房的建筑施工图和结构施工图。

15.2　单层工业厂房建筑施工图

　　单层工业厂房建筑施工图的图纸内容主要包括建筑设计总说明、建筑平面图、建筑立面图、建筑剖面图、建筑详图和屋面排水平面图等。单层工业厂房建筑施工图的与民用建筑施工图的图示原理相似，只是由于二者在构造上的不同导致在图纸上的表示方法、缩写符号等均有差异。

15.2.1 单层工业厂房平面图

1. 识图要点

单层工业厂房的平面图与民用建筑平面图的图示内容相似，主要是描述厂房的平面形状、大小、方位，门窗的类型和位置。主要用于施工前期准备、施工定位放线、构件吊装、挖填土方等。

在平面图的识读中，主要需要掌握以下几点：

(1) 图纸的名称及比例。

(2) 厂房的平面形状、平面位置、朝向等。

(3) 厂房的定位轴线。

(4) 门窗洞口的细部尺寸及平面位置。

(5) 室外散水、雨棚等尺寸。

(6) 室内楼梯、吊车梁等位置。

(7) 室内标高。

(8) 剖切位置、索引详图。

(9) 其他特殊标注处等。

2. 识图练习

如图 15.1 图示为×××单层工业厂房平面图，绘图比例为 1∶200。厂房平面形状为矩形，平面尺寸为 48 000 mm×27 000 mm，轴网上下开间相同，轴间距为 6 000 mm，轴网左右开间尺寸同样相同均为 9 000 mm。柱子间距为 6 000 mm，共 18 根，钢筋混凝土矩形柱，尺寸为 500 mm×600 mm，抗风柱四根，尺寸为 500×400。横向定位轴线①～⑨，纵向定位轴线Ⓐ～Ⓓ，两条辅助轴线，用于确定横向抗风柱平面位置。

该厂房分别在南北墙上设置门窗，门 4 扇全部为 M-1，门洞口宽度为 4 000 mm。窗有两种 C-1 和 C-2，窗洞口宽度为 3 600 mm，应根据立面图确定 C-1，C-2 数量及位置。门窗均布置于柱间中心处。

在厂房的东西两面墙上，分别设有窗和门。门 M-1 位于两条辅助轴线 $\frac{1}{A}$ 和 $\frac{2}{A}$ 间，居中布置，门的宽度为 4 000 mm，窗分别为 C-1 和 C-2，窗口位置居中布置在 $\frac{1}{A}$ 与Ⓐ轴、$\frac{2}{A}$ 轴与Ⓓ轴之间。

柱上布置有 500 mm 宽的起重机梁，起重机最大起重质量为 10 t，轨道间距为 26.5 m。在③～④轴间设置上下楼梯，楼梯具体做法按标准图集选用。室内地面高度为±0.000，室外地面高度为－0.450 m，墙厚 240 mm，散水宽度为 900 mm，雨棚宽出挑长度为 1 200 mm。

15.2.2 单层工业厂房立面图

立面图主要描述厂房的出入口位置及厂房的外貌特征，从立面图中可以更直观地看到建筑的门窗洞口数量、位置，以及有无天窗等。在识读立面图时应多对照平面图和二者之间的关系，从而建立对厂房的立体感，加深对图纸的理解。

立面图通常按照建筑的朝向来命名，如南立面图、北立面图等；有时也按轴号来命名，如①～⑨立面图。有的图纸为了更全面、更细致地表达建筑，往往会设有多个立面图。

1. 识图要点

在立面图的识读中，主要需要掌握以下几点：

(1) 图纸的名称及比例。

(2) 厂房的立面形状、层高等。

(3) 厂房立面上各细部形状、标高。

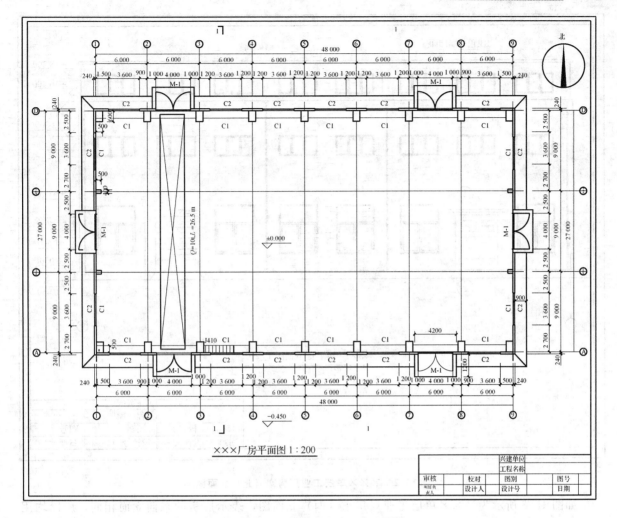

图 15.1　×××单层工业厂房平面图

（4）门窗洞口的立面外形及位置。

（5）雨水管等其他特殊构件位置。

（6）外墙饰面做法。

（7）其他特殊标注处等。

2. 识图练习

如图 15.2 所示为×××单层工业厂房南（北）立面图，该图表示厂房的南北立面相同，所以均用一张图纸表示，绘图比例为 1∶200。从图中可以看出厂房的立面形状为矩形，总高度为 +19.200 m，墙体顶端标高 +15.600 m。M−1 洞口的顶部标高为 +5.000 m，说明门 M−1 的高度为 5 m；C−1 洞口底部标高 +1.500 m，C−1 洞口顶部标高 +6.000 m，说明窗 C−1 的高度为 4.5 m；C−2 洞口顶部标高为 +12.300 m，洞口底部标高为 +10.500 m，说明窗 C−2 的高度为 4.5 m。根据门窗洞口的平立面尺寸位置即可定出门窗洞口的位置。顶部天窗底面标高 +16.400 m，顶面标高 +18.200 m。墙面为浅色外墙饰面。

由立面图可知雨水管设在①轴和⑨轴处，参照平面图可知在④轴和⑥轴同样也设有雨水管。索引 $\frac{1}{5}$ 表示门上雨棚的做法详见建筑施工图中第 5 张施工图的 1 号详图，符号 $\frac{2}{5}$ 表示门外坡道做法详见 5 号图中的 2 号详图。

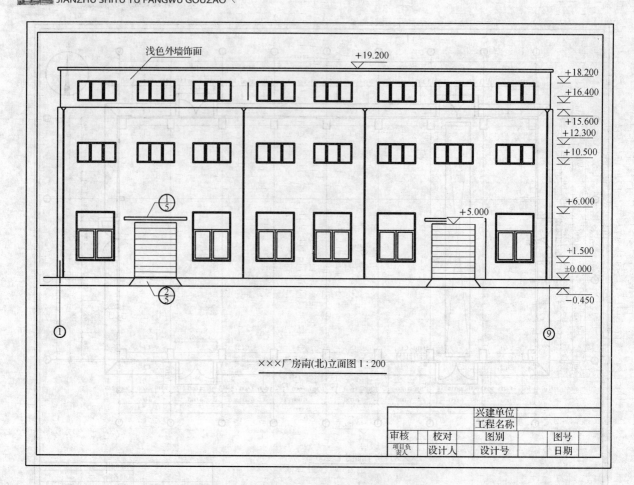

图 15.2 ×××单层工业厂房南（北）立面图

如图 15.3 所示为×××单层工业厂房东（西）立面图，表示厂房的东西立面相同，所以均用一张图纸表示，绘图比例为 1∶100。从图中可以看出，厂房东西立面上的门窗洞口竖向位置与南北立面相同，南北立面上没有天窗。分别在Ⓐ和Ⓓ轴附近设置雨水管。

15.2.3 单层工业厂房剖面图

剖面图主要描述厂房的内部在高度上的结构、构造形式、分隔情况、各细部的联系等。剖面图需要与平面图、立面图相配合进行解读。一般剖面图会尽量选择较特殊处进行剖切。

1. 识图要点

在剖面图的识读中，主要需要掌握以下几点：

（1）图纸的名称及比例。

（2）与平面图、立面图相对应。

（3）厂房的立面形状、层高等。

（4）厂房内部细部构造。

（5）厂房内部竖向构件的轮廓。

（6）厂房内部细节处标高。

（7）其他特殊标注处等。

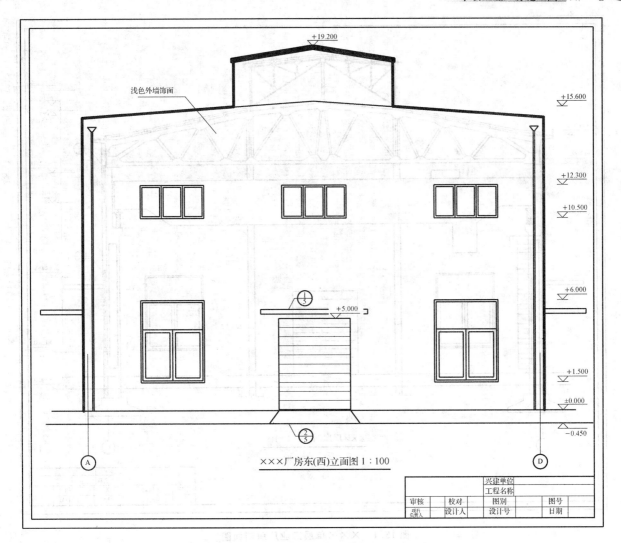

图 15.3　×××单层工业厂房东（西）立面图

2. 识图练习

如图 15.4 所示为×××单层工业厂房剖面图，绘图比例为 1：100。首先，将剖面图与厂房平面图对照，找到剖切符号 1—1 位置。剖切位置在平面图③～④轴之间，沿纵向剖切，剖视方向向左，将轴线间窗 C—1 和 C—2 剖开，并将厂房的屋面、天窗、地面等也全部剖开。

从图中可以看出厂房牛腿柱的侧面轮廓形状，牛腿柱上设有 T 形钢筋混凝土梁，用于支撑起重机，T 形梁底标高为＋9.000 m，梁顶标高为＋9.900 m，说明 T 形梁高 900 mm。图纸左侧牛腿柱旁左侧设有上下楼梯，中部为山墙抗风柱，与平面图对应。厂房屋架为梯形屋架，屋架上设有槽型屋面板，屋面上设有排水沟。屋架底标高为＋12.600 m，檐口标高为 14.050 m。雨棚顶部标高为＋5.200 m。窗上过梁具体做法见第 5 张图纸的 3 号详图。

【知识拓展】

牛腿柱

厂房结构中，为了在柱身上搁置吊车梁而设置的外挑物称为牛腿，以承担由吊车梁传递来的竖向荷载。柱子在牛腿处截面会发生变化，该部分需要特别配筋。

在识读剖面图时，要注意厂房内部各细部标高，应与厂房平面图、立面图相对应。

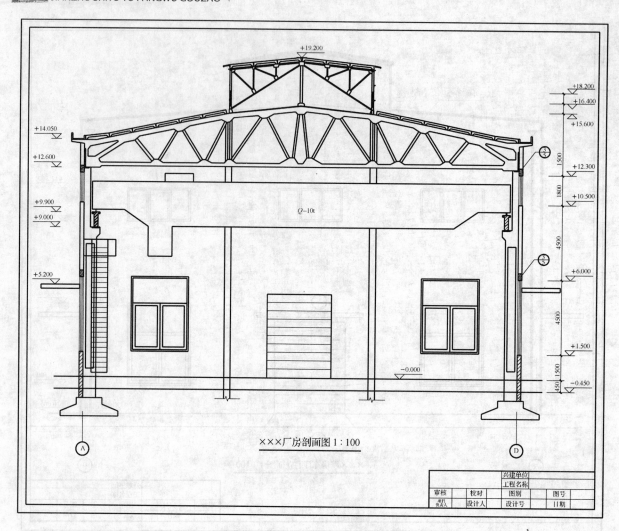

图 15.4　×××单层工业厂房剖面图

15.2.4　单层工业厂房详图

当建筑原图纸中的平、立、剖面图无法完整地表达构件做法时，需要绘制建筑详图来表示，也称为节点大样图或节点详图等。通常详图的绘制比例常采用 1∶10、1∶20、1∶50 等。

1．识图要点

（1）图纸的名称及比例。

（2）节点详图编号和节点位置。

（3）节点细部尺寸。

（4）节点细部做法。

（5）节点预埋件的标注。

（6）其他特殊标注处等。

2．识图练习

如图 15.5 所示为×××单层工业厂房节点详图，该详图中包括①雨棚节点详图、②坡道节点详图。绘图比例为 1∶20。

从详图①中可以看出雨棚的出挑长度为 1 200 mm，雨棚梁顶标高为＋5.200 m；雨棚底标高为＋4.800 m，雨棚梁高 400 mm，雨棚梁宽 240 mm。雨棚上部用内掺 5％防水粉的水泥砂浆 1∶2 找坡，坡度为 1％，坡向排水口。雨棚下部用 15 mm 厚混合砂浆抹面，外刷白色乳胶漆涂料两道。

详图②所示为门外坡道节点详图，从图中可以看出坡道长度为 1 800 mm，坡道的做法共分四部分。下部采用素土夯实，上铺 150 mm 厚碎石层，之后浇筑 120 mm 厚 C15 混凝土垫层，最后设置一道 20 mm 厚水泥砂浆保护层。

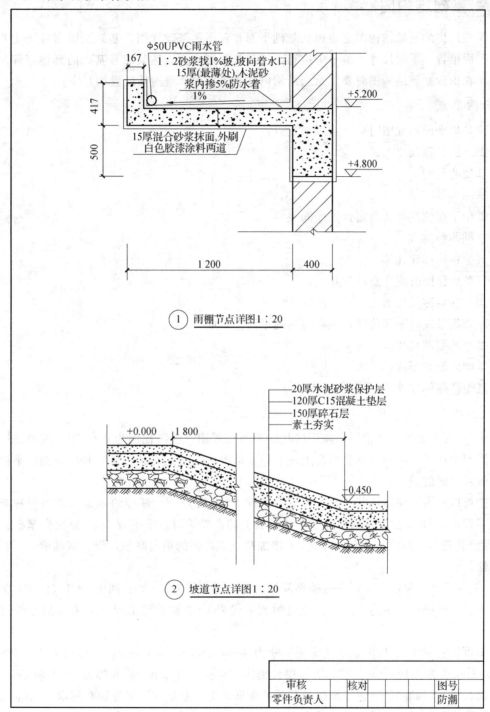

图 15.5　单层工业厂房节点详图

 ## 15.3　单层工业厂房结构施工图

单层工业厂房的结构施工图主要包括结构设计总说明、基础平面图、结构布置图、屋面结构图和节点详图等。大部分的单层工业厂房都是通过预制安装完成，厂房内各主要构件的具体做法都可以通过国家标准图集来查询和选用，所以单层工业厂房的结构施工图图纸数量并不像建筑结构施工图那样多。

15.3.1 基础结构图

单层工业厂房的基础结构图主要包括基础平面布置图和基础详图。基础平面布置图主要表示建筑基础的平面位置、平面尺寸、编号等信息。基础详图则主要表达某编号基础的具体细部尺寸、配筋情况等。在识读基础结构图时要注意与结构内柱子等其他承重构件位置相对应。

1. 识图要点

在阅读基础平面布置图时应注意以下几点：

（1）图纸的名称及比例。

（2）基础的类型。

（3）基础编号。

（4）基础平面位置及其与定位轴线间关系。

（5）基础的种类。

（6）其他特殊标注处等。

在阅读基础详图时应注意以下几点：

（1）图纸的名称及比例。

（2）基础编号及其平面位置，注意与基础平面图对应。

（3）基础的细部尺寸。

（4）基础的配筋形式。

（5）其他特殊标注处等。

2. 识图练习

如图 15.6 所示为×××单层工业厂房基础平面布置图，绘图比例为 1:200。该单层厂房采用的是钢筋混凝土柱子，故设置钢筋混凝土柱下独立基础。该图主要表达独立基础种类、平面位置及其与定位轴线之间的关系。

从图中可以看出，该建筑共有两种类型的基础 J—1 和 J—2，基础的布置形式为对称布置。山墙抗风柱下设置 J—2 型独立基础，位于Ⓐ和Ⓑ轴上的主要承重柱子下设 J—1 型独立基础。图中注释 JL 为现浇基础梁，高度为 400 mm。为了增加独立基础间的横向联系，设置基础梁，同时增强建筑的整体性。

图 15.7 为×××单层工业厂房基础平面详图，绘图比例为 1:30。图中 J—1（J—2）为工程图中常见的一种构件的简易表达方式，括号内的数字代表 J—2 型基础的尺寸，未加括号的尺寸为公用尺寸。

从图中可以看到 J—1 型独立基础地面尺寸为 3 600 mm×2 400 mm，顶面尺寸为 1 200 mm× 1 000 mm，总高度为 1 100 mm。基础下垫层分别出基础边 100 mm。从基础的 1—1 和 2—2 剖面图中可以看出柱子与基础间的位置关系以及基础的配筋情况。基础的底层配置双网双向φ10@150 的钢筋。从剖面图中可以看出柱子的中心线和基础的中心线是重合的。在 2—2 剖面图中柱边距基础边 300 mm，在 1—1 剖面图中柱边距基础边 250 mm。J—2 型基础的尺寸与 J—1 是一致的，但由于二者上柱子尺寸不同，所以柱边与基础边的距离不同。

图中注释基础混凝土强度等级为 C25，钢筋保护层厚度为 45 mm。基础梁尺寸为 240 mm× 400 mm，梁顶标高为 −0.600 m。

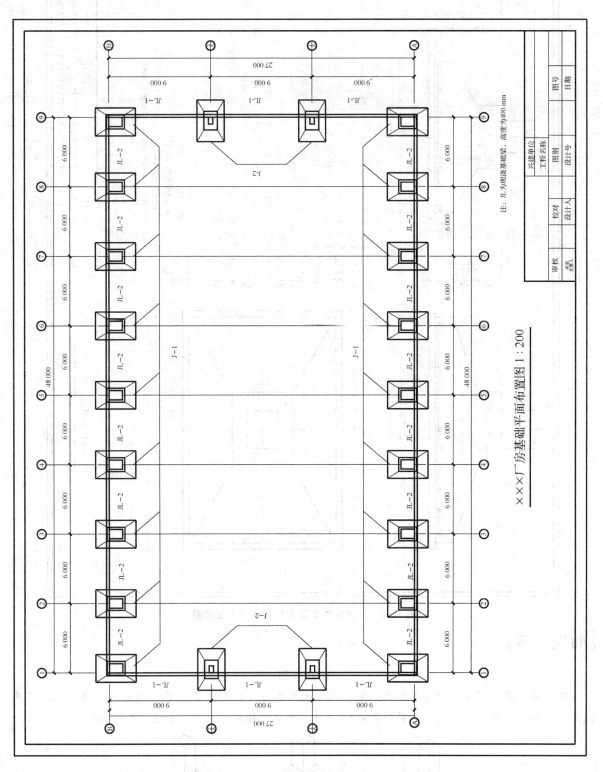

图 15.6 ×××单层工业厂房基础平面布置图

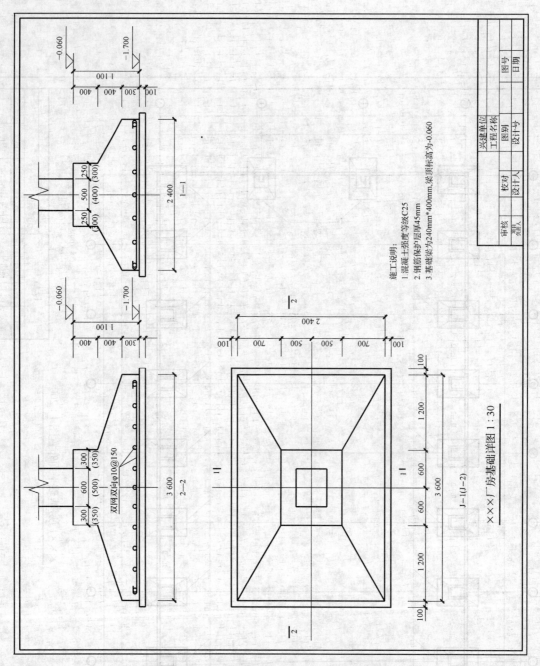

图 15.7　×××单层工业厂房基础平面详图

【知识拓展】

独立基础

　　独立基础是柱下基础的基本形式，常用的单面形式有阶梯形、锥形等。当柱采用预制时，则基础做成杯口，然后将柱子插入，并嵌固在杯口内，所以也称杯形基础，如图 15.8 所示。

(a)阶梯独立基础

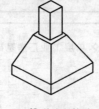
(b)锥形独立基础

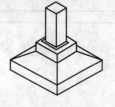
(c)杯形独立基础

图 15.8　独立基础图

15.3.2 结构布置图

1. 识图要点

单层厂房的结构布置图通常包括厂房的柱子布置情况、柱网、吊车梁、柱间支撑和连系梁等构件的布置。

单层工业厂房内由于有吊车梁的存在，所以通常设置牛腿柱来承担吊车梁的荷载。由于单层工业厂房的柱间距比较大，为了确保厂房的纵向稳定性和整体刚度，通常会在柱间设置柱间支撑。为了增强柱之间的侧向刚度以及各柱子间的变形协调，可以增设水平连系梁。它的作用主要是增加结构的整体性，仅承受自身重力荷载及其上部墙体荷载。

2. 识图练习

如图 15.9 所示为单层厂房的立面结构布置图，绘图比例为 1∶200。图中分别在③④轴间和⑥⑦轴柱间设置柱间支撑。下柱支撑为 ZC—1，上柱支撑为 ZC—2。分别在标高 6 m 和 12.3 m 处设置连系梁 LL—2 和 LL—1。

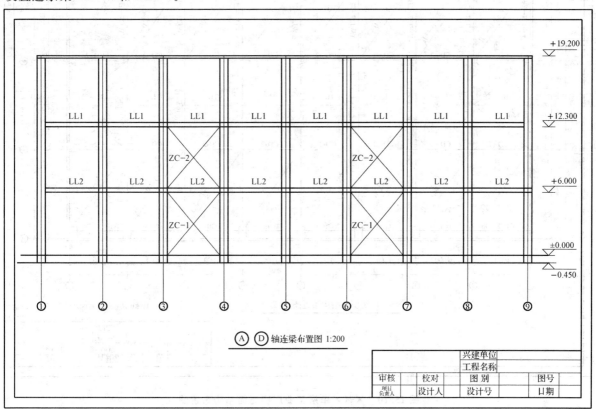

图 15.9　单层厂房的立面结构布置图

技术提示

目前工程上单层工业厂房多以轻型钢结构为主，其中以门式刚架结构应用最为广泛。门式刚架具有受力简单、传力路径明确、构件制作便于工厂化和施工周期短等优点。

15.3.3 屋面结构图

单层工业厂房的屋面结构在设计时，通常都根据图集进行选用。屋面板、天沟板、屋架、支撑系统等主要构件可根据具体结构荷载和使用情况进行选用。所以在识读屋面结构图时要特别注意与图集对照。

1. 识图要点

(1) 图纸的名称及比例。

(2) 屋面各构件的编号和位置。

(3) 其他特殊标注处等。

2. 识图练习

图 15.10 所示为×××单层工业厂房屋面结构布置图，绘图比例为 1∶200。图纸中注释具体做法参考图集 08G118。

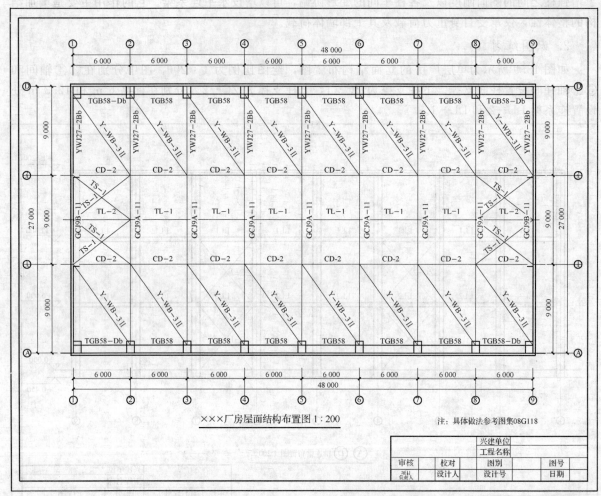

图 15.10 ×××单层工业厂房屋面结构布置图

图中分别在 Ⓓ 轴和 Ⓐ 轴上设置天沟板 TGB58，表示天沟板宽度为 580 mm，TGB58－Dd 表示出山墙的天沟板。

屋架选用 YWJ27－2Bb 型，表示为预应力混凝土屋架，27 表示跨度为 27 m，2 表示承载能力等级为 2 级，B 表示为 B 形檐口形状，b 表示天窗类型的代号。

屋面板选用 Y－WB－3Ⅱ型预应力混凝土屋面板，其中 3 表示荷载等级为 3 级，Ⅱ表示为冷拉 HRB335 级钢。

天窗架选用的是 GCJ9A－11，表示钢天窗架，跨度为 9 m，A 表示有支撑孔的天窗架，B 表示端部钢天窗架。第一个 1 表示窗扇高度分类为 1 类，第二个 1 表示风荷载标准值为Ⅰ，选用 CD－2 型窗挡。天窗架之间设置有天窗系杆 TL－1，天窗水平支撑 TS－1。

【重点串联】

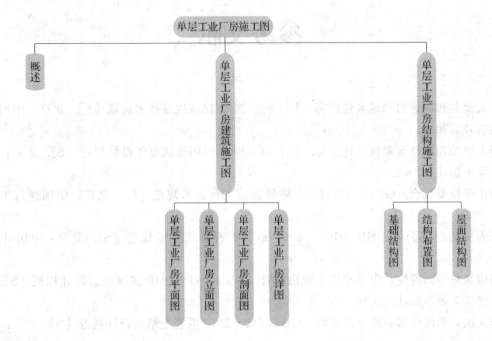

拓展与实训

✍ 职业能力训练

一、选择题

单层工业厂房的立面图中不包括以下哪一项（　　　）。

A. 层高　　　　　　　　B. 门窗洞口　　　　　　C. 柱子　　　　　　　　D. 雨水管

二、判断题

1. 单层工业厂房中所有柱子均是牛腿柱。　　　　　　　　　　　　　　　　　　（　　）

2. 单层工业厂房的屋面结构布置图包括屋面板、天沟板、屋架、天窗架等。　　（　　）

✍ 工程模拟训练

1. 参观当地一家工业厂房建筑，对照图纸查看建筑。

2. 描绘出所参观厂房的建筑平面图和结构布置图。

✍ 链接执考

1. 工业建筑的分类中多层厂房指层数在（　　　）层及以上的厂房。［2012年造价员考试工程计量与计价实务——土建工程（单选题）］

A. 1　　　　　　　　B. 2　　　　　　　　　C. 3　　　　　　　　D. 4

2. 单层工业厂房的柱间支撑和屋盖支撑主要传递（　　　）。［2011年造价员考试（多选题）］

A. 水平风荷载　　　　B. 吊车刹车冲切力　　　C. 屋盖自重　　　　D. 抗风柱重量

E. 墙梁自重

3. 单层工业厂房屋盖支撑的主要作用是（　　　）。［2009年造价工程师考试技术与计量——土建）（单选题）］

A. 传递屋面板荷载　　　　　　　　　　B. 传递吊车刹车时产生的冲剪力

C. 传递水平风荷载　　　　　　　　　　D. 传递天窗及托架荷载

参考文献

[1] 中华人民共和国住房和城乡建设部. JGJ 94－2008 建筑桩基技术规范 [S]. 北京：中国建筑工业出版社，2008.

[2] 中华人民共和国住房和城乡建设部. JGJ 16－2008 民用建筑电气设计规范 [S]. 北京：中国建筑工业出版社，2008.

[3] 重庆市建设委员会. GB 50330－2002 建筑边坡工程技术规范 [S]. 北京：中国建筑工业出版社，2009.

[4] 国家人民防空办公室. GB 50108－2008 地下工程防水技术规范 [S]. 北京：中国计划出版社，2009.

[5] 中国建筑科学研究院，中国建筑工业出版社. GB 50011－2010 建筑抗震设计规范 [S]. 北京：中国建筑工业出版社，2010.

[6] 中华人民共和国住房和城乡建设部. GB 50010－2010 混凝土结构设计规范 [S]. 北京：中国建筑工业出版社，2011.

[7] 中华人民共和国住房和城乡建设部. GB 50007－2011 建筑地基基础设计规范 [S]. 北京：中国建筑工业出版社，2011.

[8] 中国建筑科学研究院. GB 50204－2002 混凝土结构工程施工质量验收规范 [S]. 北京：中国建筑工业出版社，2011.

[9] 中华人民共和国住房和城乡建设部. GB 50003－2011 砌体结构设计规范 [S]. 北京：机械工业出版社，2011.

[10] 中国建筑设计研究院. GB 50096－2011 住宅设计规范 [S]. 北京：中国建筑工业出版社，2011.

[11] 中国建筑防水协会. GB 50693－2011 坡屋面工程技术规范 [S]. 北京：中国建筑工业出版社，2011.

[12] 中国建筑标准设计院. GB/T 50103－2010 总图制图标准 [S]. 北京：中国计划出版社，2011.

[13] 中国建筑工业出版社. GB 50105－2010 建筑结构制图标准 [S]. 北京：中国建筑工业出版社，2011.

[14] 中华人民共和国住房和城乡建设部. GB/T 50104－2010 建筑制图标准 [S]. 北京：中国计划出版社，2011.

[15] 中华人民共和国住房和城乡建设部、中华人民共和国国家质量监督检验检疫总局. GB 50009－2012 建筑结构荷载规范 [S]. 北京：中国建筑工业出版社，2012.

[16] 中国建筑标准设计研究院，北京韩建集团有限公司. JGJ 298－2013 住宅室内防水工程技术规范 [S]. 北京：中国建筑工业出版社，2013.